The Mathematical Experience (Study Edition)

数学科学文化理念传播丛书·经典译丛

［美］Philip J.Davis
Reuben Hersh
Elena Anne Marchisotto 著

王前 译

数学经验

（学习版）（第二版）

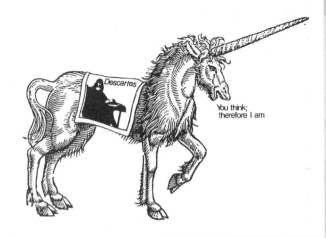

Descartes

You think;
therefore I am

大连理工大学出版社
Dalian University of Technology Press

Translation from English language edition:
The Mathematical Experience, *Study Edition*
by Philip J. Davis, Reuben Hersh and Elena Anne Marchisotto
Copyright © 2019 Birkhäuser Boston
Birkhäuser Boston is a part of Springer Science + Business Media
All Rights Reserved

ⓒ大连理工大学出版社 2019
著作权合同登记 06-2019 年第 38 号

图书在版编目(CIP)数据

数学经验：学习版 /（美）菲利普·J.戴维斯，
（美）鲁本·赫什，（美）埃利纳·A.马奇索托著；王前
译. -- 2 版. -- 大连：大连理工大学出版社，2020.10
ISBN 978-7-5685-2455-1

Ⅰ. ①数… Ⅱ. ①菲… ②鲁… ③埃… ④王… Ⅲ.
①数学－普及读物 Ⅳ. ①O1-49

中国版本图书馆 CIP 数据核字(2020)第 012752 号

数学经验(学习版)
SHUXUE JINGYAN(XUEXIBAN)

大连理工大学出版社出版
地址：大连市软件园路 80 号　邮政编码：116023
发行：0411-84708842　邮购：0411-84708943　传真：0411-84701466
E-mail：dutp@dutp.cn　URL：http://dutp.dlut.edu.cn
辽宁星海彩色印刷有限公司印刷　　　　　　大连理工大学出版社发行

幅面尺寸：185mm×260mm　　　　　印张：21　　　　　字数：421 千字
2013 年 4 月第 1 版　　　　　　　　　　　　　2020 年 10 月第 2 版
2020 年 10 月第 1 次印刷

责任编辑：于建辉　李宏艳　　　　　　　　　　　责任校对：周　欢
封面设计：冀贵收

ISBN 978-7-5685-2455-1　　　　　　　　　　　定　价：128.00 元

　　在很多人心目中,特别是在一些学人文学科的读者看来,数学是一门艰深复杂、难以理解的学问,充斥着莫名其妙的符号和推理,远离生活世界,让人看了心生畏惧,唯恐避之不及。即使是一些学理工科的读者,也未必喜欢数学,因为在他们看来数学就是枯燥的计算工具,只是因为被规定为必修课而不得不学。很多讲授数学课的教师也单纯强调数学的实用功能,要求学生必须记牢公式,熟练运算,严格推理,保证结果正确,此外就没什么好说的了。可是,如果这些人读了这本《数学经验》(学习版),就可能从根本上颠覆对数学的印象。一个生动活泼、思想丰富、文化底蕴深厚的数学整体形象会呈现在读者面前,这是本书最有价值的地方。

　　所谓"数学经验",是指作者从思想文化的视角对数学的本性、特征、社会功能、教育活动、认知过程等方面的切身体验,是把数学置于人们的生活世界中进行全方位解读的思想成果。本书主要不是讲数学史,尽管其中要用到大量史料;本书也不是单纯讲数学文化、数学教育或者数学哲学,尽管其中的话题都与这些领域有关。本书关注的是数学家的体验与广大读者的体验的沟通与融合,或者说是吸引广大读者从体验的视角看待数学,理解数学,进而亲近数学,这应该说是一种独特的尝试。那些学人文学科的读者读了本书之后,很可能由此喜爱上数学。而那些学理工科的读者,包括数学专业的学生和教师,也会换一种角度看待数学,发现以往未曾体验过的数学魅力。本书特有的内容、观点和表述风格,会为读者带来难忘的享受。

　　下面让我们分章节来领略一下本书的独到之处。

　　第 1 章"数学景观"是对数学这个学科的整体性描述,涉及"数学是什么""数学在哪里""数学社会""这个行业的工具""已知的数学知识有多少"等根本性问题。即使是数学专业的学生,在其课程大纲中也不大可能涉及这些问题。而没有思考过这些问题,对于学过数学的人来说总是一种缺憾。书中对这些问题的解读也有着独特视角,比如谈到"已知的数学知识有多少"时,面对这样一个几乎不可能给出答案的问题,作者却给出了自己的估算方法,这就是要成为一个数学博士要读 60~80 册书,而一个藏书很完全的大学图书馆(如布朗大学图书馆)大约有 6 万册数学书籍。如果把这 6 万册书比作数学知识的海洋,那么 60 多册书就是这个海洋的平均深度。这个比喻很壮观又很具体,这就是"数学经验"。

　　第 2 章"数学经验种种"说的是不同的人会有不同的数学经验,对数学这门学科的特点和功能有不同的理解。"理想的数学家"是纯数学研究领域的学者,他们沉浸在高度抽象、高度专业的课题上,与局外人很难沟通。物理学家看待数学,主要关注其解决实际问题的功能。还有的数学家认为数学可以用于探求人类精神活动的意义。数学界也有"异端",即业余数学爱好者。其中有的人后来成为真正的数学家,如印度的拉马努金

(Ramanujan);也有不少人始终摆脱不了偏执和幻想,一辈子进行着自说自话的"研究"。数学经验的明显差异,体现了与数学相关的生活世界的丰富多彩。

第 3 章"外部问题"谈的是数学对外部世界有何效用。这里不仅涉及对数学为什么有效、什么是数学模型等问题的根本性理解,还涉及数学对数学的效用和数学在其他科技领域的效用,也涉及各种并非"正统"的应用,包括市场中的数学、数学与战争、数字神秘主义、神奇几何、占星术,甚至经院神学等领域。热衷于纯数学研究的数学家可能完全想象不到数学还会有这样一些非"正统"应用,但历史上一些数学思想方法确实与这些非"正统"应用有着复杂关系,如概率论与赌博的关系,"存在性与唯一性证明"与经院神学的关系,等等。这是一些让人们大开眼界的"外部问题"。

第 4 章"内部问题"谈的是数学内部一些最基本的思维环节和方法,涉及数学符号、抽象、推广、形式化、数学对象和结构、证明等。这些研究和学习数学的过程中时时要接触的东西,其实很少得到专门的反思,这方面的数学经验就更显得珍贵。这一章还涉及无限,关于伸长的线,命运之神的硬币,美学成分,模式、秩序和混沌等方面更为深奥的问题,展现了数学思维的深刻性与开放性。这一章结束时的一个公式耐人寻味:$e^{i\pi}+1=0$。一个公式能够将五个最重要的常数 $0,1,e,\pi,i$ 以非常简洁的方式联结在一起,这意味着什么? 这是可以引起无尽遐想的。

第 5 章"数学专题选述"选择了六个专业性很强的现代数学研究专题,从数学经验的角度进行深入浅出的阐释。这六个专题涉及现代数学研究中一些重要思想方法的转变和至今还在探索的问题,使读者可以领略数学前沿的风光。"群论和有限单群分类"讲的是群论中 20 世纪著名的费特(Feit)和汤普森(Thompson)的理论突破,"质数定理"讲的是数论中有关孪生质数研究的新进展。"非欧几何"是与人们熟悉的欧氏几何在公理体系上并行不悖的新几何,"非康托尔集合论"是与人们熟悉的普通集合论在公理体系上并行不悖的新的集合论,而"非标准分析"则是与人们熟悉的微积分在公理体系上并行不悖的新的数学分析。受过一般数学教育的人都会对微积分、集合论、欧氏几何有基本了解,可以在此基础上体验现代数学新分支的思想特征。最后的"傅立叶分析"涉及对函数概念的推广,其思想深度和广度远远超出我们对函数概念的传统理解。

第 6 章"数学教学"涉及数学教育中的一些新理念,包括"传统教学法的危机""波利亚的发现技巧""拉卡托斯启发法的应用""比较美学""数学的非解析方面"等话题。这里的核心思想是强调不要把数学教学简单理解成知识灌输和解题训练,而要把数学思考展现为一个数学发现的过程,注重理解、启发、灵感和直觉的作用,这里充满智慧与乐趣。对于数学教师和学习数学的学生来说,这是一种令人向往的境界。

第 7 章"从确实性到易谬性"讲的是与数学哲学相关的话题。很多人都以为数学知识是确实可靠的,它难道还有可能出错吗? 书中告诉读者,数学知识体系不是绝对的数学真理的汇集,这里面有些东西是有分歧的,甚至是可能出错的。在什么是数学知识体系的基础这个问题上,就有逻辑主义、形式主义、构造主义三大派别。集合论悖论和哥德尔不完全性定理的发现,都表明数学中并不存在一劳永逸的可靠基础。正在发展的数学前沿领域存在更多可能出错的判断、观点或学说,需要不断验证与反驳。

第8章"数学实在"涉及一些更深层次的哲学问题。数学家意识到数学的研究对象和数学真理是客观的,不因人们的意愿而改变,但追求数学真理的途径面临很多新的挑战。现在计算机辅助证明已经在"四色猜想"的问题上取得突破,但数学家"为什么我应该相信计算机"? 如果数学证明越来越长,越来越难以检验核查,如何确保其可靠性? 书中介绍了借助计算机对"四维超立方体"的直觉体验,这是非常有趣的。如果将计算机显示屏上的三维图像看作"四维超立方体"在三维空间中的投影,而通过施加在鼠标上的触觉来变换它,就可能产生新奇的"四维直觉"。这一章的最后一节是"关于假想对象的真正事实"。有些数学对象只存在于计算机屏幕中,但有关它们的数学知识却是真实可靠的。这就是数学不同于其他学科的特殊之处,也是数学经验不同于其他经验的特殊之处。

本书的知识结构、表达方式和写作风格都是很有特色的。它把数学思想、科学技术、社会科学、人文历史、哲学思辨有机地融合在一起,使数学经验在广阔的生活世界背景上呈现出来。无论是对于人文学科的读者,还是对于理工科(包括数学专业)的读者,都会起到明显改善知识结构和提高思维能力的作用。现在很多高等学校开始注重培养"新工科""新理科""新文科"人才。这些新型人才应该具有怎样的知识结构和思维能力? 如何培养视野开阔、思想内涵丰富、具有创新精神的新型人才? 大学的数学教育改革如何适应时代的新要求? 在读完本书之后,相信很多读者都会有自己的不同解答。

王前

2020 年 3 月

前 言*　　PREFACE

《数学经验》一书于 1981 年出版。在那时,也就是十几年前,人们还以为富有理解力的非数学专业人士不可能理解当代数学的含义。从那时起,几十种关于当代数学的普及读物陆续出版了。格雷克(Gleick)的《混沌》(Chaos)成了经久不衰的畅销书。卡斯蒂(Casti)正在创作这方面的系列著作。

在技术和发明领域,了解什么事情是可能的是成功创新的重要因素。或许《数学经验》转变了人们的观念,使人们知道在当代数学前沿方面什么事情是可能的。

敏感的读者能够意识到这是一部哲学著作——一部数学的人文主义哲学著作。这种哲学曾是一个"孤独者"[正如基恰(Kitcher)所说],游离于数学哲学的正统学术研究之外。在过去的 15 年间,数学的人文主义哲学已硕果累累,它有了自己的文集、杂志,以及专题会议。15 年前离群索居的孤独者或许正是近年来的主流。

《数学经验》是大众图书,不是教科书。它是在书店里销售的而不是摆放在教授的办公室里。然而,我们一再听到大学教师在使用它:在欧洲的一些国家,在美国、澳大利亚、以色列,以及在中国香港等国家和地区。它以两种不同的方式得到应用:一种用于艺术和科学院校里大学文科学生的数学课程;另一种用于师范院校里未来的教师,尤其是中学数学教师的课程。

在数学教学中,人们都知道"数学不是旁观者的运动"。要通过做来学,特别是做题。然而,这只说对了一半。如果数学教育就是做、做、做——没有思维,没有交谈,没有冥想——似乎很沉闷。恰恰相反,就连艺术家也不能一味创作,而要偶尔进行艺术欣赏。如果作为旁观者,你无法学到实际技能,但能从中学到良好的鉴赏能力。

You think;
therefore i am

＊　《数学经验》(学习版)(英文版于 1995 年出版)是在《数学经验》一书的基础上修订而成的,每章增加了"作业与问题""建议读物"板块。此前言没有署名及时间。——译者注

　　《数学经验》吸引读者去欣赏数学，深入思考数学，介入关于数学的讨论。但其中不包含问题。如果教师选用它，就需要补充书中缺少的东西。而《数学经验》(学习版)对教师和学生都更为方便，其目标是建立做题与思维之间的平衡。其中有丰富的问题，主要是由马奇索托(Marchisotto)教授创设的，他还提供了大量的探讨题目、主题写作和建议读物。无论从数学角度还是从哲学角度来看都是很吸引人的。

　　美国数学教师全国委员会的"标准"是在《数学经验》一书出版之后颁布的。这些标准在很大程度上使我们的事业变得合法化。我们在这些标准成文之前就遵循了这些标准，《数学经验》(学习版)当然要比《数学经验》做得更好。

　　"批判性思维""问题解决"已不再只是数学的特征了，它们已变成美国课堂上的流行语。《数学经验》(学习版)正是美国教育这一主流趋势的组成部分。

推荐序　RECOMMENDATION PREFACE

献给凯克(Kac)

"啊,富有营养的哲学!"

——萨特

　　19 世纪末,瑞士历史学家布尔克哈特[1](Burckhardt)一反大多数历史学家的习惯,别出心裁地要猜测未来。他曾向友人尼采透露一个预言:20 世纪将是"过分简单化的年代"。

　　布尔克哈特的预言得到了异常精确的证明。各种肤色的独裁者和政客向大众许诺,在用一场战争结束所有战争后立即会有温饱和幸福的生活,这居然赢得了人们的信任。哲学家们大胆提出要把存在物的复杂性归结为弹性小球的力学;更有甚者,一些人认为生活就是语言,而语言不是别的,只是用弗雷格(Frege)逻辑令人迷惑地连成一体的符号链。认真地端出各种红、白、蓝棋盘图案的艺术家们,现在在索斯比(Sotheby)拍卖行[2]要着最高标价。诸如"机械地""自动地""即刻地"这类词汇的使用,已被麦迪逊大街(Madison Avenue)上的奇才们视为广告的第一法则。

　　最优秀的科学头脑也不曾避免过分简单化的诱惑。物理学一直被追求唯一规律的研究所驱动。在即将来临的日子里,这一规律会把所有的力——引力、电、强和弱相互作用力以及别的什么力——都统一起来。生物学家沉迷于企求通过布满大分子的双螺旋结构来揭示生命奥秘。心理学家又建议用性释放、麻醉药物和原始呼叫来治疗常见的抑郁症,而传教士们则会反对用不怎么值钱的献祭参加这种为再生举行的赞美合唱。

　　值得称道的是数学家最后才加入这个运动。数学,像神学和心智的所有自由创造一样,服从不可抗拒的玄想规律,主观意愿对于确定一条猜想的正确性是很少能有帮助的。当笛卡儿(Descartes)和格罗滕迪克[3](Grothendieck)想把几何学归结为代数,或当罗素(Russell)和根岑[4](Gentzen)要把数学变为逻辑时,人们可能口头奉承,然而我们知道有些数学家更富有画图的天分,另一些则更善于摆弄符号,或在论证中挑毛病。

　　可是,当要理解数学家们活动的性质和数学在整个世界的地位时,有些数学家就屈从于我们这个时代的过分简单化了。有充分的理由说,没有人愿意让人们议论其实际的所作所为,或者分析并记录其私人工作习惯。如果这种报道让普罗克斯迈尔[5](Proxmire)参议员看到了,他会说些什么?息事宁人的最好办法是把那本代号 301 的科

---

[1]　布尔克哈特(1818—1897),瑞士美术和社会史学家。——译者注
[2]　纽约著名拍卖行。——译者注
[3]　格罗滕迪克(1928—2014),法国数学家,菲尔兹奖获得者。——译者注
[4]　根岑(1909—1945),德国数学家。——译者注
[5]　普罗克斯迈尔(1915—2005),1957 年起当选为美国参议员。他以抨击政府开支的浪费,尤其是军事上的挥霍而著称。——译者注

学哲学教科书塞到参议员手里。因为该书作者是一位哲学系的雄心勃勃的年轻成员,他居然用无懈可击的清晰笔调描绘了理想的数学家在理想的世界里理想地工作的情景。

我们常听说数学的主要内容是"证明定理",难道可以说作家的主要工作就是"造句"吗?数学家的工作多半是猜测、类比、机敏的思考和挫折纠缠在一起。证明远非数学发现的核心,它多半是确认我们的思维不是在玩把戏的一种方法。而在戴维斯和赫什之前,是不大有人敢于公然这样讲的。对于数学来说,定理并不是餐桌上那一道道烧好了的菜,营养角度的类比是错误的。掌握数学就是掌握一种难以捉摸的观点,它需要一种不使演奏拘泥于标准的艺术家的技巧。几何定理与整个几何学领域的关系,并不是元素与集合的关系。这里的关系是更微妙的。戴维斯和赫什对这一关系做了难得的忠实描述。

经过戴维斯和赫什的工作,就很难把数学看成变幻莫测的游戏了。作者通过有充分根据的叙述,表明数学的奥秘不过是心智活动中产生的结论得到了有力的实际应用。戴维斯和赫什选择的方法是描述这个奥秘而不是把它巧辩过去。

使数学易于为受过教育的外行所理解,同时又保持其高度的科学性,一向被认为是在专业蔑视的希勒(Scylla)岩礁[①]与大众误解的克雷伯迪斯(Charybdis)大旋涡之间做充满风险的航行。戴维斯和赫什已经张满风帆渡过了这个海峡。他们开创了生存所不可缺少的关于数学经验的讨论。从他们的船尾望去,看到过分简单化的旋涡已后退到远处,我们可以宽慰地舒一口气了。

吉安-卡洛·罗塔
1980 年 8 月 9 日

---

① 希勒岩礁在意大利墨西拿(Messina)海峡上,对面有克雷伯迪斯大旋涡。——译者注

《数学经验》前言 PREFACE TO THE MATHEMATICAL EXPERIENCE

我们现在所知道的最古老的数学书板[1]早在公元前 2400 年就已存在,有充分理由说明创造和使用数学的愿望是与整个人类文明共存的。四五千年来,出现了许多数学的观念和实践活动,并通过种种途径与人们的日常生活相联系。数学的性质是什么? 意义何在? 它涉及什么? 它的方法论是什么? 它是如何被创造和使用的? 如何同人们的各种经验相适应? 它带来什么益处和害处? 它的重要性何在?

要回答这些问题非常困难,绝非轻而易举。事实上,它涉及的材料非常广泛,其内部联系非常丰富,任何人都不可能完全把握,更不用说在一部中等篇幅的书中加以概括和总结了。为了避免被这些庞杂的材料吓倒,我们还是换一种方式来思考数学吧! 数学千百年来一直是人类的一种活动。在某种意义上,每个人都是数学家,都在有意识地做数学工作。在市场上买东西,量一块壁纸,或用规则图案装饰一个瓷罐,都是在做数学工作。更进一步说,每个人在某种意义上都是数学哲学家。只要他偶尔大喊:"数字不会撒谎!"他就已加入柏拉图(Plato)和拉卡托斯(Lakatos)的行列中了。

除了在有限程度上使用数学的大众之外,还有少量的专业数学家。他们以数学为业,培育它,传授它,创造它,并在多种情形下使用它。向非数学专业的人们解释数学家在干些什么,他们如何谈论自己的工作,他们为什么该得到别人的支持,应当是可能的。简而言之,这就是本书的任务。本书并不想开展对近代或古典数学材料特定内容的系统而详尽的讨论。我们力图捕捉的倒是数学经验中无穷无尽的变化。我们阐述的主要内容是数学的本质、数学的历史、数学的哲学,以及获得数学知识的方法。本书不应是对数学的浓缩,而只是使人们获得对数学的印象。本书不是一部数学著作,而是一部关于数学的著作,当然这里不可避免要包含一些数学知识。同样,本书也不是一部历史著作或哲学著作,但是它要讨论数学的历史和哲学。因此,读者必须具备少许的预备知识和一定的兴趣作为阅读本书的基础。只要有此基础,普通读者就可基本没有困难地阅读本书大部分内容。也有少数地方我们提供了特殊材料,这是为那些使用和创造数学的专家们准备的。这里,或许读者可以把自己当作应邀赴家宴的客人,在客气的一般性谈话之后,那些自家人会谈论他们的私事和忧乐,客人会感到摸不着头脑。对于此种情况,读者明智而轻松地越过去即可。

本书的大部分章节可以独立阅读。

在这部两人合写的书中,"我"这个词的使用需要说明一下。在有些地方,这个"我"指哪个著者是显然的。但不管怎样,即使有点误解也不要紧,因为一般说来每个著者是赞同合作者的意见的。

You think,
therefore I am.

·························· ✳ ··························

直到五年前，我还是一个常规的数学家，决不干冒险的和异端的事情，比如写这样一部书。我有自己的"领域"——偏微分方程。我停留在那里，顶多越过它的边界到邻近领域转转。我的严肃思考、我的现实的智力生活，使用着多少年前学生时代的训练中吸取的范畴和评价模式。由于我不偏离这些范畴和模式，因而只能隐约意识到它们。它们是我看这个世界所用方式的一部分，而不是我正在看的这个世界本身的一部分。

我的进展依赖于我在自己领域的研究和发表的成果。就是说，掌握这个领域里与我受过类似训练的人们所共有的观点和思考方式，是很有益的。这些人的评价决定了我的工作价值。任何其他人都没有资格这样做，他们也未必愿意这样做。我从未想过要从这种观念中解放出来，就是说去认识这种观念，意识到它不过是观察这个世界的众多可能方式之一，从而能够有选择地加以取舍，或将它与观察世界的其他方式放在一起进行比较和评估。因为所有这些都不是我的工作或事业所需要的。恰恰相反，这种异端的和无把握的冒险至多不过是愚蠢地糟塌大好时光，弄不好还会被人怀疑在诸如心理学、社会学和哲学这些领域进行隐蔽的投机而落得声名狼藉。

尽管如此，我终于发现，我对于被我们称为数学的这种奇怪活动所具有的意义和目的的惊异和迷恋，等同于，有时甚至超过我对于实际上做数学工作的迷恋。我发现数学是一个无限复杂和神秘的世界，钻研它是我的一个永远不希望被治愈的癖好。在这一点上我同别的数学家是一样的。但是除此之外，我又发展了另一半，或"另一个我"，他惊异地注视着这个数学家，甚至更迷惑于这种奇怪的生物和这种奇怪的活动居然来到这个世界，而且存在了几千年。

为了追本溯源，我要从我终于开始讲授"数学基础"这门课程的时候说起。这是一门主要为数学专业较高层次学生设立的课程。我教这门课的目的，如同以前教别的课程一样，是自己学习有关素材。这时我才知道有过关于基础的论争的历史，知道有三大学派，即罗素的逻辑主义派、希尔伯特(Hilbert)的形式主义派和布劳威尔(Brouwer)的构造主义派。我曾一般性地讲授这三派中每一派的观点，但不知道该赞同哪一派，而且对三大学派自从它们的创立者开展活动以来这半个世纪的演变结果只有模糊的认识。

通过讲授这门课程，我希望有机会阅读和研究数学基础的有关材料，最终澄清我自己对争论各方的看法。我并不企求变为数学基础研究的工作者，如同我教数论后并未变成数论专家一样。

由于我对基础的兴趣是在哲学方面而不是专业方面，我尝试使没有专业需要和预备条件但有兴趣的学生能来听这门课。我特别希望吸引学哲学和数学教育的学生，偏巧有几个这样的学生，也有些学生来自电机工程、计算机科学和其他领域。当然，学数学的学生还是主体，我找了几本很好看的教科书，就钻研了起来。

当站在这个数学、教育和哲学专业学生混合的班级面前讲授数学基础时，我发现自己处在一个新奇的位置上。以前我教了15年数学，在不同层次上讲过很多不同的主题，但我讲那些课程时其实并没有谈论数学，不过是在做数学。而在这里，我的目的不是去做它，却是去谈论它。这项截然不同的工作是令人激动的。

一个学期过去了，结果对我来说显然出乎意料。这门课程在一种意义上是成功的，它带来了大量有趣的材料、大量供热烈讨论和独立研究的机会，以及大量过去从未注意到的需要学习的新事物。但是在另一种意义上，我发现我的设想落空了。

在普通的数学课堂上，教学计划是完全清楚的。我们有需要解决的问题，需要解释的计算方法，或者需要证明的定理。该做的主要事情一般是通过在黑板上书写来完成。如果问题解决了，定理证明了，或演算完成了，那么师生都知道已完成了日常任务。当然，即使是在这种普通的教学环境里，也总有可能发生某种意外事情。一个未预见到的困难，一个来自学生的意想不到的问题，都能使一堂课的进行偏离教师的原定计划。然而，人们毕竟知道该做什么，也知道你在黑板上写的东西是重要的。无论教师还是学生的发言，只是在有助于沟通对写出东西的理解的范围内，才是重要的。

在我开始讲数学基础这门课时，曾构思了一些我相信是核心的，并希望在学期末我们能回答，或至少能澄清的问题。

什么是数？什么是集合？什么是证明？在数学中我们知道什么？如何知道？什么是"数学的严格性"？什么是"数学直觉"？

在构思这些问题时，我意识到我并不知道答案。当然，这并不奇怪，因为这种模糊的"哲学"问题，不能指望有我们在数学中寻找的那种一清二楚的回答。对这些问题总是有种种不同意见的。

但使我烦恼的是，我不知道该持有怎样一种见解。更糟糕的是，我缺少一个基础、一个标准，用来评价各种不同意见，赞同或反对某种观点。

我开始同其他数学家讨论有关数学证明、数学知识和数学实在的问题。我发现他们也和我一样，处于困惑的不确定状态，并且都有一种讨论和交流个人经验和内在信念的强烈愿望。

本书就是这些年来思索、倾听和辩论的成果的一部分。

＊

本书有些材料选自著者已发表的文章。其中有几篇是与他人合作的。《非康托尔集合论》（*Non-Cantorian Set Theory*）由柯恩（Cohen）和 R.赫什（R. Hersh）合著，《非标准分析》（*Non-Standard Anylysis*）由 M.戴维斯（M.Davis）和 R.赫什合著，都发表在《科学美国人》（*Scientific American*）上。《数学的非解析方面》（*Nonanalytic Aspects of Mathematics*）由 P.J.戴维斯（P.J.Davis）和安德森（Anderson）合著，发表在《工业应用数学学会评论》（*SIAM Review*）上。我们衷心感谢安德森教授、柯恩教授、M.戴维斯教授和这些刊物的出版者允许将上述文章收入本书。

著者个人的文章收入本书的有：P.J.戴维斯的《数》（*Number*）、《数值分析》（*Numberical Analysis*）、《数学要认可吗？》（*Mathematics by Fiat*），分别发表在《科学美国人》、麻省理工学院出版社的《数学科学》（*The Mathematical Sciences*）和《二年学院数学杂志》（*Two Year College Mathematical Journal*）上；R.赫什的《复兴数学哲学的一些建议》（*Some Proposals for Reviving the Philosophy of Mathematics*）和《介绍伊姆雷·拉卡托斯》（*Introducing Imre Lakatos*），分别发表在《数学进展》（*Advances in Mathematics*）和《数

学通报》(*Mathematical Intelligencer*)上。

我们感谢下列组织和个人允许本书利用有关复制材料:哥廷根科学院,阿姆毕克斯,多佛出版公司,《计算数学》(*Mathematics of Computation*)杂志,麻省理工学院出版社,《纽约人杂志》(*New Yorker Magazine*),舍恩菲尔德(Schoenfeld)教授,约翰·威利父子出版公司。

有关傅立叶分析的一节由 R.赫什(R.Hersh)与 P.赫什(P.Hersh)合著。P.赫什在有关哲学问题的批判性讨论方面,在耐心而细致地校订粗糙的草稿方面,在对我们的计划提供不断的道义支持方面,都做出了必不可少的贡献,在此我们致以诚挚的谢意。

下列个人和机构慨然应允我们复制图像和美术资料:班乔夫(Banchoff)教授和斯特劳斯(Strauss)教授,布朗大学图书馆,现代艺术博物馆,鲁默斯公司,雷施(Resch)教授,劳特利奇(Routledge)和保罗(Paul),萨克斯(Sachs)教授,芝加哥大学出版社,怀特沃什艺术馆,曼彻斯特大学,犹他大学计算机科学系,耶鲁大学出版社。

我们衷心感谢拉克斯(Lax)教授和吉安-卡洛·罗塔(Gian-Carlo Rota)教授给予鼓励和提出建议。斯托尔岑伯格(Stoltzenberg)教授曾就本书讨论的某些问题与我们进行了热情而富有成果的通信。库格勒(Kugler)教授阅读了原稿,并提出了很多有价值的批评意见。阿布雷乌(Abreu)教授参加了新墨西哥大学的数学哲学讨论会。在此一并表示感谢。

在布朗大学举行的数学哲学问题讨论会的参加者,还有新墨西哥大学和布朗大学有关课程的学生们,帮助我们使观点具体化,这种帮助感人至深。纳吉菲尔德(Najfeld)教授的援助特别令人难忘。

我们应对布朗大学数学史系的同事表示谢意。在多年共进午餐的过程中,平格里(Pingree)教授、诺伊格鲍尔(Neugebauer)教授、萨克斯(Sachs)教授和吐默尔(Toomer)教授使我们获得了许多信息、见识和灵感。感谢谢定宇[1](Din-Yu Hsieh)教授提供的关于中国数学史的资料。

我们还要特别感谢爱迪生(Addison)提供了很多线条图。感谢拉齐尔(Lazear)细心审阅了第 7、8 章和她的编者评论。

感谢埃弗里(Avery)、毕甘(Beagan)、J.M.戴维斯(J.M.Davis)、丰塞卡(Fonseca)和加多夫斯基(Gajdowski)在原稿准备和处理过程中给予的有效帮助。埃弗里女士还帮助我们查找了大量经典参考文献。最后,还要感谢杰维茨(Gevirtz)教授仔细阅读了首印版并帮助我们发现了若干文字表述及印刷错误。

P.J.戴维斯,R.赫什

---

① 音译。——译者注

几何学追求的知识是永恒的知识。

——柏拉图（前 427—前 347）

时而清晰……时而模糊的东西……就是……数学。

——拉卡托斯（1922—1974）

规定了的、整理了的、事实上的东西，永远不足以囊括真理：生活总要溢出每一只杯子的边沿。

——帕斯特纳克[1]（1890—1960）

---

[1] 帕斯特纳克，苏联诗人和翻译家。——译者注

目 录　CONTENTS

第 1 章　数学景观

1.1　数学是什么

如果给"数学"下一个质朴的、适于写进辞典并易于人们初步理解的定义,那么可以说数学是关于空间和量的科学。稍微扩展一下这个定义,也可以说数学是"处理有关空间和量的符号体系的科学"。

这个定义确实是有历史根据的,它将是我们讨论的出发点。但是本书的宗旨之一是要把这个定义加以完善和扩充,以反映数学在过去几个世纪中的发展状况,并指出各种数学学派关于"数学应该是什么"这一问题的不同见解。

关于空间和量的科学的较简单分支是算术与几何学。算术,如小学所教的那样,涉及各种数及其运算法则——加法、减法等。它处理日常生活中使用这种运算的问题。

几何学在较高年级讲授,它部分涉及空间测量问题。比如,画两条线,它们的端点相距多远? 8 英寸(1 英寸=2.54 厘米)长 4 英寸宽的长方形的面积是多少? 几何学也涉及那些具有强烈美学吸引力和令人惊异结构的空间性质。比如,它告诉我们平行四边形对角线总是互相平分,三角形三条中线总交于一点。等边三角形或六边形可以铺满地板,而正五边形则办不到。

如果按照欧几里得(Euclid)在前 300 年安排的那样讲几何学,那么它还有另一方面的重要意义。它是演绎科学的典范。从一组假定为自明的基本观念出发,在若干确定的数学和逻辑运算规则的基础上,欧几里得几何学形成了一个不断复杂化的演绎结构。

因此,初等几何教学所注重的不仅仅是这门课程的空间的或视觉的方面,它还注重如何从假设推导出结论的方法论。这个演绎过程就是所谓证明。欧氏几何是形式化演绎系统的第一个实例,并且已变成所有这样系统的典型。几何学从此成为逻辑思维的巨大实践领域。学习几何也被认为是(恰当或不恰当地)可以使学生接受这种思维的基本训练。

尽管古代数学家们很清楚算术的演绎方面,但直到 19 世纪初,这个方面才在数学教学和创造新数学中得到重视。实际上,迟至 20 世纪 50 年代,当中学教师们开始受到"新数学"运动冲击时,他们还总以为几何学有"证明",而算术和代数却没有。

由于数学各分支中演绎方面重要性的不断增强,皮尔斯(Peirce)在 19 世纪中叶曾宣称:"数学是做出必然结论的科学。"关于什么的结论呢? 是量还是空间? 这个定义本身并没有限定数学的内容。数学可以是"关于"任何事物的科学,只要它能表示成假设—演绎—结论的模式。歇洛克·福尔摩斯(Sherlock Holmes)在《四签名》(*The Sign of Four*)

中答复华生(Watson)："侦查是,或者说应该是,一门精确的科学,应该用同样一种冷静而不带感情的方式来对待。你力图使它染上浪漫色彩,结果却差不多好像把恋爱或者私奔掺到欧几里得第五公设里面去了。"这里柯南道尔(Conan Doyle)用挖苦的口气断言刑事侦查完全可以看作数学的一个分支,而皮尔斯会表示赞同的。

数学的定义在不断变化。每一代数学家和其中每一位有思想的数学家都要根据自己的观点提出数学的定义。对这许多不同的数学定义,我们后面还要考察。

进一步的阅读材料,见参考文献:A.Alexandroff;A.Kolmogoroff and M.Lawrentieff;R. Courant and H.Robbins;T.Danzig[1959];H.Eves and C.Newsom;M.Gaffney and L.Steen;N. Goodman;E.Kasner and J.Newman;R.Kershner and L.Wilcox;M.Kline[1972];A.Kolmogoroff;J.Newman[1956];E.Snapper;E.Stabler;L.Steen[1978]。

1.2 数学在哪里

数学的位置何在? 它存在于何处? 当然,可以说它存在于书本上,在印刷术发明前则存在于书板或纸草本[①]上。一部数学著作是数学作为理智活动的看得见摸得着的记录。然而数学必定先存在于人们头脑之中,架子上的书是创造不出数学来的。还可以说数学存在于讲义录音带、计算机存储器和印刷电路中。或许说它存在于计算尺、现金收入记录机之类的数学机器中,或如某些人相信的那样,存在于史前巨石柱(Stonehenge)[②]的石头排列中。再比如说它存在于能将种子排列成伯努利螺线,并将这一数学信息世代遗传的向日葵的基因中,存在于被灯罩投射出抛物线影子的墙上。或者,我们相信所有这些都不过是真正的数学的影像,而真正的数学,恰如某些哲学家所主张的那样,是一种独立于我们这个现实世界之外,甚至独立于所有可能实现的世界之外的永恒存在。

什么是数学的或非数学的知识? 在同著者的一次通信中,艾耶尔(Ayer)爵士[③]指出哲学最主要的梦想之一是"一致同意一个标准,以便判定存在着什么",对此我们可以补充:"以及判定在何处能找到它。"

1.3 数学社会

很难说哪种文化未曾显示出某些粗浅的数学思想,无论这文化是多么原始。西方数学的主流可以溯源到古埃及和美索不达米亚。它传播到古希腊和希腊-罗马世界。在罗马衰亡后大约五百年间,数学创造之火在欧洲几乎熄灭了。据说它只是在波斯得到保存。经过几个世纪的沉寂,这团火在伊斯兰世界重新燃起,并且从这里经由西西里和意大利,把数学知识和研究热忱传向整个欧洲。

粗略的时间表是,埃及:前 3000—1600,巴比伦:前 1700—300,希腊:前 600—200,希腊-罗马:150—525,伊斯兰:750—1450,西方:1100—1600,现代:1600—现在。

① 纸草本是古埃及时代写于一种纸草片上的文献,现保存在英国和俄罗斯的博物馆中。——译者注
② 位于英格兰索尔兹伯里平原上。——译者注
③ 艾耶尔(1910—1989),英国现代哲学家。——译者注

数学活动的另外几股潮流在中国、日本、印度和印加-阿兹特克。东西方数学的相互影响是学术界研究和猜测的重要课题。

在现代,很难说世界上哪个国家没有参与数学的创造。甚至所谓新兴国家也都希望创建现代化的大学数学教育,那里的数学工作者的研究活动被当作优秀的标志。

同古代东西方彼此隔绝的数学发展状况相比,今天的数学是统一的。数学知识得到了公开的和充分的传播。像文艺复兴时期的和巴洛克式①的数学家们实行的私人保密状态,今天几乎不存在了。数学出版物形成广泛的国际网络,国家的和国际的公开会议以及学者和学生的交流在频繁进行。

当然,在战争期间,数学信息交流受到了很多限制。还有很多专业密码工作者所从事的数学密码术不是可以普遍利用的。

在过去,数学往往由各种职业的人们来研究。布雷德沃丁(Bradwardine,1325)是坎特伯雷大主教,制定三角函数表的贝格(Beg)是塔梅尔兰(Tamerlane)②的孙子,帕巧利(Pacioli,1470)是一位僧侣,费拉里(Ferrari,1548)是收税人,卡当(Cardano,1550)是医学教授,维叶特(Viète,1580)是皇家枢密院律师,范・柯伦(van Ceulen,1610)是剑术教师,费马(Fermat,1635)是律师。很多数学家部分依靠做君王的门客维持生计,如迪伊(Dee)、开普勒(Kepler)、笛卡儿(Descartes)和欧拉(Euler)。有些人甚至有"占星术家"的称号。直到 1600 年左右,一个数学家只能通过算命或画护身符赚几个钱。

前 1700 年的数学是什么样子呢?右图左边是南伊拉克出土的一块楔形文字泥板,

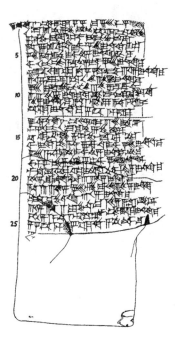

前 1700 年的数学是什么样子呢?

---

① 巴洛克风格是 17 世纪欧洲的一种注重雕琢和浪漫的艺术风格。——译者注
② 又译帖木儿(1336—1405),蒙古统治者。——译者注

右边是泥板上文字符号的一个拓本。泥板上的两个问题是根据巴比伦数学中二次方程标准解法计算的。前 12 行已经逐行译出,译文中使用的记号 3;3,45 是指 $3+\dfrac{3}{60}+\dfrac{45}{3\,600}$ =3.062 5[①]。按照现代术语,泥板上所列问题是:已知 $x+y$ 和 xy,求 x 和 y,其解为

$$x=\atop y=\quad \frac{x+y}{2}\pm\sqrt{\left(\frac{x+y}{2}\right)^2-xy}$$

以下是前 12 行译文:

(1)9 gin 银子是挖 1 kilá 土方的总费用。将要挖的立方体长、宽相加,得 6;30 (GAR)。其深度为 $\dfrac{1}{2}$ (GAR)。[②]

(2)每个人分担的工作量是 10 gin,酬金为 6 sě 银子。要挖的立方体长和宽各是多少?[③]

(3)当你进行运算时,取酬金的倒数。

(4)用 9 gin(总费用银子数)相乘,你将得到 4;30。

(5)用个人工作量乘以 4;30,你将得到 45。

(6)取其深度的倒数,乘以 45,你将得到 7;30。

(7)取长宽之和的平均值,你将得到 3;15。

(8)取 3;15 的平方数,你将得到 10;33,45。

(9)从 10;33,45 中减去 7;30。

(10)你将得到 3;3,45;取 3;3,45 的平方根。

(11)你将得到 1;45;分别从 3;15 中加上和减去 1;45。

(12)你将得到长和宽。长为 5 GAR,宽为 1.5 GAR。

[经萨克斯(Sachs)教授允许,引自诺伊格鲍尔(Neugebauer)和萨克斯著《数学楔形文字泥板》(*Mathematical Cuneiform Texts*)]

现在没有什么东西能够阻止富人们利用全部时间或部分时间孤立地研究数学,就像在科学还是贵族们的业余消遣的时代那样,但是现在这种活动并没有足够的压力来保证高质量的研究。教会和国王也都不像过去那样支持数学。

在 19 世纪,大学已成为数学的主要基地。大学鼓励教师拿出一定时间从事数学研究。现在,大多数数学家直接或间接地得到大学、像 IBM 这样的公司或联邦政府的支持。

① 巴比伦数学中采用 60 进位制。——译者注
② kilá 是巴比伦数学中体积单位,gin 是质量(或体积)单位,GAR 是长度单位。——译者注
③ sě 是质量(或体积)单位。——译者注

1977 年政府用于数学的各种经费达 1.3 亿美元。

由于所有人从小都要学习数学,由于某些数学已进入日常语言当中,可以说数学社会几乎包容整个社会。在实践的较高层次,即那些创造和传播新的数学的层次上,这个社会是相当小的。美国数学会、美国数学协会和美国工业与应用数学协会 1978 年注册的会员共约 3 万名。这并不意味着每名会员必须要求自己成为在最高数学层次上从事研究的数学家。他可能是物理学家、工程师、计算机专家、经济学家、地理学家、统计学家或心理学家。美国数学社会连同所有发达国家或发展中国家的通信成员有 6 万到 9 万名。

现在,大量地区性的、国家的和国际的数学会议都在定期召开,各层次上的数学著作的写作和出版在积极进行。1 600 多种专业杂志用于交流数学研究信息。这些活动已构成一个国际论坛,使数学得到不断的繁荣进步,所有实际上的和理论上的分歧都将通过讨论得到解决。

进一步的阅读材料,见参考文献:R.Archibald;E.Bell;B.Boos and M.Niss;C.Boyer;F.Cajori;J.S.Frame;R.Gllings;E.Husserl;M.Kline[1972];U.Libbrecht;Y.Mikami;J.Needham;O.Neugebauer;O.Neugebauer and A.Sachs;D.Struik;B.van der Waerden.

1.4　这个行业的工具

研究数学需要哪些辅助工具或设备呢? 在一幅名画上,阿基米德(Archimedes)凝视着画在沙地上的几何图形,竟没有觉察潜伏在背后暗暗监视着他的罗马士兵。这幅画深刻地描绘出数学的专业心理,有助于塑造这个专业的外部形象。它表明研究数学只需要用极少的工具;或许只要一堆沙子,再加上一个非凡的头脑。

有些数学家甚至认为,一个孤立的人借助卓越的柏拉图式的智力资源,在黑屋子里也能搞数学。确实,数学不需要大量实验设备,所需要的主要是"思想实验"。但是决不能说数学研究完全是在头脑中进行的。

或许在遥远的古代,原始的数学就像史诗和宗教那样,是口头流传的。但不久人们就明显感到,研究数学至少必须要有写或记的器具和抄写器具。在印刷术发明之前,曾有过成批复制文献的"抄写工厂"。

1568 年的星盘

此外,直尺和圆规融入了作为欧氏几何学基础的公理之中。欧氏几何学可被定义为用尺规作图的科学。

算术还要使用更多的器具和设备,其中最有效的三种是算盘、计算尺和现代的电子计算机。不过,计算机的逻辑能力已经使它的算术技能降到次等重要的位置上了。

开始时,我们常数着计算机的台数,起先世界上只有 4 台,分别在费城、亚伯丁、剑桥和华盛顿。然后有了 10 台。然后突然增加到 200 台。接着就是 35 000 台。计算机一代接一代不断增加,至今 50 美元的手控计算机拥有比在史密森尼安(Smithsonian)[1]里生锈的河马般的庞然大物(ENIACS,MARKS,SEACS 和 GOLEMS)更强的计算能力。或许不久以后,价值 1.98 美元的计算机将充斥杂货店,变成像塑料剃刀或克里尼克斯(Kleenex)[2]纸那样可以随便送人的东西。

据说在 20 世纪 40 年代末期,当 IBM 公司的老汤姆·沃森(Tom Watson)体会到计算机的潜力之后,他估计有两三台就能满足国家的需要。但无论他还是别的什么人都没有预见到,国家在数学方面的需要会奇迹般增加,使计算机的能力得到充分发挥。

今天,计算机与数学的关系在复杂程度上远远超出了外行的想象。很多人以为自称专业数学家的人都该使用计算机。实际上,同工程师、物理学家、化学家和经济学家相比,很多数学家对使用计算机倒是漠不关心和无知的。在他们看来,把创造性的数学研究工作加以机械化,无疑是在损伤他们的专业自尊心。当然,对于和科学技术工作者一道工作,以求得实际问题数学答案的应用数学家来说,计算机早已是多年来不可分离的助手了。

除了数字运算外,通过适当设计程序,计算机也具有完成很多符号化数学运算的能力。例如,它可以进行代数、微积分、幂级数展开和微分方程等方面的形式化运算。像FORMAC 或 MACSYMA 这样的程序对于应用数学家应该说是极为可贵的,但一直尚未利用,原因还不清楚。

工程公司使用的塑料模型(鲁默斯公司提供)

在几何学中,计算机是一种比传统制图室中的联动器和模板等都更强有力的绘图器。计算机图示学显示出那些仅从数学上或者说程序上规定的"物体"的有美丽影像的彩色图片。观察者会断言这些图像是真实物体的投影照片,可是他错了。这些画出

---

① 设在美国首都华盛顿的博物馆和研究机构联合体。——译者注
② 克里尼克斯是美国一种软清洁纸的商标。——译者注

的"物体"并非现实世界的存在物,有些"物体"也许是根本不可能真实存在的。

另一方面,使用实物模型有时仍比用计算机图像显示更为有效。著者熟悉一家化工公司的业务。它为石油化工企业设计车间时,由于这些车间有着性质极为复杂的网状排列管道,标准的公司业务是建造一个按比例的、用塑料组合玩具小部件拼装起来的、带彩色号码的模型,并利用这个实物模型以一种有效的方式进行工作。

计算机还适用于加强数值分析研究,并把矩阵理论从 50 年的沉睡状态中唤醒。它引起了人们对逻辑和离散抽象结构理论重要性的关注。它导致了线性规划和计算复杂性研究这样新学科的产生。

由于四色问题的偶然解决(见第 8 章),计算机开始在解决经典理论中未解决问题方面给予重要援助,就像直升机营救陷在佩科斯河① 淤泥中的大篷马车一样。但这方面的影响还是局部的。大多数数学研究工作多年来仍按老规矩行事,似乎根本没有考虑到计算机的存在。

但是近几年来,计算机已在纯粹数学领域产生显著影响。这可能是因为那些曾在中学时学过计算机程序课程,能像打电话和骑自行车一样使用计算机的新一代数学家已经成长起来了。数学研究从此发生了某种变化。现在,人们对构造性的和算法的结果有较大兴趣,而对没有或者很少有计算意义的纯存在的或论理的结果却不那么感兴趣了(见第 4 章的进一步讨论)。有计算机可以利用这一事实,引诱着数学家们朝着可以利用计算机的方向走去,从而使数学受到影响。然而,时至今日,大多数数学家的工作仍然是在没有发挥计算机的实际或潜在作用的条件下进行的。

进一步的阅读材料,见参考文献:D. Hartree;W. Meyer zur Capellen;F. J. Murray[1961];G.R.Stibitz;M.L.Dertouzos and J.Moses;H.H.Goldstine[1972],[1977];I.Taviss;P.Henrici[1974];J.Traub。

1.5　已知的数学知识有多少

布朗大学② 的数学书籍收藏在科学图书馆五楼。它的藏书在同类图书馆中被公认是相当完全的。粗略的计算表明这层楼藏有相当于中等篇幅的书 6 万册。这些书的内容有些显得多余而有些尚嫌不足,因此二者正相抵消。或许我们还应加上工程学、物理学、天文学、制图学等相近领域或经济学这样的新应用领域中同样多的数学数据,这样总量可达 10 万册。

10 万册! 这里的知识和信息的总量远远超出任何一个人的理解和掌握能力。然而这个数字同物理学、医学、法律或文学方面的藏书相比还是很小的。过去曾认为,一个专心致志的学生在有生之年基本上能掌握整个数学。俄罗斯-瑞士数学家奥斯特洛夫斯基

---

① 美国新墨西哥州东部与得克萨斯州西部的一条河流。——译者注

② 美国大学,本书著者之一 P.J.戴维斯(P.J.Davis)是该校应用数学系教授。——译者注

(Ostrowski)说过,当他在 1915 年前后参加马尔堡① 大学资格考试时,他要准备好能解决任何数学分支中的任何问题。

这样的主张今天不会有了。20 世纪 40 年代末期,冯·诺伊曼(von Neumann)曾估计,一个熟练的数学家所能掌握的知识,大约是当时数学知识总量的 1/10。按照流行的说法,知识总是在增加而不是减少。尽管怀特海(Whitehead)有过令人吃惊的估计,认为欧洲人在 1500 年所知道的东西,要少于古希腊人在阿基米德那个时代所知道的东西,可是上述那种说法仍继续流行。数学是以自身为基础聚集而成的。代数以算术为基础,几何学以算术和代数为基础,微积分以这三者为基础。拓扑学产生于几何学、集合论和代数。微分方程的基础是微积分、拓扑学和代数。数学常被描绘成一棵大树,它的根、树干和枝条被标以各分支和名称。这棵大树不断生长,它的结构不断扩展和充实。新理论不断产生。新的数学对象不断出现,并成为人们关注的中心。新的关系和相互联系不断被揭示,从而展现新的统一。新的数学应用也处于不断被寻求和设计之中。

在这种情况下,古老的和真的东西至少在原则上是被保留的。原来是数学的东西至少原则上还是数学。虽然数学疆域逐渐开阔,应用和理论上的分支纵横交错,但先前的成果仍然是理解后来成果的前提和基础。学生们知道,为了掌握微分方程理论,他们必须先学好初等微积分和线性代数课程。这种依从关系同其他学科,譬如艺术或音乐,是大不一样的。人们可以喜欢或"理解"现代艺术,而不必先熟悉巴洛克艺术;爵士音乐的产生并不需要以 17 世纪的情歌为基础。在数学中却不存在这种事情。

尽管把数学看成一门积累的科学有一定道理,这种看法仍然有些不够完善。在数学结构不断建立的同时,还有另外一些过程的作用使它们受到破坏。个别事实被发现是错误的或不完全的。有的理论变得不流行并被忽视了。有的著作变得晦涩模糊,只能对于文物工作者有用(比如 prosthaphaeresic multiplication,即通过三角函数的加法进行的乘法)。还有些理论已趋于定型,难以进一步发展。有些年代久远的著作要从现代角度重新阐释,有些古老公式甚至已变得很难理解了[牛顿(Newton)的原著现在只有专家们才能解释]。某些数学应用现在已没有意义并被忘却了(如齐伯林式飞艇② 的空气动力学)。较高级的方法被发现后就取代了较低级的方法(过去计算用的庞大的特殊函数表已为数字计算机中编好的近似计算所取代)。所有这些变化都引起到达数学意识前沿所必须掌握的数学材料的缩减。

还有些数学知识的丧失是因书籍等文献资料的毁坏和变质而造成的。图书馆在战争和社会动乱中会遭到毁减。没有被战争破坏的,还可能被化学作用破坏。早期印刷业使用的纸张应该说比现在的更精美。在 1850 年前后,便宜的酸处理木浆纸已经出现。用这种纸印成的书在我们阅读时若同受污染的空气接触,会自行毁坏,碎成纸屑。

要成为一个数学博士,需要读多少数学书籍呢? 平均说来,博士生需要学 14 到 18

---

① 德国莱茵河畔城市。——译者注

② 一种圆筒形硬式气球,内设许多气囊及推进驾驶机器,为德国将军冯·齐柏林(von Zeppelin,1838—1917)首创,现已过时。——译者注

门大学数学课程和 16 门研究生课程。如果每门课读一本教科书,再加上同等数量的补充读物和参考书,那么总量将为 60 至 80 册书。换句话说,大约需要两层书架上的书。这个数字没有超出一个人的理解能力所能达到的范围,是现实的。

因此,如果要我们把 6 万册书比作数学知识的海洋,那么 60 或 70 册书就是这个海洋的平均深度。在这个海洋的不同区域,即在数学的各不同专业里,每个专家大体上都要读这么多书籍。用 60 除 6 万,我们可以发现数学中至少有 1 000 个专业。当然这还只是一个过低的估计,因为很多书籍是列在不止一个专业的基础书目中的。根据美国数学会 1980 年的粗略分类(附录),数学著作可划分为 3 000 多个种类。其中大多数领域里的新数学知识都在日益增加。数学海洋在深度和广度上都是不断扩展的。

进一步的阅读材料,见参考文献:J.von Neumann;C.S.Fisher。

1.6 乌拉姆的困境

我们可以用"乌拉姆的困境"这个术语,来表示乌拉姆(Ulam)[①] 在他的自传《一个数学家的奇遇》(*Adventures of a Mathematician*)中生动描绘的情景:

> 几年前,我在普林斯顿为庆祝冯·诺伊曼的计算机建成 25 周年所做讲话时,忽然间想到应在脑子里估算一下每年有多少定理在数学杂志上发表。我进行快速心算后判断每年大约有 10 万个定理,随即讲了出来。我的听众大吃一惊。第二天,听众中的两位年轻数学家来告诉我,由于这个巨大的数字所产生的深刻印象,他们在研究院图书馆进行了更系统更详尽的研究。通过将杂志数乘上每年出版的期数,再乘上每期的论文数和每篇论文中平均的定理数,他们得出的结果是每年发表近 20 万个定理。如果这个数字大到超出一个人的阅读能力,能依靠谁来判断哪个定理'重要'呢? 如果没有相互作用,就不会有适者生存。要始终跟上当代的成果,即使仅仅是那些更突出、更令人鼓舞的成果,实际上也是不可能的。这种状况怎么能与认为数学将作为一门科学而存在下去的观点协调起来呢? 在数学中,人们变得只能同自己狭小的专业领域相结合。由于这一点,判定数学研究的价值已越来越困难。大多数数学家变成了技艺专家。年轻的科学家们所研究的对象的种数以指数率增长。或许人们不应把这种情况称为思想污染。它大概反映了产生出百万种不同昆虫的自然界的丰富多彩。

所有数学家都意识到乌拉姆描绘的这种情景。只有在一个特殊专业的狭窄眼界内,人们才能看到协调一致的发展模式。什么是数学中的主导课题呢? 什么是最重要的最新进展呢? 局限在例如"非线性二阶椭圆形偏微分方程"这样一个狭窄的专业范围内,是可能回答这类问题的。

但是要在一个较宽的范围内提出这样的问题,几乎是毫无用处的。这里有两个原

---

① 乌拉姆(1909—1984),美国数学家。——译者注

因。首先,一个人很难驾驭两三个以上的现代数学领域,因而对较宽范围的全面评价需要综合许多人的不同意见,其中有些是批判性的,有些是调和性的。即使不出现这个困难,即使我们能得到某些理解和掌握整个数学领域中当前研究成果的人的评论意见,也还会遇到第二个困难:我们并没有一个能用来对众多的数学领域中的工作进行评价的统一标准。就非线性波传播和类型论逻辑这两个领域来说,在两方面的工作者看来,各自的领域中都有非常重要的发现。但毫无疑问,没有谁能同时理解这两个领域里发生的事情,而 95% 的数学家很可能对二者都一无所知。

在这种情况下,准确的判断和合理的规划几乎是不可能的。事实上,没有人企图从总体上判断全部数学中哪些东西是重要的,哪些是短暂的。

库朗(Courant)在很多年前写道:如果数学之河同物理学分离,就会解体为许多互不关联的小溪流,最终完全干涸。事实上情况并非如此。似乎数学的各条支流都溢出堤岸,汇合起来,在一个广阔平原上泛滥,以致我们只看见无数河流或分或合,其中有些很浅而无流向,而那些较深的和水流迅速的河道很容易丧失在一片混沌之中。

联邦基金管理机构的发言人明确否认在不同数学领域之间进行评价或选择的企图。某个领域提出申请并通过鉴定的研究项目越多,得到的基金当然也越多。在没有人认为自己有权利或资格进行价值判断的情况下,决定是由"市场"或由"民意"做出的。然而一项民主的决定需要通过辩驳和争论来进行,以便使全体选民知情。而在数学的价值判断中,实际上不存在争论或讨论。这里的投票更像是消费者在决定买或不买某种日用品时的经济投票。或许经典的市场经济和现代的商品理论在这里都会起某种作用。这里没有适者生存的保证,除了在同义反复的意义上,说任何实际上生存的事物就已经证明了自己是"适者"。

我们能试图建立某些合理的原则,以便对每年 20 万个定理进行整理吗? 或者我们应简单承认定理的选择并不比昆虫种类的选择更为必要吗? 无论哪种情况都不尽如人意。关于应出版什么东西和应提供哪些基金,每天都要做出决定。然而非专业的人没有一个有能力做出这样的决定,而在专业领域,也几乎没有一个人有能力在一个狭窄分支之外的范围内做出这样的决定。有些杰出的数学家的专业领域包括几个主要的分支(如概率论、组合论和线性算子理论)。通过把这些人组织起来,可以建立重要杂志的编委会或联邦基金管理机构的咨询小组。这样的组织怎样做出决定呢? 可以肯定,他们在对今天数学中最有价值和最重要的东西进行基本选择时,是既不会争论也不会有一致意见的。

我们发现,我们在判断数学中有价值的东西时的根据,是我们对数学自身性质和宗旨的看法。数学中的知识究竟是怎么回事? 数学命题传达了何种意义? 这样一来,日常数学实践中不可回避的问题就是导向认识论和本体论上的基本问题,然而大多数数学家已学会把这些问题作为不相干的事情绕过去。

实际上,数学界的每一个人都在自己的领域里认真履行自己的义务(虽然他可能怀疑别人),各个分支遵循互不侵犯、互不关心的原则。每个"领域"都有自己的边界,人们无须为自己领域的存在辩护,同时每个人都容许其他各种多余的数学分支的继续存在。

进一步的阅读材料,见参考文献:B. Boos and M. Niss; S. Ulam; Anon, "Federal Funds…"。

1.7　可能有多少数学知识

由于计算机每秒提供几十亿比特的信息,由于每年有 20 万个数学定理依靠传统的手工方式产生,现在这个世界显然处在数学生产的黄金时代。但能否说现在也是数学新观念产生的黄金时代呢? 那就是另一回事了。

从史料上看,人类好像能够不断创造数学观念,但这种简单看法是基于一种线性的(或指数的)推断之上的。这种看法没有说明由于材料无意义或被废弃而引起的缩减,也没有说明某些课题内部饱和的可能性。而且这种看法必须假定能得到整个社会的不断支持。

内部饱和的可能性之所以令人感兴趣,原因是在一个适当限制的表达或运算方式内,可以认识的不同形式是相当有限的。虽然这些形式可以无限地增生,但少许范例就足以表达这一方式的特征。因此,尽管可以说不存在完全相同的两片雪花,但应承认,从视觉欣赏的角度看,当你认识了少许雪花,也就认识了全部。

在数学中,不少领域显示出内部枯竭的征兆,如涉及圆和三角形的初等几何,或经典的复变函数论。虽然前者可能给初学者提供练习机会,后者可应用于其他领域,但是看来很难使这两种理论在它们限定的范围内再产生新的令人吃惊的成果。

似乎可以肯定,人类在任何时候所能承受的现存数学知识量总有一个限度。当新的数学分支产生时,老的分支必然被忽视。

迄今所有经验似乎都表明,新的数学问题有两个永不枯竭的来源。一个来源是科学技术的发展,因为科学技术总是需要得到数学的帮助;另一个来源是数学自身。当它变得更为精致和复杂时,每个新完成的结果都将成为几种新的研究活动的潜在出发点。每一对表面上互不相关的数学分支都构成一个含蓄的挑战,它要求人们去发现二者间丰富的联系。

尽管数学中每个专门领域也许将来会枯竭,尽管数学成果的指数增长迟早必然会稳定下来,但整个数学发展的终点是难以预见的,除非人类不再追求更多的知识和力量了。这样一种追求的终点可能有一天会真的来到,但结果将是胜利还是悲剧呢? 现在是无法预见的。

进一步的阅读材料,见参考文献:C.S.Fisher;J.von Neumann。

附录 A

1910 年前大事年表

前 2200 年　尼普尔(Nippur)①数学铭文。

前 1650 年　莱因特纸草书：数字问题。

前 600 年　泰勒斯(Thales)：演绎几何的开始。

前 540 年　毕达哥拉斯(Pythagoras)：几何、算术。

前 380 年　柏拉图(Plato)。

前 340 年　亚里士多德(Aristotle)。

前 300 年　欧几里得：演绎几何系统化。

前 225 年　阿波罗尼斯(Apollonius)：圆锥曲线。

前 225 年　阿基米德：圆与球、抛物线下面积、无穷级数、力学、流体静力学。

前 150 年　托勒密(Ptolemy)：三角学、行星运动。

250 年　丢番图(Diophantus)：数论。

300 年　帕普斯(Pappus)：汇编和评论、非调和比。

820 年　阿尔·花拉子模(al Khowarizmi)：代数。

1100 年　奥玛尔·海雅姆(Omar Khayyam)：三次方程、历法问题。

1150 年　婆什迦罗(Bhaskara)：代数。

1202 年　斐波那契(Fibonacci)：算术、代数、几何。

1545 年　塔塔利亚(Tartaglia)，卡当，费拉里：高次代数方程。

1580 年　维叶特：方程理论。

1600 年　哈里奥特(Harriot)：代数符号体系。

1610 年　开普勒：多面体、行星运动。

1614 年　纳皮尔(Napier)：对数。

1635 年　费马：数论、极大与极小。

1637 年　笛卡儿：解析几何、方程理论。

1650 年　帕斯卡(Pascal)：圆锥曲线、概率论。

1680 年　牛顿：微积分、方程理论、引力、行星运动、无穷级数、流体静力学和动力学。

1682 年　莱布尼茨(Leibniz)：微积分。

1700 年　伯努利(Bernoulli)：微积分、概率论。

1750 年　欧拉：微积分、复变数、应用数学。

1780 年　拉格朗日(Lagrange)：微分方程、变分法。

1805 年　拉普拉斯(Laplace)：微分方程、行星运动、概率论。

1820 年　高斯(Gauss)：数论、微分几何、代数、天文学。

---

① 伊拉克地名。——译者注

1825 年　鲍耶(Bolyai)，罗巴切夫斯基(Lobachevsky)：非欧几何。

1854 年　黎曼：积分理论、复变数、几何。

1880 年　康托尔(Cantor)：无穷集合论。

1890 年　魏尔斯特拉斯(Weierstrass)：实分析和复分析。

1895 年　庞加莱(Poincaré)：拓扑学、微分方程。

1899 年　希尔伯特(Hilbert)：积分方程、数学基础。

1907 年　布劳威尔：拓扑学、构造主义。

1910 年　罗素(Russell)，怀特海：数理逻辑。

古代中国数学大事年表

《周髀算经》(前 300?)：天文学计算、直角三角形、分数。

《九章算术》(前 250)。

刘徽：《海岛算经》(250)。

佚名：《孙子算经》(300)。

祖冲之(430—501)：《缀术》。$\pi \approx 355/113$。

王孝通：《缉古算经》(625)；三次方程。

秦九韶：《数书九章》(1247)；高次方程、霍纳法。

李冶(1192—1279)：《测圆海镜》；导致高次方程的几何问题。

朱世杰：《四元玉鉴》(1303)；帕斯卡三角形、级数求和。

郭守敬(1231—1316)："授时历"、球面三角学。

程大位：《算法统宗》(1593)，现存最古老的讨论算盘的著作。

利玛窦和徐光启：《几何原本》(1607)，译自欧几里得原著。

附录 B　数学分类(1868 年和 1979 年的比较)

1868 年的数学分类［根据当时德文《数学进展年鉴》(*Jahrbuch über die Forschritte der Mathematik*)］

历史和哲学	函数论
代数学	解析几何学
数论	综合几何学
概率论	力学
级数	数学物理
微积分	大地测量学和天文学
	38 个分支

1979 年的数学分类(根据《数学评论》)

总论

历史和传记

逻辑和基础

集合论

组合论,图论

序,格,有序代数结构

一般数学系统

数论

代数数论,域论和多项式

交换环和代数

代数几何学

线性和多重线性代数,矩阵理论

结合环和代数

非结合环和代数

范畴理论,同调代数

群论及其推广

拓扑群,李群

实变函数

测度和积分

复变函数

位势理论

多复变函数和解析空间

特殊函数

常微分方程

偏微分方程

有限差分和函数方程

序列,级数,可和性

逼近和展开式

傅立叶分析

抽象调和分析

积分变换,运算微积

积分方程

泛函分析

算子理论

变分法和最优控制

几何学

凸集和几何不等式

微分几何学

一般拓扑学

代数拓扑学

流形和胞腔复形

整体分析,流形上分析

概率论和随机过程

统计学

数值分析

计算机科学

一般应用数学

质点和系统的力学

固体力学

流体力学,声学

光学,电磁理论

经典热力学,热传导

量子力学

统计物理,物质结构

相对论

天文学和天体物理

地球物理

经济学,运筹学,规划论,对策论

生物学和行为科学

系统论,控制理论

信息和通信,电路,自动机

约 3 400 个分支

作业与问题

数学景观

数学是什么？数学在哪里？数学社会。这个行业的工具。已知数学知识有多少？乌拉姆的困境。可能有多少数学知识？

探讨题目

(1)数学是什么？

(2)数字 π。

(3)计算机科学及其与数学的关系。

(4)没有符号的数学。

主题写作①

(1)简要说明你的数学观念，叙述在读了第 1 章并在你的数学班上讨论后如何影响了这种观点。至少给出两个特例。

(2)阅读克拉克(Clark)的《毕达哥拉斯传》(*On the Pythagorean Life*，利物浦大学出版社，1989)。假定你现在正参加辩论。你的对手刚刚结束认为数学对自然界未做任何事情的发言。根据你的阅读，说明毕达哥拉斯学派发现的数学与自然界的三种联系，并提出你根据自身经验判定的第四种联系。

(3)人们可能将某些特点归属于美术或音乐。什么特点与数学有关？即你会把与别的学科相同或不同的哪些性质与数学相联系？

(4)尝试说明你的妹妹给数学下定义如何困难。她正在学习代数，并认为这个数学分支就是唯一的数学。此外，她并不知道作为数学家的那些人，更不认为数学有过什么变化。

(5)你如何定义 π？它是哪一类数？哪些著名数学家对它进行过研究？我们在哪里发现 π？为什么数学家要继续尝试测算它？

(6)写一页回答下列问题的短文：

①引言：根据你对引言的阅读，描述数学中证明的作用。除证明外还有哪些其他活动在数学家的工作中发挥着作用？

②序：你觉得在课堂上"做"数学与"谈论"数学有什么不同？在第二种类型的数学课堂上提出了哪些问题？

---

① 由教师出题，要求学生写出数百字或数百字以上的短篇论文。——译者注

③什么是数学？你如何回答这一问题？什么是数学的"内容"？

④数学在哪里？是"发现"还是"发明"数学？你是怎么想的？

⑤数学社会:存在数学家的"社会"这种东西吗？你认为数学是一种社会的活动还是个人的活动？还是兼而有之？

⑥这个行业的工具:描述计算机如何影响数学。这些年来,还有哪些其他的数学工具？

⑦已知的数学知识有多少？考虑到这个领域里知识的增长,数学如何区别于艺术或物理学？

⑧乌拉姆的困境:描述乌拉姆的困境。

(7)你是数学社会的一员吗？你会成为其中的一员吗？你的教师是其中一员吗？为你的答案提供证据。

计算机问题

实数系不可能在数字计算机上实现,有理数集不可能在数字计算机上实现。对此加以讨论。

建议读物

Descartes' Dream ("This Mathematized World," "Descartes' Dream, Where the Dream Stands Today," "The Limits of Mathematics," "Mathematics as a Social Filter") by Philip J. Davis and Reuben Hersh (Boston: Harcourt Brace Jovanovich, Inc., 1986).

"How Mathematicians Develop a Branch of Pure Mathematics" by Harriet Montague and Mabel Montgomery in *Mathematics, People-Problems-Results*, Vol. I, edited by Douglas M. Campbell and John C. Higgins (Belmont, MA: Wadsworth, Inc., 1984)

"Rigor v. Intuition in Mathematics" by John Kemeny in *Mathematics, People-Problems-Results*, Vol. I, edited by Douglas M. Campbell and John C. Higgins (Belmont, MA: Wadsworth, Inc., 1984).

"Mathematics as a Cultural System" by C. Smoryinski in *The Mathematical Intelligencer*, Vol. 5, No. 1, 1983.

"The Mentality of the Mathematics. A Characterization" by Max Dehn in *The Mathematical Intelligencer*, Vol. 5, No. 2, 1983.

The History of Mathematics, An Introduction by David Burton (Dubuque, IA: William Brown Publishers, 1991).

"Mathematics: Art and Science" by A. Borel in *The Mathematical Intelligencer*, Vol. 5, No. 4, 1983.

"Mathematics Rooted in Mystery" by Mary Coughlin in *The Mathematical Intelligencer*, Vol. 5, No. 1, 1983.

"Historical Sketches" in *Mathematics, People-Problems-Results*, Vol. I, edited by D. M. Campbell and J. C. Higgins (Belmont, MA: Wadsworth, Inc., 1984).

Episodes From Early Mathematics by A. Aaboe (Washington, D.C.: Mathematical Association of America, 1964).

Great Moments in Mathematics—Before 1650 by H. Eves (Washington, D.C.: Mathematical Association of America, 1983).

"*The Health of Mathematics—A Second Opinion*" by M.Hirsh in *The Mathematical Intelligencer*, Vol.6, No.3, 1984.

"The Mathematician's Art of Work" by J.E.Littlewood in the *Rockefeller University Review*, No.9, December, 1967.

"The Health of Mathematics" by S.Mac Lane in *The Mathematical Intelligencer*, Vol.5, No.4, 1983.

The Nature and Growth of Modern Mathematics by Edna E.Kramer (Princeton: Princeton University Press, 1981).

"Mathematical Judgement" by F.Browder in *The Mathematical Intelligencer*, Vol.7, No.1, 1985.

"When Mathematics Says No" by P.J.Davis in *Mathematics Magazine*, Vol.59, April, 1986.

Two-Year College Mathematics Readings, edited by Warren Page (Washington, D.C.: Mathematical Association of America, 1981).

"The Mathematician" by John von Neumann in *The World of Mathematics*. Also in *Works of the Mind*, R.B.Heywood, ed.(Chicago: University of Chicago Press, 1947).

"Pernicious Influence of Mathematics on Science" by J.T.Schwarz, *Proceedings of the 1960 International Congress on Logic, Methodology and Philosophy of Science* (Stanford: Stanford University Press, 1962).

第2章 数学经验种种

2.1 当代的个体和集体意识

当代数学家的思想和活动中不断显示出来的知识、实践和愿望是有限的。经常应用的或正在形成中的数学是当代意识的一部分。用计算机科学的术语来打比方,可以说这部分材料是藏在高速记忆或存储器中的。在任何给定的时刻,人们在数学方面做些什么,创造些什么,实践些什么,都可以用两种不同的方式去观察:或是看作已经凝固的更大的文化和理智的意识与环境的一部分,或是看作不断变化的意识的一部分。

阿基米德头脑中的意识不同于牛顿头脑中的意识,后者又不同于高斯头脑中的意识。这里不仅仅是一个"更多"的问题,即高斯知道的数学比牛顿多,牛顿知道的又比阿基米德多。这里还有一个"不同"的问题。知识的现状被交织成一个包含不同动机和愿望、不同解释和可能性的网络。

阿基米德、牛顿和高斯都知道三角形内角和是 180°。阿基米德认为这既是一种自然现象,又是欧几里得公理基础上的演绎结果。牛顿把这一命题看作一个推论和一种应用。但是,他或许也考虑过这样的问题:是否这一命题如此真实,与宇宙中那些正确的事物如此关系密切,以至全能的上帝不会对它置之不理。高斯认为这一命题时而有效时而无效,它取决于人们如何进行演绎游戏。他担心在类似基础上也可能导出同欧氏几何相矛盾的奇怪结论。

再举一个更初等的例子。计数和运算是可以并已经用各种方式进行的,如借助于石子、算盘、算珠、手指、铅笔和纸、机械加法器、手控数字计算机等。每种方式都使人们对整数和它们之间的关系获得稍有不同的理解。如果今天有人责骂孩子们用计算器做算术,那么就主张计算器不能代替用纸和笔做算术的训练而言他是正确的。但认为用纸和笔做算术就是理想的,而代替它的东西就不可行,则是错误的。

要理解早期的数学,需要深入到当时的个体和集体意识中去。这是一个特别困难的任务,因为传给我们的正式的和非正式的数学著作对意识网络的描述很不详尽。仅仅以印刷记录材料为基础未必能重建数学的意义。下面我们将力图对那些隐藏在数学研究活动后面的内部情感,进行概要的考察。

2.2　理想的数学家

　　我们将为"理想的数学家"勾画一幅肖像。所谓"理想的数学家",并不是指完美无缺的数学家,而是说我们要描述最像数学家的数学家,就像人们描述理想的纯种猎狗或理想的 13 世纪僧侣一样。我们将构思一个实际上不可能存在的纯粹的典型人物,以展示数学家这个角色的自相矛盾的和成问题的方面。我们尤其想清楚地揭示数学家的实际工作和活动与数学家对自己的工作和活动的理解之间的分歧。

　　理想的数学家的工作,只是对于一个少则几十人,多则几百人的很小的专家群体,才是可以理解的。这个群体只存在了几十年,它很可能在另一个几十年里荡然无存。然而,数学家们都认为自己的工作是世界真实结构的一部分。它包含着永恒的真理。自有史以来,甚至在宇宙中最遥远的角落,莫不如此。

　　数学家把自己的信念置于严格证明的基础上。他相信正确证明与非正确证明之间的区别是不会弄错的,是明白清楚的。他认为对一个学生最严厉的责骂,莫过于说"他甚至不懂什么是证明"。然而他对"严格"的含义是什么,或哪些事情是严格证明所需要的,却不能给出有条理的解释。在他自己的工作中,完全证明与不完全证明之间的界限总有些模糊,并且常常是成问题的。

　　在谈论理想的数学家之前,我们需要为他选择一个专业领域,一个研究课题,比如说"非黎曼超正方形"。

　　理想的数学家的标志是他的研究领域是什么,他出版了多少东西,尤其是使用了谁的工作,以及追随谁的道路选择自己的课题。

　　他所研究的对象的存在,除了少数同行之外,别人都不知道。事实上,如果一个外行人问他研究的是什么,他不可能表达清楚。必须苦学几年,以了解他为之献身的理论,这样才有可能听懂他对他的研究所做的解释。如果没有这个准备,人们只好听他做出某个"定义",而这个定义会深奥得无法听懂。

　　我们这位数学家研究的对象在 20 世纪之前,甚至可以说距现在 30[①] 年前,还无人知晓。今天它们也只是他的几十个(至多几百个)同行生活中的主要兴趣。然而这位数学家和他的同行毫不怀疑,"非黎曼超正方形"像直布罗陀山和哈雷彗星一样确定而客观地真实存在着。事实上,非黎曼超正方形存在的证明是他们的主要成就之一。而直布罗陀山的存在尽管非常可能,却没有经过严格的证明。

　　我们的数学家从未想到问一下这里"存在"意味着什么。人们可以观察他是怎样工作的,注意"存在"一词具体代表什么,来发现它的意义。

　　在任何情况下,非黎曼超正方形对他来说都是存在的。他热情洋溢地研究它,整天整天地思考它。他生活的成功之处就在于能发现关于它的新事实。

---

① 该书第 1 版 1981 年出版。——译者注

他发觉同那些根本没听说过非黎曼超正方形的大多数人很难进行有意义的对话。这给他造成了严重困难。他系里的两个同事对非黎曼超正方形有所了解,但其中一个在休假,另一个对非欧拉半环更有兴趣得多。他常常去参加学术会议,利用夏季访问同行,会见那些能同他对话,能欣赏他的工作的人们。他们的承认、赞同和美誉是他所能希望得到的唯一有意义的报酬。

在这些会议上,主要话题总是非黎曼超正方形的"判定问题"(也许是"构造问题"或"分类问题")。这个问题是由建立非黎曼超正方形理论的某个"不知其名"教授最先提出来的。"不知其名"教授陈述了这个问题并给出了一个局部解,所以这问题是重要的。遗憾的是,除了教授本人外,别人都看不懂。从那时起,所有优秀的非黎曼超正方形工作者都研究了这个问题,获得许多局部结果,因而使这个问题有了显著的地位。

我们的英雄常常梦想他已解决了这个问题。他两次在清醒时相信他解决了,可是两次都被另几位献身非黎曼事业的人发现了他推理过程中的漏洞,因此问题依然没有解决。在这中间,他继续发现有关非黎曼超正方形的新的有趣的事实。他把这些结果用非正式的速记形式告诉同事们:"如果把切线光滑化算子应用于左拟袢,那么可获得优于二次的估值,因此伯格斯坦定理的收敛值结果就变成与斯坦伯格定理的逼近度同阶。"

可是,这种形式活泼的风格在他的正式出版物中见不到了。在那里他把形式化推向了顶峰。在 3 页定义之后是 7 个引理,最后是一个定理,它的前提的陈述占了半页,而它的证明基本上归结为"用引理 1～7 与定义 A～H"。

我们这位数学家的著作遵循一条不变的惯例:力图不让人知道作者或拟定的读者是人。它造成这种印象:似乎从所陈述的定义出发,通过纯机械的程序,就一定能导出所期望的结果。其实,还从来没有制造出能接受他的定义作为输入的那种计算机器。如果要读他的证明,人们必须了解包含动机、标准的论证和实例、思想习惯以及被一致同意的推理方式在内的一整套亚文化。拟定的读者(一共有 12 个人)能破译这种形式化的表达式,发现隐藏在引理 4 中的新观念,忽略掉引理 1,2,3,5,6,7 的常规而乏味的计算,懂得作者在做些什么,为什么要这样做。但对于外行人来说,它将是一个永不泄露秘密的暗语。如果(但愿不要这样)非黎曼超正方形的学术团体成员都去世了,我们的英雄的著作将变得比玛雅文字更难破译。

当理想的数学家(ideal mathematician, IM)接受大学的一个宣传部门人员(public information officer, PIO)的访问时,思想交流的困难就生动地显现出来了。下面是他们的对话。

　　PIO　我感谢您抽出时间同我谈话。数学总是我最糟的课程。

　　IM　　没关系,欢迎您来。

　　PIO　我被指定写一条有关恢复您的拨款的消息。通常的事情只是一句话:"X 教授接受 Y 美元拨款以继续从事他的非黎曼超正方形判定问题的研究。"不过我想,尝试向人们进一步说明您的工作究竟涉及些什么事情,对我来说倒是一次很不错的挑战。首先,什么是超正方形呢?

    IM   我不想说,但真实情况是,如果我告诉您它是什么,您会以为我要羞辱您,使您觉得自己是笨人。这个定义实际上有些专门,大多数人不可能理解它的意义。

    PIO   工程师和物理学家们能否对它有所了解?

    IM   不能,或许少数理论物理学家能做到这一点,非常少。

    PIO   如果您不能给出它的真实定义,您能否略微谈谈您的工作的一般性质和目的呢?

    IM   好,我试试看。考虑一个测度空间 Ω 中的光滑函数 f,在一个具有浸润型收敛结构的集束核上取它的值。最简单的情况是……

    PIO   或许我问了一个不该问的问题。您能谈谈您的研究的应用情况吗?

    IM   应用吗?

    PIO   是的,应用。

    IM   我听说有人已尝试把非黎曼超正方形用来作为核物理中基本粒子的模型。我不知道在这方面是否有进展。

    PIO   在您的领域里近来是否有了什么重要突破?是否有了什么人们正在谈论着的令人兴奋的新成果?

    IM   有的。这就是斯坦伯格和伯格斯坦的论文。它至少是近五年来的最大进展。

    PIO   他们做了什么事?

    IM   我不能告诉您。

    PIO   我知道了。您觉得您的领域里的研究得到了足够的支持吗?

    IM   足够吗?差不多是口头上的。这个领域里的一些最优秀的年轻人得不到什么研究资助。我毫不怀疑,如要有额外支持,我们在判定问题上的进展将会迅速得多。

    PIO   您认为这个领域的工作会带来这个国家普通公民能理解的某种结果吗?

    IM   不会。

    PIO   工程师或科学家呢?

    IM   我很怀疑。

    PIO   在纯数学家中,会有大多数人对你们的工作感兴趣或熟悉吗?

    IM   不会的,只有很少一些人能这样。

PIO　　关于您的工作,究竟有没有什么愿意说的?

IM　　常说的那句话就够了。

PIO　　您不希望公众同情和支持您的工作吗?

IM　　当然希望,如果这不意味着贬低我自己。

PIO　　贬低您自己?

IM　　这种事情牵涉公共关系的把戏。

PIO　　我懂了。再次感谢您费时间接待我。

IM　　没关系。谢谢您。

是的。对一个宣传部门人员,能期望些什么呢? 让我们再看看理想的数学家如何对待一个提古怪问题的学生。

学生　先生,什么是数学证明?

IM　　你不知道这个吗? 你在几年级?

学生　大学三年级。

IM　　怪哉! 数学证明就是三年来每周三次你看到我在黑板上所做的事。这就是证明!

学生　很抱歉,先生,我应解释一下。我在哲学系,不在数学系。我没听过您的课。

IM　　噢,是这样。不过我想你总还学过一些数学,不是吗? 你知道微积分基本定理或代数基本定理的证明吗?

学生　我知道几何、代数和微积分中的论证叫作证明。我想问的不是证明的实例而是证明的定义。不然,我怎么知道哪些例子是正确的呢?

IM　　好,我想这里的全部事情已经被逻辑学家塔斯基(Tarski)和其他人,大概是罗素或皮亚诺(Peano)弄清楚了。不管怎样,你做的事是先用有给定符号表或字母表的形式语言写出你的理论的公理,然后用同样的符号语言写出你的定理的前提,然后根据逻辑法则从前提出发一步一步地推导,直至获得结论。这就是证明。

学生　真的? 怪事! 我选学过初等和高等微积分、基础代数和拓扑学,我从未看到这么做。

IM　　是的,当然没有人真这么做。这不是一朝一夕的! 你只要表明你能这么做,那就足够了。

学生　不过在我的课程和教科书里甚至连这一点也做不到。归根结底数学家并不搞证明。

IM　　不是的。如果一个定理没有被证明,就不能说明任何事情。

学生　那么什么是证明？如果它就是用形式语言和搞公式变换，那么没有人曾经证明任何事情。在能进行数学证明之前，必须通晓全部形式语言和形式逻辑吗？

IM　当然不是！这些东西知道得越少越好。这是些完全抽象的无意义的东西。

学生　那么数学证明究竟是什么？

IM　噢，它是使了解这个学科的人感到信服的论证。

学生　了解这个学科的人吗？那么证明的定义就是主观的，它仍依赖于特定的个人。在能确定某件事是不是证明之前，必须首先确定谁是专家。这和证明有什么关系呢？

IM　不，不。这里没有任何主观性。每个人都知道证明是什么。只要读一些书，听一个有能力的数学家讲一些课，就会理解这一点。

学生　您可以肯定吗？

IM　如果你在这方面没有才能，可能你就不会理解。这种事情也会有的。

学生　那就是说您决定什么是证明，如果我不学着以同样的方式来决定，您就认为我没有才能。

IM　如果不是我，还有谁？

接着，理想的数学家会见了一位实证主义哲学家（positivist philosopher, PP）。

PP　您的柏拉图主义有些令人难以置信。最笨的大学生都清楚地知道不要使对象（实体）成倍地增加，你所得出的只是一小批，而是无穷多个对象（实体），除了您和您的伙伴之外，谁都不理解它们！您不觉得您在哄骗谁吗？

IM　我对哲学没有兴趣，我是一个数学家。

PP　您就和莫里哀喜剧中那个从不知道自己是在谈论散文的角色一样糟糕！您所谓的"存在的严格证明"纯粹是哲学上的废话。您不知道存在的东西必须是被观察的，或至少是可观察的吗？

IM　请注意，我没有时间介入哲学争论。老实说，我不相信你们这些人知道你们在谈些什么。不然你们就会清楚地说明它，使我能理解它并检验你们的论证。至于说我是柏拉图主义者，那不过是一种方便的修辞手段。我从不认为超正方形存在。当我说它们存在时，只意味着超正方形的公理有一个模型。换言之，从这些公理推导不出任何形式矛盾。因此在标准的数学模式中，我们有自由去设定超正方形的存在。整个事情并不真正表明什么，它只不过是我们用公理和推理法则玩的一种类似下棋的游戏。

PP　好，我不想过分为难您。我认为，想象您在谈论某些真实的东西会有助于您的研究。

　　IM　我不是哲学家,哲学使我厌烦。你们不断争论,从无成就。我的工作是证明定理,而不是为它们意味着什么而担忧。

　　如果有机会,这位理想的数学家打算去会见外星人。他的最初的联络工作将是写出(或以其他方式传输)二进制圆周率展开式的前几百位数字。他认为任何能进行星系际通信的智力显然应该是数学性的,谈论人类思想和行动之外的数学智力显然是有意义的。此外,他认为二进制表达式和实数 π 显然都是宇宙的内在秩序的组成部分。

　　虽然他承认这二者都不是自然对象,但他坚持认为它们是被发现而不是被发明的。它们以某种形式被发现,正如它们以某种形式被我们了解一样,对于任何由原生黏质(primordial slime)① 充分发展,以至能同河外星系(或别的太阳系)进行通信的文明生物来说,都是不可避免的事情。

　　下面是理想的数学家同一位多疑的古典学者(skeptical classicist, SC)进行的对话。

　　SC　您相信您的数学和曲线,如同基督教传教士相信他们的耶稣受难像一样。如果一个传教士在 1500 年去过月球,他或许要向月球人挥动耶稣受难像以表明他是基督徒,并期望对方显示自己的标志作为回答。② 您在 π 的展开式上甚至更傲慢一些。

　　IM　傲慢吗? 它是核对了又核对的,直至十万位。

　　SC　我已看到您同一个不知道您的超正方形游戏的美国数学家可谈的话如何之少。您丝毫也不能同理论物理学家交流思想;您读不懂他的论文,他也读不懂您的论文。在您自己领域内 1910 年前写的研究论文,对您说来就像图坦卡蒙(Tutankhamen)③ 的遗嘱一样完全无用。这个世界上有什么理由表明您可以同外星文明生物进行通信呢?

　　IM　如果不是我,还有谁呢?

　　SC　任何人都能。像生与死、爱与憎、欢乐与失望这类事情的通信联系,难道不是比只有您和您的几百个同伙才能从田园空地上的鸡爪印上了解到的枯燥而迂腐的公式,更有普遍性吗?

　　IM　我的公式适合于星系际通信的理由,同它们不很适合于地球上通信的理由是相同的。它们的内容不是只与地球有关,不含有专门属于人类的东西。

SC　我想传教士关于他的十字架不会说同样的话,但也许是十分接近的,而且肯定是同样荒谬和狂妄的。

上面的描述并不是恶意的。其实,它们也适用著者本人。但是,数学家无疑由于长期熟悉而认为当然的数学研究工作,在局外人看来是一种神秘的,几乎无法解释的现象,这一事实往往由于过于明显而很容易被忘却。这里所谓局外人,不仅包括外行和其他专业学者,甚至可能包括那些在自己的工作中运用数学的科学家。

数学家总以为他对自己的看法是唯一需要考虑的看法。我们会允许其他秘密团体也有同样的主张吗?一个观察敏锐的有见识的局外人对某个团体的活动的公正描述,会不会比一个可能对同伙们的信念没有能力加以注意,更不要说提出问题的本团体成员的描述更可靠呢?

数学家们认为自己正在研究一种客观实在。而在局外人看来,他们似乎属于自己的一个秘密宗教派系和一个很小的朋友圈子。我们数学家怎样向多疑的局外人证明自己的定理在我们自己的团体之外的世界里有意义呢?

如果这样一个局外人接受我们数学家的戒律,通过两三年大学数学课程的学习,他就会吸取我们的思维方式,而不再是过去那个持批判态度的局外人了。同样地,基督教科学派(Scientology)①的一个批评者也可能通过向这个派别的"公认的权威""学习"几年而完全变成一个信徒。

如果某个学生不能接受我们数学家的思维方式,我们当然会叫他退学。如果他通过了我们的障碍路程后认为我们的论证是不清楚或不正确的,我们会把他看作怪人、疯子或不适宜者而开除掉。当然,所有这些都不证明我们对于我们在发现客观真理方面有一种可靠方法的自我感觉是不正确的。但我们必须转而意识到,在我们的团体之外,我们所做的大多数事情是不可能被理解的。我们没有办法使一个自信的怀疑论者相信我们所谈论的事情有意义,更不用说"存在"了。

2.3　一个物理学家看数学

物理学家如何看数学呢?我们不想通过概括很多物理学家的著作来回答这个问题,而是访问了一位被认为有着代表性科学观的物理学家。由于下面的概要报道不可能完全而准确地表示他的观点,所以他的名字已做了改动。

我们且称他为泰勒教授。他是技术科学的国际权威。他积极从事教学和研究,有着广泛的科学联系。1977年8月,著者在佛蒙特州的威尔明顿访问了泰勒教授,那时他和妻子在度假,欣赏网球和万宝路(Marlboro)音乐会。在访问中,著者力图不向被访者提出对抗性的见解,以免引起争论。

泰勒教授说他的专业领域在物理、化学和材料科学的交叉处,他不愿意只用一个词来描述这个结合点;尽管他广泛运用数学,他说自己肯定不是一个应用数学家。然而,他

---

①　20世纪50年代一种鼓吹信仰疗法的宗教派别。——译者注

认为他的很多观点是和应用数学家相同的。

泰勒要进行大量的计算。当问他自认为是数学的创造者还是使用者时,他回答说自己是一个使用者。他补充说他应用的数学大多是 19 世纪的数学。讲到当代的数学研究,他说他感到理智上接近它,它显示出多种多样复杂结构的内在统一。然而,他没有足够的动力去学习当代的数学,因为他感到这对他的工作没有多少用处。他认为最近发展起来的数学,很多内容已超过应用了。

他对新近发展起来的"非标准分析"似乎有了大致的了解。他说:

> 这个课题我很感兴趣,我希望花些时间去掌握它。在我的领域里的不少地方,需要同时处理完全不同的量级,用常规方法处理是很困难的。或许非标准分析的无穷小量有助于处理这类事情。

泰勒说他在专业工作中只是偶尔沿哲学思路考虑问题。他在科学哲学和物理哲学方面(基本上是量子物理领域)只读了很少的书。他对观察方式怎样影响物理过程和影响到什么程度的问题特别有兴趣。他说这些问题已对他的专业工作和观点有些影响,尽管他没有写过正式的任何有关著作。

虽然他自己对科学哲学可以说不很熟悉,但他相信这是一条重要的研究道路,所以他欢迎眼下的访问,并兴致勃勃地认真构思自己的回答。

泰勒并不了解数学哲学的主要的经典课题。在回答是否存在或发生过数学危机的问题时,他说听到过罗素悖论,但它同他感兴趣的事情似乎相距甚远。"这不是我应为之担忧的事情",他说。

泰勒对科学、数学及有关的各种哲学问题的态度,可用一句话来概括:他是模型理论或方法的强有力的雄辩的发言人,他认为物理理论是实在物的暂定模型。他频繁使用"模型"一词,并把讨论引到这种方法上去。他说数学本身是一种模型。数学的真理性或无可置疑性问题对他来说并不重要,因为各领域所有科学研究都具有暂定性质。问题不在于它如何真而在于如何"善"。在会见中,他从模型观点的高度,详细说明了他所谓的"善"的含义。

作为他的详细说明的一部分,他沿着下面的思路做了回答。物理学中有很多情况是十分混乱的。它们可能包含过多的同等重要的相互作用现象。在这种情况下,不能指望提出某种东西使之能被断定为"真实事物"的最好办法是提供一个有部分真理性的模型。这是一件试探性质的工作,人们只能希望它最为合适。所有物理理论都是模型。一个模型应至少能相当精确地描述某些现象。即使如此,构造模型时也会遇到麻烦。人们所构造的模型当然依赖于他们的知识背景。一个理想的模型应具有预见能力。因而构造太复杂的模型并不好,它不利于推理。模型是否太复杂要视数学或计算技术的一般情况而定。不过人们必须能从模型中先导出数学的,然后是物理的推论。如果这一点被发现由于种种原因而不可能实现,那么这个模型就没有多大意义了。

泰勒教授被要求评论当前的一种观点:科学方法可用归纳、演绎、证实这样一个序列概括起来,这个序列可根据需要重复多次。他回答说,他大致地赞同这种观点,但他想详细解释一下。

> 归纳涉及我对别人的观察和现存的理论的认识。演绎涉及构造模型和借助于数学推导得到物理结论。证实涉及预见尚未观察到的现象和希望实验科学家去寻找的新现象。

> 实验科学家和理论科学家是相互需要的。实验科学家需要模型来帮助他设计实验,否则他不知道往哪里看,他会在黑暗中工作。理论科学家需要实验科学家告诉他现实世界的情况,否则他的理论研究就会架空。二者必须保持足够的联系。我认为实际上这种联系是存在的。

当问及为什么这个专业会分裂成实验科学家和理论科学家两种类型时,他说除了专业化的一般趋势外,大概还有人的气质问题。"但鸿沟总是要被填平的,通常是被理论科学家填平。"

泰勒教授还被问及如何看待某个理论科学家的常被引用的观点,即认为理论的美要比正确更重要。

> 这话很中肯。事实真是如此。不过在我看来,光靠美学是不够的。按照我的经验,我倾向于用"可分析"一词代替"美"这个词。我愿意我的模型是美的,有效的,有预见力的。但是真正的目的是对情况的理解。因而模型必须是可分析的,可分析才能理解。如果所有这些都具备了,那当然是个伟大而难得的成就;但我要说,我的直接目的是可分析性。

他对数学证明的看法如何? 泰勒教授说他的论文中难得包含使数学家满意的那种形式证明。在他看来,证明没多大意思,对于他个人的工作没多大必要。不过,他感到自己工作中有某些成分可描述为数学推理或演绎。他说,数学真理就是能导出正确物理关系的推理。这些物理关系的经验性论证是可能的,正确的推理应能具有数学证明的形式,最终能做到这点是最好不过的。证明具有粉饰的作用,同时也是为了多少减轻些人们对经常所处境地的不安全的担心。不过,对他来说,从事数学证明将使他大大地偏离他的主要兴趣和方法论。

考虑到泰勒教授通晓计算机程序,著者请他评论一种流行意见,即数值科学或数值物理的目标是取代实验。他思索一会儿后回答说:

> 我认为必须把技术上的需要和纯科学方面的需要相区别。对于前者,我在有限意义上肯定这种意见。对于后者,我持否定态度。考察一个技术上的问题,如果有一个压力容器要经受很多很多次冷热循环,它究竟能承受多少次呢? 如果人们真的知道这一过程能使容器破裂(这一情况尚未发生),那就可以说,作为一个特例,计算机上的实验要比真实的实验更有效一些。这里涉及的事情有些像"生产"情况。

> 另一方面,在纯科学中,取消实验是一种矛盾的说法。人们了解宇宙中正

在发生什么事情的方法是通过实验。新的经验和新的事实就是从这里来的。

真空中的落体实验现在已没有什么意义了,因为牛顿力学已经是它的合适的模型。但是如果从比如宇宙学角度来考虑,因为这个领域里还不知道现存的模型是否合适,数值计算就不够了。

当被问及是否可能想象一种没有数学的理论物理学时,泰勒教授回答说这是不可能的。他还答称没有数学的技术也是不可能的。他补充说,技术中的数学或许比现代物理中的数学更初等,得到更充分的研究。但无论如何它是数学。数学在物理学或技术中的作用,是在复杂情况下作为强有力的推理工具。

当问及数学在物理学和技术中为什么如此有效时,访问者强调说"有效"一词是威格纳(Wigner)教授在一篇著名文章《数学在自然科学中不合理的有效性》中所用的。他回答说:

这关系到我们对构成"理解"的东西是什么这一问题的流行的习惯和信念体系。在物理学和技术领域所说的"理解",确切地说就是能够被数学解释或预见的那些东西。您可能以为这是在兜圈子,事实可能是如此。这个问题当然是基本上不能回答的。所以我只能这样构建我的答案。理解意味着通过数学来理解。

"您是否排除其他类型的理解呢?"

还存在一种可以叫作人文主义的理解或跨文化理解。我近来一直在读巴尔赞(Barzun)和罗扎克(Roszak)[①]的书。他们看来是在问什么东西与数字和小数点有重要关系。在惠特曼(Whitman)[②]的一首人们熟悉的诗《天文学家》中可以看到这个关系。惠特曼曾在库柏联合会(Cooper Union)[③]大厅听过一次天文学讲演。讲演结束后他走出大厅,仰望天空,感到从理论和符号中被释放出来的一种解脱。他感到了面对直接(毫无掩饰)的经验时的兴奋,如果你愿意那样说的话。

这种观点可能是正当的,尽管它导致了一个完全不同的结果。量的科学,即数学科学,在改变和控制自然界方面已被证明是有效的。因此社会上大多数人支持它。目前他们希望自然界被改变和控制,这当然是在我们能办得到,而且结果很好的范围内。人文主义观点是少数人的观点,但是它有一定影响,特别是在年轻人中间。这种观点带有防御性和好斗性,但由于是少数人的观点,对于量的科学只构成很小的威胁。

"在科学家和人文学者这两大阵营的冲突中,哪一方更了解另一方的事业呢?"

肯定科学家更了解人文科学。据我所知,很多科学家常常读小说、随笔、评论等,去音乐厅和戏院,参观艺术展览。人文学者们除了从报纸上了解一些科学界的事情外,很少阅读关于科学的材料。造成这种状况的一部分原因,是人

①　巴尔赞(1907—2012),美国大学教授和作家;罗扎克(1907—1981),美国雕塑家。
②　惠特曼(1819—1892),美国诗人。——译者注
③　美国纽约一个得到认可的高等教育学会。——译者注

文科学的轨迹只能在声音、视觉形象和普通语言中找到。科学语言因为含有具体的数学亚语言,所以对人文学者造成可怕的障碍。

当然,社会的目标是可变的。如果目标变了,对量的科学的追求可能变弱。科学和数学也许只由一个感兴趣的小团体从事研究。靠它谋生大概是不可能的。在 20 世纪 60 年代后期和 20 世纪 70 年代前期,我们只看到一些相当细微的征兆。

"有可能存在没有词和符号的知识吗?"

就专门性的意义而言,我理解的知识是能用符号表示的。讲到人文科学方面的问题,人们可以说一个熟练的作家用词来激发情感;或者当演奏莫扎特的乐曲时,能激发某种意识状态。符号化的词和音乐就是这种状态的模型。

"猫有知识吗?"

"猫知道某些事情,但这是另一种知识,不是我们平常所说的理论知识。"

"当花朵以六褶对称形式开时,它是在做数学吗?"

"不是。"

"您是否愿意评论古希腊时关于上帝是个数学家的说法?"

"它对我没什么意义。这是一个无用的观念。"

"什么是科学直觉或数学直觉呢?"

"直觉是经验的表示,是贮存的经验。人们的直觉能力是不同的。有些人比另一些人更快地获得直觉。"

"人们能被直觉欺骗到怎样的程度呢?"

"这种事情不少。我自己的工作中常有这种事。我对我自己说,这模型看来是充分的,但它恰恰不正确。有时我问自己,是不是我的模型比别人的更好一些呢? 我大概只能根据直觉来回答了。"

向泰勒提出的最后一个问题是,他究竟是不是数学柏拉图主义者,意思是说他是否相信数学概念独立于研究数学的人而在世界上存在。他回答说是的,但是是在有限的意义上,肯定不是在"神学"意义上。他相信某些概念会变得比其他概念优越得多,以致这些概念的流行和被普遍采用只是时间问题而已。这有些像一个达尔文主义的过程,即概念、模型和构造的适者生存。数学和理论物理学的进化是很像生物界的进化的。

2.4　沙法列维奇和新的新柏拉图主义

沙法列维奇(Shafarevitch)是当代代数几何研究的带头人之一,也是俄罗斯国家主义、正统的基督教和直率的反亲犹太人主义的带头倡导者之一。

在接受德国哥廷根科学院奖金的盛会上,他的演讲讨论了数学与宗教的关系。下面摘录其中几段：

数学表面上可能给人以这种印象，即它是分散在不同地区和不同时期很多科学家的个别努力的结果。然而，数学发展的内部逻辑却更多地使人觉得这像是单独一位智者的工作，他系统而连贯地发展数学思想，众多数学家的个别活动只不过是他的工具。这很像一个乐队在演奏某人创作的一部交响曲，一个主旋律循序由各种乐器表现。当一个演奏者被规定降低声部时，另一个就会升上来，用无可非议的精确度进行演奏。

这不是一种修辞手段。数学史上有很多事例表明，一项数学发现可能由几个数学家在不同时期完全独立地获得。伽罗瓦（Galois）在他那致命的决斗的前夜写下的信中，提出了有关代数函数积分的几个头等重要的论断。二十多年后的黎曼显然不知道有关伽罗瓦的信的任何事情，但他重新发现并精确证明了同样的论断。另一个例子是，在罗巴切夫斯基和鲍耶彼此独立地奠定非欧几何的基础之后，人们知道高斯和施魏卡特（Schweikart）在十年前也彼此独立地获得了同样的结果。当人们在四个科学家彼此完全独立地完成的工作中看到似乎是由一只手画出的同一个图案时，是感到多么奇妙啊。

人们惊异地想到，这样一种迷人的和神秘的人类活动，一种已延续了几千年的活动，不可能只是一种巧合，它必定是有某种目的的。我们意识到了这一点，就不可回避地面临这样的问题：**这个目的是什么？**

任何活动若无目的，也就失去了意义。同活的有机体相比较，可以看出数学并不像是有意识有目的的活动。它更像是受外部或内部刺激而引起的按一定模式重复的本能活动。

没有一个确定的目的，数学就不能发展具有自身形式的任何观念。剩下的唯一可能是作为一种理想物，其生长无法控制，或者更精确地说，是向四面八方扩张的。换一种比喻，可以说数学发展不同于一个活的有机体的生长之处，是后者在生长时总是保留自身的形式并规定自身的边界。数学发展更像晶体的生长或气体在容器内的自由扩散。

两千多年的历史告诉我们，数学不可能为自己构成这个最终目的来引导它的进步，因而它必须从外界来取得这个目的。不言而喻，我绝不想给出这个问题的答案，因为这个问题不仅仅是数学内部的问题，而且是全人类的问题。我只想指出寻找这个答案的主要方向。

显然有两个可能的方向。第一是从实际应用角度出发选择数学的目的。但是很难相信一种高级的（精神的）活动要在低级的（物质的）活动中寻找正当理由。在1945年发现的《托马斯福音》(*Gospel according to Thomas*)中①，耶稣

---

① 脚注是由 P.J.戴维斯补充的。《托马斯福音》大概是20世纪40年代在埃及奈格·哈玛迪（Nag Hammadi）发现的最重要的书籍。它是诺斯替教义中"耶稣格言"的汇编。诺斯替教主张存在着一种神秘的知识（诺斯），通过它可以获得拯救，并且这种知识是超越普通的信仰的。[参见汤因比（Toynbee）编《基督徒的考验》中格兰特（Grant）的文章："诺斯替教，马西昂，奥利金"。伦敦，泰晤士和哈德森出版社，1969]

讽刺地说:"如果为精神而创造肉体,那是一个奇迹。但是如果为肉体而创造精神,那将是奇迹之奇迹。"

全部数学史已令人信服地表明,这种"奇迹之奇迹"是不可能的。如果我们注意到数学发展中的一个决定性时刻,这时它刚刚开始起步,作为它的基础的逻辑证明已经形成,我们就看到所用的材料实际上排除了实用的可能性。米利都的泰勒斯的一些最初的定理所证明的命题是所有正常人都懂得的。例如,直径把一个圆分为相等的两部分。相信这些命题的正确性无须天才。可是只有天才才能理解它们需要证明。这样的发现显然没有实用价值。

最后,我想表示这样一种希望……数学现在可用作解答我们这个时代主要问题的模型,这个问题就是揭示至高无上的宗教目的,探求人类精神活动的意义。

沙法列维奇讲出了俄罗斯国内外任何当代数学家嘴里所能讲出的最令人吃惊的话。但这并不是什么新论调。古希腊哲学家早就认为数学是神学与可感知的物质世界的中介。这个观点又为新柏拉图主义者所强调和发展。普罗塔哥拉(Protagoras,卒于前 411年)[①]已经知道的四艺(算术、音乐、几何、天文学),被认为能引导心智经过数学上升到天空,那里永恒的运动正是世界灵魂的可感知形式。

进一步的阅读材料,见参考文献:P.Merlan;I.R.Shafarevitch。

2.5　异　端

大多数数学家,特别是一些社会活动较多的人,经常碰到这种事情:他们收到素不相识的人主动寄来的信件,其中夹着几页耸人听闻的数学文稿。寄信人自称已解决了一个过去未解决的重大数学难题,或已驳倒了一个权威的数学论断。历史上有过一个时期,化圆为方曾是人们喜爱的活动。实际上,这项活动是如此古老,以至于阿里斯托芬(Aristophanes)[②]都曾嘲讽过世界上想化圆为方的人们。稍后一些时候,费马大定理的证明变得十分流行了。写这类信件的人通常是业余的数学爱好者,数学修养很差,往往对所研究的问题性质的理解相当贫乏,对什么是数学证明和怎样进行数学证明的认识很不完全。写信人通常是男性的退休人员,利用闲暇研究数学。这种人往往已经在一个较大团体中有很可观的专业地位,并把这种地位的标志在自己的数学工作中表示出来。

写信人往往不仅"成功"地解决了数学中一个重大的不可解问题,并且已经发现构造反引力屏障的方法,以解释大金字塔和史前巨石柱之谜,同时正在向着产生"哲人之石"的目标顺利地前进。这并不是夸张。

如果这类信件的收信人做了答复,他常常发现自己被一个无法与之科学地交流思想的人缠上了。这种人表现出很多妄想狂的症状。一旦认识了这种通信者,并对来信置之不理,将使妄想不幸地加重。

---

① 古希腊哲学家。——译者注
② 阿里斯托芬(前 448—前 380),古希腊雅典诗人及剧作家。——译者注

当我写作此书时,我的写字台上就放着一篇这样的论文,是由美国一家重要数学杂志的编辑转来的。出于保护隐私的目的,我将改变某些私人细节,尽我所能保留原信的风味。论文寄自菲律宾,是用精美而昂贵的有光纸印刷的。论文用西班牙语写成,大意是费马大定理的证明,还有一张作者的照片。他是一位和蔼可亲的绅士,八十多岁,曾是菲律宾军队中的一名将军。伴随数学论文的是作者的一篇长长的自传,表明他的祖先是法兰西贵族,法国革命后,这一家族支系被送往东方,从而在菲律宾繁衍至今。在这篇关于费马大定理的论文中,还包括法国最后三代路易皇帝的精美版画和为波旁王朝复辟所做的长篇辩护。在第一页之后,数学内容很快变得不可理解。我在这篇论文上花费了十分钟。一般的编辑用的时间也许更少些。为什么呢?费马大定理在当时还是著名的未解决问题。我在想,或许这位绅士已解决了这个问题,为什么我不能仔细检查一下他的工作呢?

数学著作中有很多反常的或怪异的类型。数学界是如何滤出所需要的东西的呢?人们如何识别才华、天才、古怪和疯狂呢?任何老实人都可能犯错误。第二次世界大战后不久,宾夕法尼亚大学的雷德马彻(Rademacher)教授,国际数论研究权威之一,认为他已证明了著名的黎曼猜想(见第 8.1 节)。新闻机构风闻这条消息,《时代》杂志做了报道。数学的发现被这样普遍地宣传是很难得的事。但不久以后,雷德马彻的工作被找出一处错误。因而黎曼猜想问题至今仍未解决。

这是发生在正统数学界内部并在那里被查出错误的例子。这种事情在我们中间最优秀的人身上每天都会发生。一旦发现了错误,大家就认识到了,并承认了它。这种情况的处理是常有的事。

但是对于上述那种心理变态者的著作,数学界通常不屑一顾。没有人愿意冒险去接触它,因为其中包含有价值东西的可能性微乎其微。然而在天才和怪人之间划一条界线并不总是容易的。

1913 年左右,印度一个不出名的地方的一位不出名的穷苦年轻人给当时英国数学界的带头学者哈代(Hardy)写了一封信。这封信显露出未经足够训练的迹象。它是凭直觉的,不系统的,但哈代意识到其中有光彩夺目的数学明珠。这个印度人的名字叫拉马努金(Ramanujan,1887—1920)。如果哈代没有给拉马努金安排一个英国皇家学会会员资格,一些十分重要的数学成果或许将永远失掉。

另一个例子是格拉斯曼(Grassman,1809—1877)。1844 年格拉斯曼出版了《扩张研究》(*Die Lineale Ausdehnungslehre*)。今天看来这是一部天才著作,它是后来的矢量和张量分析以及结合代数(四元数)的雏形。但由于格拉斯曼的说明晦涩、神秘,在当时看来过于抽象,所以引起数学界的反感,以致这项工作多年默默无闻。

比起格拉斯曼和拉马努金,更鲜为人知的是朗斯基(Wronski,1776—1853)的故事。他的个性和工作都可以说是过分自负的天真与近乎疯狂的天才的结合。每个学过微分方程的学生都知道以他名字命名的行列式 $W(u_1,u_2,\cdots,u_n)$,它由 n 个函数 $u_1,u_2,\cdots,u_n$ 构成。这个行列式涉及线性无关理论,它在线性微分方程理论中十分重要。

$$W(u_1, u_2, \cdots, u_n) = \begin{vmatrix} u_1 & u_2 & \cdots & u_n \\ u_1^1 & u_2^1 & \cdots & u_n^1 \\ \vdots & \vdots & & \vdots \\ u_1^{(n-1)} & u_2^{(n-1)} & \cdots & u_n^{(n-1)} \end{vmatrix}$$

朗斯基是一个曾为祖国独立与科希丘扎克 (Kosciuszko)[1]并肩作战的波兰人,但却把他的书《数学哲学与算法技术导论》(*Introduction à la Philosophie des Mathématiques et Tichnie de l'Algorithmie*)献给他的国王——全俄罗斯的独裁君主亚历山大一世。看来他是一个政治上的现实主义者。

1803 年 8 月 15 日,朗斯基体验到了一种能使他想象"上帝"的启示。他随后的数学和哲学著作都是由详细说明上帝及其统一规律的动机所驱使的。除了数学和哲学之外,朗斯基还研究神学的、政治的和文化的救世主义(他在这方面写了五本书),鼓吹"算术诡辩""数学活力论"以及他所谓的"Séchelianisme"(来源于希伯来语,Sechel 意即推理)观念,后者大意是想使基督教由被启示的宗教变为得到证明的宗教。朗斯基区分了主宰历史的三种力量:上帝、命运和理性。他的全部体系几乎都是围绕惯性原理的否定来构造的。因为物质没有惯性,它就无法同精神抗争。在他看来,科学理性应该是一种把有关数学系统的形式化知识同生物的规律结合起来的泛数学主义。

显然,朗斯基的哲学值得引起注意,并是与后来的伯格森的著作直接联系的。

从数学角度看,当我们打开他的《数学著作》(*Oeuvres Mathématiques*)第一卷时,能发现什么呢?[2]

初看起来,这是无穷级数理论、差分方程、微分方程和复变数理论的混合物。这是一个冗长的、杂乱无章的、论辩式的、乏味的、模糊的、自我吹嘘的、到处穿插哲学内容的浑然一体的纲领。其中方程(7)——量的发生的最高规律——是理解宇宙的钥匙,朗斯基把它卖给了一个富有的银行家。这个银行家没有付足钱,朗斯基为此到处发牢骚。这里就是"最高规律":

朗斯基理解宇宙的钥匙:周围是装饰花纹,用黄道带使它圣洁,有斯芬克斯[②]守护。这图案印在他的所有著作上。

---

① 科希丘扎克(1746—1817),波兰将军和政治家,波兰独立运动领导人。——译者注
② 希腊神话中带翼狮身女怪。——译者注

$$F_x = A_0\Omega_0 + A_1\Omega_1 + A_2\Omega_2 + A_3\Omega_3 + A_4\Omega_4 + \cdots$$

至无限。

它意味着什么呢？看起来这只是把一个函数展开成其他函数的线性组合的一般图式，一种足以包括过去和未来所有展开式的广义泰勒展开式。

我是不可能掌握朗斯基著作的基本精神的。一个学识渊博的 18 世纪数学学者或许能谈出这四卷书中究竟有些什么新的或有用的东西。我宁愿接受这样一种历史判断，即朗斯基应该由信奉朗斯基的人来纪念。过去的数学之门常常是生锈的。如果有一间内室很难进入，并不意味着从中一定能发现珠宝。

因此，有的工作是错误的，且被公认是错误的，而后会得到纠正。有的工作未经检验而不被考虑。有的工作晦涩得难于解释而必然被忽视，其中有些后来又会出现。有的工作可能是相当重要的，例如，康托尔集合论，但是被看作异端，因而被忽视和抵制。也还有这样的工作，或许是数学成果的大部分，虽然被公认是正确的，但是由于人们缺少兴趣，或者数学的主流不选择这条路来经过，所以终于被忽视。总的说来，在数学中什么是正确的？我们怎样知道它是正确的？我们能接受什么？接受的途径是什么？这些都没有一个定型的标准。正如魏尔(Weyl)所说："数学化很可能是人的一种创造性活动……它的历史决定了不容许完全客观的理性化。"

进一步的阅读材料，见参考文献：J.M.Wronski。

2.6　个人与文化

个人与社会的关系，在今天比以往任何时候都更重要。融合与分裂、国家主义与地域主义、个人自由与群体安全之间的对立，在历史舞台上演出了一场可能决定下几个世纪文明方向的戏剧。与这些对立相交叉的，又是人文文化和技术文化这两大领域的冲突。

数学作为一种人类活动，兼有这四种成分。它充分利用个人的天赋，但它的成功需要广泛的群体的默许。作为一种伟大的艺术形式，它是人文主义的，而在应用中它是科学技术的工具。

要理解数学在什么地方和怎样适应人类环境，必须留心这四种成分。

关于发现的历史，有两种极端观点，一种认为个别天才是发现的源泉，另一种认为社会和经济的力量引起发现。大多数人并不完全采用其中一种观点，而是尝试根据自身体验把二者适当混合起来。

强调个人作用的观点是我们较熟悉、较易接受的，它对我们似乎更合适一些。作为教师，我们往往竭尽全力注意个别学生，而不想把大家都教好。群体式的教学方法，通过某些中介手段，最后总是以个人为接受教育的对象。与此相反，"灌输式"一词意味着一种群体现象，是使我们为难的。

我们研究波利亚的著作(见第 6 章)中关于数学发现的指导和策略,试图把大数学家的某些真知灼见传给学生。我们阅读伟大天才的传记,仔细研究他们的著作。

关于数学中个人作用的最激动人心的说法之一,是艾德勒(Adler)在一篇文章里提出的。他是一位专业数学家,他的文章既生动又有趣。这篇文章还有鲜明的个人风格:浪漫、狂郁、富于启示性。

艾德勒首先讲述一种极端的天才论的情况:

> 每个时代只有很少几个大数学家,至于其他人是否存在,是与数学无关的。那些人作为教师是有用的,他们的研究不妨碍任何人,可是毫不重要。一个数学家如果不是大数学家,就什么也不是。

随后是关于"快乐的少数"的论述:

> 但是关于谁是和谁不是创造性的数学家是从来没有疑问的,所以只需要密切注意这些少数人的活动就行。

于是,他列举了这里的"少数人",或至少其中五个人的名字(1972 年)。

他提到数学创造看来是年轻人的事业:

> 数学家的数学生涯是短促的。在 25 岁或 30 岁之后,工作就很难改进了。如果到那时没有多大成就,以后再不会有多大成就了。如果已取得了出色的成就,好的成果还会接踵而来,但成就的水平会逐渐下降。

艾德勒记下了数学家作为艺术家的巨大欢乐:

> 一个新的、全新的、从未被任何人猜测或理解过的数学成果,是由最初推测性的假设出发,通过充斥着辅助的尝试性证明、错误的方法、毫无希望的方向以及经年累月困难而棘手的工作的迷宫精心培育起来的。世界上没有任何事情,或者说几乎没有任何事情,能带来像数学创造者所享有的那种欢悦、力量感和宁静感。每一座新的数学大厦的建立,都具有永恒意义的胜利。

他的结束语带有一种数学的世界末日精神:

> 人们经常意识到时间,意识到数学创造活动肯定在人生中结束得很早,因此重要的工作必须尽早开始,尽快进行,才有希望完成。人们把注意的焦点放在最困难的问题上,因为这个学科无情地漠视容易问题的解答,漠视除了最深奥、最困难问题之外几乎任何问题的解答。
>
> 再者,数学产生一股冲力,所以任何有意义的结果总是自动导致另一个,甚至两三个新成果。如此下去,直到冲力突然全部消失。于是数学生涯基本结束了,挫折依然存在,称心事则变得无影无踪。

我们还是听任我们的老英雄去试叩名人纪念馆之门吧,尽管这个纪念馆本身或许是虚幻的。

为了不使读者被这幅凄凉图画吓得不敢问津数学,我们必须告诉大家,还有许多数学家在 50 岁之后继续从事第一流研究的例子。比如现代概率论的创立者之一——列维(Lévy),他在这个领域里写第一篇论文时已年近四十,并继续从事深刻的、独创的研究工作,直至六十多岁。

当我们说文化是发现的主要源泉时,我们的根据是很脆弱、很缺乏深入了解的。这个根据就是所谓"多数人"的学说。它是黑格尔的"时代精神",包括理念、态度、想法、需要和自我表现模式等因时间、地点而异,实际上仅存于想象之中的东西。读一读托尔斯泰(Tolstoy)《战争与和平》(*War and Peace*)的回顾性的最后一章,就知道他是如何得出法国革命在欧洲造成的趋势不管拿破仑存在与否都会发展下去的结论的。有一部分马克思主义理论家喜欢这种文化学说。例如,我们可以看到英国科学家、马克思主义者贝尔纳(Bernal)是怎样在自然科学领域里提出这一学说的。

我们确实知道文化造成差异。有的文化能使交响乐繁荣,有的却不能。但通过文化来进行解释并不容易。阅读单个人的史料要比追踪整个文明容易。为什么匈牙利这个小国在 1900 年来产生了这么多一流数学家?为什么 1940 年以来各国政府支持数学研究而在这之前却不支持?为什么早期基督徒发现基督和欧几里得是不兼容的,而一千年之后,牛顿却能同时接受这二者?

在现代史上,因为事实俱在或人们记忆犹新,主要人物可能还活着,所以能容易地、令人信服地写出发生某件事的文化上的原因。例如,详细说明导致电子计算机在一个短时期内发展得超出数学和技术范围的原因,是可能的,也是值得的。[参见哥德斯坦(Goldstine)的著作]但按同样的办法解释函项代数的兴起就很困难了。如果年代久远,人们可以尽其所能进行推理和统计。一门用数学方法处理历史资料的全新学科——史衡学(cliometrics)已经诞生。但结果常常是浪漫的虚构、过分的简化和错误的解释。

这种文化学说很奇怪地得到数学柏拉图主义的支持。按照柏拉图主义的观点,如果说 $e^{\pi i} = -1$ 归根结底是一个普遍的事实、不变的真理、永恒的存在,那么欧拉发现这一事实无疑是一个偶然事件。他只是这一事实被揭示的媒介。一般认为,这样的事实迟早而且必然会被另外成百个数学家中的任何一个发现。

上面谈到的各种极端观点没有一个是合适的。为什么在 300 年到 1100 年,数学至少沉睡了 800 年?据推测,600 年,同阿基米德的时代一样,地中海地区民众中出现数学天才的基因。或者可以以托尔斯泰的历史哲学为例。尽管他不承认拿破仑在历史上的必要性,但《战争与和平》中每件有趣的事情都来自对独特人物的感受。尽管马克思主义者偏好从文化上来解释,但列宁与俄国革命的关系对他们来说并非一个默然沉思的课题而已。

总之,个人学说与文化学说之间的二分法并不是真正的二分法,它有点像心智与物质,或精神与肉体之争。人们已做了各种努力以调和极端的观点。有一种从时间角度的调和方式。这种观点认为,在一个较短时期内(如不到 500 年)个人是重要的,而在一个较长时期内(如超过 500 年)重要的不再是个人而是文化。

美国心理学家和哲学家詹姆斯(James)提出了一个很有吸引力的中间观点。在他的文章《伟大人物和他们的环境》中写道：

> 团体没有个人的刺激将会停滞不前，而个人的刺激没有团体的共鸣将会销声匿迹。

现在这是一个非常简单和毫不奇怪的说法，它说出了在大多数观察者看来都显而易见的事情，即两种因素都需要。我是在一个纺织工业城市长大的，喜欢用自己的习惯语言来重新概括詹姆斯的观点。一匹布是由纵横交错的两组线，即经线和纬线编织而成的，它们是互相依存的。与此类似，社会的经线需要个人的纬线。

用上述简短的引文概括了詹姆斯的观点之后，我们现在可以提出一个重要问题："沿着这段引文所提供的线索来写数学史是可能的吗？"

这样想是很有趣的。但是没有这样做过，也很难说做得到。

进一步的阅读材料，见参考文献：A. Adler；J. D. Bernal；S. Bochner［1966］；P. J. Davis［1976］；B. Hessen。反驳的观点见 G. N. Clark；W. James［1917］，［1961］；M. Kline［1972］；T. S. Kuhn；R. L. Wilder［1978］。

人们对社会与自然科学关系的揭示，远比对社会与数学关系的揭示更深入细致，这方面的著作见：A. H. Dupree；G. Basalla；L. M. Marsak；J. Ziman。

作业与问题

数学经验种种

理想的数学家。个人与文化。当代的个体和集体意识。一个物理学家看数学。沙法列维奇和新的新柏拉图主义。

探讨题目

(1)证明：为什么和怎么样。

(2)证据、直觉和证明。

(3)哥德巴赫猜想。

(4)不可判定性。

(5)毕达哥拉斯定理。

(6)剖分证明。

(7)数学的目的。

(8)数学与信仰。

主题写作

(1)在"理想的数学家"一节中,理想的数学家与宣传部门人员之间有什么特别的"思想交流的困难生动地显现出来了"? 你能发现在理想的数学家相信的东西与他能向学生解释的东西之间存在矛盾的证据吗? 描述这篇文章的风格。

(2)在"理想的数学家"中以何种方式描述数学家的理想之处? 阅读霍夫曼(Hoffmann)在《大西洋月刊》(*The Atlantic Monthly*)1987 年 11 月号上的文章"只爱数学的人"。你会把爱尔特希(Erdös)描述成理想的数学家吗?

(3)设想你在一次集会上见到了理想的数学家。虚构你可能与之进行的对话。

(4)人们通常以为数学家是内向的和不大适应社会环境的。根据你的经验是否同意这种观点呢?

(5)你怎样描述"一个物理学家看数学"一文中展示的数学观点? 怎样将这种观点同理想的数学家的观点加以比较?

(6)在"沙法列维奇与新的新柏拉图主义"一文中,他如何看待数学与宗教的关系? 数学应用在沙法列维奇所理解的数学的目的中有何种作用?

(7)数学如何与你所信仰的,或你最熟悉的宗教相关?

(8)"异端"一文中所描述的异端如何影响数学发展? 你能举出其他学科发展中的类似情况吗?

(9)你怎样看待本书所表达的对异端的态度? 它公平合理吗?

(10)根据你对"个人与文化"的阅读,你觉得是何种因素影响数学发现的历程? 当你解释你的结论时,总结一下个人与文化间的分歧。

(11)阅读凯克(Kac)的文章"题外话(marginalia):我怎样变成一个数学家?"将凯克同理想的数学家或你对典型的数学家的了解加以比较。

(12)阅读杜波雷尔-杰克金(Dubriel-Jacotin)的《女数学家》(*Women Mathematicians*)[见坎贝尔(Campbell)和希金斯(Higgins)合编的《数学:人,问题和结果》(*Mathematics,People-Problems-Results*),卷一]或柯瓦列夫斯基(Kovalevsky)的传记(见克勃利茨(Koblitz)的《生命的会聚》(*A Convergence of Lives*)]。选择一位女数学家,将其与理想的数学家或你对典型的数学家的了解加以比较。

(13)阅读托洛茨基的秘书——数学家范·海金诺特(van Heijenoort)的传记[费夫曼(Fefferman)著《政治,逻辑和爱情:范·海金诺特的一生》(*Politics,Logic and Love:The Life of Jean van Heijenoort*)]。考虑政治上的理想主义与数学表达的理想主义的关系。

(14)谈谈毕达哥拉斯定理。为什么数学家还要继续证明它? 它怎样表明猜测在数学中的作用?

(15)向你的弟弟描述不可判定性。试图帮助他理解数学中真理性和可证明性的关系。

(16)为你所在的当地报纸写一篇叙述猜测与证明之间差别的文章。说明证据和直觉在猜测和证明中的作用。给出实例。

(17)你是一位曾自认为已证明哥德巴赫猜想的数学家。遗憾的是有人在你的证明中发现了缺陷。你现在正试图运用别的方式解决这一问题。《大西洋月刊》希望采访你。向你的读者解释哥德巴赫猜想,以及你为什么要继续尝试证明这一使数学家困惑了一百多年的猜想。

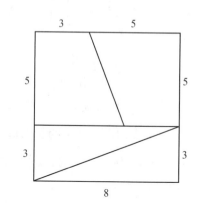

问 题

(1)提出你自己的有关毕达哥拉斯定理的剖分证明。

(2)画一个边长 8 英寸的正方形并如右上图方式剖分,重新排列这个正方形的各部分使之成为如右下图所示的 5 英寸×13 英寸的矩形。

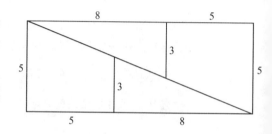

计算每个图形的面积。从你的实验结果中你能提出什么猜想? 你会证明 $5 \times 13 = 8 \times 8$ 吗?

计算机问题

写出一个程序以显示每个偶整数,比如 1 000,是两个质数之和(哥德巴赫猜想)。

建议读物

"Some Mathematicians I Have Known" by George Pólya in *Mathematics*, *People-Problems-Results*, Vol.1, Douglas Campbell and John Higgins, eds.(Belmont, MA：Wadsworth International, 1984).

"Women Mathematicians" by Marie-Louise Dubriel-Jacotin in *Mathematics*, *People-Problems-Results*, Vol. 1, Douglas Campbell and John Higgins, eds.(Belmont, MA：Wadsworth International, 1984).

A Convergence of Lives by Anne H.Koblitz (Boston：Birkhäuser, 1983).

The Mathematical Tourist by H.Peterson(New York：W.H.Freeman and Company, 1988).

"Marginalia：How I Became a Mathematician" by Mark Kac in *The American Scientist*, Vol.72.

"Mathematics—Our Invisible Culture" by Allen Hammond in *Mathematics*, *People-Problems-Results*, Douglas Campbell and John Higgins, eds.(Belmont, MA：Wadsworth International, 1984).(Also in Kac, *Enigma of Chance*, Berkeley：University of California Press, 1987.)

"Math Proof Refuted During Berkeley Scrutiny" by Gina Kolata in *Science*, Vol.234, December 1986.

"Proving Is Convincing and Explaining" by Reuben Hersh in *Educational Studies in Mathematics*, Vol. 24, 1993.

Mathematical People—Profiles and Interviews by D. J. Albers and G. L. Alexanderson (Cambridge: Birkhäuser Boston, 1985).

More Mathematical People—Contemporary Conversations by D. J. Albers and G. L. Alexanderson (Cambridge: Brace, Jovanovich, 1990).

The Mathematics of Great Amateurs by J. L. Coolidge (New York: Oxford University Press, 1990).

Proving Is Convincing and Explaining by R. Hersh in *Educational Studies in Mathematics* 24, 1993.

Georg Cantor—His Mathematics and Philosophy of the Infinite by J. W. Dauben (Cambridge: Harvard University Press, 1979).

I Want to Be a Mathematician—An Automathography by Paul Halmos (New York: Springer-Verlag, 1985).

John von Neumann and Norbert Wiener—From Mathematics to the Technologies of Life and Death by Steve Heims (Cambridge: The MIT Press, 1981).

The Mathematical Career of Pierre de Fermat by Michael S. Mahoney (Princeton: Princeton University Press, 1973).

MATH EQUALS—Biographies of Women Mathematicians and Related Activities by Teri Perl (Menlo Park: Addison-Wesley, 1978).

"The Man Who Loves Only Numbers" by Paul Hoffmann in *The Atlantic Monthly*, November 1987.

Politics, Logic and Love: The Life of Jean van Heijenoort by A. B. Fefferman (Wellesley: AK Peters, 1993).

第3章 外部问题

3.1 数学为什么有效——约定论的回答

人们都知道,如果要搞物理学或工程学,必须有很好的数学基础。现在越来越多的人发现,要在经济学或生物学的某些领域工作,也必须提高数学水平。数学已渗透到社会学、心理学、医学和语言学等领域。"史衡学"这个名称表明,数学也渗透到了历史领域,这是使老一辈的人感到震惊的。为什么会这样? 是什么给数学以力量? 是什么使数学成为有效的?

一种十分流行的回答是说上帝是个数学家。如果像拉普拉斯所说,可以不要上帝这个假设,那么可认为宇宙用数学语言很自然地表达自己。引力与距离的平方成反比,行星沿椭圆轨道绕日运行,光沿直线传播[在爱因斯坦(Einstein)之前是这样认为的]。按照这种观点,数学精确地展现为宇宙的符号化的对应物。因此无须怀疑数学的有效性,这就是它得以存在的正当原因。数学是宇宙赋予人类的。

这种观点与通常所说的柏拉图观点相符合。数学柏拉图主义主张数学独立于人类之外而存在。它是"出世的",是永恒存在于柏拉图的理念世界之中的。圆周率是在天上的,如果人们打算同银河 X-9 星上的生物通信,就应该用数学语言。我们不能问对方的家庭、工作、政府或绘画艺术,因为这些东西或许对它毫无意义。但是我们可以用 π 的各位数字$(3,1,4,1,5,\cdots)$同它联系,据说它一定会回答。因为宇宙基本上是将同样的数学赋予银河 X-9 星和地球上的人们,它是普遍的。

由此看来,理论家的工作不过是倾听宇宙的歌唱并把乐调记录下来而已。

在这种事情上还有另一种观点,认为数学的应用是由认可产生的。我们创造了种种数学模式或结构,然后我们如此喜爱我们的创造物,以至尽量设法把宇宙的各种物质的和社会的方面纳入这些模式之中。如果这些模式像灰姑娘的水晶鞋那样合适,我们就得到了一个优美的理论。如果不是这样,如果很多难以对付的事实更像灰姑娘的丑陋的姐姐那样,穿上水晶鞋总是挤脚,那么只好回过头来重新构造理论模式。

这种观点与那种把应用数学的理论仅仅看作"数学模型"的意见有关。模型的效用恰恰在于能够成功地模仿或预言宇宙的行为。如果一个模型在某些方面不合适,人们就会对其加以改进或寻找一个更好的模型。无论是说"地球绕太阳转",还是说"太阳绕地球转",都无所谓哲学意义上的真理,它们都是模型。我们之所以采取其中的一个,只是因为它简单、富有成果等。二者都是从简单性这一先前存在的数学经验导出的。

这个天文学家竭力想得到真理。这里描绘的是他正在穿透现象层以期达到对隐藏在现象后面的基本机制的理解。

[弗拉马利翁(Flammarion)《大众天文学》中的一幅版画,1888]

(经慕尼黑德意志博物馆允许转载)

这种哲学观点现在已变得越来越流行了。越来越多的课程被冠以"数学模型"的名称在开设着。在上一代人那里作为"这种或那种理论"讲授的东西,现在都成了"这种或那种模型"。真理让位给便利了。

认可产生的数学的一些简单实例

显然,几乎没有一个科学家是按照始终如一的信条生活的。科学家们总是同时相信理论和模型、真理和便利。

就有思维的普通人来说,我想他们都是柏拉图主义者。事实上,他们大概觉得很难想象,数学结构如何能被赋予这个世界。我乐于用人们都熟悉的加法运算为例,来解释这一点。

在背诵整数一、二、三……获得序列的直观认识之后,加法是人们首先学习的运算。可以区别加法的三种含义。其一是算术意义的加法,指的是使你和你的手控计算器能求和的运算规则;其二(它是"新数学"中过分强调的)指的是求和所服从的形式规律,如 $a+b=b+a$, $(a+b)+c=a+(b+c)$, $a+1>a$;其三是加法的应用:在什么情况下相加?

前两种含义容易理解。第三种则难于理解,乐趣也就从这里开始。这是小学的一些"文字题",许多孩子都知道怎样相加,但不知道何时相加。成年人就知道何时相加吗?我们来看一看。

关于何时相加还有什么问题吗? 2 个苹果加 3 个苹果等于 5 个苹果,哪里有什么秘密呢? 我们进一步讨论一组表面上要用加法的文字题:

问题 1　一个金枪鱼罐头值 1.05 美元,两个金枪鱼罐头值多少钱?

问题 2　10 亿桶石油值 x 美元,10 000 亿桶石油值多少钱?

问题 3　银行计算客户信贷分类时,把拥有自己的房屋取作两点[①],若客户薪金超过两万美元增加一个点,若近五年来迁居再加一个点,若有犯罪前科减少一个点,若不满 25 周岁再减少一个点,这个总和意味着什么?

问题 4　在一次智力测验中,如果你能正确回答有关乔治·华盛顿的一个问题,就加一分,如果能回答有关北极熊的问题,再加一分,如果知道有关夏令时的事情再加一分等。最后的总和表示什么?

问题 5　一杯牛奶加上一杯爆米花,混合后是多少杯?

问题 6　某人一天能粉刷一间屋子。另一个两天能粉刷一间屋子的人加入这项工作中来,两个人一起工作要用多少天?

问题 7　一块石头重一磅,另一块石头重两磅,两块石头放在一起重多少?

现在对上述问题做些评论。

---

① "点"是美国商业报价单位。——译者注

问题 1　市场出售一个金枪鱼罐头的价钱是 1.05 美元,两个罐头是 2 美元。或许你可以说"真实"的价格是 2.10 美元,而货主并未要你负担这种"真实"的价格。我说的真实的价格就是货主的要价。如果他发现简单的加法对他的生意不适用,他就毫不在乎地加以修改。折扣现在是如此普遍,以至大家都明白加法在这种情况下并不适用。

如果我们用 1.05 美元买一个金枪鱼罐头,用 60 美分买一个桃子罐头,账单上累计 1.65 美元。这反映了所有货物被归并到一个共同的价值系统之中。这种归并是指个别价格可以相加,它是经济界普遍认可的情况之一。也有些时候,例如定量配给时期,一磅肉价值 40 美分外加一个红色辅币,一磅糖价值 30 美分外加一个蓝色辅币。这里我们有了一个包含几种不同成分的"向量"标价的例子,这种"向量"加法显示了这个过程的任意性。

问题 2　这里我们遇到了一个性质相同而情况相反的问题。对石油这种日益减少的资源应如何定价呢? 肯定不是需要折扣而应用加法的。因此通常的加法在这里不适合。我们还可提出一个荒唐的但与此不无关系的问题:如果一幅"蒙娜丽莎"值 1 000 万美元,两幅"蒙娜丽莎"应值多少?

问题 3　这家银行已对它的可能的顾客做出可称为"品质因数"(figure of merit)的估计。可以说犯罪前科与超过两万美元的薪金互相抵消吗? 或许是这样。

像这样的"品质因数"是广泛采用的。各州都有一个交通事故过失系统。这种估值在其他领域可作为伦理自动化、计算机执法和计算机行医的基础。这里的特定性质看来是十分明显的。

有人讲过这样一个故事:一个人坐在时代广场上拿着杯子行乞。他身上别着这样的标志:

战争	2
腿	1
妻子	2
孩子	4
伤口	2
总计	11

问题 4　大多数测验是把各部分结果相加。这是被普遍接受的。如果在大学里搞一次数学测验,这个测验不是选择题类型,那么学生们会强烈要求对个别部分加分。教师们知道这种加分只能主观地给出。分数的整个加法尽管被普遍接受,但仍然是一个特殊的过程。在任何情况下,个别问题的测验都是一个令人烦恼的困难问题,我们绕开它吧。

问题 5　一杯牛奶几乎会被一杯爆米花完全吸收而不溢出。这里关键是特定物理意义的或通常意义的"加"一词,并不必然对应于数学意义的"加"。

问题 6　类似地,借助语言的含混,我们用通常的"加"一词表示数学的"加"。人们从这个直接来自中学代数课本的问题中可以清楚地看到这一点。

问题 7　只有在一个理论,比如牛顿力学的范围内,讨论物理测度才可能有意义。重量与质量成比例,而质量是可加的。根据定义,两个物体合在一起的质量是各物体质量相加的结果。如果两块石头放在弹簧秤上称重,石头又充分重,那么弹簧的反应会由于已被接受的可加性定义而成为非线性的(由适当的刻度来补偿)。弹簧位移的简单加法可能并不适合。

讨论的结局是:**不存在也不可能存在适合用加法的所有情况的全面系统化。恰恰相反,大量问题中加法的系统应用是经过认可而实现的。**简言之,勇往直前去做加法,希望过去的和未来的经验能证明它的合理性。

如果加法的情况是这样,那么对其他更复杂的数学运算和理论就更是如此。它部分地表明解"文字题"的人们所面临的困难,在更高层次上,表明了理论科学家所面临的严重困难。

我们再举最后一个例子。

一个面包店生意兴隆。店主建立了一个号码牌系统以求他的顾客不致争议。不少商店都是这么干的。他该怎么做呢? 或许你可以说,就是按到达的顺序为顾客服务嘛。但这只是可能的标准之一。人类并不是非要用这个标准不可,如果采取别的标准,天也不会塌下来。或许顾客排队很长,店主决定给服务过程增加一些趣味。他挑选了一些幸运数字,以便使碰上这些数字的人立刻站到排头来。数学是能提供这种办法的。比如,你排的位置恰好是偶数号码,你就可以买到汽油,而奇数则不行。这奇怪吗? 但在近来的汽油短缺时期确实如此。

数学是通过认可而建立的,而一旦确立,就会带来很多社会后果。所得税的数学依赖认可,福利事业的数学也依赖认可。每一种数学都有庞大的计算机系统来加速运算。这样的系统一旦运转起来,不冒社会分裂的危险很难使它停下来。依我看来,当科学哲学中存在一种不断增强的信念,认为方程仅仅给出模型的某种状态时,出现了不断增强的社会数学化趋势,这绝不是偶然的。

自然科学中也有认可吗?

作为宇宙中一粒尘埃的人,怎么能把自己的数学愿望强加给巨大的宇宙过程呢? 这里的讨论是较难理解的,但可以沿下面的思路进行。

我们将考察两种行星运动理论。第一种是 2 世纪的托勒密给出的。第二种是牛顿给出的。在托勒密体系中,地球不动而太阳运动,所有行星都绕地球旋转。让我们以火星为例,人们假定它在一个偏心圆轨道上以固定周期绕地球转动。把这个理论同观察结果相比较,可以看到它只是部分适用。火星多次出现的逆行现象是简单的圆周运动所无法解释的。

为了克服这种局限性,托勒密给基本的圆周运动附加了一个有较小半径和固定周期的二级偏心圆周运动。这个方案现在可以解释逆行现象了。通过仔细调整半径、偏心率和周期,可以很好地描述火星运动。如果想更精确一些,还可加上更小半径和不同周期的第三个圆。用这种方法,托勒密能使理论和观察很好地吻合。这是科学中曲线拟合(curve fitting)的最早例子之一(与调和分析相似),但是对此过程的更深入解释、对行星间统一的运行关系的认识是不可能得到的。

按照波普(Pope)[①]的诗,在 1500 年之后上帝说:"'让牛顿去吧',于是一切成为光明。"牛顿的行星运动理论所提供的模型具有现代风格和极大的理论上、历史上的重要性。这里的根基更深了。很多新的要素,如质量、加速度、运动规律 $F＝ma$、引力的反比平方律等,进入了画面。这些物理定律找到了微分方程这样的数学表达式。它们被认为是普遍适用的,不仅适用于太阳和地球,也适用于火星、金星及所有其他行星、彗星和卫星。把托勒密的方案同牛顿的方案相对比,可以看出前者是静态的、特设的,只是"曲线拟合",与真实情况相距甚远;而后者富有动力学特征,以真实的物质、力和加速度为基础,所得出的微分方程显得更接近于支配宇宙的终极真理。

然而事情真是这么简单吗? 以火星的微分方程为例来求解。它预示火星沿椭圆轨道绕太阳旋转。同观察结果相比较,可以看到并不完全符合,而有些细微偏差。这些偏差的原因是什么? 原来,我们对力的计算有些错误。除太阳引力之外,还有木星这个巨大行星的引力作用需要考虑。好,加上木星引力这个因素,但是结果还是不够精确。一定还有其他的力在起作用。很难知道有多少种其他的力,可能有无限多种力,其中有些可能很重要。但是没有一种系统的方法可以使我们预先知道存在哪些力,必须加以考虑。不言而喻,历史上对于牛顿的纠正,诸如相对论力学对牛顿(力学)的修正,是不可预料的。成功的标准仍然在起作用,并出现了建立在当代天体力学基础上的精确预言,它和托勒密的理论一样,也是拼凑起来的东西,是经过认可的理论。我们仍然在做曲线拟合,只不过现今的基础是微分方程的解的更为灵活的词汇,而不是像圆这样的"现成"简单曲线的词汇。

进一步的阅读材料,见参考文献:E.Wigner。

关于问题 6,见布鲁克斯(Brooks)关于程序群产出率的有趣统计。

3.2　数学模型

模型是什么? 在进行概括之前,先考察一些具体例子。如前所述,牛顿的行星运动理论就是最初的现代意义的模型之一。

简单化地假定只有一个太阳和一个行星,牛顿能从数学上推导出,这个行星将沿着与开普勒从大量天文观测的检验中推断出来的三定律符合的轨道运行。这个结论是物理和数学分析的巨大成功,它使牛顿力学的认可具有完全令人信服的力量。

如果有三个、四个、五个……天体相互作用,微分方程的系统将越来越复杂。甚至对三体问题也不可能有开普勒式的"闭形"解。在我们希望一个理论能做的事与实际上能让它做的事之间,时常存在距离。它可以支配以后的方法论的方向。如果我们想知道木星的位置,以便适当安排对它的观测,那就可以从一个数学角度着手。如果对太阳系是否动态稳定感兴趣,则应从另一角度进行。

考虑到数学固有的困难,构造模型的艺术在于选择适当的策略。我们举一个人们不

---

① 　波普(1688—1744),英国诗人。——译者注

大熟悉的例子,一个化学工程方面的搅拌反应问题[见阿里斯(Aris),第 152～164 页]

　　一个圆柱形桶装有进出管道。进管带来反应物,出管带走生成物与剩下的反应物的混合物。桶的周围有圆柱形水冷罩。在反应桶和外罩中都需要进行搅拌以达到充分混合。

　　现在,人们除了那些可能只是近似真实的几何假设以外,至少要面对 11 个定律或假定 $H_0, H_1, \cdots, H_{10}$,以构造一个数学模型。H_0 表示物质不灭定律、能量守恒定律和傅立叶热传导定律。H_1 表示桶和外罩的体积是定值,流速和温度也是定值。混合是充分的,以致浓度和反应温度与位置无关。这样,假设一个接一个做出。H_9 表示冷却罩的反应是瞬时的。H_{10} 表示这种反应是一级的,对主要成分来说是不可逆的。

　　在这个基础上,可以构造六个使用不同假定的主要模型。最一般的模型只采用 $H_0, \cdots, H_4$,从而得到六个联立方程,最简单的采用 $H_0, \cdots, H_{10}$,只得到两个方程。

　　阿里斯说:"一个数学模型,是一组被设计得与另一实体即模型的原型相对应的完全而兼容的数学方程。原型可以是物理的、生物的、社会的、心理的或概念的实体,或者甚至是另一个数学模型。"这里的"方程"一词可以用"结构"来代替,因为人们并不总是局限于数值模型。

　　构造模型的主要目的是:①了解物质世界将发生什么事情;②影响进一步的实验或观察;③推动理论进步和理解深入;④帮助物理学研究趋于公理化;⑤促进数学和构造数学模型的艺术。

　　由于人们认识到物理理论可以被改变或修正(例如,牛顿力学与爱因斯坦力学),认识到可能存在着相互竞争的理论,现存的数学可能并不适合在最充分的意义上处理某种理论,所有这些都导致从实用角度把模型作为"权宜之物"、事件状态的方便的近似,而不是作为永恒真理的表示接受下来。一个模型可能被认为是好的或坏的,简单的或复杂的,美的或丑的,有用的或无用的,但人们很少倾向于认为它是"真的"或"假的"。当前对模型而不是对理论的高度注意,已导致把构造模型作为一种艺术独立地加以研究,相应地减少了对被模型化的特殊物理状态的兴趣。

　　进一步的阅读材料,见参考文献:R.Aris;P.Duhem;H.Freudenthal[1961];L.Iliev。

3.3　数学的效用

1.数学的各种用途

　　一种事物被认为有用,就是说它能满足人的需要。数学通常被说成是有用的,但由于它的用途种类非常多,从"有用的"一词里究竟可以找到哪些不同的含义,是值得研究一下的。老学究(特别是古典类型的)会告诉我们,数学的有用在于教给我们如何精确地思考和推理。建筑师或雕塑家(也是古典类型的)会告诉我们,数学的有用在于导致对视觉美的理解和创造。哲学家会告诉我们,数学的有用在于使他能回避日常的现实生活。教师会说数学的有用在于为他提供面包和黄油。出版商知道数学的有用在于使他能卖出很多教科书。天文学家和物理学家会说数学的有用在于它是科学的语言。土木工程师会说数学使他能高效率地建造桥梁。数学家会说在数学内部，一部分数学的有用在于它能应用于另一部分数学。

因此，"数学的效用"表示美学的、哲学的、历史的、心理的、教育的、商业的、科学的、技术的和数学的等诸多方面的含义。即使如此，还没有把所有可能的含义都包括进去。我从澳大利亚悉尼的坦纳（Tanner）教授那里听到过这样一个故事。两个学生走进他的一个同事的办公室，告诉那位教授说他们愿意选他的高等应用数学课程。那位教授高兴地向他未来的学生大肆吹嘘他的那门课：它的纲领是什么，它如何同别的课相联系……。可是两个学生插话说："不，不，您不明白。我们是托洛茨基分子。我们选您的课就是因为它完全无用。如果选了它，'他们'不会认为我们有反革命目的。"可见，甚至无用也是一种用途。

我们这里将主要讨论数学在科学技术活动中的用途。人们能区分在数学领域内的效用和对其他领域的效用。即使做了这些划分，"效用"这个概念仍然相当难以把握。

2.数学对数学的效用

当人们说一部分数学应用于数学本身时，这意味着什么呢？例如，可以说理想论对数论是有用的，这意味着理想论的某些结果被用来证明费马大定理某些特例的不可能性。这就是说，为了理解这种不可能性的证明，最好先了解有关的理想论定理。（历史情况恰恰相反，理想论是作为证实费马大定理的努力的一部分而发展起来的。）在这个意义上，人们还可以说张量分析对弹性理论是有用的，复变函数论对数论是有用的，非标准分析对希尔伯特空间理论是有用的，不动点理论对微分方程是有用的等。

由此可见，在数学内部，A 理论在 B 理论中的应用意味着 A 的材料、结构、技巧和观点被用来对 B 的材料和结构进行阐发或推导。如果一部分数学被用于或联系于另一部分数学，这种情况通常称为"纯粹的"应用，如理想代数论用于费马大定理的讨论。如果理想论被用于电话开关理论（我不知是否有这样的应用），那么这种用途就是实际的应用。

现在数学方法和证明都不具有唯一性，一个定理可用不同方法证明。因此 A 中某些东西的应用对于确定 B 中某些东西的真值或许是无关紧要的。从历史角度或其他理由来看，借助 C 或 D 来确定 B 也许更可取一些。事实上，即使如此，事情可能还只做了一部分。例如，许多年来，质数定理（见第 5 章）是通过复变函数论得到证明的。由于质数概念比复数简单，不依赖复数的应用而证明这个理论就被认为是可取的目的。一旦达到这个目的，复变函数在数论中的效用就改变了。

时间也可能带来效用的相反变化。例如，当代数基本定理的最初证明被给出时，拓扑学还处于草创时期，拓扑学的证明方法被认为是显而易见或不重要的。150 年之后，随着拓扑学趋于成熟，这个问题的拓扑学方面被认为是决定性的，是卷绕数概念的相当漂亮的应用。

我们可以区分有用的、非常有用的和无用的定理。一个有用的定理就是已得到应用的定理，一个非常有用的定理就是已得到很多应用的定理，一个无用的定理就是至今尚未得到应用的定理。当然,人们总可以把某种东西同已知定理 T 拼凑起来以获得定理 T′,由此给出定理 T 的一种应用。但这是不符合数学美学和解释的一般标准的。数学著作中包含数百万个定理,其中大多数似乎是无用的。它们是死胡同。

诚然,数学中也有另一种趋势,即通过中值定理、不动点定理或哈恩-巴拿赫定理等众所周知的、标准的或著名的定理,把人们的思路和解释贯穿起来。在某种程度上这样做是任意的,恰如从罗得岛州的普罗维登斯到新墨西哥州的阿尔伯克基的旅客,在芝加哥机场可任意换乘一样。这样做的理由不难找到。

受到极度重视和赞赏的是那些非常有用的定理。这有些悖于事理。因为一个定理如果是数学活动的成果或目的,那么这个目的作为美学对象本身就应有价值,无论它是否成为其他目的的前导。

对"有用"成果的高度重视连同效用的意义的含混,是对数学成果中哪些有用或富有成效和哪些无用或没有成效的刻薄讨论的基础。这个问题上的判断影响到数学教学和研究的所有方面,有时导致摇摆不定的赶时髦的热情冲动。

这种考虑也是以过分强调数学化过程而牺牲数学化成果为基础的。现在有相当多的数学教科书具有一种神经质的、令人窒息的特征,书中系统地、顽强地追寻着一个固定的目的。这个目的一旦达到,人们不是感到兴奋而是感到虎头蛇尾。这种书没有任何地方讲这个目的为什么重要或如何重要,而只是可能谈到这个目的现在可以成为达到别的更深入目的的出发点。可惜限于篇幅,作者不能进一步讨论了。如果你想责备,就责备欧几里得吧,因为这种倾向在他那里已经存在了。

3.数学对其他科技领域的效用

在自身利益之外得到应用的数学活动一般称为**应用数学**。应用数学自然是跨学科的,理想情况大概是应由最初兴趣不在数学上的人来从事研究。如果这个学科跨在数学与物理之间,那就很难分清什么是应用数学,什么是理论物理。

数学在自己领域外的应用提出另一类问题。我们假定有这样一种应用,比如说偏微分方程理论用于弹性的数学理论。我们现在可以问弹性理论在它自身之外有没有什么应用。假定它在理论工程学中有用,我们又可以问这种理论对实际工程技术是否有用。假定有用,比如能用于汽车门的应力分析,我们又提出它如何影响街上行人的问题。假定应力分析显示出一种新设计的门满足法律规定的最小强度要求。用这种方法,可以使数学的应用从最抽象的层次一直延伸到消费者层次。当然,我们没有必要停止在这里,我们还可以问汽车究竟有什么用。用于来往,来往有什么用呢?……

我们可以把一直延伸到街上行人的数学效用称为**普通效用**。这里假定我们真正知道街上行人关心的是什么,这又是一个成问题的假定。我们并不认为街上的标准应作为判断数学效用的唯一标准,这样做将是一场灾难。但是当人们的生活在很大程度上借助生产与消费及买卖交易来进行时,我们应该尽可能牢固地掌握我们的学科同这些基本活动的关系。

哪些数学应用具有普通效用的性质呢？这个问题的答案显然对于教育、课程的准备和对于研究都有重要意义。可是这个问题的答案被虚构、无知、误传和妄想纠缠在一起。某些普通效用的例子是一清二楚的。比如超市的营业员合计一袋货物或者一种定价送达建筑师的办公室，这很清楚是普通效用层次上的数学应用。尽管这些计算很简单，没有经过数学训练的人也能完成，但这些计算无疑也是数学。日常生活中与计数、测量、定价等有关的计算，构成了普通效用层次上的数学运算的大部分内容。

到了较高层次的数学中，普通效用层次上的应用就较难观察和确证。如果有某些精力旺盛而又知识渊博的调查研究人员愿意花费几年时间从事这项任务，并通过访问许多企业、实验室和工厂等去记录普通效用发生的场合，这将是对数学专业至关重要的事情。①

一个机构可能雇用在数学上训练有素的人，它可能有一个复杂的计算机系统，因为它的事业的理论方面可能是用数学术语设计的。但这些都不意味着数学在那里已有了普通效用层次上的应用。有可能用得上的数学在普通效用层次上的出现，会由于种种原因而受到阻碍或挫折。用数学模型计算汽车门上的应力可能太困难、太昂贵或太不精确了。用试验机器或碰撞来检验汽车门或许更快，更便宜，更可靠。或许一个数学模型可能要求知道很多参数，而这些参数可能无法得到。

在典型的应用数学著作中，人们可能发现二维区域上拉普拉斯问题的讨论。作者会说这对于电动力学和流体动力学有重要应用。尽管可能如此，但人们更喜欢看到普通效用层次上实际呈现的应用，而不是虚伪的潜在可能的应用。

4.纯粹数学和应用数学的比较

有一条被普遍承认的原理，即精神高于物质，心智高于肉体，理性宇宙高于自然宇宙。这条原理可能起源于人类的生理学，以及将"自我"等同于"思维"，并存在于大脑之中的感觉。用人造的或移植的器官取代人的一条腿或一只眼睛，似乎并不改变或吓坏自我。但如果设想移植大脑，或者将别人脑子里的东西倾倒到自己的大脑中，那么自我似乎会惊呼这是谋杀，因为它正被毁灭。

认为精神优越于物质的观点在数学方面的表现，是把数学说成是思维的最高尚和最纯粹的形式，它从纯粹心智中推导出来，很少或根本无须外部世界的帮助，也不需要把任何东西送回到外部世界中去。

通常对"纯粹"和"应用"数学这两个专门术语的区别，渗透着一种不言而喻的感情，即认为应用的东西有些丑陋。关于"纯粹"的最强有力的声明之一来自哈代。他写道：

---

① 这不是容易办到的。有这样一个故事：若干年前，一群专家被机构 A 请来评价它发起的数学研究活动。机构 A 发起的哪种数学工作直接导致它感兴趣的普通效用层次上的应用，而且这些应用离开了这种数学工作将是不可能的？经过几天思考之后，专家们认为他们无法鉴定这种数学工作。数学研究活动发起得是否有道理，倒是应该在另外的基础上加以证明。例如，如果训练着一大群研究人员来应付"未来的需要"，这倒是有道理的。

我从不干任何"有用的"事情。我的任何一项发现都没有或者说不可能给这个世界的安逸舒适带来最细微的变化。无论是直接的还是间接的,好的还是坏的。我曾帮助训练过其他数学家,但他们是和我同类型的数学家,而他们的工作,至少在我帮助过他们的范围内,也和我的工作同样无用。无论按哪种实践标准判断,我的数学生活的价值都是零。在数学之外,这价值无疑是平凡的。我只有一个机会避免被评判为完全平凡,就是我可以被认为创造了某些值得创造的东西。我曾创造过一些东西是不可否认的,问题在于它的价值。

因此,在我的生活中,或者在和我一样的任何一个数学家的生活中,我们所做的事无非是给知识增添某些内容,并帮助别人增加更多知识。这些东西所具有的价值和那些大数学家的创造,或者其他曾给人们留下某种纪念的大大小小的艺术家的创造相比,只有程度上的差别,而没有种类上的不同。

哈代的观点是极端的,但是它代表了20世纪数学中占统治地位的一种态度,即认为数学的最高愿望就是成为永久性的艺术品。如果有某个机会使纯粹数学中某个很美的部分变得有用,那当然更好。但效用作为一个目的是低于优美和深刻的。

最近几年来,在美国数学家中占统治地位的态度已有了引人注目的变化。应用数学开始变得时髦了。这种趋势与大学毕业生就业机会的变化肯定有关系。美国大学里的数学博士们分配不到足够的工作。广告上看到的工作很多都需要统计学、计算机、数值分析和应用数学方面的能力,结果很多数学家力图使自己的专业同某一应用领域联系起来。现在说不准这种变化是一时的还是长久的。数学家中以效用目的为低级目的的基本价值体系还没有什么改变的迹象。

主张精神高于物质的观点在数学史的写作中投下了阴影。这方面的标准著作中绝大部分篇幅都不得不谈数学内部的发展和问题,即数学与自身的关系。尽管外部问题方面有大量资料可用,但却被忽视、低估或误传。例如,位置天文学在复变函数论发展中的作用就被忽视了。实际上,这个理论的大量动力来自解行星运动的开普勒位置方程的愿望。

且不谈优越性问题,人们可以断然主张:在很多方面,应用领域的工作比纯粹数学更困难,舞台更开阔,事实更多、更模糊。常常被看作纯粹数学灵魂的精确与美学的平衡,在这里大概是找不到的。

进一步的阅读材料,见参考文献:D.Bernstein;Garrett Birkhoff;R.Burrington;A.Fitzgerald and S.MacLane;G.H.Hardy;J.von Neumann;K.Popper and J.Eccles;J.Weissglass。

3.4　并非"正统"的应用

数学的很多方面是当代的数学史著作很少谈到的,我们想到的有商业、战争、数字神秘主义、占星术和宗教。在有些场合,基本资料还没有收集起来;在另一些场合,那些希望指出数学的高贵出身和纯科学性质的作者们是有意对此回避的。历史一直热心于把科学描写成这种情况,而"科学的侍女"则生活得比她的历史学家们所允许的风流得多,有趣得多。

上面提到的领域已经为重大的数学观念的活动提供了舞台,有些领域仍然在提供着,无花果叶子下面①还是有旺盛的生命力的。

1.市场中的数学

贸易、定价、货币、借贷等活动很明显是数学概念形成的强大源泉。尽管当代有保持缄默的密约,人们还是知道商业与数学之间的大量相互作用。中世纪算术发展的主要特征是明显的,有很多著作谈论簿记的历史。在中世纪和文艺复兴初期,一些大数学家都关心簿记。例如,1202 年斐波那契在他的《算盘书》(*Liber Abaci*)中介绍了罗马数字和阿拉伯数字平行的计数法。1494 年,帕巧利在《算术、几何、比与比例集成》(*Summa de Arithmetica*,*Geometria*,*Proportioni et Proportionalita*)中用三章讲贸易、簿记、货币和交换。后来佛兰芒②数学家斯蒂汶(Stevin,1548—1620)和英国数学家德·摩根(De. Morgan,1806—1871)也很注意簿记。在我们这个年代,电子计算机已成为商业活动中不可缺少的工具。这些机器的发展吸引了数学和物理学中一些最优秀的人才。哥德斯坦曾谈过这方面的详尽历史。在古代世界和现代一样,纯粹从运算次数的角度看,贸易一直是数学运算的主要用户。

在贸易中我们看到四种算术运算:加法用于求总数,减法用于结账,乘法用于重复计算,除法用于等分。从逻辑上看先于这些运算的是一些更基本的概念,但历史上并非如此。有过这样的等价交换:两只绵羊换一只山羊。存在这样一种对价值抽象测度的约定:任何东西都有一个价格。按照这种方法,等价类建立起来了。等价类的抽象代表,即硬币,最初被认为有内在价值。但这种价值逐渐趋于符号化,变为纸币、支票、信用限额、计算机里的比特之类的东西。

有一种观点认为所有符号化价值都可相互混合并可根据算术规律进行运算。如果一只山羊等于两只绵羊,一头牛等于三只山羊,那么人们可以算出一头牛等于 $3 \times (2$ 只绵羊$)=6$ 只绵羊。

现在比较一下"大于"概念和算术不等式规律的建立:

(1)$a<b$ 或 $a=b$ 或 $a>b$(任何事物都有可比价值)。

(2)$a<b$ 且 $b<c$,则 $a<c$(价值系统是可传递的)。

同连续观念相反的离散观念由于货币制度而显得突出,因为货币有标准单位。如果认为货币太贵重,可以把它们分成小块。如果货币不够大,可以把交换的商品再细分。这就导致分数概念("兑开")。

从古代到近代,人们可以看到各种运算和概念从货币的经验中直接进入数学,或通过这些手段得到加强。算术的算法是在商业影响下形成并经常变化的。现在小学里教

---

① 无花果叶子是西方美术中男性裸体画像常用的阴部遮盖物。本节原来的标题即为"在无花果叶子下面",为便于读者理解,我们做了意译。——译者注

② 比利时两个民族之一。——译者注

的算法至多只有一百年历史。谁知道下一代孩子们将如何做加法？是用手控计算机还是他们掌握的更好的东西呢？利息、复利、贴现的概念，同微积分及某些新理论有类似之处，并在其中得到应用。

概率论是通过赌博——古时候的一种金融交易——进入数学的。现在这个理论在理论科学中找到了最高层次的应用。重复掷硬币的观念，成了数学经验的基本图式之一，成了随机性、独立性和等概率性的范例。

期望和风险的概率概念也来自赌博，后来成为人寿保险的基本因素，统计学的一部分。从这些经典理论又导出了现代数学中的排队论、运输论和最优化理论。

在现代的数理经济学理论中，较高层次的数学也得到了广泛应用。主要工具是微分方程和其他函数方程的理论。用来研究均衡的存在的不动点理论也很重要。商业循环理论在数学物理中有一些类似的表现。现代数学中几乎所有领域都能用来对经济学做出贡献。近来，非标准分析也得到应用了，因为人们发现个体小商号与无穷小量之间有类似之处。上述材料表示数学对经济学的贡献；反之，经济学对数学也有贡献。例如，布朗运动概念最初是通过巴切利尔（Bachelier）早期对证券交易运动的研究进入数学文献的。

从机械的（或电子学的）角度看，大商业和大政府的需求导致多种不同的计算机的诞生（"IBM"中的"B"就是指商业）。这种情况一方面推动了计算机科学这个兼有逻辑、语言、组合及数值特征的新数学分支的发展。另一方面，计算机的存在反过来改变了商业自身的传统配置和态度（想一想信用卡）。可见，数学和市场之间存在着强有力的相互作用。如果一个国家商业正常，像柯立芝（Coolidge）主张的那样，我们应期望这种强有力的交互反馈不断加强。

更进一步，还可以提出社会经济条件与整个科学、技术和数学的关系问题，这就是李约瑟（Needham）所谓的科学史的"大辩论"。我们将在后面来看这种关系的一个突出例子。

附：圣路易斯模型

圣路易斯模型（Saint Louis Model）的估算方程

Ⅰ.总消费方程
　A.取样期：Ⅰ/1955—Ⅳ/1968
　　$\Delta Y_t = 2.30 + 5.35\Delta M_{t-i} + 0.05\Delta E_{t-i}$
　　　　(2.69)　(6.69)　　(0.15)

Ⅱ.价格方程
　A.取样期：Ⅰ/1955—Ⅳ/1968
　　$\Delta P_t = 2.95 + 0.09D_{t-i} + 0.73\Delta P_t^A$
　　　　(6.60)　(9.18)　　(5.01)

Ⅲ.失业率方程
　A.取样期：Ⅰ/1955—Ⅳ/1968
　　$U_t = 3.94 + 0.06G_t + 0.26G_{t-i}$
　　　　(67.42)(1.33)　(6.15)

Ⅳ.长期利率

A.取样期:Ⅰ/1955—Ⅳ/1968

$$R_t^L = 1.28 - 0.05\dot{M}_t + 1.39Z_t + 0.20\dot{X}_{t-i} + 0.97\dot{P}/(U/4)_{t-i}$$
$$(4.63)(-2.40) \quad (8.22) \quad (2.55) \qquad (11.96)$$

Ⅴ.短期利率方程

A.取样期:Ⅰ/1955—Ⅳ/1968

$$R_t^S = -0.84 - 0.11M_t + 0.50Z_t + 0.75\dot{X}_{t-i} + 1.06\dot{P}/(U/4)_{t-i}$$
$$(-2.43)(-3.72)(2.78) \quad (9.28) \qquad (12.24)$$

符号定义:

ΔY——总消费变化美元值(国民生产总值按时价)

ΔM——货币储备变化美元值

ΔE——高就业联邦支出变化美元值

ΔP——由价格变化引起的总消费变化美元值(国民生产总值按时价)

$D = Y - (X^F - X)$

X^F——潜在产量

X——产量(国民生产总值按 1958 年价格)

ΔP^A——期望价格变化(按美元单位定价)

U——失业占劳动力的百分比

$G = [(X^F - X)/X^F] \cdot 100$

R^L——穆迪(Moody)的季节性公司三 A 级债券票面利率

$\dot{M}$——货币储备年变化率

Z——模型变量(Ⅰ/1955—Ⅳ1960 为 0,Ⅰ/1961—回归期终止为 1)

$\dot{X}$——产量年变化率(国民生产总值按 1958 年价格)

$\dot{P}$——国民生产总值紧缩价格年变化率(1958 年为 100)

$U/4$——失业指数占劳动力的百分比(基数为 4.0)

R^S——四到六个月主要商业票据变化率

上述模型选自 1976 年版宾夕法尼亚大学克莱因(Klein)和伯迈斯特(Burmeister)著《计量经济模型的性能》(*Econometric Model Performance*)中安德森(Anderson)和卡尔森(Carlson)的"重温圣路易斯模型。"

数量经济学就是通过这样的模型预见经济过程的。

进一步的阅读材料,见参考文献:H.Goldstine,A.Littleton and B.Yamey。

2.数学与战争

据说阿基米德曾用他的科学为战事服务。他设计了放船下水用的滑车,发明了各种弹射器和兵器。最惊人的是他用抛物面镜使日光聚焦以烧毁前来围攻的敌船。所有这些都是为了帮助叙拉古的海伦王抵抗罗马人。阿基米德是那个时代最杰出的科学家和数学家。尽管上面提到的这些成就可以从力学和光学的数学理论得到解释，但它们并未显示出数学已在这种低级层次上直接得到应用。

数学和战争之间是什么关系呢？最初，数学对战争的贡献是很小的，几个懂点数学的文书可能参加户口调查，安排入伍。几个簿记员记录军械和军需。或许勘测和航海还要用一点数学。作为占星术士，古代数学家的主要贡献大概是查看星象并向国王预报未来，这也算是一种军事情报。

有些权威学者认为现代战争始于拿破仑。从拿破仑开始，人们注意到数学在战争中作用的增强。法兰西革命使法国得到了一大批或许是它的历史上最优秀的数学家：拉格朗日、康多西(Condorcet)、蒙日(Monge)、拉普拉斯、勒让德(Legendre)、卡诺(Carnot)。康多西 1792 年任海军大臣，蒙日出版了制造大炮的书。在拿破仑时代，数学家的队伍继续兴盛。据说拿破仑本人也喜爱数学。蒙日和傅立叶(Fourier)曾陪同拿破仑远征意大利和埃及。尽管这些人在服役期间并不直接搞数学［蒙日管理战利品而傅立叶写《埃及风情》(*Description of Egypt*)］，人们都感到拿破仑认为数学家伴随在他左右是有益的。

到了第二次世界大战，人们发现数学和科学方面的才能在陆海空三军中，在国家研究实验室和军事工业中，在政府的、社会的和商业的机构中得到了广泛应用。数学家的工作主要包括空气动力学、流体动力学、弹道学、雷达和声呐的发展、原子弹的发展、密码术和破译术、空中摄影、气象学、运筹学、计算机发展、计量经济学、火箭、反馈和控制理论的发展。很多数学教授和他们的众多学生都直接参与这些事情。著者曾受雇为弗吉尼亚州兰利菲尔德的全国航空咨询委员会(后来是国家航空和宇航局)的数学和物理学工作者，当时只有学士学位。当时其在兰利菲尔德的很多同事后来占据了遍布全国的数学席位。

随着原子弹在日本爆炸以及更强有力的核弹的发展，那些一直生活在学术的象牙塔里的原子物理学家感到一种负罪感。这种负罪感同时扩散到数学界。数学家们扪心自问，他们用什么方式把怪物放了出来，如果已经做了，又该如何把它同自己掌握的人生哲学观点协调起来。过去被看作一种古老而又超然的学说的数学，突然呈现为能造成物质的、社会的和心理的损害的东西。一些数学家开始把他们的课题分为好的部分和坏的部分。好的部分是纯粹数学，越抽象越好；坏的部分则是各种应用数学。有些数学家和新一代学生彻底排斥应用领域。一直从事发展预测和反馈控制理论的维纳(Wiener)，拒绝政府对他工作的支持，决心用余生从事生物物理方面的"好的工作"，并宣传反对把人用于非人的目的。

第二次世界大战之后是冷战时期。这期间苏联人造地球卫星上天，引起震惊。空间活动的加剧，以及整个计算机工业实际上从零开始的发展，吸引了成千上万数学家来参加工作。

在抗议越南战争期间，数学研究机构受到了直接的物质上的攻击。当时应用数学的两个主要研究中心分别在纽约大学和威斯康星大学。纽约大学有一个巨大的计算机中心，由能源研究和发展局(以前是原子能委员会)主办。威斯康星大学的数学研究中心

(以前是军事数学研究中心)设在一个大楼内。1968 年,一枚炸弹在麦迪逊分校的这个中心爆炸,炸死了一个碰巧在楼内工作到深夜的大学生。在纽约大学,计算机中心被占领并被勒取赎金,幸而炸掉它的企图没有得逞。

很多反战人士认为在军方支持的机构里工作是不道德的。不管人们研究的是军事问题还是非军事问题,整个机构都被认为是沾染罪恶的。

人们开始听说,第一次世界大战是化学家的战争,第二次世界大战是物理学家的战争,第三次世界大战(但愿永不发生)将是数学家的战争。由于这一点,人们普遍地充分认识到,数学不可避免地被束缚在生活的整体结构之中,数学的好坏取决于人们的所作所为,人类心智的任何活动都离不开道德问题。

进一步的阅读材料,见参考文献:N.P.Davis;H.Goldstine〔1972〕;J.Needham,Vol Ⅲ,p.167。

3.数字神秘主义

克拉克爵士在他的令人惊异的《艺术概观》(*Landscape into Art*)中写道:"我们这些继承了三个世纪的科学的人几乎不能想象心智的这样一种状态,在这里所有物质对象都被认为是圣史中的精神真理或情节的符号。然而,除非我们努力进行这种想象,否则中世纪艺术是非常不可理解的。"我们这些继承了最近三个世纪科学发展的人也几乎不能想象心智的这样一种状态,这里很多数学对象被认为是圣史中的精神真理或情节的符号。然而,除非我们进行这种想象,否则数学史的一个部分是不可理解的。

让我们读一下普鲁塔克(Plutarch,40—120)[1]在描述埃及的伊西斯[2]崇拜时,是如何把圣史和数学定理混在一起的:

> 埃及人说奥西里斯(Osiris)[3]之死发生在月中的第十七天,这时满月明显变亏。因而毕达哥拉斯学派的人把这一天称为"坎",非常讨厌这个数字。因为 17 这个数介于平方数 16 和长方形数 18 之间,在平面数中只有这两个数所示图形的周长能等于所围面积[4]。17 将这两个数阻断,分开,并互相隔离,本身则按 9 与 8 之比分成不等部分。28 年这个数字被有些人说成是奥西里斯的寿命,另一些人则说是他统治的时间;因为这是月亮发光的天数,在这些天内它旋转一周。当他们在奥西里斯的所谓葬地伐木时,他们制作一个弯弯的新月形箱子,因为月亮在接近太阳时总是被遮盖而成弯月。奥西里斯被肢解为 14 部分,则用满月开始变亏到新月出现的天数来解释。

毕达哥拉斯说过:"万物皆数"。数字神秘主义把它作为确信不疑的格言。宇宙的所

---

① 古希腊传记作家和道德家。——译者注
② 古埃及神话中司生育和繁殖的女神。——译者注
③ 古埃及主神之一,地狱判官
④ 这是一个很有趣的定理,证明它。

有方面都由数和数的特性统治着。3 是三位一体,6 是完全数,137 则是数字神秘主义者兼杰出的物理学家埃丁顿(Eddington)爵士的最佳结构常数。

在 1240 年——西西里的腓特烈二世统治最成功的一年,西欧盛传一种谣言,说远东有一个大国国王,统治着一个幅员辽阔的王国,并且国王正在缓慢而无情地向西方推进。一个又一个伊斯兰王国相继被他打败。一些基督徒解释说,这条消息预兆着传说中祭司王约翰的来临,他将与耶路撒冷的西方国王们团结起来,并决定伊斯兰教的灭亡。欧洲的犹太人根据下面即将解释的理由,认为这个东方君王就是弥赛亚王①——大卫的后代,并筹划前去热情欢迎和庆祝他的来临。另有一些基督徒同意这个救世主的解释,但认为腓特烈本人——这个世界上的奇人和主宰者,能够坐在皇位上的最有才智者之一——就是希望中的救世主。

现在要问,人们当时根据什么说救世主即将来临呢? 只不过因为基督历的 1240 年对应于犹太历的 5000 年。根据某些理论,救世主将出现在第六个一千年开始的时候。这里我们看到的数字神秘主义,对现代人来说是难以置信的。(我们应该告诉好奇的读者,东方的国王既不是约翰,也不是弥赛亚,而是成吉思汗的孙子拔都。他建立了金帐汗国,在通往西里西亚的利格尼茨的路上到处杀戮。)

但是神圣与实际在不知不觉中合并起来了。16 世纪著名的哲学幻术家阿格里帕(Agrippa)认为,数学是幻术所绝对必需的。"因为所有通过自然力量所做的事情都是由数字、重量和度量控制的。一个幻术家遵循自然哲学和数学,并了解它们所产生的中间科学,即算术、音乐、几何、光学、天文学和力学,他就能做惊人的事情。"②数字神秘主义能使自己有成效的方法之一是通过字数术(gematria)[这个词本身来自"Geometry(几何学)"]。字数术基于这一事实:拉丁语、希腊语和希伯来语的古典字母在一般情况下都具有它们的数字等价物。就其最简单的形式而言,字数术即是把词等同于其数字等价物,并由此来对相应的词语做出解释。

腓特烈二世时期有这样一个例子:教皇英诺森(Innocent)四世的等价数字是 666。这是《启示录》13:18 的"兽的数字",因而英诺森等于反对基督教的人。(腓特烈是激烈反对教皇的)

看到这种毫无意义的废话,特别是意识到社会政策竟然可能基于这种推理之上,人们会大吃一惊。人们希望当代的政治推理有更坚实的基础。然而这种中世纪的推理,这种数字暴行,可能促进了数字技巧,它的好处远远超过坏处。

对于中世纪的人来说,一个数字,特别是一个神圣数字,是一种神性的精神秩序的显示,它可以转变成一种美学原则。例如,我们注意到霍恩(Horn)最近分析了 816 年在亚琛为一个修道院所做的总计划,即所谓"圣高尔计划"。他发现设计这个计划的建筑师牢记着神圣数字 3,4,7,10,12 和 40,并在工作中反复使用它们。我们不考虑这些特殊的数

① 即救世主。——译者注
② 耶茨(Yates),《布鲁诺与神奇传统》。

神奇图案
选自布鲁诺的《哲学与数学性质的
一百六十条比较》。布拉格，1588
（第 313 页）

字的神圣的依据或证明，而直接谈论建筑的细节。

在这个计划中，有 3 个主要区域：东部、中部和西部，有 3 个建筑工地、3 条走廊、3 个烘焙和酿造房、3 个洗澡房、3 个医疗室、3 个围墙花园、3 个家禽饲养棚和 3 个磨坊。

这里共有 4 个圆形建筑物。交叉甬道内有 4 个祭坛，每一耳堂内也有 4 个祭坛，中殿内有 4 只圣餐柜，还有 4 行植物。4 在这项设计里也是一个基本模数。

7 个建筑物构成修道院的中心。司祭席比路口高出 7 级台阶。文书室中有供抄写员用的 7 张桌子。僧侣宿舍内有 77 张床。教堂的轴线上有 7 个礼拜场所。整个教堂内有（10＋7＝）17 个祭坛。整个计划中有（3×7＝）21 个祭坛。

我们不想继续介绍霍恩的一直到 40 的神圣数字记录。如果有人怀疑这些事情是偶然的，或只是表明所有数字都像在质数分解定理或哥德巴赫猜想（见第 5 章）中那样，能分解成神圣数字的和或积，那就让他研究一下当地的霍华德·约翰逊（Howard Johnson）旅馆的总图，看看它遵从哪一种神圣计划吧。

进一步的阅读材料，见参考文献：J. Griffiths；W. Horn；E. Kantorowicz；F. Yates。

4.神奇几何

哲学幻术（以区别于魔术师的魔术）之梦已存在数千年了。这种幻术的基本假定之一是认为宇宙的精神力量能被诱导进入并影响物质力量。精神力量是天国的，物质力量是尘世的。尘世的形式常被表示为几何图形，并被认为是纯粹的天国形式的外表。通过适当地表现和安排，物质图形就产生一种与其天国原型的和谐共鸣；结果这种图形就具有护符的效力。然后这种效力就被用于完全实际的目的，如治病，使生意兴隆，消灭敌人，恋爱，还有其他很多事情。

左上图是 1588 年的三个神奇几何艺术造型，选自布鲁诺（Bruno）的著作《哲学与数学性质的一百六十条比较》（*Articuli centum et sexaginta adversus huius tempestatis mathematicos atque philosophos*）。布鲁诺是一个前多明会（Dominican）修道士，杰出的哲学家和哲学幻术家。

这些图案今天如果用作瓷砖图案设计还是很漂亮的。可以设想这些特殊的设计不是任意的，而是遵循某种原则创造出来的。很多人曾以为(现在仍以为)他们已发现了宇宙的钥匙,人们不应因为一把钥匙只是打开了边上的一间小室而轻视它。

第四个神奇图形是迪伊(1564)的幻术象形文字。它可能使人们想起 20 世纪 70 年代初期的和平符号。这个符号的数学和幻术性质在一部叫作《象形文字单子》(*Monad Hieroglyphical*)的书中有所阐述,这里的解释是借助一系列"定理"进行的。读者可以把这里的定理资料同第 5 章中给出的欧几里得定理进行比较。

进一步的阅读材料,见参考文献:G.Bruno;J.Dee;C.Josten;F.Yates。

12

MONAS HIEROGLYPHICA:
IOANNIS DEE, LONDINENSIS,
Mathematicè, Magicè, Cabalisticè, Anagogicéque,
explicata: Ad
SAPIENTISSIMVM,
ROMANORVM, BOHEMIAE, ET HVNGARIAE,
REGEM,
MAXIMILIANVM.

THEOREMA I.

PEr Lineam rectam, Circulumque, Prima, Simplicissimaque fuit Rerum, tum, non existentiũ, tum in Naturæ latentium Inuolucris, in Lucem Productio, representatioque.

THEOREMA II.

AT nec sine Recta, Circulus; nec sine Puncto, Recta artificiosè fieri potest. Puncti proinde, Monadisque ratione, Res, & esse cœperũt primò: Et quæ peripheria sunt affectæ, (quantæcúque fuerint) Centralis Puncti nullo modo carere possunt Ministerio.

THEOREMA III.

MOnadis, Igitur, HIEROGLYPHICAE Conspicuũ Centrale Punctum, TERRAM refert, circa quam, tum SOL tum LVNA, reliquiq́ue Planetæ suos conficiunt Cursus. Et in hoc munere, quia dignitatem SOL obtinet summam, Ipsum, (per excellentiam,) Circulo notamus Integro, Centroque Visibili.

MONAS HIEROGLYPHI. CA.

THEO:

Outer Issues

MONAS HIERO-

THEOREMA IIII.

LVnæ Hemicyclium, licet hìc, Solari sit Circulo quasi Superius Priusque: Tamen S o l e m tanquam Dominum, Regemque suum obseruat : eiusdem Forma ac vicinitate adeo gaudere videtur, vt & illum in Semidiametri æmuletur Magnitudine , (Vulgaribus apparente hominibus,) & ad eundem, semper suum conuertat Lumen : S o l a r i- b v s'q v e ita tandem imbui Radijs appetat, vt in eundem quasi Transformata, toto dispareat Cælo : donec aliquot post Diebus, omnino hac qua depinximus, appareat corniculata figura.

THEOR. V.

ET Lunari certè Semicirculo ad Solare complementum perducto: Factum est Vespere & Mane Dies vnus. Sit ergo Primus, quo L v x est facta Philosophorum.

THEOR. VI.

SOlem, Lvnam'qve; Rectilineæ Cruci, inniti, hìc videmus. Que, tum T e r n a r i v m, tum Q v a t e r n a- r y m, apposite satis, ratione significare Hieroglyphica, potest. T e r n a r i v m quidem: ex duabus Rectis, & Communi vtrisque, quasi Copulatiuo Puncto. Q v a t e r n a r i v m vero: ex 4. Rectis, includentibus 4. Angulos rectos. Singulis, bis, (ad hoc) repetitis; (Sicque, ibidem, secretissimè, etiam O c t o n a r i v s, sese offert; q em, dubito an nostri Prædecessores, Magi, vnquam conspexerint: Notabisque maxime.) Primorū Patrum, & Sophorum T e r- n a r i v s, Magitus, C o r p o r e, s p i r i t v, & a n i- m a, constabat. Vnde, Manifestum bis Primariū habemus S e p t e n a r i v m. Ex duabus numum Rectis, et Communi Puncto: Deinde ex 4. Rectis, a b Vno Puncto, sese, Separantibus.

THEOR.

伦敦的迪伊的象形文字单子

［由乔斯特恩（Josten）复制并翻译，见阿姆毕克斯（Ambix），1964，12 卷］

数学的、幻术的、玄妙的、神秘的解释,献给最英明的罗马、波希米亚和匈牙利国王马克西米利安。

定理1:非存在而又潜在于自然界之中事物的最原始、最简单地显示和表现,是借助于直线和圆而得到的。

定理2:若圆无直线,或直线无点,仍不能由人工产生。因此,事物最初始于一点,一个单子。与圆周相关的事物(无论多大)不可能没有中点的帮助而存在。

定理3:所以在象形文字单子的中心看到的中点代表地球,太阳、月亮及其他行星都绕地球运行。由于太阳在这种运行中占据最高地位,我们用一个具有可见中心的满圆来代表它,以显示它的优势。

定理4:虽然这里月亮的半圆看来可以说是在太阳圆之上,但更重要的是,她还是像对主人和国王那样尊重太阳。她看来对他的形状和他的相邻感到极大欢悦,因而她(在世俗的眼光看来)效仿他的半径尺寸,并总是把她的光对着他。最终,由于她非常希望承受太阳的射线,当她可以说是已经变成他时,她完全从天空中消失了,直到几天之后又以羊角形状显现出来,就像我们所描绘的那样。

定理5:的确,一天是由早与晚构成的①。月的半圆成为日的补充。这一天相应成为哲人之光最初产生的日子。

定理6:这里我们看到日和月在一个十字架下面,根据象形文字解释,这个十字架可以很恰当地代表三元关系或四元关系;三元关系在于它包含两条直线和可以说是将它们连接起来的一个公共点。四元关系在于它包含四条直线和它们所形成的四个直角,每条直线在这些直角上重复两次②。(所以这里还有一个以最秘密方式存在的八元关系,我怀疑我们的幻术家前辈们是否看到这种秘密方式的八元关系。这种秘密方式你们应特别注意。)我们最早的祖先和卫士们的幻术三元关系由身体、精神和灵魂组成。因此我们这里看到异乎寻常的七元关系,两条直线共点,四条直线由一点彼此分开。

诸如此类,总共有 23 个"定理"。

5.占星术

占星术在数学、物理、技术和医学发展中的作用曾被歪曲和贬低。当代学术界正在恢复对这种活动的正当看法。我们这里把它作为一种前科学和失败的科学来论述。它只是在有意识地迷惑人的实践范围内才能称为伪科学或假科学。

占星术发端于前 4 世纪的巴比伦,如果不是更早的话。占星和占卜在东方广为流传,至今还能发现它是东方有些地区人们生活的组成成分。在西方可以看到的占星术残余是报纸的数字学、计算机算命和黄道书等普及文化。

占星术曾经几起几落。在历史上它常被斥为迷信——异教徒的迷信,这是很自然的。它曾在政府和宗教组织中有过合法地位。它曾被辱骂和排斥,它曾被认为是不道德和罪恶的,是异端邪说,因为难道它不与自由意志相抵触吗?但它也曾被宽容和故意忽视。它曾被当作一种游戏,如著名数学家和医生卡当在为耶稣算命时所做的那样。到了16 世纪,当人们把它作为一门科学老老实实地加以研究时,它不能不影响科学发现的

---

① 参见《创世纪》。
② 这一段有些含混,其意是说,当十字架被认为由四个直角组成时,包含这些角的四组线是两两重合的。

过程。

占星术源于这样一种信仰，即天体对人事有着直接影响。月球对于人的位置以及天体在它们穿过黄道带星座的背景时的位置，被认为以一种极其重要的方式影响个人、国王和统治者以及整个国家的命运。这方面有些事情是人们无法否认的。太阳不是供给我们生存的能量吗？它的辐射形式的变化不是影响着天气和无线电接收吗？按照现代宇宙学家的说法，难道不正是宇宙最大范围的物质的存在造成了引力，决定了网球的路径吗？这是一种多么宏伟的宇宙概念，它把巨大的和微小的，远的和近的结合在一起了！这是一个伟大的计划，现在的问题在于，我们怎样从我们自己的角度来理解这个计划呢？

占星术实践的传统形式包括生辰星位学（genethlialogy）、预卜占星术（catarchic astrology）和问答占星术（interrogatory astrology）。三者是相互关联的。

生辰星位学认为一个人出生时的天象影响他一生的经历。为预测这个经历，需要知道出生的准确时间和地点。人们必须计算行星的位置以及它们之间诸如相合和相冲等关系。

预卜占星术认为任何行动开始时的天象影响这个行动，因而可根据行星的未来位置为重大活动预选吉日。

问答占星术回答各类问题：我的钱包丢在什么地方了？我应该同这样的人结婚吗？问答占星术认为询问的时刻影响正确的答案。占星术就这样在一个充满痛苦问题的世界里给出答案，其中建议是很少的，而且常常是不肯定的。

要深入细致地实践占星术，人们必须懂得天文学、数学、医学及其他很多方面的知识，因为它的算法相当精细。当一个病人来看病时，首先要为他算命。这里就需要根据有关他的出生时间的尽可能精确的信息。历书在这里是有用的，它能让医生知道病人出生时天上的情况。人们怎么能知道出生时刻呢？要记住，那个时候一般人既不会读也不会写，更不会计算。那时有关从伦敦到坎特伯雷的英里数的知识就是学习算术的一个重要理由。但只要给出一个甚至是近似性质的生辰，身兼占星术士和数学家的医生就可以检查病人的症状（特别是小便颜色），并开出处方。这是十美元的工作。

自然，如果病人是贵族或牧师，或者就是占星术士本人，初级的准确度就不够了。这时需要精确的星占，这当然可能值一百美元。于是就需要精确的行星位置表、准确度超过一般的星盘或经纬仪的仪器、精确的时钟以及方便而精确的数学计算方法。因此，为了成为一个医生，比如说在 13 世纪，理想的条件是他必须同时是一个草药采集者、一个炼金术士、一个数学家、一个天文学家以及一个科学仪器制造者。对于时间和位置的精确知识的追求，经过布拉赫（Brahe）、开普勒、伽利略（Galileo）和牛顿，导致了现代物理学和数学的产生。

占星术士们一定取得过不少成功。甚至掷硬币对于制定政策也常常是有用的方法，根据平均律它应是常常正确的。例如，人们听到过迪伊为年轻的伊丽莎白女王所做的惊人工作。当他被要求为伊丽莎白一世的加冕礼选择吉日时，他用他的科学选出的日子导致了英国长达三百多年的统治。

但是从长远观点看,尽管占星术是一种前科学,尽管很多占星术士用现代科学的探究精神从事这项活动,它仍然失败了。它是具有数学核心的许多失败的理论之一。它提供了关于实在的一个错误模型,由此导致了它的衰落和它在智力上的浅薄。

进一步的阅读材料,见参考文献:D.Pingree;L.White,Jr.。

Underneath the Fig Leaf

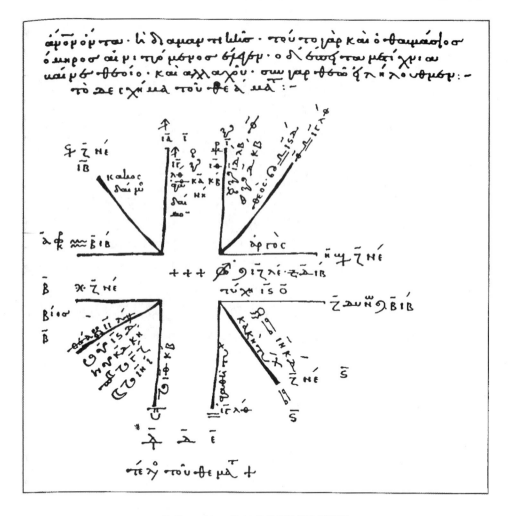

注明 497 年 10 月 28 日的希腊算命天宫图
[选自诺伊格鲍尔(Neugebauer)和范·豪森(van Hoesen)的著作]

6.宗教

数学在以前曾被看作关于空间和量的科学,后来被看作关于模式和演绎结构的科学。自古希腊以来,数学也是关于无限的科学。魏尔认为数学中无限的存在是与宗教直觉平行的:

> ⋯⋯纯粹的数学研究本身,正如很多伟大思想家深信的那样,以其特殊的确定性和严格性,使人类理智上升到更接近神的地方,这是任何其他中介无法比拟的。数学是关于无限的科学,它的目标是使有限的人类达到对无限的符号化理解。古希腊人的伟大成就是使有限与无限之间的对比有利于认识实在。从东方来的关于无限的宗教直觉掌握了希腊的灵魂⋯⋯有限与无限之间的紧张关系及其调解,现在已变成希腊研究的驱动力。

宗教和数学一样表示人与宇宙的关系。每种宗教都为人的生命寻求一种理想的结构,并为实现这种理想而进行实践。它精心构造用于描述神的性质和神与人的关系的神学。就数学寻找理想知识并研究这种理想与我们周围世界的关系而言,它与宗教有某些共通之处。如果说数学对象是概念对象,它们的实在性存在于人类心智的普遍意识之中,那么这些共有的数学概念就可以构成数学的信条。

依著者所见,大多数当代数学家和科学家是不可知论者。如果他们承认某种宗教信仰,他们会把科学和宗教完全分开。传统的科学观认为数学是只讲推理不讲情感的领域的最主要的例子。在这个领域里,我们有知识是肯定的,并且我们知道我们有知识。在这个领域里,今天的真理就是永恒的真理。与此相反,这种观点认为宗教是不受推理影响的纯信仰的领域。按照这种观点,所有宗教都是一样的,因为它们都同样不能得到核实或确证。

然而,这种在数学和宗教之间看到的二分法尽管现在广为流传,却不具普遍性。在过去几个世纪里,数学与宗教之间已经以各种富有成果的形式相互发生作用。

例如,宗教的考虑曾激励了某些数学创造和实践。塞登伯格(Seidenberg)等学者发现计数和几何起源于古代的宗教仪式。历法的发展是另一个例子。历法的发展究竟在多大程度上受到了使周期性的宗教仪式正规化的愿望的影响和促进?

我们也观察到在数字符号主义和数字神秘主义方面,数学可能怎样影响宗教活动。

在文化影响的更深层次上,可以看到数学证明的观念对神学发展的贡献。中世纪学者寻求神学定理的合理证明,使教义的要点后面可写上 Q.E.D(证明完毕)。

库萨的尼古拉(Nicolas of Cusa,1450)相信对上帝的真正的爱是对理性的追求,而揭示神的启示所凭借的理性活动是数学。(神可以通过许多途径达到,例如,通过洁净,或者通过不洁,如旷野教父所做的那样。尼古拉主张通过"思索"到达神那里。)

德国浪漫主义讽刺诗作者诺瓦利斯(Novalis,即 Friedrich von Hardenberg,卒于1801)说:"纯粹数学是宗教",因为,正像后来舞蹈创作家施莱默(Schlemmer)在 1925 年所解释的:"这是最根本的,最精致的,最美妙的。"诺瓦利斯读过不少同时代的数学著作,并写过"众神的生活是数学"和"人们只有通过神灵显现才能达到数学"。

作为这种倾向的更进一步的例子,可以考察斯宾诺莎(Spinoza)对伦理学的更为几何化的研究,以及洛克(Locke)在《人类理智新论》(*An Essay on Human Understanding*)中的论述:

> 在这个基础上我大胆地认为道德像数学一样能够证明,由于道德言语所代表的那些事物的真实本质是完全可知的,因此这些事物本身是否和谐当然可以讨论,由此构成完全的知识。

与此相反,宗教的世界观断言数学是神的思想的范例。修女剧作家豪斯威塔(Hrosvita of Gandersheim,980)写了《贤者》(*Sapientia*)这个剧本。剧中在对于数论中某些事实经过相当长的深奥的讨论之后,"贤者"说:

> 如果这场讨论不能使我们意识到造物主的智慧和世界的创造者的奇妙知识,它将是无用的。这个创造者,最初从一无所有中创造世界,用数学、度量和重量,而后用时间和人的年龄安排一切事物,构成了我们越研究越能揭示新奇事情的一门科学。

我们再听一下开普勒(1619)在《世界的和谐》(*Harmonia Mundi*)中的见解:

> 我感谢您,上帝啊,我们的造物主,您使我看到您的创造物的美,我为此而欢悦。看,我已完成了被呼唤从事的工作,我从您给我的才能中获益。在我精力允许的范围内,我已向读这些证明的人们显示了您的工作的光荣。

当然,这些都是把数学规律和自然和谐认作神的心灵的不同方面的柏拉图观念的例子。按照这种观点,第 7 章讨论的欧几里得神话就表现为其中一种基本的适当的要素。

对非物质实体的信念,消除了有关数学存在的问题中的悖论。不论在上帝的心智中,还是在某种更抽象、更少人格化的模式中,都是如此。如果存在非物质实体的领域,那就容易承认数学对象的实在性,因为数学对象不过是一种特殊的非物质对象而已。

至此,我们已讨论了数学学科与宗教的相互作用。我们还可以问数学在什么程度上具有宗教的功能? 就"数学规律"是某些共有概念所具备的性质而言,这些规律与宗教教义相似。一个聪明的观察者看到数学家在工作,听到他们在谈话。如果他本人并不学习或研究数学,就可能认为他们是外来教派的信徒,正在寻找宇宙的秘诀。

然而,数学家之间存在着异乎寻常的一致。当神学家在有关上帝的各种假定中存在着众所周知的分歧时,当他们从这些假定中导出更多的不同推论时,数学家却似乎团结得非常紧密,他们在所有重要问题上都完全一致。特别是证明的概念,这是使一个关于未见实体的命题得以最终确立并被所有追随者接受的一项程序。可以看到,如果一个数学问题有确定答案,那么不同的数学家在不同时代使用不同方法,将获得相同的答案。

我们能得出结论,说数学是宗教的一种形式,事实上是真正的宗教吗?

上帝使用圆规[布莱克(Blake)："时光老人"，
由曼彻斯特大学怀特沃什美术馆提供]

阿基米德使用圆规

迪伊使用圆规

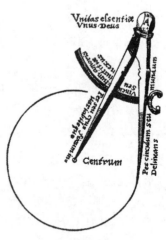

圆规自行使用

谁在使用圆规。上帝？阿基米德？迪伊？还是圆规自行使用？

进一步的阅读材料,见参考文献:Dyck;F.von Hardenberg;H.Weyl;A.Seidenberg。

3.5 抽象和经院神学

抽象是数学生命的血液,反过来,如狄拉克(Dirac)所说:"数学是特别适于处理各种抽象概念的工具。在这个领域它的力量是无限的。"然而抽象是无处不在的。它几乎是智力自身的特征或同义词。系统的经院神学可以被列入数学类型的抽象的众多成果之中。按照罗素[《西方哲学史》(*History of Western Philosophy*),第 37 页]的观点,系统的经院神学直接来自数学。在赛义德·本·优素福(Sa'id ibn Yusuf,882—942)的著作里对这一点的探索特别有趣。

赛义德·本·优素福,即撒迪亚·高恩(Saadia Gaon),是哲学家,神学家,巴比伦犹太人的杰出领袖,诞生于埃及法尤姆区,922 年移居巴比伦,被任命为帕姆比迪塔学院院长。他的主要哲学著作《信仰与民意文集》(*Kitab al-Amanat wa-al Itiqadat*),大量引用了圣经和犹太教法典中的材料。此外他还利用医学、解剖术、数学、天文学和音乐等方面的知识。按照当代数学家的观点,撒迪亚(我们现在使用这个更流行的叫法)已完全掌握了数学科学。我们将检验他的文集的这一方面。

撒迪亚之所以吸引人,不仅在于从他身上能看到当时的数学,而且在于他的系统的神学中已展示了具有 19 世纪和 20 世纪数学特征的方法、倾向和思想过程。

书中呈现出 10 世纪的数学。例如,撒迪亚说:

我不需要鲁本①的 100 德拉克马②,我需要他的一万的平方根。

这种转弯抹角的说法不可能出自帕姆比迪塔的普通人,但是它肯定不是 10 世纪数学能想出来的最令人激动的思想。然而它存在于一个宗教环境中。

撒迪亚讨论过时间问题,这种讨论使人们联想到阿基里斯(Achilles)和乌龟的悖论,不过是在相反的意义上。因为它不是出于芝诺(Zeno)那样的破坏性目的,而是积极地用来证明造物主的存在。撒迪亚说,如果世界不是被创造的,那么时间将是无限的。但是无限的时间不能被横断,因而现在的时刻不能出现。但现在的时刻显然是存在的,因而世界是有开端的。

在第二篇论文的序言中,谈到对万物的唯一创造者的信仰时,撒迪亚说道:

科学发端于具体的材料,而它们所追求的目标是抽象的。

这很像一个现代科学家的口气。人们怀疑这种口气是不是现代翻译者所捏造,他把"大"译成"具体",把"好"译成"抽象"。但我不这样想。因为在撒迪亚随后给出的例子中,

---

① 圣经中人物。——译者注
② 希腊货币单位。——译者注

这个"好"很清楚是一种不那么特别的,更为一般的解释,这种解释能用于处理一些附属于它的现象。换言之,它是抽象的理论。他进一步说:

> 知识之梯的最后一级是最抽象、最精巧的。

这就是他坚持认为上帝必须通过、事实上也只能通过抽象过程来理解的主张的开场白。因此撒迪亚的上帝是高度抽象和高度理智化的。现代数学的主要纲领之一是抽象纲领。对于那些认为数、点、线、方程等东西已足够抽象的非数学家来说,这可能是令人惊异的。但是对于三千年来一直以处理这些对象为业的数学家来说,他们已变得很具体了,他们已发现必须提出更高层次的抽象才能充分解释这些比较平凡事物的一般特征。因此,过去一百多年内出现了诸如"群""空间""范畴"这样一些抽象结构,它们是对相当普通和简单的抽象观念的进一步概括。

作为抽象者,数学家必须不断提出这样的问题:"这事物的核心是什么?""什么东西使这个过程持续下去?""什么东西赋予它以它的特征方面?"一旦他发现了这些问题的答案,他就会专注于这些关键部分,却对整体视而不见。

撒迪亚正是以同样的方式达到了他的上帝概念。他继承了几千年积累下来的神学经验,然后进行抽象:

> 造物主的观念……必须是精妙再精妙,深奥再深奥,抽象再抽象。

尽管有形物中存在着属于上帝的东西,但是上帝是无形的。尽管在运动中,在时空事件中,在情感或性质中,都存在着属于上帝的东西,但是上帝与它们并不是等同的。尽管很多属性可以归于他,如说他是永恒的、活生生的、全能的、无所不知的,是造物主,是公正的、不浪费的等,但他已被撒迪亚从诸神属性中抽象出来了。上帝显现为事物之间的一组关系。这些事物有些是物质的,有些是精神的,而这些关系则服从某些公理性的需要。当撒迪亚通过抽象过程寻求上帝时,他发现了一个非常数学化的上帝。

通过对上帝的抽象,撒迪亚问道:

> 如果我们的任何感觉都从未领悟过他的存在,怎么可能在我们的心智中确立这个概念呢?

他回答道:

> 这和我们的心智认识到事物不可能同时存在和不存在是一样的,尽管这种情况从未被我们的感觉注意到。

这就是说,我们认识到"A"和"非A"不能共存,虽然事实上我们可能从未体验过"A"或"非A"。

通过指出撒迪亚的答案能借助某种抽象过程获得,人们可以进一步理解他的答案。这正如一个抽象图形并不是一个迷宫,也不是一个迷宫式情况的简单的算术或几何表示,而是横断和结合两种性质的抽象本质;反之,迷宫是抽象图形的具体表示。(见第4章,"作为抽取的抽象"一节。)

就现代的极度抽象的趋势而言,数学界发现自己不再是统一的了。有些人说,尽管抽象是很有用的,实际上很需要,但过多的抽象就会引起衰弱。极度抽象的理论不久会变得不可理解,没有趣味(就其本身而言),失去再生的力量。数学的动力大体来自"粗糙"而不是"精致"。实行极度抽象计划的研究者经常要用大部分精力去解决他们不得不采用的新术语方面的困难,剩下来的精力要用于以隐蔽的形式重新确立那些已经确立的东西,这些东西原先的确立虽然比较朴实,但却是更有光彩的。极度抽象的计划往往伴随着它们的传播者的十足傲慢的态度,并且可能在情感基础上被人们当作冷酷和淡漠的东西而予以拒绝。

撒迪亚关于上帝的概念也暴露了同样的问题。由于它的本性不可能概念化,它只好求助于理智而不是情感。甚至理智也难以解决问题。有这样一个故事,说一位数学教授的讲课总是极度抽象。在一次讲课中间,他正在证明某个命题,可是证不出来,被困住了。他就走向黑板一角,十分羞怯地画了一些几何图形,以具体表示他所谈论的东西。这样使事情清楚了起来,他又继续愉快地进行他的抽象工作。撒迪亚的上帝概念也有同样的缺点。它需要来自下面的支持。作为宗教活动的一部分,它需要通过隐喻给予情感上的补充。撒迪亚本人似乎已觉察到这个问题,所以他用很多时间讨论各种与上帝相联系的拟人说,然后他提出一个所有极度抽象计划的支持者都应记住的论点:

> 如果我们在努力描述上帝时只采用实实在在的说法……那么除了它的存在这一事实外,我们不能肯定任何事情。

他也谈到了:

> ……上帝的唯一性的证明……

这里的整个发展有一种令人吃惊的数学风味。因为标准的数学活动之一正是证明所谓"存在性和唯一性定理"。存在性定理断言在某些事先规定的限制条件下,这样或那样的问题应有一个解。这一点在数学中从来不是理所当然的,因为很多数学问题能被证明无解。加上问题获解的限制或许太严格,条件或许本来就自相矛盾,因此,数学家需要存在性定理,以保证他所谈论的问题实际上有解。这类定理通常很难确立。

如果撒迪亚是一个有现代数学家背景的神学家,他肯定会着手写论文证明上帝的存在。迈蒙尼德(Maimonides,1135—1240)[①]已在一定程度上这样做了。例如,他在《密西拿经》(*Mishneh Torah*)[②]第一卷第 1 章中说:

> 这是基本的原理,即有一个最初的存在,是他使得所有存在的事物得以存在。因为如果假定他不存在,那么其他任何东西就都不能存在了……

在数学家听来,这很像经常使用的反证法。至于事实上数学家可能倾向于把迈蒙尼德的三段论称为不根据前提的推理,在这里是无关紧要的。

---

① 中世纪犹太著名哲学家。——译者注
② 犹太教经典之一,包括犹太教口传律法集《塔木德》的前半部和条文部分。——译者注

但我们可以看到,撒迪亚并没有这样做。上帝的存在是已知的,换句话说是设定的。然后他的唯一性得到了证明,接着他的特性通过抽象与圣经三段论的奇妙结合而推论出来。这里希腊人的方法同犹太人的传统融为一体。

现在来考察"唯一性定理"问题。如同存在性定理断言在这样或那样条件下问题有一个解一样,唯一性定理断言在这样或那样条件下问题只能有一个解。"有且仅有一个解"的说法在数学中是经常听到的。很多精力被用于证明唯一性定理,因为它们既重要又难以证明。事实上,可以说,存在一个基本的动力使得一部分数学家去证明它们。

唯一性意味着完全确定的完全可预言的情况。非唯一性意味着含糊和混乱。数学美感喜欢前者而回避后者。严格地说,唯一性在很多情况下是不可能的。对唯一性的渴求如此强烈,以致数学家们通过抽象过程来识别那些具有共同性质的实体,从中创造出具有唯一性的更高层次的实体,以消除含糊性。这并非在玩弄辞藻,因为通过这种看起来人为地消除含糊性的方法,含糊性要容易理解得多。撒迪亚的趋向自然神论的唯一性的动力,可以用同样的术语加以解释。

进一步浏览撒迪亚的著作,可以考察作为撒迪亚的唯一性证明的一部分的下述引文:

> 如果他不止一个,那么数的范畴就将适用于他,他就将受制于支配肉体的规律。

> 我认为量的概念要求两个事物,但其中没有一个适用于造物主。

这表明上帝是不能量化的。然而上帝可被论究,可作为三段论的对象。这使人们想到一个类似事实(这事实至今还不到 150 年),即数学能处理那些不直接涉及数字和空间关系的概念。

总之,在撒迪亚论上帝的一章里,人们发现了抽象过程,发现了包含某些有趣的逻辑方法(如反证法)的三段论应用。其中还有些逻辑概念从罗素和怀特海以来已成为标准的逻辑概念,例如,含有单一元素的单元类的形成。而且一个理论中存在性和唯一性定理必须占有的中心地位,这里也完全清楚了。

进一步的阅读材料,见参考文献:Saadia Gaon;J.Friedman。

作业与问题

外部问题

数学为什么有效——约定论的回答。数学的效用。数字神秘主义。数学对其他科技领域的效用。纯粹数学与应用数学的比较。数学对数学的效用。数学模型。并非"正统"的应用。

探讨题目

(1)斐波那契数。

(2)黄金矩形,黄金比。

(3)康托尔连续统假设。

(4)毕达哥拉斯垛积数。

(5)四色定理。

(6)费马大定理。

(7)数学对艺术的效用及艺术对数学的效用。

(8)柏拉图主义。

(9)计算机艺术。

(10)相对论。

主题写作

(1)用你自己的话解释短语"认可产生的数学"的含意。从书中或根据自身经验来说明这个概念。

(2)数学柏拉图主义认为数学是宇宙施加给人类的。试找出一些证据支持这一观点。例如,研究斐波那契数列或 π。你能在自然界中"看到"实数系吗?

(3)给询问者一个书面答复,选择下列任一题目:①人类将数学施加给宇宙。②宇宙将数学施加给人类。③人类将数学施加给人类。给出特殊的数学例子支持你的见解。

(4)π 一直被称为"自然界的基本常数"。它显露在几何、概率论、代数、数论及其他数学分支之中。柏拉图主义者会怎样解释 π? 形式主义者会怎样谈论 π?

(5)以不同方式描述数学对当代艺术的影响。

(6)描述数学中的发现对引导不同的艺术潮流负有怎样的责任。

(7)几何与艺术的关系通过不同途径体现:比例,透视,对称,抽象以及对象事物的符号化。考虑丢勒、包豪斯(Bauhaus)、埃舍尔(Escher)和比尔(Bill)的作品,各举一个例子。

(8)"黄金矩形"被认为是古希腊人创造的具有基本的和谐和美学乐趣的比例关系。它也被用于从古至今的建筑和绘画之中。它还体现在自然界中贝壳、松果及其他一些东西的结构中。为你当地的报纸写一篇文章说明几何形状在艺术上和在自然界中如何体现。

(9)"计算机艺术现在已将运用新媒介的操作带来的挑战展现给艺术家们,同时也极大地扩展了这种真正的媒介。"(见 P.J.戴维斯和 R.赫什(R.Hersh):《笛卡儿之梦》(*Descartes'*

Dream)[波士顿:哈考特(Harcourt)、布雷斯(Brace)、伊万诺维奇(Jovanovich),1986],第52页)为《纽约人》(*The New Yorker*)杂志写一篇文章,说明计算机艺术是如何产生的。假定你已采访过作者,向外界说明他们所说的扩展这种媒介的可能性指的是什么。

(10)你是一个"电视评论家"。观看电视录像片"电子理论"["面向实际"(*For All Practical Purposes*),纽约:W.H.费雷曼公司]。为一家传媒刊物写一篇有关这个节目的评论,向你的读者解释阿罗(Arrow)的不可能性定理,赞同投票和伪造的修正案。

(11)向你的妹妹说明旅行推销员问题。(见巴拉克雷希南(Balakrishnan)的《离散数学导论》(*Introductory Discrete Mathematics* [Englewood Cliffs:Prentice Hall,1991])。

(12)阅读考尔(Cole)1987年10月18日在《纽约时报杂志》(*The New York Times Magazine*)上的文章"最重要的事物的理论(A Theory of Everything)",温伯格(Weinberg)的文章"最终理论之梦(*Dreams of a Final Theory*)"(纽约:Pantheon,1992),向没有读过这篇文章和这本书的同学叙述其他学科如何影响数学。例如,说明从物理学中获得的有关数学的见识(弦理论,无限维世界)。

(13)描述地震学家如何在地震预报中应用数学。

(14)一个积瘾很深的赌徒真的相信数学概率吗? 去一家赌场采访某些老主顾。

(15)科学与神学在探索实在的方式上是不同的。将一个科学提出的问题和神学提出的问题加以比较说明。

(16)数学和神学在探索超越实在的方式上是不同的。试比较之。

(17)如果你是一个数学家,你会选择应用数学还是纯粹数学? 根据本书材料做出你的决定,并从中找出具体的参考材料以支持你的选择。假定你正在向你的女儿说明这一职业选择,而她正在思考是否追随你走过的路。

(18)斐波那契数列是作为比萨的列奥纳多(Leonardo)提出的兔子增殖问题的答案而提出来的。谈论这个令人惊奇的数列并说明它在其他数学领域的应用。

(19)数学是建筑在自身之上的。数学各分支彼此"借用"。我们常常发现一个分支应用于另一个分支。预测、猜想、证明和发现的模式就体现了数学家所从事的全部活动。讨论毕达哥拉斯定理、数字 π 或斐波那契数列,尝试表明它们的历史如何体现数学的特征。

(20)阅读克莱因所著《古今数学思想》(*Mathematical Thought from Ancient to Modern Times*)(纽约:牛津大学出版社,1972)中"射影几何的开端",研究射影几何的起源并说明艺术家在其发展中的作用。

(21)在这一章中选出一节,写一篇摘要。注意给出你所选的这一节的标题。这一节提出了有关数学的重要问题吗? 它所揭示的观念有助于我们理解这些问题吗? 这一节如何帮助你了解数学的性质呢? 你的回答应有三页篇幅。

问　题

(1)通过排列诸如三角形、正方形、五边形等几何形状的点,毕达哥拉斯学派仅靠观察图形就能确立一些有趣的事实,例如,通过检验下列平方数导出前 n 项奇整数和公式:

导出这个公式。注意每个平方数可以由其前项加上后继的奇整数而得到。

(2)运用毕达哥拉斯学派的垛积数,论证两个相继三角形数之和等于以两个三角形数中较大者一边为边长的正方形数(即平方数)这一猜想。

(3)提出有关 a.前 n 项斐波那契数之和的猜想,b.尾数为偶数的 n 个斐波那契数之和的猜想,以及 c.尾数为奇数的 n 个斐波那契数之和的猜想。给出证据以支持你的猜想。

(4)画一个正方形 BCDG。使每边长为两个单位。取边 GB 中点为 P。用 c 来标记线段 PC。现在由点 C 开始,以 P 为圆心画一长度为 c 的弧,将这个弧与 GB 延长线的交点记为 O。在点 O 作 GO 的垂线,与 DC 的延长线相交,将交点记为 L。你画出的矩形 GOLD 就是所谓的“黄金矩形”。GO 与 GD 长度之比称为“黄金比”φ。运用毕达哥拉斯定理,由直角三角形 PBC 可决定 PO 的长度。然后计算 GO 的长度。通过求它们的比来发现 φ。

(5)斐波那契数列体现在与黄金比有关的模式中。猜想:当 φ 依次取正整数幂时,其结果可写作 $A+B\varphi$,这里 A 和 B 是斐波那契数。求 φ^2,φ^3,φ^4。以搜集证据支持这一猜想。你能确定一个呈现在上述计算中的模式吗?

计算机问题

用一个绘画程序创造某些图画。你设想一下,哪一类数学观念构成了编写绘画软件的基础呢?

建议读物

Computer Graphics and the Possibility of High Art by P.J.Davis and R.Hersh in Descartes' Dream(Boston:Harcourt,Brace,Jovanovich,1986).

Mathematics for Liberal Arts by Morris Kline(California:Addison-Wesley,1967).

Mathematical Thought from Ancient to Modern Times by Morris Kline(NewYork:Oxford University Press,1972).

Gödel , Escher , Bach : An Eternal Golden Braid by Douglas Hofstadter(NewYork:Harper & Row,1979).

Mathematicsin Western Culture by Morris Kline(New York:Oxford University Press,1964).

Max Bill by Max Bill(New York:Rizzoli,1978).

M.C.Escher：Art and Science，edited by H.S.M.Coxeter et al.(Rome：Elsevier Science Publishing,1986).

M.C.Escher Kaleidocycles by Doris Schattschneider and Wallace Walker (Corte Madera：Pomegranate Artbooks,1977).

The Mathematical Gardner by David A.Klarner (Belmont, CA：Wadsworth International,1981).

Mathematics Looks for a Piece of Pi by I.Asimov in the L.A.Times, May 6,1988.

Are There Coincidences in Mathematics? by P.J.Davis in the American Mathematical Monthly, vol.88, 1981,311-320.

Hidden Connections，Double Meanings by David Wells (New York：Cambridge University Press, 1988).

Mathematics：People-Problems-Results，Vol.III，edited by Douglas Campbell and John Higgins (Belmont, CA：Wadsworth International，1984).

Modules in Applied Mathematics-Political and Related Models，edited by W.F.Lucas, S.Brams, and P. Straffin,Jr.(New York：Springer-Verlag, 1983).

Contemporary Applied Mathematics by William Sacco, Wayne Copes, Clifford Sloyer, and Robert Stark (Providence：Janson Publications, 1987).

Modules in Mathematics by Steven Roman (Irvine, CA：Innovative Textbooks，1990).

A Dialogue on the Applications of Mathematics by Alfre Renyi in Mathematics：People-Problems-Results，Vol.I，edited by Douglas Campbell and John Higgins (Belmont, CA：Wadsworth International，1984).

How Mathematicians Develop a Brance of Pure Mathematics by Harriet Montague and Mabel Montgomery,in Mathematics：People-Problems-Results，Vol.I，edited by Douglas Campbell and John Higgins (Belmont, CA：Wadsworth International，1984).

Pythagorean Arithmetic by Ross Honsberger in Ingenuity in Mathematics(Washington, D.C.：Mathematical Association of America，1970).

Pi and e by E.C.Titchmarsh in Mathematics：People-Problems-Results，Vol.II，edited by Douglas Campbell and John Higgins(Belmont,CA：Wadsworth International,1984).

Probability and Pi by Ross Honsberger in Ingenuity in Mathematics (Washington, D.C.：Mathematical Association of America,1970).

Numbers：Rational and irrational by Ivan Niven (Washington, D.C.：Mathematical Association of America, 1961).

The Lore of Large Numbers by Philip J.Davis (Washington, D.C.：Mathematical Association of America, 1961).

Continued Fractions by C.D.Olds (Washington, D.C.：Mathematical Association of America, 1963).

Introductory Discrete Mathematics by V.K.Balakrishnan (Englewood Cliffs：Prentice Hall, 1991).

Definitions in Mathematics by Emile Borel in Mathematics：People-Problems-Results，Vol.II，edited by Douglas Campbell and John Higgins (Belmon t, CA：Wadsworth International, 1984).

Invitation to Number Theory by Oystein Ore (Washington, D.C.：Mathematical Association of America, 1967).

Uses of Infinity by Leo Zippin (*Washington，D.C.：Mathematical Association of America*, 1962).

The History of Mysterious Numbers by Paul Dubriel in *Great Currents of Mathematical Thought*，Vol.1, F.LeLionnais，ed.(New York：Dover, 1971).

The Heritage of Copernicus-Theories More Pleasing to the Mind, edited by Jerzy Neyman (Cambridge：The MIT Press, 1974).

Mosaic，Special geometry issue：The American Mathematical Monthly，Vol.97,No.8 (October 1990).

Symmetry in Molecular Structure—Facts, Fiction, and Film by John P.Fackler, Jr.in *Journal of Chemical Education*，Vol.55 (2),February 1978, pp.79-83.

The Role of Mathematics in Science by M.M.Bowden and Leon Schiffer(Washington, D.C.：Mathematical Association of America, 1984).

Africa Counts：*Number and Pattern in African Culture* by Claudia Zaslavsky(Boston：Prindle，Weber and Schmidt，1973).

Some Stereochemical Principles from Polymers，*Molecular Symmetry and Molecular Flexibility* by Charles C.Price in *Journal of Chemical Education*，Vol.50，No.11，November 1973.

The Mechanization of the World Picture by E.J.Dijksterhuis (Princeton：Princeton University Press，1950).

Chaos：*Making a New Science* by James Gleick (New York：Viking，1987).

Mathematics Today：*Twelve Informal Essays*，edited by Lynn A.Steen (NewYork：Springer-Verlag，1978).

One World：*The Interaction of Science and Theology* by John Polkinghorne(Princeton：Princeton University Press，1986).

Non-Life Insurance Mathematics by Erwin Straub (Zurich：Springer-Verlag,1988).

Elementary Cryptanalysis by Abraham Sinkov (Washington，D.C.：Mathematical Association of America，1966).

"Mathematics as a Creative Art" by Paul Halmos in *Mathematics*：*People-Problems-Results*，Vol. II，edited by Douglas Campbell and John Higgins (Belmont，CA：Wadsworth International，1984).

"Mathematics and Art：Cold Calipers against Warm Flesh?" by P.J. Davis in *Mathematics Education and Philosophy*：*An International Perspective*，Paul Ernest，ed. (New York：The Falmer Press，1994).

"Hardy's *A Mathematician's Apology*" by L.J. Mordell in *Mathematics*：*People-Problems-Results*，Vol. I，edited by Douglas Campbell and John Higgins (Belmont，CA：Wadsworth International，1984).

"Applied Mathematics is Bad Mathematics" by Paul Halmos in *Mathematics*：*People-Problems-Results*，Vol. III，edited by Douglas Campbell and John Higgins (Belmont，CA：Wadsworth International，1984).

"The Beginning of Mechanics (Archimedes' Law of the Lever)" by M. M. Schiffer and L. Bowden in *The Role of Mathematics in Science* (Washington，D.C.：Mathematical Association of America，1984).

"The Process of Applied Mathematics" by Maynard Thompson in *Political and Related Models*，edited by Steven Brams，William Lucas，and Phillip Straffin,Jr. (New York Springer-Verlag，1983).

Surreal Numbers by D. E. Knuth (Reading，MA：Addison-Wesley，1974).

"Pythagoras Meets Fibonacci" by W. Boulger in the *Mathematics Teacher*，Vol. 82，No. 4，1989，pp. 277-281.

Map Coloring，*Polyhedra*，*and the Four Color Problem* by David Barnette (Washington，D.C.：Mathematical Association of America，1983).

"The Joy of Math，or Fermats Revenge" by Charles Krauthammer in *Time*，April 18，1988.

"A Mathematical Enigma：Fermat's Last Theorem" by T. Got in *Great Currents of Mathematical Thought*，Vol. I，F. LeLionnais，ed. (New York：Dover,1971).

"The Four Color Problem" by Kenneth Appel and Wolfgang Haken in *Mathematics*：*People-Problems-Results*,Vol. II，edited by Douglas Campbell and John Higgins (Belmont，CA：Wadsworth International，1984).

"The Early History of Fermat's Last Theorem" by Paulo Ribenboim，in *Mathematics*：*People-Problems-Results*，Vol. II，edited by Douglas Campbell and John Higgins (Belmont，CA：Wadsworth International，1984).

Relativity Theory：*Concepts and Basic Principles* by Amos Harpaz (Wellesley，MA：AK Peters，1993).

Stellar Evolution by Amos Harpaz (Wellesley MA：AK Peters，1994).

第 4 章　内部问题

4.1　符　号

作为书面数学记录组成部分的**特殊符号**,是自然语言符号的丰富多彩的附加物。小学儿童很快学到十个数字 $0,1,2,\cdots,9$,以及它们的联结方式、小数和取幂方式。他们也学到了运算符号 $+,-,\times($ 或 $\cdot),\div($ 或 $/)$ 以及 $\sqrt{},\sqrt[3]{}$。他们学习了特殊数学数字的记号,如 $\pi(=3.141\ 59\cdots)$,或特殊的解释如 $30°$ 或 $45°$ 的角度记号。他们学习了括号如 $()$,$\{\}$,关系符号如 $=,>,<$。这些符号赋予算术书籍诸多神秘性质,以至当疯子们发明他们自己的数学时,也往往对自造的古怪符号词汇感到得意和自豪。

进一步深入学习数学使学生们接触到代数,其中普通的字母在一种完全令人惊异和神奇的相互关系中重新出现:作为未知量或变量。

微积分带来了一些新符号: $\dfrac{\mathrm{d}}{\mathrm{d}x},\displaystyle\int,\iint,\mathrm{d}x,\sum,\infty,\lim,\dfrac{\partial}{\partial x},\cdots$。随着新符号逐年被创造,目前一般使用的特殊数学符号字盘包含几百个符号。新符号每年在产生着。其中看上去很有趣的有: $a_{ijk},\cong,\triangle,\nabla,\square,\uparrow,\sharp,\oint,\otimes,\oplus,\ulcorner,\urcorner,\cap,\cup,\exists,\sim,\forall,\pi,$ $\infty,\aleph_0$。

计算机科学包括几个不同的数学分支,并且有自己的符号: $\rightarrow,\mathrm{END},\mathrm{DECLARE},\mathrm{IF},$ $\mathrm{WHILE},\div,+,*,\cdots$。

有些符号的产生可归于某些数学家的个人创造。例如,表示 $1\cdot2\cdot3\cdot\cdots\cdot n$ 的阶乘概念的记号 $n!$ 可归于 1808 年克兰普(Kramp)的工作。表示 $2.718\ 28\cdots$ 的字母 e 属于欧拉(1727)的创造。但是数字 $0,1,2,\cdots,9$ 或它们的最初形式的发明者已由于年代久远而无从考察了。有些符号是词的缩写形式,例如,$+$ 是词“et”的中世纪缩写,π 是希腊文“圆周”一词的第一个字母,$\displaystyle\int$ 是“summa”即总和的第一个字母在中世纪被拉长了的形式。有些符号是图示或会意符号,如 $\triangle$ 表示三角形,$\bigcirc$ 表示圆。还有一些好像是完全任意的,如 $\div,\therefore$ 等。

符号中无疑有着适者生存的规律。卡约里(Cajori)关于数学符号的不朽研究,在某种意义上成了一个死符号的墓地。读者将从中发现很多废弃的符号。有些看上去复杂得几乎滑稽可笑。就新数学符号的自由创造而言,如果一份手稿要用某种印刷形式复制,就必须创造新的字样,这是一件麻烦事,因为这总是要花很多钱的。今天的作者常常只限于使用标准打字机上能找到的符号,但是这又带来一些不便,并导致某些符号(如 $*$)的过度使用。某些类型的计算机印刷提供了潜在无穷多的符号,可由印刷程序的设计者加以说明。但过去几年的实践一直还是很保守的。创造一个新符号很容易,但是如果创造者不能保证人们普遍接受,这符号就会变得无用。

数学中符号有两个基本功能,一是准确、明了地指称,二是简称。如怀特海所指出的,这样做的好处是:"一个好的记号免除了大脑的不必要的工作,能使它自由地注意更重要的问题,实际上增强了人类的智力。"由此看来,没有一个简化的过程,数学论述几乎是不可能的。

例如,考察下面这个形式逻辑的简化表。它是根据奎因(Quine)的《数理逻辑》(*Mathematical Logic*)列出的:

定义 1　$\sim\varphi$ 表示 $\varphi\downarrow\varphi$。

定义 2　$\varphi\cdot\psi$ 表示 $\sim\varphi\downarrow\sim\psi$。

定义 3　$\varphi\vee\psi$ 表示 $\sim(\varphi\downarrow\psi)$。

定义 4　$\varphi\supset\psi$ 表示 $(\sim\varphi\vee\psi)$。

定义 5　$\varphi\cdot\psi\cdot\chi$ 表示 $(\varphi\cdot\psi)\cdot\chi$,等。

定义 6　$\varphi\vee\psi\vee\chi$ 表示 $(\varphi\vee\psi)\vee\chi$,等。

定义 7　$\exists\alpha$ 表示 $\sim(\alpha)\sim$。

全表包括 48 个这样的定义。任何形式逻辑命题,如

$$(x)(y)y\in x\equiv(\exists Z)(y\in Z\cdot Z=x)$$

原则上都能被展开为基本的原子形式。但实际上这是不能实现的。因为符号链很快会变得特别长,以至于阅读和处理过程中错误是难免的。

对精确性的需要,要求每个符号或符号链的意义界限分明,毫不含糊。符号 5 要被理解得使它区别于其他所有符号,如 $0,16,+,\sqrt{\ }$ 或 $*$,这个符号的含义又是得到普遍同意的。实际上,符号能否达到绝对明晰、精确和毫不含糊,是一个难以回答的问题。19世纪末建立了各种委员会以寻求符号的标准化。他们只取得了很有限的成功。似乎数学符号同自然语言一样,是有机地生长和变化的,而不能由委员会的命令来加以控制。

我们用符号做什么?在看到符号时我们会怎样行动或做出怎样的反应?我们以一种方式对公路路标做出反应,以另一种方式对汉堡包的广告符号做出反应,再以其他一些方式对吉祥符号或宗教偶像做出反应。我们用两种很不同的方式作用于数学符号:用它们计算,并且解释它们。

在计算中,一系列数学符号按照一组标准的规定被处理,并变换为另一系列符号。这可以用机器来完成。如果用手工完成,原则上是能用机器确证的。

解释符号是使它同某些概念或心智印象相联系,使它同化于人的意识。计算的规则

应像计算机操作那样精确。解释的规则却不能比人们之间的观念交流更精确。

以符号形式表示数学观念的过程,总是带来观念的某种变更:获得精确性而失去对原来问题的忠实性或可应用性。

不过似乎常有这种情况:从符号中得到的东西比输入的更多。它们好像比它们的创造者更聪明。有一些巧妙的或强有力的数学符号,它们似乎具备一种神奇的力量,它们内部带有革新或创造性发展的种子。例如,牛顿的导数符号是 $\dot{f}$,$\ddot{f}$ 等,莱布尼茨的符号是 Df,D^2f。莱布尼茨的符号显示了逐次微分的整数次数,并启发了就负数 α 和分数 α 对 $D^{\alpha}f$ 做有效解释的可能性。导出整个运算微积的正是这种推广,它强有力地影响了 19 世纪中叶抽象代数的发展。

进一步的阅读材料,见参考文献:F. Cajori[1928—1929];H. Freudenthal[1968];C. J. Jung。

4.2 抽 象

通常认为数学发端于对三个苹果的感觉摆脱苹果而变为整数 3 的时候。这是抽象过程的一个实例。但"抽象"(abstraction)一词在数学中有几种不同且相关的用法,对它们进行解释是十分重要的。

1. 作为理想化的抽象

一个木匠用一把金属尺在木板上画一条铅笔线,作为切割的标准。他画的这条线是物质的东西,它是木板平面上的石墨痕迹,铅笔线具有不同的宽度和厚度。而且由于铅笔尖沿尺的边缘反作用于并不绝对平坦的木板平面,实际得到的是一条有些弯曲和波动的线。

伴随着这一真实的、具体的直线,存在有关理想直线的经过数学抽象的理性观念。在理想化的形式里,具体事例的所有偶然性和不完全性都被不可思议地消灭了。有一种对直线的理想化的、经过修饰的、咬文嚼字的解释:"直线是同自身上的各点位置齐平的线"(欧几里得的定义 4)或"直线是这样一条曲线,它的任一部分都是其两点之间的最短距离。"直线被认为是向两端潜在地无限延伸的。或许在手指间拉细绳的经验是这些解释的基础,或许还有光线传播和对折纸片的经验。但无论如何,理想化已作为一个尽善尽美的过程的最终结果出现了。最后,我们可以丧失或放弃关于直线"实际上是什么"的所有概念,只是代之以(如果我们是在公理学的层次上)直线怎样起作用或结合的陈述,例如,一条直线是点的集合,它至少包含两个点。两个不同的点被包含于(从属于)一条直线,且只能被包含于一条直线。(见第 4.2 节)

通过直线,我们得到了很多理想的和完美的事物:平面、正方形、多边形、圆、立方体、多面体、球。其中有一些，从几何解释角度看，是不加定义的，如点、线、面。其余可用较简单的概念定义，如立方体。很容易理解，立方体的任何具体实例，比如说立方晶体，实际上并非完美无瑕，数学上推论出来的属于立方体的任何性质只能通过真实世界中的近似物近似地加以证实。平面几何中已证明任意三角形三个角的平分线相交于一点，但真实世界的经验告诉我们，无论绘图员多么细心，他所画图形中的三条平分线也只是近似地相交。图形会有眼睛能看到的不准确或模糊之处，但理智应该把它忽略过去。

上述理想化已经从空间经验的世界推进到整个数学世界。亚里士多德曾描述这个过程[《形而上学》(*Metaphysics*)，1060a，28-1061b，31]，他说数学家舍去一切感性的东西，如重量、硬度、热，只留下量和空间连续性。现代数学模型的构成展示了亚里士多德的过程的现代形式。作为例证，我们从微分方程方面一本流行的书中摘引如下[罗斯(Ross)，N.Y.Blaisdell，1964，525-526]：

（抽象过程）

我们现在做出某些关于弦的振动和外界条件的假定。首先，我们假定弦是完全挠性的，有恒定的线性密度 ρ 和不随时间而变的恒定的张力 T。关于振动，我们假定这种运动限于 xy 平面，当弦振动时，弦上每一点沿一条垂直于 x 轴的直线移动。更进一步，我们假定弦上每一点的位移 y 比起长度 L 来说很小，弦与 x 轴在每一点的夹角也充分小。最后，我们假定没有外力（例如，阻尼力）作用于弦。

尽管这些假定实际上在任何物理问题中都不会完全成立，然而它们在很多情况下是被近似地满足的。做出这些假定是为了使结果得到的数学问题更容易处理。接下来的问题是，根据这些假定找出作为 x 和 t 的函数的位移 y。

（数学的理想化）

根据上述假定，可证明位移 y 满足偏微分方程：

$$a^2 \frac{\partial^2 y}{\partial x^2} = \frac{\partial^2 y}{\partial t^2} \tag{14.20}$$

其中，$a^2 = T/\rho$。这是一个一维波动方程。

由于弦的两端在所有时刻都固定在 $x=0$ 和 $x=L$ 两点，位移 y 一定满足边界条件：

$$
\begin{aligned}
y(0,t) = 0, 0 \leqslant t < \infty \\
y(L,t) = 0, 0 \leqslant t < \infty
\end{aligned}
\tag{14.21}
$$

在 $t=0$ 时，弦从 $f(x)(0 \leqslant x \leqslant L)$ 定义的初始位置，以由 $g(x)(0 \leqslant x \leqslant L)$ 给定的初始速度放松，因此位移 y 也一定满足初始条件：

$$y(x,0)=f(x),0{\leqslant}x{\leqslant}L$$

$$\frac{\partial y(x,0)}{\partial t}=g(x),0{\leqslant}x{\leqslant}L \qquad (14.22)$$

　　于是,我们的问题就是,必须找到一个 x 和 t 的函数 y,以满足偏微分方程 (14.20)、边界条件(14.21)和初始条件(14.22)。

　　这个数学方程组就是一组非常复杂的物理条件的理想化。

　　真实与理想之间的关系可用下图来说明(虽然严格地说,我们不能在图表的右边画出理想对象)。

　　与数学理想化密切相关的是柏拉图的理念对象世界的观念。柏拉图说,所谓真实的经验世界,完全不是真实的。我们就像洞穴里的居民,只是看到外部世界的影子,就错把影子当成真实的东西(《理想国》Ⅶ,514-517)。数学对象都是抽象的,柏拉图的世界是真正的圆和真正的正方形的居处。它是真正的形式和真正的完美物的居处,数学语言只是被认为提供了关于这个世界的真的描述。开普勒在 1611 年写道:"这些

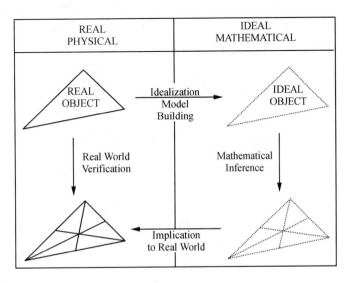

抽象过程与数学的理想化

图形的可靠的原型无疑存在于造物主的心智中,且与他同样永恒。"

2.作为抽取的抽象

　　四只鸟在我的后院吃面包屑。我的厨房桌子上有四个橘子。我们在这里用"四"这个词,意味着存在一种抽象过程,它把鸟和橘子的一种共同特征分离出来了。有一只鸟就有一个橘子,有一个橘子就有一只鸟,以这种方式,在鸟和橘子之间建立了一一对应关系。这里是一些物体,而那里是显然脱离鸟和橘子而存在的抽象数。

　　柏拉图说(《理想国》,Ⅶ,525):"算术具有一种非常伟大的上升力量,推动灵魂做关于抽象数的推理,阻止那些可见的或可触摸的对象进入推理中来。"

　　今天的数学大都把抽象如何发生这个有趣的心理历史问题搁置一边,专注于抽象形式的集合论解释。按照罗素和怀特海的说法[《数学原理》(*Principia Mathematica*),第一卷],四的抽象概念是能同我的草坪上的四只鸟构成一一对应关系的所有集合的集合。

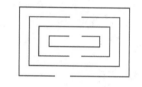

图(a)

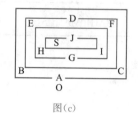

图(b)

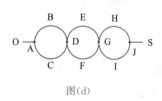

图(c)

用另一个既简单又新颖的例子解释数学抽象过程,是很有启发性的。它取自抽象图论。看一下图(a)和(b),它们有什么共同点?

初看起来,它们似乎没有任何共同之处。图(a)看来是一系列套盒,图(b)像是珍珠项链的简图。无疑图(b)比图(a)简单得多。然而这两个图形有一个非常重要的方面是完全相同的。把图(a)看作一个迷津或迷宫的平面图。从外面开始,我们尝试找出一条通往最里面小屋的途径。我们在通道里多少带有任意性地行走,试图找到一个能进入更里面一层的门,并且不希望返回曾经到过的地方。当我们对这个迷宫做了充分调查之后,就能全面地描述它。我们甚至可以在口头上描述。假定迷宫如图(c)所标记,那么可描述如下:

从外界 O 走到门 A,以后有两个通道 B 和 C 都可通往门 D。门 D 里面有两个通道 E 和 F 都可通往门 G。门 G 里面有两个通道 H 和 I 都可通往门 J,门 J 里面是最内的居室 S。

现在假设把图(b)做如图(d)所示的标记。

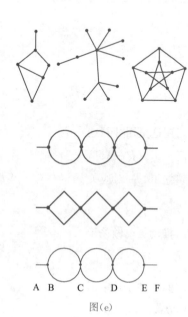

图(d)

那么很容易看出,当我们从左向右穿过时,用于图(c)的口头描述也适用于上图。因而两个图形在这方面是完全相同的,而且后者在概念上简单得多。自然,图(b)不像图(a)包含那么多迷宫的信息。事实上图(a)可能是一个精确的楼面布置图。但是如果我们只对穿过迷宫的问题感兴趣,那么图(b)已经足够了。

像图(b)这样只考虑其中所有可能通道的对象,就是一个图。

如左图所示为图的另外一些例子。

注意图(b)的几何形状的某些方面并不是必要的。就是说,画成无论左图哪个图的形状都是没有区别的。

在考虑通行过程时,我们可以采用视觉上最简单的图形。

这个抽象过程还可以继续进行,并且可以完全同几何学相分离。在上面两个图中,我已经在那些出现选择之处用小点标明。假如用字母记这些点,则有图(e)。连接不同点的线现在只是符号性的。

图(e)

为了我们的目的,我们同样还可以把图的内容写成"AB,1;BC,2;CD,2;DE,2;EF,1",即表明 A 与 B 之间有一条联系通道,B 与 C 之间有两条不同的联系通道等,且此外无其他联系。我们甚至可以把所有信息纳入一个表。

这就是庞加莱所谓的"关联矩阵"(incidence matrix)。图(a)的迷宫在这里已经完全用算术方式来描述了。

	A	B	C	D	E	F
A	0	1	0	0	0	0
B	1	0	2	0	0	0
C	0	2	0	2	2	0
D	0	0	2	0	2	0
E	0	0	0	2	0	1
F	0	0	0	0	1	0

如果我们感兴趣于建立一种仅仅描述通行性质而非其他性质的图论,我们不需要任何比这个矩阵更多的信息.

以上述结果为素材,我们进而做出推论。尽管这里最初的启示可能来自几何,但我们已完全扔掉所有几何装备,抽象图论完全是组合性质的。抽象图呈现为一组结点及结点间满足某些公理需要的一组关系(通道),此外就不需要别的什么东西了。

进一步的阅读材料,见参考文献:J.Weinberg。

4.3　推　广

雅可比(Jacobi)在 19 世纪 40 年代写道:"人们应当经常推广"。"推广"和"抽象"这两个词常常是交替使用的,但前者有一些特殊的意义应该说明。我们假定古代某数学家阿尔法在某个虚构时刻宣布:"如果 ABC 是一等边三角形,那么 $\angle A$ 等于 $\angle B$"。假定以后某一时候,数学家贝塔自语道,阿尔法说的完全正确,但要得到这个结论无须 ABC 是等边三角形,只要 BC 边等于 AC 边就足够了。于是他可以宣布:"等腰三角形底角相等"。第二个命题就是第一个命题的推广。第一个命题的假设蕴涵第二个命题的假设,但不可逆,而结论则是相同的。我们强烈地感到从第二种说法中得益更多。第二种说法是第一种的改进、强化或推广。

很容易举出更多的例子。

命题:末尾是零的数能被 2 整除。

推广:末尾是 0,2,4,6,8 的数能被 2 整除。

推广并非总是得出相同的结论。

命题:在直角三角形中,$c^2 = a^2 + b^2$。

推广:在任意三角形中,$c^2 = a^2 + b^2 - 2ab\cos C$。

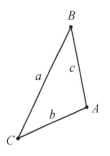

这里推广了的假定导致不同的结论。但当 $C = 90°$时,后者可还原为前者。

推广也可以通过外部条件的根本变化而发生。

命题:如果一个三维盒子的边长是 x_1, x_2, x_3,那么它的对角线
$d = \sqrt{x_1^2 + x_2^2 + x_3^2}$。

推广：如果一个 n 维盒子的边长是 $x_1, x_2, \cdots, x_n$，那么它的对角线 $d = \sqrt{x_1^2 + x_2^2 + \cdots + x_n^2}$。

受到二维条件下 $d = \sqrt{x_1^2 + x_2^2}$ 和三维条件下 $d = \sqrt{x_1^2 + x_2^2 + x_3^2}$ 这一巧合的启示，我们通过寻找能断言

$$d = \sqrt{x_1^2 + x_2^2 + \cdots + x_n^2}$$

的数学论域进行推广。这在 n 维欧氏空间理论中可以找到。

应该特别注意，虽然一般的东西包含特殊的东西的很多方面，但是不能包含它的所有方面，因为既然特殊，就允许有额外的特权。因此等边三角形的理论不包括在等腰三角形的理论中。末尾是 0 的数能被 2 和 5 整除，末尾是 2,4,6,8 的数则不是如此。连续函数的一般理论只包含有关特殊连续函数 $y = e^x$ 的很少一部分有用信息。因此，从特殊向一般过渡时，可能发生兴趣中心的显著改变和重要意义的重新取向。

推广的一个好处是对信息的整理。几件密切相关的事实被整洁而经济地装在一个包裹内。

命题：末尾是 0 的数能被 2 整除。末尾是 2 的数能被 2 整除。

整理：末尾是偶数的数能被 2 整除。

命题：勒让德多项式满足三项递归。切比雪夫多项式满足三项递归。

整理：任何一组正交多项式都满足三项递归。

由于推广扩展了发生活动的场所，结果造成数学材料的增长。如果最初的狭窄场所具有必不可少的特点，整理就是不可能的。

4.4　形式化

形式化是使数学适合于机械处理的过程。计算机程序是形式化内容的实例之一。要设计一个计算机程序来平衡你的支票簿，你必须懂得计算机的词汇，必须了解计算机系统程序的语法规则。通常的数学内容并没有完全形式化。它们是用英语或其他自然语言写的，因为它们是供人们阅读用的。然而，人们相信所有数学内容都能被形式化，并且只用一种形式语言。这种语言就是形式集合论语言。

每一种数理逻辑教科书都解释了这种语言的句法规则。下图显示了策墨罗-弗兰克尔-斯科伦公理系统(axioms of Zermelo-Fraenkel-Skolem)，它是集合论中最常用的公理系统。下表将这些公理用形式语言写出，每一个形式陈述下面是译文。

与集合论有特殊关系的符号有四个。它们是："并集"符号 $\bigcup$，"是……的子集"符号 $\subseteq$，"是……的元素"符号 $\in$，"空集"符号 $\varnothing$。其余符号是逻辑符号，它们可用于任何形式化数学理论。例如，人们可以用形式语言写出平面几何的公理。这里应引入"点""线""相交""平行"符号以代替 $\bigcup, \subseteq, \in, \varnothing$，并且将原来英语陈述的公理译成形式语言的公式。

Замечание. В [2] использовалась конструкция, в некотором : смысле противоположная нашей схеме; авторы работы [2] строили по каждому автоморфизму $\alpha \in Sp_n'$ элемент группы кос.

$-\frac{1}{2}n(n+1) - 3$. Th

Изучим (построенное нами отображение $\tilde{R}_n$. Ясно, что отображение $\tilde{R}_n : \tilde{B}_{2n+2} \to \tilde{Sp}_n$ расщепляется в композицию $\tilde{R}_n = \tilde{j} \cdot \tilde{R}_n'$, где $\tilde{j} : \tilde{Sp}_n' \to \tilde{Sp}_n$ — вложение (см. выше определение $\tilde{Sp}_n'$), а $\tilde{R}_n' : \tilde{B}_{2n+2} \to \tilde{Sp}_n'$ — только что описанное отображение. Тем самым диаграмма принимает вид

D has ordinary qu

eefold meeting C t.

an ordinary doub

it $a + \alpha <$

$a - \alpha < 1$, falls $a > 1$,

e may assume $s_0 = s''$. Parametrize the thre

$= (s_{ij}(u_1, u_2, u_3))$ with $s(o,o,o) = s''$. The

$f(u_1, u_2, u_3) = \det(s_{ij}(u_1, u_2, u_3)) = \sum_{i \neq j}$

j is the corresponding minor. So

$$
\begin{array}{ccc}
K_{2n+2} & M_n' \xrightarrow{\varphi} M_n \\
s\uparrow\downarrow\chi & q\downarrow \quad \downarrow q \\
F_{2n+1} = \tilde{B}_{2n+2} \underset{\tilde{\psi}_n}{\overset{\tilde{R}_n'}{\rightleftarrows}} \tilde{Sp}_n' \xrightarrow{\tilde{j}} \tilde{Sp}_n \\
\pi\downarrow \quad \rho\downarrow \quad \downarrow\rho \\
B_{2n+2} \quad Sp_n' \xrightarrow{j} Sp_n
\end{array}
$$

ax $f_2(x)$, $x \in \mathbb{R}_+$

$x + f_3(x - \hat{x})$, $x \geq \hat{x}$

$x - f_.(\hat{x} - x)$, $x \leq \hat{x}$

$\dfrac{\partial^2 f}{\partial u_m \partial u_n}\Big|_{o,o,o}$

sian of f at (o,o,

Здесь $\varphi : M_n' \to M_n$ — вложение; напомним, что $M_n \neq M_n'$ при $n > 2$ и $M_2 = M_2'$; $M_1' = M_1$. Теперь рассмотрим обратное отображение: $\tilde{\psi} : \tilde{Sp}_n' \to \tilde{B}_{2n+2}$. Пусть $\tilde{\alpha} \in \tilde{Sp}_n'$, тогда $\tilde{\alpha}$ представляется в виде

ullstellen-
der aus Figu
§ 3 zufriede
e Antwort g

$\tilde{\alpha} = \tilde{\alpha}_{\gamma_{i_1}}^{e_1} \cdot \tilde{\alpha}_{\gamma_{i_2}}^{e_2} \cdot \ldots \cdot \tilde{\alpha}_{\gamma_{i_a}}^{e_a}$ (где $\varepsilon_1 = \pm 1$); $1 < i_\omega < 2n+1$;

$(\partial s/\partial u)^\dagger$

число a может быть произвольно и некоторые γ_{i_b}; γ_{i_c} могут совпадать, т. е. равенства $\gamma_{i_b} = \gamma_{i_c}$ разрешены, так как $\tilde{Sp}_n \subset GL_{2n}$, а любой элемент из GL_{2n} (автом... задается набором $(W) =$ $= (W_1, \ldots, W_{2n})$ слои... е $\tilde{\alpha}$ в таком виде в группе $\tilde{Sp}_n'$... орфизмы $\tilde{\alpha}$ по модулю ...физму $\tilde{\alpha}$ элемент $\tilde{\sigma} \in$ ... Далее построим ...лучим сквозное отоб-

$\to \mathbb{R}^n$ sei ei
gebe eine i
$\alpha \in \mathbb{R}_+$, m

$\hat{x} \parallel$

$(\partial s/\partial u) :=$

DIFFÉRENTIELLES EXTÉRIEURES HARMONIQUES

(B,g) une variété riemannienne C^∞ de dimension n compacte et α une k-férentielle extérieure C^∞ sur B (nous notons Ω^kB l'espace de ces formes... topologie C^∞). Nous supposerons que α est harmonique, c'est-à-dire que α est... i.e. dα = 0 où δ désigne la différentielle définie, en utilisant la connexion de ivita D^g de la métrique g, par où δ^g désigne la codifférentielle définie par

...onen Triangulierun
...nktproblems eingesetzt, dabei
...t durch

$n \parallel A_{k+1}^{-1}(F(x_{k+1}) - x_{k+1})\parallel)$

$\delta^g \alpha(X_1, \ldots, X_{k-1}) = -\sum_{i=1}^n (D_{e_i}^g \alpha)(e_i, X_1, \ldots, X_{k-1})$,

...lge x_i konvergiere gege

$X_1, \ldots, X_{k-1}$ étant des vecteurs tangents à B et (e_i) une base orthonormée de TB).

ist, konvergiert das Ve
o Schritt wie in Tabell

La codifférentielle δ^g dépend de la métrique g choisie sur B et n'est rien d'autre que l'adjoint de la différentielle extérieure d pour le produit scalaire les k-formes différentielles extérieures $(\alpha, \beta) \mapsto \int g(\alpha, \beta) v_g$ où v_g est l'élément ...ne, il est possible de définir l'opérateur de

läßt sich, wie auch de
t von A genauer

...se, ... par la formule

用形式化语言和自然语言混合起来讲数学

∀	全称量词	↔	当且仅当	∈	属于
∃	存在量词	∨	或	=	相等
∃!	唯一存在	&	和	≠	不等
∪	并	∼	非	∅	空集
→	蕴涵	⊆	是…的子集		

(1)AXIOM OF EXTENSIONALITY(外延公理)

$\forall x,y(\forall z(z\in x\leftrightarrow z\in y)\rightarrow x=y)$

如果集合 x 和 y 具有相同的元素,那么这两个集合相等。

(2)AXIOM OF THE NULL SET(零集公理)

$\exists x\forall y(\sim y\in x)$

存在一个没有元素的集合(空集)。

(3)AXIOM OF UNORDERED PAIRS(无序对公理)

$\forall x,y\exists z\forall w(w\in z\leftrightarrow w=x\vee w=y)$

如果 x 和 y 是集合,那么(无序)对 $\{x,y\}$ 是集合。

(4)AXIOM OF THE SUM SET OR UNION(和集或并集公理)

$\forall x\exists y\forall z(z\in y\leftrightarrow\exists t(z\in t\& t\in x))$

如果 x 是一组集合,那么它的所有成员的总和是一个集合。(例如,如果 $x=\left\{\begin{matrix}\{a,b,c\}\\\{a,c,d,e\}\end{matrix}\right\}$,那么 x 的(两个)元素的总和是集合 $\{a,b,c,d,e\}$。)

(5)AXIOM OF INFINITY(无限公理)

$\exists x(\emptyset\in x\&\forall y(y\in x\rightarrow y\cup\{y\}\in x))$

存在一个包含空集的集合 x,如果 $y\in x$,那么 $y\cup\{y\}\in x$。元素 y 与单元集 $\{y\}$ 的区别具有根本意义。这个公理保证了无限集的存在。

(6$_n$)AXIOM OF REPLACEMENT(置换公理)

$\forall t_1,\cdots,t_k(\forall x\exists! yA_n(x,y,t_1,\cdots,t_k)\rightarrow\forall u\exists vB(u,v))$ where $B(u,v)=\forall r(r\in v\leftrightarrow\exists s(s\in u\&A_n(s,r,t_1,\cdots,t_k)))$.

这个公理用文字复述是困难的,它称为 6$_n$ 而不是 6,因为它实际上是一组公理。假定在我们所考虑的系统中所有可表达公式都已被列举:第 n 个公式称为 A_n,那么置换公理指出,如果对于确定的 $t_1,\cdots,t_n,A_n(x,y;t)$ 唯一定义 y 为 x 的函数,记为 $y=\varphi(x)$,那么对于每个 u,φ 在 u 上的值域是一个集合。粗略地说,这意味着能够用这个理论的形式语言陈述的任何("合理的")性质都可用于定义一个集合(该事物集合具有所陈述的性质)。

(7)AXIOM OF THE POWER SET(幂集公理)

$\forall x\exists y\forall z(z\in y\leftrightarrow z\subseteq x)$。

这个公理指出,对每个 x,存在 x 的所有子集的集合。尽管 y 因此为一种性质所规定,但它并未为置换公理所覆盖,因为它没有给出作用范围。实际上,y 的基数要大于 x 的基数,因此这个公理使我们能构造更大的基数。

(8)AXIOM OF CHOICE(选择公理)

If $a\rightarrow A_a\neq\emptyset$ is a function defined for all $a\in x$ then there exists another function $f(a)$ for $a\in x$ and $f(a)\in A_a$.

如果 $a\rightarrow A_a\neq\emptyset$ 是对所有 $a\in x$ 都有定义的函数,那么存在另一个函数 $f(a)$,其中 $a\in x$ 且 $f(a)\in A_a$。这就是著名的选择公理,它使我们可以做无限次选择,即使我们没有规定选择函数且可以用 6$_n$ 代替的性质。

(9)AXIOM OF REGULARITY(正则公理)

$\forall x\exists y(x=\emptyset\vee(y\in x\&\forall z(z\in x\rightarrow\sim z\in y)))$。

这个公理显然是为了防止诸如 $x\in x$ 之类的事情。

注:上表列出的是供集合论用的策墨罗-弗兰克尔-斯科伦公理,为了表述这些公理,必须使用集合论的符号,说明见最上一栏。这个公理系统是由策墨罗(Zermelo)、弗兰克尔(Fraenkel)和斯科伦(Skolem)提出的。

　　使用形式语言的动机已经历了显著变化。形式语言最初是皮亚诺和弗雷格（Frege）在 19 世纪末引入的，目的是使数学证明更加严格，即增强数学论证结论的确实性。然而，只要这种论证是写给人们看的，上述目的就达不到。罗素和怀特海在《数学原理》中实际上已做出巨大努力以实现数学的形式化，但该书已被看作不可读的杰作的突出例子。

　　当人作为读者对形式语言有一种不可克服的厌恶时，计算机却靠着它们而兴旺起来了。第二次世界大战后不久电子计算机的出现，使形式语言变为有生命力的新兴工业。在"软件"（software）这个名称下，用形式语言写的教科书已成为我们的文化所特有的人工制品之一。

　　形式化的内容是一个符号链。当它由数学家或机器操作时，就被变换成另一个符号链。这种符号操作本身能成为数学理论的课题。当这种操作被设想是由机器来实现时，这种理论就被计算机科学家称为"自动机理论"（automata theory），或被逻辑学家称为"递归论"（recursion theory）。当这种操作被设想是由数学家来实现时，这种理论就被称为"证明论"（proof theory）。

　　如果我们假定数学家使用形式语言工作，我们可以构造一个关于数学的数学理论。为了对数学进行逻辑分析，必须设想这种数学是用形式语言表达的。根据这一假定，逻辑学家已有能力创造出有关数学系统性质的给人以深刻印象的理论。然而，实际的数学工作，包括数理逻辑学家所做的工作，仍然是用由特殊的数学符号扩充了的自然语言做出来的。数理逻辑的发现如何与当代数学家的实际活动相联系的问题，是一个困难问题，因为它是一个哲学问题，不是一个数学问题。

　　普通的数学文献中可以碰巧有一页完全由数学符号构成。乍看起来，这样一页普通的数学教材似乎与形式语言教材没什么差别。但当人们读这两种教材时，就会发现一个十分重要的明显差别。纯粹机械操作的每一步在普通数学教材中都可省略，只要给出出发点和最终结果就足够了。这种教材中包含的步骤并不是纯机械的，它们涉及某种构造性观念，即把某一新元素引入计算中。为了阅读并理解数学教材，人们必须补充新观念以证明所写出的步骤的正确性。

　　人们甚至会说，供人类使用的数学的写作规则与供机器使用的数学（即形式化内容）的写作规则是对立的。对于机器来说，一切都要陈述，没有"想象"的余地。对于人来说，形式语言中那些明显而"机械"得会使人不能专注于正在交流着的观念的东西，都是不需要的。

　　进一步的阅读材料，见参考文献：P. Cohen and R. Hersh；K. Hrbacek and T. Jech；G. Takeuti and W. M. Zaring。

4.5　数学对象和结构；存在

　　非形式的数学讲述，作为自然讲述的一部分，是由名词、动词、形容词等构成的。名词表示数学对象,例如,数字 3,数字 e=2.178…,质数集合,矩阵 $\begin{pmatrix} 1 & 0 & 0 \\ 0 & 1 & 2 \end{pmatrix}$,黎曼 ζ 函数 $\zeta(z)$。数学结构,例如,实数系和 12 阶循环群,是更复杂些的名词,由一些数学对象根据某种关系或组合规律联结而成。组合或关系符号,如"等于""大于"、加法、微分法,起着与动词相似的作用。数学形容词是限制词或修饰词,试比较一下群和循环群的关系。

这种语法上的类比不能走得太远。让我们回过头来看对象和结构。按照现代的理解,一个数学结构由一组可看作结构载体的对象 S,一组定义于载体之上的运算或关系,以及载体中的一组不同元素如 1、0 等构成。这些基本成分被认为组成了数学结构的"标记"(signature)。它们常常用 n 元组的形式表示,例如,$\langle R,+,\cdot,0,1 \rangle$ 表示用两个不同元素 0 和 1,通过加法和乘法结合起来的实数集合。当标记表明了一组公理对标记中元素提出的要求时,数学结构就出现了。例如,一个半群表示为 $\langle S,\circ \rangle$,这里 $\circ$ 是二元结合运算。稍具体一点说,半群是这样一组对象 S,S 中任何两个元素可以组合起来产生第三个元素。如果 $a,b \in S$,那么 $a \circ b$ 有定义且在 S 中。对任何三个元素 $a,b,c \in S$,有 $a \circ (b \circ c) = (a \circ b) \circ c$。与此类似,一个独异点表示为 $\langle S,\circ,1 \rangle$,这里 $\circ$ 是二元结合运算,1 是 $\circ$ 的双边恒等。[①]

数学对象与数学结构的差别是不明显的,这种差别似乎依赖于时间和效用。如果一个数学结构被长时期频繁使用,在它上面形成了一些经验和直觉,那么它就可被当作数学对象。例如,实数 R 是一个结构,当人们用直积 $R \times R$ 构成实数对时,它也可以被看作对象。

标准化了的数学对象,结构,问题……被收入数学图表、程序、论文和书籍之中。例如,很昂贵的手控计算机包含一些正在现实世界中实现的十进制有理数子集,连同大量特殊函数。数学手册包含特殊函数和它们的主要性质的一览表,还有更为当代的研究所需要的特殊函数空间和它们的性质的一览表。

重要的是认识到,现在被当作简单数学对象的东西,如圆、等边三角形或正多面体,历史上本来是当作整体结构看待的,这种心理效应很可能已充分影响了科学方法论(如天文学)。一个个别的数,比如 3,曾被认为是一个整体结构,有着从中导出的神秘含义。孤立地考察数学对象是没有意义的。对象从结构获得意义并在结构中发挥出它的作用。

"数学对象"(mathematical object)这个术语意味着问题中的对象在某种意义上存在。人们可能认为"存在"概念是明确的,但事实上它涉及某些严重的逻辑上和心理上的困难。

---

① 任何语言运用到极端时都会变得做作而难懂。弗罗伊登撒尔(Freudenthal)为了嘲弄这种说话方式,曾描述了一个会议的数学理论,它从建立会议的"模型"开始。

"一次会议是一个有序集 $(M,P,c,s,C_1,C_2,b,i_1,i_2,S,i_3)$,其中 M 是欧式空间的有界部分,P 是参加者的有限集,c 和 s 是 P 的两个元素:主席和秘书,C_1 是椅子的有限集,C_2 是咖啡杯的有限集,元素 b 是钟,i_1 是 P 进入 C_1 的内射,i_2 是 C_2 进入 P 的映射,S 是发言者有序集,i_3 是 S 进入 P 的映射,它的特性使 c 属于 i_3 的像。如果 i_3 是一个满射,那么通常就说所有的人都已经发言了。"

小整数如 1,2,3 等的概念可以说来自抽象行为,但是对于数字 68 405 399 900 001 453 072 我们将怎样说呢? 由于根本不可能有谁曾看到或处理过涉及这样大数目的事物,从中体会到它特有的数字情味,很明显这种大数作为数学对象的存在是基于其他考虑的。事实上,它是我们写出来的。如果我们愿意,我们可以对它进行操作,例如,可以使它加倍。我们可以回答有关它的某些问题:它是奇数还是偶数? 它是否大于237 098?换言之,尽管这一数字的巨大程度不能直接体验,人们仍自信这个数在另一种意义上是存在的。

在有限性数学范围内用少许符号,人们可以建立一些定义来获得如此巨大的整数,以至于对这些数的用十进制表示的形式进行想象都会感到困惑。

这种结构的最令人喜欢的形式之一,来自波兰数学家斯坦豪斯(Steinhaus)和加拿大数学家莫泽(Moser)的创造。这里是斯坦豪斯的节俭的定义和符号。

令 $\triangle\!\!\!\!a = a^a$,如 $\triangle\!\!\!\!2 = 2^2 = 4$ 。令 $\square\!\!\!b = b$ 个三角形环绕 b,如 $\square\!\!\!2 = \triangle\!\!\!\!\overset{2}{} = 4^4 = 256$。令 $\pentagon\!\!\!c = c$ 个 $\square$ 环绕 c。于是一个大数 $mega$ 被定义为

$$\pentagon\!\!\!2 = \square\!\!\!2 = \boxed{256} = 256 \text{ 个三角形环绕 } 256$$

$$= 255 \text{ 个三角形环绕 } 256^{256}$$

$$= 254 \text{ 个三角形环绕 } (256^{256})^{256^{256}}$$

等等。

莫泽不满足于这样的大数,他用六边形、七边形等继续这个过程,把包含数字 d 的 n 边形定义为 d 个 $(n-1)$ 边形环绕着 d。包含 2 的 $mega$ 边形称作莫泽数。

这个莫泽数的存在对传统的数学来说并不构成存在性问题。然而除了它是 2 的巨大的乘方这一事实之外,人们还能说它些什么呢?

更复杂的数学对象的存在可以根据人们如何与对象相互作用而同样体验到。正整数 1,2,3,4,…的集合 N 是数学中基本的无限集。刚才写出的大数只是其中一个元素。N 不可能通过对于"多"的感知而完全体验。然而数学家经常用它工作,对它进行操作,回答有关它的问题。例如,是否 N 中的每个数非奇即偶? 或 N 中是否有一个数 x 使 $x = x+1$? 某些人使用这个集合有心理上的困难,甚至宣告它的存在没有意义。如果这样,他们将同这个世界上的数学家发生分歧,并且由于这种分歧而使自己同数学的绝大部分内容隔离开来。

我们走得更远一些。假定我们能接受简单无限的概念,那么我们就很容易接受数字 0,1,…,9 的某些特殊无限序列的概念。例如,数字 1,2,3 循环重复而成的序列 1,2,3,1,2,3,1,2,3,1,2,3,…,或一个更复杂的例子:数字 π 的十进制展开式3.141 59…。现在让我们想象数字 0,1,…,9 的所有可能序列的集合。这实际上就是实数系。它是数学分析学

科(即微积分及其推广)的基本活动领域。这个系统有如此多的元素,以至于如康托尔所证明的,不可能把它的元素逐一列举,甚至无限列举。这个系统不是平常人经验的一部分,但专家们能积累有关它的丰富直觉。实数构成了分析的基础,学习微积分的一般学生(和一般教师)会迅速接受这个集合的存在,并集中注意力于微积分的形式演算方面。

我们走得再远一些。我们构造了称为弗雷协超滤子的东西,这个概念在点集拓扑的很多部分非常有用,它是超实数系概念的基础,超实数系则与非标准分析有关(见第 5 章)。为了这个目的,考察整数的所有无限子集,例如,$(1,2,3,\cdots)$ 或 $(2,4,6,\cdots)$ 或 $(1,1\,000,1\,003,1\,004,20\,678,\cdots)$。

在最后一个子集中,人们甚至想不出一个特殊的规则来产生它的元素。我们现在希望把我们所考察的子集加以限制。

令 X 是一个集,并且令 F 是 X 的一族非空子集,使得:①如果两个集 A 和 B 属于族 F,那么它们的交集也属于 F。②如果 A 属于 F 且 A 是 B 的子集,B 是 X 的子集,那么 B 属于 F。这样的一个族 F 就被称为 X 中的**滤子**。举一个特例,令 X 表示所有正整数 $1,2,3,\cdots$ 的集合。令 F 表示 X 的所有"余有限"子集,这些子集至多漏掉 X 中有限数目的元素。例如,集 $(2,3,\cdots)$ 在 F 中,因为它漏掉 1。集 $(10,11,\cdots)$ 在 F 中,因为它漏掉 $1,2,\cdots,9$。另一方面,奇数集 $(1,3,5,\cdots)$ 不在 F 中,因为它漏掉了无限数目的偶数。不难证明正整数的所有余有限子集的集合是一个滤子,它通常被称为弗雷协滤子。

令 X 是一个给定集,F 是 X 中的一个滤子。可以证明(利用选择公理)存在一个包含 F 的极大滤子 V。就是说,V 是 X 中的一个滤子,如果 X 的一个不在 V 中的子集加到 V 上,V 就不再是一个滤子。这样的对象称为超滤子。

因此,作为一个特殊情况,存在着弗雷协超滤子。现在人们如何开始去想象、理解、表示或掌握弗雷协超滤子所包含的内容呢? 超滤子中有些什么,没有些什么呢? 这就是当代集合论和逻辑方面重要研究的出发点。

大多数数学家都不能够达到构造和抽象的这样一个高度,弗雷协超滤子存在的世界是非常有限的一部分人的财富。

维特根斯坦(Wittgenstein)在题为《论确实性》(*On Certainty*)的论文中问道:"人们怎样知道如何对独角兽的存在自圆其说?"独角兽是一种有马的身体,额头正中有一只长长的尖角的动物。西提萨斯(Ctesias)[①]和亚里士多德描述过这种动物。很多艺术作品,包括纽约克洛斯特(Cloisters)[②]著名的"独角兽挂毯"(*Unicorn Tapestry*)和英国的军大衣上面的图画,都仔细描绘过它。许多孩子见到独角兽的图片都会认出它。如果随意拿出一张动物图片,孩子们会很容易确定画的是不是独角兽。关于这种动物可回答很多问题,

---

① 古希腊历史学家和医生。——译者注
② 纽约中世纪艺术博物馆。——译者注

例如,它有几条腿,或者它吃什么。在诗里,它象征纯洁。据说它的角磨碎后是一种解毒药。关于独角兽还可断言更多的事情,尽管事实上这种动物并不存在。

独角兽作为一种文学传说而存在,作为一种动物学蓝图而存在,但作为一种有可能捉到并在动物园展出的活的生物,它不存在。可以设想它曾经存在或将来也许会存在,但它现在不存在。

像独角兽一样,数学对象没有单独的存在概念。存在本质上是同环境、需要和功能相关的。$\sqrt{2}$作为整数或分数并不存在,正像热带鱼不会存在于北极圈水域中一样。但是在实数范围内,$\sqrt{2}$是有生命的和适当的。莫泽数作为一个完成了的十进制数并不存在,但它存在于构造它的一个程序或一组规则之中。弗雷协超滤子只存在于接受选择公理的数学之中。(见第 4.4 节表中公理 8)。

进一步的阅读材料,见参考文献:H.Freudenthal[1978]。

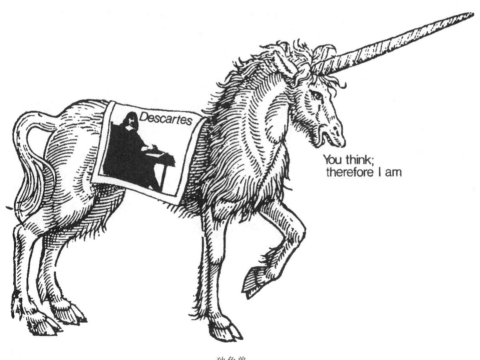

独角兽

4.6 证　明

有这样一种说法,认为数学的唯一特征是"证明"。数学史上第一个证明据说是米利都的泰勒斯(前 600)给出的。他证明直径把圆分为相等的两部分。现在这是一个如此简单的命题,似乎不证自明。证明的本质在于理解证明是可能的和必要的。数学证明之所以不仅仅是卖弄学问,正是由于它能用于所做出的陈述不太明显的那些场合。有些人认为,数学游戏的名称就是证明,没有证明就没有数学。另一些人则认为这样说是无意义的,数学中有很多游戏。

要讨论什么是证明,它如何进行,它的目的是什么,我们需要有一个较复杂一些的具体例子。最好选一个无疑是数学史上最著名的定理,它出现在数学史上最著名的书中。我们指的是毕达哥拉斯定理,它出现在欧几里得《原本》(前 300)卷一第 47 命题中。我们选用希思(Heath)爵士的英译文,文内括号内的数字表示根据以前得出的结果或"常识"。

命题 47　在直角三角形中,直角对边上的正方形等于夹直角的两边上的正方形之和。

令 ABC 是一直角三角形,有直角 $\angle BAC$。那么 BC 上的正方形等于 BA,AC 上的正方形之和。

画出 BC 上的正方形 $BDEC$ 和 BA,AC 上的正方形 GB,HC;(1.46)通过 A 画 AL 平行于 BD 或 CE,连接 AD,FC。

然后,由于 $\angle BAC$,$\angle BAG$ 都是直角,点 A 在直线 AB 上,不在 BA 同一侧的两条直线 AC,AG 使邻角等于二直角,因此 CA 和 AG 在同一直线上。(1.14)

同理,BA 和 AH 也在同一直线上。

此外,由于 $\angle DBC = \angle FBA = 90°$,把 $\angle ABC$ 分别加于其上,于是 $\angle DBA = \angle FBC$。(常识 2)

由于 $DB = BC$,$FB = BA$,$AB = FB$,$BD = BC$,$\angle ABD = \angle FBC$,所以 $AD = FC$,$\triangle ABD = \triangle FBC$。(1.4)

现在平行四边形 BL 是三角形 ABD 的两倍,因为它们有同底 BD 并同在两条平行线 BD,AL 之间。(1.41)

正方形 GB 是三角形 FBC 的两倍,因为它们有同底 FB 并同在两条平行线 FB,GC 之间。(1.41)

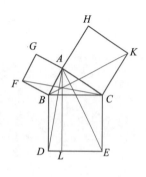

（但等量的两倍彼此相等。）

因此平行四边形 BL 也等于正方形 GB。

同样地，连接 AE，BK，可证平行四边形 CL 等于正方形 HC，因而整个正方形 $BDEC$ 等于两个正方形 GB，HC 之和。（常识 2）

正方形 $BDEC$ 在 BC 边上绘出，正方形 GB，HC 在 BA，AC 边上绘出。因而 BC 边上的正方形等于 BA，AC 边上的正方形之和。

因而……证完。

现在，假定我们已读到欧几里得的第 47 命题，假定我们能理解这些材料。我们从中明白了什么呢？或许已记录下来的最漂亮的反应是霍布斯（Hobbes，1588—1679）的，对此奥布里[①]（Aubrey）在（关于霍布斯的）《传记》（$Brief\ Lives$）中这样写道：

> 在他接触几何学时他已 40 岁了。事情是偶然发生的。在一个绅士的书室里，欧几里得《原本》打开着，恰好是卷一第 47 命题。他读了这个命题。他说，**向上帝保证**（他时常用发誓来强调），**这是不可能的！** 于是他读了它的证明，这证明要他参阅前面的一个命题，他又读了这个命题，这个命题又要他回头查阅前面的另一个命题，他又读了那个命题。这样下去，最后通过论证信服了这个真理。从此他爱上了几何学。

那些最初表现为非直觉的、令人怀疑的、有些神秘的东西，经过某种思维过程之后，最终表现为辉煌的真理。可以想象，欧几里得大概会因霍布斯而感到自豪，并将他作为头号证据，为自己编写《原本》的长期劳动辩护。这就是通过希腊数学而发现和传播开来的，起着批准和保证作用的证明过程。既然这个命题已被证明，我们就理解它的正确性是无可怀疑的了。

霍布斯所说的回过头去参阅以前的命题，是证明方法的特征。如我们所知，这个过程不能永远进行。它终止于所谓公理和定义，后者只是语言上的约定，而前者则表示通过逻辑纽带联结在一起的最低程度的自明事实。整个结构就建立在这些事实上面。

这种方法还有一个特征，就是相当程度的抽象性。它出现在提炼三角形、直角、正方形等概念的过程中。图形本身在这里成为言语的十分必要的补充。在欧几里得的描述中，如果没有图形，我们就不能完全领会论证的内容。除非我们在头脑中想象出图形的能力足够强，否则如果作者没有为我们画出图形，我们就只好自行作图。还要注意，证明的语言有一种形式上的、受严格限制的性质。它不是历史的语言、戏剧的语言或日常生活的语言，它是经过加工和精制以便为一种明确而有限的智力目标的精确需要服务的语言。

对这种素材的一种反应，记载在诗人米莱（Millay）[②]的诗句中："唯有欧几里得观看

---

① 奥布里（1626—1697），英国作家和古物研究家。——译者注
② 米莱（1892—1950），美国诗人。——译者注

了毫无掩饰的美。"如果我们相信有了几行魔术般的证明,我们就能迫使宇宙中所有直角三角形都服从有规则的毕达哥拉斯模式,我们甚至会浑身寒战起来。

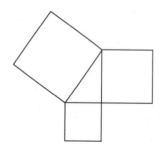

抽象、形式化、公理化、演绎,这些就是证明的要素。现代数学中的证明,尽管可以处理不同的素材,或达到更深的层次,但是无论对于学生还是研究人员来说,它们所产生的感觉基本上和刚才引述的相同。

进一步阅读欧几里得的名著将带来另外的问题。注意图形中某些线如 BK,AC,似乎是与为了表达定理本身而画出的最低限度的图形(即直角三角形三边上各画出一个正方形)无关的。多余的线在中学常被称为"辅助线",它们使图形复杂化,但是它们构成演绎过程的主要部分。它们把图形重组为又一个层次的图形,而推理恰好发生在这个层次上。

现在,人们怎样知道在哪里画这些线才能进行推理呢? 似乎这些线是偶然或意外得到的。在某种意义上的确如此,而且它是事情的本质或诀窍所在。找到这些线就是部分找到了证明,这可不是容易的事。要靠经验形成洞察力和技巧,来发现适当的辅助线。在这方面一个人可能比另一个更熟练。不存在保证获得证明的任何方法。这个可悲的真理使学校里的孩子和熟练的专家们同样头痛。数学整体上可以看作是那些已被成功地探索过的问题的系统化。

因此,在数学这门学科里存在着证明。从传统上看,在欧几里得那里最先见到证明,然后一个班级又一个班级,一个国家又一个国家,一代人又一代人,花费了成百上万个小时,来证明又证明欧几里得的定理。在 20 世纪 50 年代中出现"新数学"之后,证明被扩展到其他中学数学课程,例如,代数,同时像集合论这样的课程被有意引入,以便成为掌握公理方法和证明的媒介。在大学里,高等数学的典型授课,特别是具有"纯粹"兴趣的教师所讲的课,完全是由定义、定理、证明,定义、定理、证明既严肃又单调地贯穿在一起构成的。为什么会这样呢? 如果说证明是批准和保证,那么人们可以认为,一个证明一旦被有足够能力的学者群接受之后,学术界的其余人就将乐于相信他们的话而继续前进。为什么数学家和他们的学生认为值得一而再,再而三地证明毕达哥拉斯定理或勒贝格、维纳、柯尔莫戈罗夫(Kolmogorov)的定理呢?

证明同时服务于很多目的。在供新读者仔细研究和判断时,证明处在不断被批判和重新批准的过程中。错误、含混和误解通过不断被揭示而消除掉。证明是可尊重的,证明是权威的标记。

在最好的情况下,证明通过揭示事物的核心而增强理解。证明提供新的数学。初学证明的人变得更加接近于新数学的创造。证明是数学的力量,是这门学科用来赋予定理的静态断言以活力的电压。

最后,证明是一种仪式,关于纯粹理性的力量的一个庆典。鉴于条理清楚的思维显然也会使我们遇到困境,这种再保险的练习可能就是十分必要的了。

进一步的阅读材料,见参考文献:R.Blanché;J.Dieudonné[1971];G.H.Hardy;T.Heath;R.Wilder,[1944]。

4.7　无限——数学的超凡容器

数学,在一种观点看来,是无限的科学。尽管"$2+3=5$""$\dfrac{1}{2}+\dfrac{1}{3}=\dfrac{5}{6}$""71 是质数"这些句子是有限数学的例子,但是重要的数学被认为出现在它的讲述范围大到包括无限的时候。当代数学对象的库存中是充满无限的。无限是难以回避的。考察几个典型的句子:"一条实线上存在无穷多的点""$\lim\limits_{n\to\infty}\dfrac{n}{n+1}=1$""$\sum\limits_{n=1}^{\infty}\dfrac{1}{n^2}=\dfrac{\pi^2}{6}$""$\int_0^{\infty}\dfrac{\sin x}{x}\mathrm{d}x=\dfrac{\pi}{2}$""$\aleph_0+1=\aleph_0$""有无穷多个质数""孪生质数是无穷多吗?""图灵机的带子被认为有无限长度""令 N 是一个从超实数集中抽出的无限整数"。我们有无限和无限之上的无限,有众多的无限,超出概念的贪婪之梦的无限。

最简单的无限对象是正整数系 $1,2,3,4,\cdots$,这里的"$\cdots$"表明这个系列可以永远排下去,永远不会停下来。这个系统是平凡的,而且很有用,所以给它一个名称可以方便些。有些作者称它 N(代表英文"数",numbers)或 Z(代表德文"数",zahlen,如果他们喜欢大陆风味的话)。集合 N 具有这样的性质:如果一个数在其中,它的后续数也在其中。因此不存在最大的数,因为我们总能加上一而获得更大的数。N 的另一个性质是你不可能通过一次排除一个元素而穷尽 N。如果我们从 N 中除掉 6 和 83,剩下的仍是一个无限集。集合 N 是一个不可穷尽的容器,一种使人回想起《马太福音》(the Miracle of the Loaves)15;34 中超凡的面包和鱼的超凡容器。

这个超凡容器连同它的所有神秘性质,即似乎与我们的有限生命的全部经验相违背的性质,是数学中绝对基本的对象,并被认为是小学的孩子们能很好掌握的。数学要求我们相信这个超凡容器,不这样我们就不会走多远。

思索无限的概念如何进入数学,是很诱人的。无限的起源是什么? 是对漫长的时间的感知吗? 是对广阔的美索不达米亚荒原或通到星辰去的直线这样漫长的距离的感知吗? 或者可能是引导灵魂趋向实现和感知的努力,或趋向终极而不能实现的解释的努力吗?

无限是没有终结的。它是永恒的,不朽的,能再生的,是希腊人的"apeiron",希伯来教义中的"ein-sof",是上帝观察我们并给我们以能力的神秘的宇宙眼睛。

观察方程$\frac{1}{2}+\frac{1}{4}+\frac{1}{8}+\frac{1}{16}+\cdots=1$,或用较花哨的符号,$\sum\limits_{n=1}^{\infty}2^{-n}=1$。方程左边似乎是一种不完全的东西,一种无限的努力。右边则是有限和完全。两边之间的张力就是力量和悖论的源泉。存在着一种不可阻挡的数学欲望,要填平有限和无限之间的鸿沟。我们要使这种不完全的东西成为完全,希望捕捉它,把它关起来,驯服它。①

数学认为它在做这件事情上已取得了成功。不可命名的数被命名了,被用来操作了,被驯服了,被利用了,被有限化了,最终被平凡化了。那么,数学的无限是假的吗?它表示的事物完全不是真的无限吗?数学能用一种把有限数目的符号串在一起成为有限长句子的语言来表示。这些句子中有些似乎表达了有关无限的事实。这是否仅仅是一种语言的技巧,使我们简单地认定某些句型是谈论"无限事物"的吗?当无限被驯服后,它过的是一种符号化的生活。

康托尔引入符号$\aleph_0$("阿列夫零")来表示由自然数集N描述的无限基数。他证明这个数所服从的算术规律与有限数的规律不同。例如,$\aleph_0+1=\aleph_0$,$\aleph_0+\aleph_0=\aleph_0$,等等。

现在,人们能容易地制造一个具有$\aleph_0$按钮的手控计算机来服从这些康托尔规律。但如果$\aleph_0$已经在算法上以一个有限结构包装了起来,那么它的无限又在哪里呢?我们只是在处理所谓的无限吗?我们想得大而实际上做得小。我们思考无限而计算有限。这样做之后,这种简化是够清楚的,但这件事本身的形而上学意义是很不清楚的。

对现代数学观念的揭示已使艺术家力求用图示来描绘无限的令人难忘的性质[德·希里科(De Chirico):"无限的留恋",1913—1914?(画上注明1911年,由现代艺术博物馆提供)]

① 库南(Kuhnen,原作Kunen,据参考文献及索引改。——译者注)描述过一个游戏。两个对无限具有高深知识的数学家试图在命名一个比对方更大的基数上彼此竞相夸耀。当然,人们总可以通过加一而获得一个大的数,但这两个专家所玩游戏的目的是用一个全新的基数构成范式进行突破来得分。锦标赛的过程大致如下:

$17,1\ 295\ 387,10^{1\ 010},\omega,\omega(\omega_0)$。

第一个不可达基数,第一个超不可达基数,第一个Mahlo基数,第一个超Mahlo基数,第一个弱紧基数,第一个无法表达基数。

命名不存在的数,显然不是光明正大的行为。大基数理论的中心问题是精确地解释上面提到的"超"和"无法表达"在什么意义上能够存在。

于是,数学要我们相信无限集。无限集存在的意义是什么呢? 我们为什么要相信它呢? 在形式表示中,这个要求是根据公理化而建立起来的。例如,我们在赫尔巴塞克(Hrbacek)和耶希(Jech)的《集合论导论》(*Introduction to Set Theory*)第 54 页看到:

无限公理:归纳(即无限)集是存在的。

比较一下迈蒙尼德提出的上帝公理(《密西拿经》(*Mishneh Torah*)第一卷第 1 章):

所有基本原理的基本原理和所有科学的支柱,是认识到上帝的存在,他产生了所有存在的事物。

数学公理以自明著称,但看来在自明方面无限公理和上帝公理有着同样的特征。哪个是数学,哪个是神学呢? 此外,这是否使我们认为公理仅仅是建立起进一步论证所依据的一种论理立场,是游戏开局时必须先走的第一步呢?

哪里有权力,哪里就有危险。这在数学中和在王权统治中是同样正确的。所有涉及无限的论证都必须特别小心地细究,因为无限已经变成很多怪事和悖论的栖身之处。在涉及无限的各种悖论中,有芝诺关于阿基里斯(Achilles)和乌龟的悖论,伽利略悖论,贝克莱(Berkeley)关于无穷小量的悖论(见第 5.5 节),还有许多涉及无限和或无限积分的操作的悖论,非紧致性悖论,狄拉克关于有用但不存在的函数的悖论,等等。从所有这些悖论中,我们都能学到关于数学对象如何表现,如何谈论它们的新东西。从每一个悖论中我们都抽取出矛盾的毒液,并把悖论化为仅仅是非标准环境中的标准行动。

阿基里斯和乌龟的悖论断言阿基利斯不能赶上乌龟,因为他必须先到达乌龟已经离开的地点,所以乌龟总在前头。

伽利略悖论说有多少数就有多少平方数,反之亦然。这种对应关系表示为

$$1 \quad 2 \quad 3 \quad 4 \quad 5 \quad \cdots$$
$$\updownarrow \quad \updownarrow \quad \updownarrow \quad \updownarrow \quad \updownarrow$$
$$1 \quad 4 \quad 9 \quad 16 \quad 25 \quad \cdots$$

然而,在并非所有数都是平方数的情况下,这怎么可能呢?

重新排列悖论说无穷级数的总和可以通过重新排列它的各项而发生变化。

例如,

$$0 = (1-1) + (1-1) + (1-1) + \cdots$$
$$= 1 + (-1+1) + (-1+1) + \cdots = 1 + 0 + 0 + \cdots = 1$$

狄拉克函数 $\delta(x)$ 被定义为

$$\delta(x) = 0, 若 \ x \neq 0$$

$$\delta(0) = \infty, 若 \int_{-\infty}^{\infty} \delta(x) \mathrm{d}x = 1$$

在经典分析框架里这是自相矛盾的。

阿基里斯悖论是一个不相关参数化的例子：当然在无限时刻序列 $t_1, t_2, t_3, \cdots$ 乌龟总在前面，因为阿基里斯在每一时刻刚能赶到乌龟在前一时刻所在之处。那又怎么样呢？为什么把我们的讨论限于收敛的时间序列 $t_1, t_2, \cdots$ 呢？这是一个必须使我们的注意力集中于甜甜圈而不是小洞的例子。

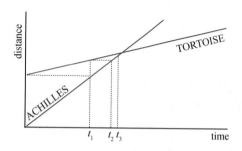

弄清伽利略悖论的条理，关键在于注意到它所描述的现象是无限集的一个显著特征。简单地说，无限集是能同它本身的一个合适的子集构成一一对应的集。无限算术是与有限算术完全不同的。如果康托尔告诉我们 $\aleph_0 + 1 = \aleph_0$ 是一个正确方程，我们就无权把 $\aleph_0$ 作为有限量处理，从方程的两边减去它而获得悖论命题 $1 = 0$。

贝克莱关于无穷小量的悖论最初没有被注意，后来则由于全部微积分用一些极限过程来表示而被绕了过去。十几年前，非标准分析以一种似乎保存了微积分创造者最初风格的方式使它获得了合法化。

重新排列悖论、聚合悖论和非紧悖论，现在通过对绝对收敛级数、绝对收敛积分、一致收敛和紧集加以限制和约束，在一个不固定的基础上处理。小心翼翼的数学家像一个障碍滑雪者一样，必须从插在滑雪路程上的几百面小旗中间穿过。

假定存在着一种具有矛盾性质的函数的狄拉克悖论，是通过各种运算微积的创造而弄清楚的，如坦普尔-莱特希尔(Temple-Lighthill)理论，米库辛斯基(Mikusinski)理论，或最著名的希瓦兹(Schwartz)分布理论(广义函数)。

因此，利用各种方法，无限已被制服和管教好。但无限的性质在于它是没有尽头的，需要进一步采取装饰手段的情况总会重新出现。

进一步的阅读材料，见参考文献：B.Bolzano；D.Hilbert；K.Kuhnen；L.Zippin。

4.8 伸长的线

在数学的标准的形式化中，几何学通过运用坐标而化成代数和分析，然后又通过人们熟悉的集合论的构造而化成数。这样做是因为 19 世纪末直观的自然数概念已被认为是清清楚楚的，而连续直线段的概念制似乎越研究越难捉摸，越不清楚。尽管如此，几何直觉在历史上和心理上都比算术直觉更为原始，这一点看来是明显的。

在某些原始文化中,除了一、二和许多以外,没有别的数词。但在每一种我们能发现的人类文化中,从一处走到另一处去取水或掘根,都是一件重要的事情。于是人就不是一次地,而是不断地在自己的每一次新生活中,被迫去发现直线概念,即从这里到那里的最短路线的概念,或径直走向某物的活动的概念。

在原始状态的、人类活动未曾触及的自然中,人们看到原始形式的直线。草的叶片或谷物的杆直立着,石头垂直下落,沿着一条共同视线的物体被排成直线。但是我们在周围看到的直线几乎都是通过劳动产生的人造物。天花板与墙的交界是直线,门、窗玻璃和桌面的边界都是直线。在窗外,我们看见平屋顶的山墙和墙角以直线相交,木瓦一行一行排列,也成直线。

我们可以看到,这个世界不仅用尽可能迅速而容易地从这里到那里的问题,也同样用其他问题,来推动我们创造出直线,使我们的行动最优化。例如,当人们建造一座砖坯房时,很快就能发现,要使这些砖坯很好地彼此配合,它们的边必须是直的。于是直线的观念直觉地植根于动觉和视觉想象之中。我们通过肌肉知道直接走向我们的目标是什么感觉,我们用眼睛看到别人是否正在笔直行进。这两种感性直觉的相互作用给出完整的直线概念,它使我们能用理性掌握它,似乎它就是我们握在手中的真实的物质对象。

当一个孩子已成长为一个哲学家时,直线概念已变成他的思想的一个如此内在和基本的部分,以至他可以把它想象成一种"永恒的形式",是他生前回忆起的许多"神圣理念"的一部分。或者,如果他的名字不是柏拉图而是亚里士多德,他会把直线想象成自然的一个方面,一种他在物质对象世界里观察到的普遍性质的抽象。他趋向于忽略被观察的直线的存在是有范围的,因为它们是我们所发明和建造的。在人类的物质活动过程中,直线进入了人的思维,在这里变成了一个共有的概念,即一种我们能推理的直线——数学的直线。作为数学家,我们发现存在着必须用短程线(即最短路线)证明的定理。这种短程线是从这里到那里的距离的最小化问题的解。我们还发现存在必须用常曲率路线证明的定理,这种常曲率路线是沿着自身来回滑动而不"改变"的路线。

直线的"直"是如何构成的呢? 这个概念中无疑存在着比我们所知道的和我们用词或公式所能陈述的更多的东西。这里是一个关于这种"更多"的例子。假定一条线上有 a,b,c,d 四个点,假定 b 在 a 与 c 之间,c 在 b 与 d 之间。那么我们能对 a,b,c,d 推断出什么呢?不需很长时间就可推断 b 必定在 a 与 d 之间。

令人吃惊的是这个事实不能从欧几里得公理得到证明,它必须

作为附加公理补充到几何学中去。欧几里得的这个疏漏在过了 2 000 年之后的 1882 年才被帕什(Pasch)首先发现！而且,欧几里得的很多重要定理的完全证明需要帕什的公理,没有它,证明是不可靠的①。这个例子表明直觉的概念不能借助在一个理论中陈述的公理完全描述。

同样的情况发生在现代数学中。挪威逻辑学家斯科伦发现,存在着这样的数学结构,它们满足算术公理,但它们比自然数系大得多也复杂得多。这种"非标准算术"(non-standard arithmetics)可以包括无穷大整数。在关于自然数的推理中,我们依赖关于这些数的完全的理性图景。斯科伦的例子表明,这幅图景中包含的信息要超过通常算术公理中包含的信息。

帕什公理关于 b 在 a 与 d 之间的推论似乎是平凡的,因为我们只要用纸和笔画一张小图即可获得这个答案。我们从点如何排列的角度来考虑,最后可看到 b 在 a 与 d 之间。换言之,我们用纸上的线来决定理想的线即数学的线的性质。还能有更简单的事吗？但是有两个问题是值得从它们通常潜藏的背景中提出来的。首先,我们知道理想的线不同于纸上的线。纸上的线的某些性质是"偶然的",是数学的线所不具备的。我们怎样知道哪些是这样的性质呢？

在帕什公理的图形上,我们把 a,b,c,d 放在某处,就得到了我们的图。我们可以用其他许多方式画图形,因为我们在任何两点相距多远的问题上是完全自由的。然而我们确信答案总是相同的,即 b 在 a 与 d 之间。我们只是画了一幅图,但我们相信它代表了所有可能的图。我们是怎样知道的呢？

这个答案与我们实际具备一定的直觉概念有关。关于这个概念我们是有某些可靠的知识的。然而,我们关于这种直觉概念的知识绝不是完全的,无论在明显知识的意义上,或者甚至在提供一个基础,从而通过可能是很长的困难的论证导出完全信息的意义上,都是如此。

从芝诺时代起,关于直线的最古老的问题之一是:一个有限长的线段能被分成无穷多的部分吗？对于有数学素养的读者来说,答案是毫不含糊的"是"。今天不见得有什么人对这种真实性提出质疑。但 200 年前,情况并非如此。

我们来听听贝克莱在这个问题上的见解:

> ……说一个有限的量或范围是由无穷多部分构成,这是如此明显的一个矛盾,以至每个人立刻就会承认这个矛盾。并且它不可能得到任何有理性的人的赞同,只要他不是通过温和而缓慢的步骤逐渐地去赞同它,就像改变信仰的异教徒对于"化体说"的信仰一样。

如果我们把贝克莱作为 18 世纪直线的直觉概念的一个有权能的证人,或许我们应推论出无限可分的问题是不可判定的。到了 20 世纪,二百年数学分析成功实践的力量已解决了这个问题。"一条线上任何两个不同点之间存在第三个点",今天在直觉上是显

---

① 古根海默(Guggenheimer)证明帕什公理的另一种形式能被作为使用欧几里得第五公设的定理导出。

然的。

现在连续统假设(见第 5.4 节)是关于直线的不可判定问题。它在两种意义上是真的。作为一个数学定理,结合哥德尔(Gödel)和柯恩(Cohen)的工作,它是关于策墨罗-弗兰克尔-斯科伦公理系统的一个陈述。已经证明连续统假设及其否定从这些公理出发都不能被证明。

连续统假设在一个更广泛的意义上也是不可判定的,即没有人能直觉地找到无可置疑的论据来接受或放弃它。集合论专家们用了十年的时间去找寻有吸引力的或似乎可能的公理以决定连续统假设的真伪,却一直没有找到。

或许我们关于直线的直觉对于涉及无限集的集合论问题来说永远是不完全的。在这种情况下,人们可以把连续统假设或者它的否定作为附加公理。我们可以有关于直线的多种不同的说法,其中没有任何一种可以被认为是直觉上正确的。

可分性问题似乎已被数学的历史发展所解决。或许连续统假设也将这样被解决。数学概念演化着,发展着,并在任何特定历史时代被不完全地确定着。它同下面的事实并不矛盾,即数学概念也有充分确定的性质,包括已知和未知的,它们使这些概念能被认作为确定对象。

进一步的阅读材料,见参考文献:H.Guggenheimer。

4.9 命运之神的硬币

有多少真正基本的数学对象存在呢? 其中之一肯定是正整数 1,2,3,…这个“超凡容器”,另一个就是公平的硬币的概念。尽管赌博在古代世界就已流行,尽管杰出的希腊人和罗马人献身于泰西(Tyche)这个命运女神,但她的硬币在文艺复兴前并未登上数学舞台。或许造成延误的原因之一是一种形而上学观点,即认为上帝是通过偶然事件向人类讲话的。例如,在《撒母耳记》(Samuel)[1] 中,人们了解到前 1000 年左右以色列人如何通过抽签来选举国王:

> 于是撒母耳令所有以色列部落站出来抽签,这个签落到了班杰明部落。于是他使班杰明部落一个氏族一个氏族地站出来抽签,签落到了马特雷氏族。他再令马特雷氏族一个人一个人地站出来,签落到了凯西的儿子扫罗手中。

《撒母耳记》,上,10:20-21

这里的含义在于,抽签并不只是产生一个领袖人物的便利方法,而是在神的赞许下做的,抽签的结果表达了神的愿望。今天在遇到不确定的情况时,用掷硬币的方法来做出决断仍没有过时。

这方面的现代理论是从将命运之神驱逐出万神殿开始的。公平的、无偏见的硬币的形象显现出来了。这个硬币存在于某一精神世界之中,所有现代概率论作者都掌握了

---

① 《圣经·旧约全书》篇名。——译者注

它。他们经常抛掷它,并且思索他们所"观察"到的东西。他们谈些什么?噢,公平的硬币是铸造得非常好的双面物。为方便起见,一面叫作正面(H,代表"头"的英文 head),另一面叫背面(T,代表"尾"的英文 tail)。公平的硬币一再被抛掷,然后人们观察所得结果。还存在一个公平的抛掷者的概念,他是一个拿着公平的硬币并且抛掷硬币时不耍花招、不玩手法,也没有其他可疑的形体动作的人。但为了简单起见,让我们同意把抛掷物和抛掷者一起纳入一个抽象概念之中。

我们观察到了什么呢?(记住,这不是一个真实的抛掷者抛掷的真的硬币,这是抽象。)人们观察到了"随机性"(randomness)公理。公平的硬币被掷了 n 次,人们计算显示的正面数和背面数,把它们称为 $H(n)$ 和 $T(n)$,那么当然有

$$H(n)+T(n)=n \tag{1}$$

每次掷的结果非 H 即 T。然而不仅如此,

$$\lim_{n\to\infty}\frac{H(n)}{n}=\frac{1}{2} \quad 且 \quad \lim_{n\to\infty}\frac{T(n)}{n}=\frac{1}{2} \tag{2}$$

这个极限值 $\frac{1}{2}$ 被称为分别掷出 H 和 T 的概率:

$$P(\mathrm{H})=\frac{1}{2}, \quad P(\mathrm{T})=\frac{1}{2} \tag{3}$$

这就是说,当公平的硬币被掷 1 000 次时,无须显示 500 次正面和 500 次背面,概率 $\frac{1}{2}$ 只是在极限中被确立。

公平的硬币还显示出,假定我们只是观察第 1,3,5,…次抛掷并在这个基础上计算概率,结果是相同的。假定我们观察第 1,4,9,16,…次抛掷,结果也是相同的。

假定根据"从长远的观点看来,事物自身趋于平衡"这种流行观念,我们只观察那些紧接在一连四次掷正面之后的抛掷,结果还是一半对一半,没有获得背面的优势。很显然,事物不会很快使自身平衡,至少在长期出现正面后,如果你为出现背面打赌,你不一定会赢。

这引导我们得知,公平硬币的抛掷对于地点选择是不敏感的。就是说,如果人们检验一个抛掷子序列的结果,而这些抛掷是根据与被选项目的先前历史有关的任何选择策略或规则 R 获得的,我们仍将获得概率 $\frac{1}{2}$。

对地点选择的不敏感性可以用物理学家称为**无效原则**的另一方式来表达。不能设计出一种用来对抗公平硬币的成功的赌博系统。

这种被确定为随机性公理的无效感觉,肯定早已被发现了。或许它说明为什么卡当这个积习很深的赌徒和第一本概率论著作《论掷骰子》(de Ludo Aleae)的作者,在这本书中给出如何欺骗的具体指点。它提出一个形而上学的问题:欺骗公平的硬币是可能的吗?

上述公平硬币的特征构成了频率概率的基础。人们由此出发，做出有关混合和结合概率的进一步假定，获得了一个完全的数学理论。在这理论和真实世界的硬币的行为之间的关系是什么呢？

我们被引入了一种悖论状态。在 H 和 T 的无限数学序列中，概率只依赖于发生在"序列末端"即"无限部分"的事情。序列开始时的有限量的信息对概率的计算没有任何影响。即使我们起初有一百万次 H，接着 H 和 T 以适当比例随后，极限仍旧是一半对一半。但实际上如果我们掷出一百万次连续的正面，我们当然将得出结论说硬币是有负载的（即不是正常的，是作弊的）。这样，我们被导向一个默不作声的假定，它不是形式化理论的一部分，但它对于应用概率来说是必要的。这个假定认为方程（2）中的收敛是充分快的，以致人们可以判定一个特定的真实的硬币是不是以公平硬币为模型的。

公平的硬币的形象和直觉被弄模糊了，通向公理化的道路上充满着陷阱。概率的哲学和心理学基础也是如此。有很多关于随机序列的不同定义。上面描述的定义是麦西斯(Mises)在 1919 年给出的。我们更准确地说明一下这个定义。我们希望公平的硬币在极限中按 50% 对 50% 的形式分配 H 和 T。但是我们想得更多。我们希望在观察两次连续抛掷的结果时，四种可能结果 HH,HT,TH,TT 发生的极限概率都是 $\frac{1}{4}$。我们一定乐于看到三次抛掷的 8 种可能结果 HHH,HHT,HTH,HTT,THH,THT,TTH,TTT 也发生类似情况，这样下去对每一种可以想象的连续抛掷次数的情况，都是如此。这样一个序列叫作∞分布序列。

一个无限序列 $x_1, x_2, \cdots$，如果从中抽取出来并为一种策略或规则 R 所确定的每个无限序列 $x_{n_1}, x_{n_2}, x_{n_3}, \cdots$ 都是∞分布序列的话，就被称为麦西斯意义上的随机序列。现在发生了令人震惊的事情。杜布(Doob)已经证明麦西斯意义上的随机序列是不存在的。这个要求在逻辑上自相矛盾。

因此人们必须回过头来减弱要求。在实际计算上（"随机"序列大量应用于程序），所提的条件就很少了。实际上，人们需要一个容易编程序而费时不多的整数序列 x_1, $x_2, \cdots$。这个序列应是周期性的，但周期对所需随机数的数目而言应充分长。最后，这个序列应是充分不规则的、混合的，以便能通过大量有关随机性的统计检验，如频率试验、遍历试验、洗牌(Poker hand)试验和谱试验等。产生这样一种序列的程序叫作随机数字发生器，尽管这里相继的整数被完全确定性的程序给出，原则上关于它们不存在任何不可预言的东西。

一个流行的随机数字发生器由下面的公式给出：

$$x_{n+1} \equiv kx_n \pmod{m}, x_0 = 1$$

这意味着我们的随机序列的每一元素 x_{n+1} 是从序列中它的前趋 x_n 乘以某个数 k 然后除以另一个数 m 而得，x_{n+1} 是这一除法的余数。

H H H T H T H H T T T T T T H H H T H T H H T T T H T H T T T H
H H T H T H T H T H T T T T H T T T T T T H H H T T H H T T T
T T T H T T T H T H T H T T H H T H H H H T H T H T T H H T T H H T
H T T T H T H T T T T T T T T T T T H H T T T T H T T T H T T
T H H H H T H T T T H T H T T H H H H H H T T T H H T H H H H H
H H T T T H H T H H H T H T H H H H T H H H H T T T H T T T H T H H
H H H T H T H H T T T T T H H H H T H T H T H H T T T T H T H T T T H
H H T H T H T H T T T T T H T T T T T T T H H H T T H H T T T
T T T H T T T H T H T T T H H T H H H H T T T H T T T H H T T H H T
H T T T H T H T T T T T T T T T T T H H T T T T H T T T H T T H T T
T H H H H T H T T H T T H T T T H H H H H H T T T H H T H H H H H
H H T T T H H T H H H T H T H H H H T H H H H T T T H T T T H T H H
H H T T H H H T H T T T T T H T T T T H H H T T H H H H T H H H T H
T H H H T H T H H H H H H T H T T T T T H T T T H T T H T T H H H H H H
T T T T H T H H H T T H H H H H H H H H H T H T T T H H T H T T T T
T T T T T T T H T T T T T T H T H T H T H H H H H H H H T H T H T H
H H H H H T H H H T H T H H H T T H T H T H H T T T H T H H H T H T T

T H T T H H H T H   H H T T T T H H
H H H H T T T T H   Are These the Tosses   T T T H T H T H H
H T T H H T T H H   of a Fair Coin?   H T H H T T H T H
H T T T T H H H H   T H H T H H H H H
T H T H H H T T T H H H H H T T T T H H H H T H T T T T H T H T H T H
T H H T H H T T H T T T T T H T H T H T H H H H H H H H H H T T T T H
H H H T T T H H T H H T T H T T T T T H H T T T H H H H H T T
T H T H H T H T T T H H T H T H H T H T T H H H H H H T H T H T
T T T H H T T T H T T T H T H T T T H F T T H H T T T H H H H T H ?
H T T H H H H H T T H H H H T T H H T T T T T H H H T T T T H T
H T H T T H T H T H H H T H T T T T H H H H H H H T T T T H T H T
H H T H H H H T T H H H H H H H T H T T H H H H H H T T T T H H T
H H T H H H H T T T H H T H T T H T H T T T H H H H H T T H H T
H H H H T T T H T H H T T T H H H T T T T H H T T H H H H H H H H T H
T H T H H H T H T T T H H T T H H H T H T T H H H H H H T H T H T
T T T H H T T T H T T T T H T H T T T H T T T H H T T T H H H H T H
H T T H H H H H T T T H H H H H T T H H T T T T T H H H T T T H T
H T H T T H T H T H H H T H T T T T H H H H H H T T T T H T H T
H H T H H H H T T H H H H H H H T H T T H H H H H H H H T T T T H H T
H H T H H H H T T T H H T H T H T T H T T H H H H H H H H T T H H T
H H H H T T H T H H H T T T T H H T T T T H H H T T H H H H H H H H T H

假定计算机的字长是 b 个二进制数字或"比特"。为 k 选择一个形如 $8t\pm3$ 而接近于 $2^{b/2}$ 的数。选择 $m=2^b$。乘法 $k\cdot x_0$ 产生一个 2^b 比特的积。去掉 b 个高阶比特,保留 b 个低阶比特,这就是残数 x_1。重复这个过程,$x_2=kx_1\pmod{m}$,等等。这个序列在迭代进行 2^{b-2} 次以前不会开始重复自身。如果计算机的字长是 35 比特,那么给出的随机序列大约有 8.5×10^9 个数。

进一步的阅读材料,见参考文献:H.P.Edmundson;R.von Mises。

4.10   美学成分

数学科学特别展示了秩序、对称和极限,这些是美的最伟大的形式.
——亚里士多德,《形而上学》(Metaphysics),M3,1078b

很多作者表明了数学在消极沉思和实际探索中的美学要求。古典的和中世纪的作者,如开普勒,狂热地谈论过"神的或黄金的比例"。庞加莱认为美学因素而非逻辑因素,是数学创造力的主导因素。哈代写道:"数学家的范型,像画家或诗人的一样,必须是美的……"。伟大的理论物理学家狄拉克写道,使人们的方程中有美,比起使它们与实验相符合更为重要。

对数学中美学因素的视而不见是广泛存在的,它可以用来说明对数学的这样一种感觉,即认为数学像灰尘一样枯燥,像电话簿一样乏味,像 15 世纪苏格兰少年盗窃法一样使人感到遥远。反之,意识到美学因素就能使这个学科以一种奇妙的方式生存着,以一种人类理智的其他创造物似乎都做不到的方式放射着光芒。

艺术和音乐中的美至少从柏拉图那个时代以来就已经是讨论的对象,并且已经通过诸如秩序、比例、平衡、和谐、统一和清澈等模糊概念被分析过。在现代,人们力图把美学性质的数学测度赋予艺术创作。当这种测度被纳入构造音乐作品的标准时(比如说借助计算机),已经发现这些程序能稍稍再现莫扎特作品中那些具有莫扎特风格的音质。但是根本的美学性质的概念依然难以理解。美学判断趋向于个人化,趋向于随文化和时代而变化。美学的哲学讨论近年来不太趋于对什么是美的做出教条规定,而是更多趋于讨论美学判断如何发挥作用和功能。

存在于数学中的美学判断不仅是重要的,而且是能培养的,能从教师到学生,从作者到读者代代相传。但是关于美学判断是什么和如何发挥作用,还没有多少正式的描述。教科书和专题论文都缺乏对论题的美学方面的评论,可是美学方面却存在于如何做的方式本身和关于做什么的选择之中。一件艺术品,比如一件殖民地时期的罗得岛家具,关于它的雕刻线条中独特的美并无言语描述。它是美学传统的一部分,这就足够了,除了对于学者。

现在已有这样的努力,把数学美学分解为它的成分,如紧张和松弛的交替,期望的实现,领悟到未曾预料的关系和统一时的惊异,激发美感的视觉享受,对于简单和复杂、自由和强制并存的快感,当然还有艺术上的熟悉因素,如和谐、平衡、对照等。进一步的努力是在更深层次上,从精神生理学中或是从荣格(Jung)的神秘的客观(集体)无意识中找出这些感觉的来源。当大多数实践者强烈地感到美学的重要性,并愿意用自己的美学范畴扩大这个要素表时,他们倾向于怀疑更深入的解释。

美学的判断可以是暂时的,可以被置于特定的数学时代和文化的传统中。它们的有效性与一个艺术流派或时期的有效性相类似。曾经有人主张最美的矩形的边具有黄金比 $\Phi=\frac{1}{2}(1+\sqrt{5})$。这样一种陈述今天不会被按照非经典艺术和建筑学培养起来的一代认真对待,虽然费克纳(Fechner,1876)和桑代克(Thorndike,1917)的实验据说已证实了它[1][2]。今天看来,对黄金比 Φ 感到的美学乐趣,是由于它出现在一些完全不同的未曾预料的地方而产生的。

首先,有关于正五边形的几何。如果正五边形边长 AB 具有单位长度,那么 AC 线就具有长度

$$\Phi=\frac{1}{2}(1+\sqrt{5})=2\cos\frac{\pi}{5}=1.618\,03\cdots$$

其次,它出现在差分方程中。随便取两数 1 和 4,相加得 5,4 加 5 得 9,5 加 9 得 14,不加限制地继续这个过程。于是,这些相继数的比以 Φ 为极限。证据:

1+4=5	5/4=1.250
4+5=9	9/5=1.800
5+9=14	14/9=1.555
9+14=23	23/14=1.643
14+23=37	37/23=1.608
23+37=60	60/37=1.622
37+60=97	97/60=1.617
60+97=157	157/97=1.618

最后,连分数产生了下面这个美的公式:

$$\Phi=1+\cfrac{1}{1+\cfrac{1}{1+\cdots}}$$

初学者问道,这些完全不同的情形究竟相互间有些什么关系,以致它们全都导致 Φ 呢? 这种惊异让位于欢悦,而欢悦让位于宇宙以一种奇妙的方式统一起来的感觉。

---

[1] 令人吃惊的是,黄金比似乎已在密歇根大学出版社 1962 年出版的达克沃思(Duckworth)著《弗吉尔的〈伊尼阿特〉中的结构模式和比例》(*Structural Patterns and Proportions in Vergil's Aeneid*)中认真地作为美学原则对待。达克沃思按照比例 $M/(M+m)$ 分析了《伊尼阿特》,这里 M 是"大段"的行长度,m 是"小段"的行长度,达克沃思声称这个比非常精确地是 $0.618[=\frac{1}{2}(\sqrt{5}-1)]$。

[2] 弗吉尔(Vergil)是古罗马诗人,《伊尼阿特》是他写的史诗。——译者注

　　然而另一种感觉随着学习和体验而突然发生了。如果一个人在差分方程理论中深入工作,未曾预料的不再是未曾预料的,它变成了坚实而有用的直觉,这时相应的美学乐趣可能减少并确实被转换。甚至可以认为这种"惊异的"情形造成一种令人不舒服的神秘感,我们试图通过创造出一个包括所有特殊系统的一般理论来消除它。例如,上面给出的关于 Φ 的所有三个例子可以包括在某些矩阵的本征值的一般理论中。这样一来,解释(然后是消除)这种惊异的努力就变成新的研究和理解的动力。

　　进一步的阅读材料,见参考文献:H.E.Huntley;L.Pacioli。

4.11　模式、秩序和混沌

　　一种强烈的个人美学欢悦的感觉来自可以称作从混沌中产生秩序的现象。在某种程度上,数学的整个对象就是在原来似乎混沌占统治地位的地方创造秩序,从无序和混乱之中抽取出结构和不变量[①]。

　　在早期的用法中,混沌一词指的是黑暗、无形、开裂的空处,如《创世纪》(*Genesis*)1:2 所说,宇宙就是由此而形成的。这也是米尔顿(Milton)在解释《旧约全书》(*Old Testament*)的《失乐园》(*Paradise Lost*)中使用这个词的意义:

> 世界之初天和地如何来自混沌。

　　在米尔顿之后,混沌一词已改变了它的意义。它变得人性化了。混沌变得意味着事件的混乱状态、无秩序、混合。当事物混沌时,它们是慌乱的、随机的、无规律的。混沌的反面是秩序、排列、模式、有规律、可预见、理解。在怀疑论者看来,混沌是生活中事件的正常状态。在热力学家看来,它是事物自由自在地趋向的状态。

　　从混沌普遍存在的角度看,要对于在任何给定状态中秩序或排列究竟是否存在的问题做出总体上的描述,的确是非常困难的。然而正是这种存在使生活可以理解。当它存在时,我们会直觉地感受到,这大概是对生存的需要的一种反应。创造秩序,特别是智力秩序,是人的主要才能之一。有人已提出数学是整个智力秩序的科学。

　　图示的或视觉的秩序、模式或对称,已通过变换群的不变量被定义和分析。例如,如果一个平面圆形通过变换

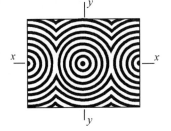

$$\begin{cases} x' = -x \\ y' = y \end{cases}$$

而不发生变化(不变),则这个图形具有以 $x = 0$ 线为轴的轴对称。

---

　　① 诺伊格鲍尔告诉著者有关爱因斯坦的一个传说。似乎爱因斯坦小时候说话很晚,当然他的双亲很为之焦虑。后来,一天晚饭时,他冒出了一句话:"汤太热了。"他的双亲欣喜万分。当问到他为什么以前不说话时,答复是:"直到现在一切都挺有秩序的。"

哈代写道:"数学家像画家和诗人一样,是模式的主人。"

但是当模式出现在数学演讲本身之中时,人们关于模式能说什么呢? 模式的数学理论是自谓的吗?

当科学家们提出具有广泛普遍性的规律时,他们陈述了规律的标准以代替原始的混沌。当艺术家画出他的线条,或作曲家写出他的乐章时,他从无穷多种可能的形状和声音中把有秩序、有模式和有意义的一种分离出来摆在我们面前。

考察以下四种可能性:①出自秩序的秩序;②出自秩序的混沌;③出自混沌的混沌;④出自混沌的秩序。第一种,出自秩序的秩序,是合理的事物。它就像足球比赛间歇时在球场上列队前进并排成各种整齐队形的大学乐队。它是漂亮的,从一种秩序到另一种的变换是有趣的,但不一定令人激动。第二种可能性,出自秩序的混沌,是很普遍的。某种智力活动以一场混乱而告终,仿佛公牛闯进瓷器店里,场面令人激动,但却是痛苦的。第三种可能性,出自混沌的混沌,有如公牛在城镇垃圾场上跺脚。不管它的智力如何,但基本上不发生什么事,也不造成什么损害,我们几乎不注意到它。第四种,出自混沌的秩序,是我们生来的追求。当我们获得它时格外珍视它。

这四种类型的变换将用某些数学模式或定理加以说明。

出自秩序的秩序

a.$1^3 = 1^2, 1^3 + 2^3 = (1+2)^2, 1^3 + 2^3 + 3^3 = (1+2+3)^2,$
$1^3 + 2^3 + 3^3 + 4^3 = (1+2+3+4)^2, \cdots$

b.$\dfrac{4}{9} = 0.444\,4\cdots, \dfrac{5}{37} = 0.135\,135\,135\,135\cdots$

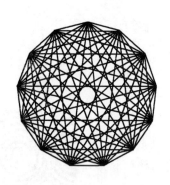

c.如左图所示。

d.二次曲线 $Ax^2 + 2Bxy + Cy^2 + 2Dx + 2Ey + F = 0$ 通过点 (x_1, y_1) 的切线的方程是

$$Axx_1 + B(xy_1 + x_1y) + Cyy_1 + D(x+x_1) + E(y+y_1) + F = 0。$$

出自秩序的混沌

a.$12 \times 21 = 252$

$123 \times 321 = 39\,483$

$1\,234 \times 4\,321 = 5\,332\,114$

$12\,345 \times 54\,521 = 670\,592\,745$

123 456×654 321＝80 779 853 376

1 234 567×7 654 321＝9 449 772 114 007

12 345 678×87 654 321＝1 082 152 022 374 638

123 456 789×987 654 321＝121 932 631 112 635 269

b.$\sqrt{2}$＝1.414 213 562 373 095 048 8…

c.π＝3.141 592 653 589 793 238 4…

出自混沌的混沌

a.53 278×2 147＝114 387 866

b.如右上图所示。

c.$(1+3x^4-4x^5)(2-x+2x^2)=2-x+2x^2+6x^4-11x^5+10x^6-8x^7$

出自混沌的秩序

a.帕普斯定理。如右下图所示,在任意两条线 l_1 和 l_2 上随机选 6 个点 $P_1,\cdots,Q_3$,每条线上选 3 个。那么 P_1Q_2 与 P_2Q_1,P_1Q_3 与 P_3Q_1,P_2Q_3 与 P_3Q_2 的交点总是共线的。

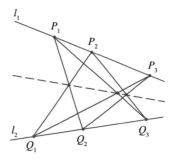

b.质数定理。质数序列 2,3,5,7,11,13,17,19,23,… 以一种似乎混沌的形式出现。然而,用 $\pi(x)$ 表示不超过 x 的质数个数,人们都知道

$$\lim_{x\to\infty}\frac{\pi(x)}{\dfrac{x}{\log x}}=1$$

也就是说,当 x 足够大时,$\pi(x)$ 的值近似于 $\dfrac{x}{\log x}$。例如,如果 $x=1\,000\,000\,000$,那么 $\pi(x)=50\,847\,478$,而 $10^9/\log\,10^9=48\,254\,942.43\cdots$。函数

$$\mathrm{li}(x)=\int_0^x\frac{\mathrm{d}u}{\log u}$$

给出更接近的结果。(见第 5.2 节)

c.如下图所示,一个顶点随机的多边形经过变换,变换的方式是用它的各边中点连成的多边形来取代它。在重复进行这种变换之后,几乎总是出现一个类似椭圆的凸图形。[选自 P.J.戴维斯的《轮换矩阵》(*Circulant Matrices*)]

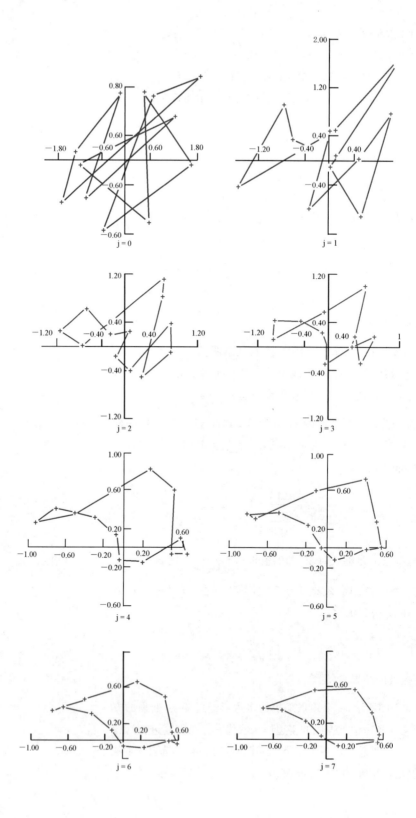

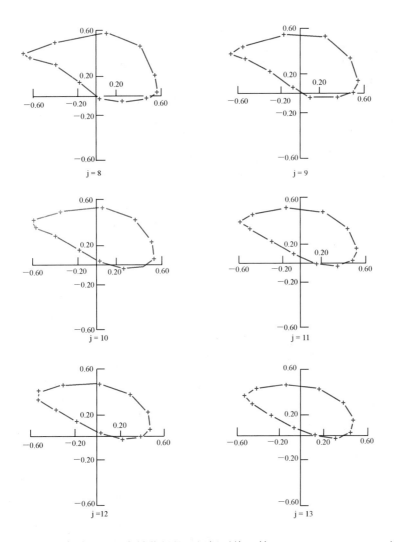

d.出自混沌的秩序并不总是容易获得的。根据哥德巴赫(Goldbach,1690—1764)的一个直到 1979 年未被证明的猜想,每一个偶数都是两个质数的和。例如,24＝5＋19。它还可以用不同的形式表示:24＝7＋17＝11＋13。下表是偶数分解为二质数之和的计算机表格,第一项尽可能小而第二项尽可能大。这里混沌是明显的。但其中隐藏的秩序是什么? 如果哥德巴赫猜想的证明即将出现的话,那么当它出现时会给这种混沌带来秩序的。

哥德巴赫猜想的实例

4＝2＋2	20 882＝3＋20 879
6＝3＋3	20 884＝5＋20 879
8＝3＋5	20 886＝7＋20 879
10＝3＋7	20 888＝31＋20 857
12＝5＋7	20 890＝3＋20 887
14＝3＋11	20 892＝5＋20 887
16＝3＋13	20 894＝7＋20 887
18＝5＋13	20 896＝17＋20 879
20＝3＋17	20 898＝11＋20 887

22＝3＋19	20 900＝3＋20 897
24＝5＋19	20 902＝3＋20 899
26＝3＋23	20 904＝5＋20 899
28＝5＋23	20 906＝3＋20 903
30＝7＋23	20 908＝5＋20 903
32＝3＋29	20 910＝7＋20 903
34＝3＋31	20 912＝13＋20 899
36＝5＋31	20 914＝11＋20 903
38＝7＋31	20 916＝13＋20 903
40＝3＋37	20 918＝19＋20 899
42＝5＋37	20 920＝17＋20 903
44＝3＋41	20 922＝19＋20 903
46＝3＋43	20 924＝3＋20 921
48＝5＋43	20 926＝5＋20 921
50＝3＋47	20 928＝7＋20 921
52＝5＋47	20 930＝31＋20 899
54＝7＋47	20 932＝3＋20 929
56＝3＋53	20 934＝5＋20 929
58＝5＋53	20 936＝7＋20 929
60＝7＋53	20 938＝17＋20 921
62＝3＋59	20 940＝11＋20 929
64＝3＋61	20 942＝3＋20 939
66＝5＋61	20 944＝5＋20 939
68＝7＋61	20 946＝7＋20 939
70＝3＋67	20 948＝19＋20 929
72＝5＋67	20 950＝3＋20 947
74＝3＋71	20 952＝5＋20 947
76＝3＋73	20 954＝7＋20 947
78＝5＋73	20 956＝17＋20 939
80＝7＋73	20 958＝11＋20 947
82＝3＋79	20 960＝13＋20 947
84＝5＋79	20 962＝3＋20 959
86＝3＋83	20 964＝5＋20 959
88＝5＋83	20 966＝3＋20 963
90＝7＋83	20 968＝5＋20 963
92＝3＋89	20 970＝7＋20 963
94＝5＋89	20 972＝13＋20 959
96＝7＋89	20 974＝11＋20 963
98＝19＋79	20 976＝13＋20 963
100＝3＋97	20 978＝19＋20 959
102＝5＋97	20 980＝17＋20 963
104＝3＋101	20 982＝19＋20 963
106＝3＋103	20 984＝3＋20 981
108＝5＋103	20 986＝3＋20 983
110＝3＋107	20 988＝5＋20 983
112＝3＋109	20 990＝7＋20 983
114＝5＋109	20 992＝11＋20 981
116＝3＋113	20 994＝11＋20 983
	20 996＝13＋20 983
	20 998＝17＋20 981
	21 000＝17＋20 983

进一步的阅读材料,见参考文献:L.A.Steen[1975]。

4.12 算法数学和论理数学

为了理解算法数学和论理数学之间在观点上的差别,我们将从一个例子入手。我们假设已提出了这样一个问题,即找出方程 $x^2 = 2$ 的解。前 1700 年左右巴比伦人发现了这个问题的答案的良好近似值,即 $\sqrt{2} = 1, 24, 51, 10$(按六十进制)或 $\sqrt{2} = 1.414\ 212\ 963$(按十进制)。同是这个问题,毕达哥拉斯指出它没有分数解。为了庆祝这一点,据说他献出了百牛祭席。这个问题引起了古希腊数学的存在危机。$\sqrt{2}$ 作为单位正方形的对角线是存在的,然而它作为分数并不存在。我们将展示这个问题的两种解法。

解法Ⅰ 注意如果数 x 是 $x^2 = 2$ 的解,随之就有 $x = 2/x$。现在,如果 x 稍有误差,比如估值过低,那么 $2/x$ 将估值过高。任何人在想一会儿后都会认为,在低估值和高估值中间的值,应是一个比 x 或 $2/x$ 都更好的估值。我们进行形式化,令 $x_1, x_2, \cdots$ 是由

$$x_{n+1} = \frac{1}{2}\left(x_n + \frac{2}{x_n}\right), \quad n = 1, 2, 3, \cdots$$

逐次定义的数列。如果 x_1 是任何正数,那么序列 $x_1, x_2, \cdots$ 二次急剧地收敛于 $\sqrt{2}$。

例如,从 $x_1 = 1$ 开始,于是依次地求出 $x_2 = 1.5$,$x_3 = 1.416\ 666\cdots$,$x_4 = 1.414\ 215\ 686\cdots$。$x_4$ 的值已精确到小数点后第五位数字。二次收敛意味着正确的十进制位数每次迭代加倍。这是对这个问题求解的方案或算法。这种算法只用加法和除法即可进行,无须一个完整的实数系理论。

解法Ⅱ 考察函数 $y = x^2 - 2$ 的图像。这个图像实际上是一条抛物线,但这并不重要。当 $x = 1$ 时,$y = -1$;当 $x = 2$ 时,$y = 2$。当 x 连续地从 1 移动到 2 时,y 连续地从负值移动到正值。因此,在 1 和 2 之间的某处必定存在着 x 的一个值,使得 $y = 0$,或等价地说,这里 $x^2 = 2$。这个解现在是完全的了。论证的细节是由实数系和定义在其上的连续函数的性质来补充的。

解法Ⅰ是算法数学。解法Ⅱ是论理解。在某种意义上说,解法Ⅰ和解法Ⅱ都根本不是解。解法Ⅰ只给出了越来越好的近似值,但无论何时我们停下来,都依然没有得到一个十进制的精确解。解法Ⅱ告诉我们一个精确解是"存在"的。它告诉我们这个解位于 1 和 2 之间,这就是它要说的全部内容。论理解完全可被称为存在性的解。

论理产生了洞察力和自由。我们关于存在着什么的知识可以超越我们所能计算甚至近似计算的限度。这里是一个简单的例子。我们面前有一个三边不等的三角形。我们问:有一条平分三角形面积的垂直线吗? 在算法数学的范围内,人们可以提出如何借助直尺和圆规,或用更丰富的手段来找到这条线的问题。在论理数学的范围内,人们完全无须做任何事情就能够回答,是的,这样一条线是存在的。人们只需注意,如果使一把小刀从左至右直立着经过这个图形,三角形在小刀左边的那一部分就连续地从 0% 到 100%,因此必定存在一个中间位置,这里的左半部分正好是 50%。

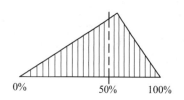

获得了这个解之后,我们可以吃惊地注意到,三角形的特殊性质这里完全没有用到。同样的论证可以用于任何图形的面积。因此我们可以断言任何给定图形的垂直平分线的存在,而无须知道如何找到它,如何计算被刀切开的面积,甚至无须知道如何去做。(我们将在第 6.2 节进一步讨论这一观念。)

古埃及、古巴比伦和古代东方的数学全都属于算法类型。论理数学,即严格地逻辑的和演绎的数学,起源于希腊。但是它不能取代算法数学。在欧几里得那里,论理的作用是证明一种构造,即一种算法的正确性。

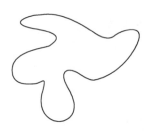

只是到了现代,我们才发现了很少有或没有算法内容的数学。我们可以称之为纯粹论理的或存在性的数学。

显示论理优先的精神的最初研究之一,是求 n 次多项式的根。很长时间人们猜测 n 次多项式 $P_n(z)=a_0 z^n+a_1 z^{n-1}+\cdots+a_n$ 必定有 n 个根(重数计算在内)。但是像二次公式或三次公式那样的闭公式并没有找到。(后来证明 $n>4$ 时是不可能找到类似公式的。)问题于是变成:我们能用别的什么办法来解决求近似根的问题吗?从根本上说,我们对根的存在有什么保证呢?保证这一点的定理最初是由高斯证明的,它们是论理的。算法方面仍在讨论之中。

在 20 世纪的大部分时间内,数学已经面向存在而不是面向算法了。近年来似乎显示了向构造观点或算法观点的一种逆转。

亨里西(Henrici)指出:

> **论理数学**是一种严格的逻辑的科学。这里的命题非真即假,这里的对象都是具有特定性质的,它们或存在或不存在。算法数学是解题的工具。这里我们不只考虑数学对象的存在,也要考虑它的存在的凭证。论理数学是根据存在着高度一致的规则进行的智力游戏。算法数学的游戏规则可根据手头问题的迫切程度而变化。如果我们坚持轨道应以论理的严格性进行计算,我们就决不能把人送上月球。规则也可根据能得到的计算装置而改变。论理数学要求沉思,算法数学要求行动。论理数学产生洞察,算法数学产生结果。

存在着一种明显的范式转变,使算法数学与论理数学区别开来。在一种模式里工作过的人们可能充分地感到另一种模式里的解是不"公正"的或不"允许"的。他们体验到范式的冲击。用算法研究不变量理论的果尔丹(Gordan),据说在面对用论理方法从事研究的希尔伯特的卓越工作时就感到这种冲击。他说:"这不是数学,这是神学。"

当手头的问题需要数字答案,而这个答案对数学的内部或外部的下一步工作十分重要时,肯定需要用到算法手段。数值分析是获得某些数学问题的数字答案的科学和艺术。某些权威声称数值分析的"艺术"只不过是把"科学"的所有不适当之处掩盖起来而已。数值分析同时是应用数学和计算机科学的分支。

我们考察一个典型的例子。一个物理中的问题导致一个具有变量 $u_1(t), u_2(t), \cdots, u_n(t)$ 的常微分方程组,这里自变量 t 的取值范围从 0 到 1。这个方程组根据未知量 $u_i(t)$ 在 $t=0$ 和 $t=1$ 时取规定值的条件求解。这就是所谓两点边值问题。这个问题一望即知大概不存在初等闭形式表达式的解,因而只得采用数值方法,计算出 $u_i(t_j)(j=1,2,\cdots,p; i=1,2,\cdots,n)$ 的数值表,将它作为解接受下来。数值分析告诉我们如何进行这个过程。

适当的过程在很大程度上依赖于能供我们用来计算的机械工具。如果我们有笔和纸,或手控计算机,我们将沿着某些途径进行。如果我们有大型计算机,就存在不同的途径。如果计算机具有某些记忆和编程序的特征,或有某些软件可以利用,它们将使过程大为经济。

用数字计算机进行计算,涉及用离散变量代替连续变量 $u_i(t)$ 的问题。但它可以用各种不同的方法做到。用差分方程取代微分方程吗?如果这样,也可以用多种方式进行。那么,什么是适当的方式呢?如果我们采用有限差分策略,我们将得到一些代数方程组,它们可以是线性的或非线性的,视原来的微分方程而定。怎样解这些方程?我们能使用直接方法吗?还是不得不通过迭代法实行逐次逼近呢?我们面临着很多可能的进行方式。每一种方式都要用到数值分析。每一种独立的程序模式都称为一种"算法"。

通过算法获得问题的某种答案后,数值分析力图确定这个答案能与真实而未知的答案相差到怎样远的程度。除了大错①(就是说,机器故障、程序错误和其他人为的错误)之外,误差将来自下列事实:连续变量被离散处理,无限的数学表达式或过程被有限化或截短,计算机运算不能无限精确,而只有比如说八位数字。数值分析力图对每种算法进行误差分析。解这种类型的问题时存在巨大困难。计算结果的边界如果能获得,可以是确定性的或统计的。它们可以是先验边界或后验边界,就是说,能在主要计算之前算出的边界或要在整个计算完成之后获得的边界。它们可以只是近似的或渐近的边界。最后,它们也可以是计算机本身已计算的边界。

---

① 对大错不应掉以轻心。它们经常出现,进行实践的数值分析工作者必须学会如何识别它们及如何处理它们。

作为误差分析的一部分,数值分析甚至必须考虑如何识别它遇到的好答案。什么是好答案的标准呢?可以有几种标准。作为一个非常简单的例子,假定我们解一个方程 $f(x)=0$,且 x^* 是数学上的精确答案。一个答案 $\overline{x}$ 已通过计算产生。如果 $|x^*-\overline{x}|$ 很小,$\overline{x}$ 是好答案吗?或者如果 $f(\overline{x})$ 近似于零,它是好答案吗?考虑到我们大概不能精确计算 f 而只能计算近似的 $\overline{f}$,如果 $\overline{f}(\overline{x})$ 近似于零,我们能说 $\overline{x}$ 是好答案吗?不同的标准会导致十分不同的答案。

在获得一个问题的合理答案之后,我们可能感兴趣于进一步改善这个答案。我们能通过一种固定类型的算法获得精确度不断增高的答案吗?数值分析能提供这方面的信息,结果所得的理论叫作收敛理论,是这个学科的主要研究方面之一。

因而数值分析不但包括计算的策略,同时也包括对已完成的工作的评价。任何问题的完全的数值分析(可惜不常获得)由下面几部分组成:①构造算法;②误差分析,包括舍位误差和舍入误差;③收敛研究,包括收敛速度;④算法比较,判断不同情况下不同算法的相对效用。

纯粹的算法精神只要有步骤①和④,以便构造算法,并尝试把它们用于典型问题,观察它们如何工作,就满足了。

当我们要求仔细的误差分析,要求收敛证明和对收敛程度的估计时,我们是重视论理观点的。

算法的态度无须否定论理的态度,但是它拒绝从属于它。就是说,一个好的算法,即使没有严格证明而只有计算经验告诉我们它是好的,也应该采用。

进一步的阅读材料,见参考文献:P.J.Davis[1969];P.Henrici[1972],[1974];J.F.Traub。

4.13 普遍性和抽象的倾向——中国剩余定理的案例研究

这里我们要介绍至少两千年前即为人知的一个简单算术定理在历史上的要闻。我们将强调这个定理的陈述在几千年中变化着的性质,而把有关历史上的先后次序、影响、证明和应用的有趣问题置之一旁。

我 10 岁时在鲍尔(Ball)的《数学娱乐和评论》(*Mathematical Recreations and Essays*)中第一次偶然看到中国剩余定理。这本书很容易读,而且是数学游戏的珍品,它已影响了三四代年青数学家。我们在第 11 版第 6 页上读到:

> 请一个人选一个小于 60 的数。请他完成下列运算;(i)用 3 除,记住余数,假定是 a。(ii)用 4 除,记住余数,假定是 b。(iii)用 5 除,记住余数,假定是 c。那么,这个选出的数就是用 60 除 $40a+45b+36c$ 所得的余数。

接着是这个定理的推广和代数证明,那时我还不能理解。

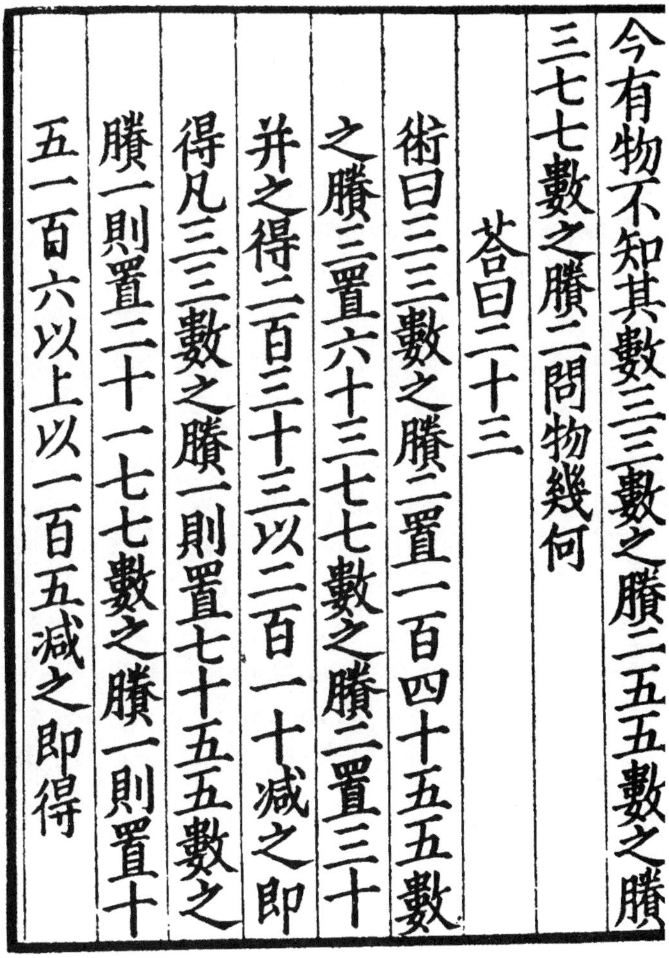

今有物不知其數三三數之賸二五五數之賸
三七七數之賸二問物幾何

荅曰二十三

術曰三三數之賸二置一百四十五五數
之賸三置六十三七七數之賸二置三十
并之得二百三十三以二百一十減之即
得凡三三數之賸一則置七十五五數之
賸一則置二十一七七數之賸一則置十
五一百六以上以一百五減之即得

剩余定理的最古老例子，选自《孙子算经》

(1)这个定理的最早表述出现在《孙子算经》之中,时间是 280 到 473 年。

今有物不知其数,三三数之膡二。五五数之膡三,七七数之膡二,问物几何? 答曰:二十三。术曰:

"三三数之膡二",置一百四十;

"五五数之膡三",置六十三;

"七七数之膡二",置三十;

并之得二百三十三;

以二百一十减之,即得。

凡三三数之膡一,则置七十;

五五数之膡一,则置二十一;

七七数之膡一,则置十五;一百六以上,以一百五减之,即得。

(2)古代中国数学的顶峰是秦九韶的《数书九章》。这本书出现于 1247 年,其中包括关于剩余问题的详细分析。有关篇幅由 37 个算法组成("大衍术")。在利布雷赫特(Libbrecht)的书中占了 5 页。尽管它有巨大的历史重要性,我们还是越过它而介绍西方著作中的研究。

(3)这里是斐波那契手中的中国剩余定理。他在《算盘书》(*Liber Abbaci*)中写道:

令一个设定数分别被 3,5,7 除。求每次所余的数。被 3 除每余 1,记下 70;被 5 除每余 1,记下 21;被 7 除每余 1,记下 15。如果所得的数大于 105,那么减去 105。结果就是设定数。例:设一数除以 3 余 2,记下 70 的 2 倍或 140,减去 105,余 35。原数除以 4 余 3,记下 21 的 3 倍或 63,与上述 35 相加得 98。原数除以 7 余 4,记下 15 的 4 倍或 60,与上述 98 相加得 158,减去 105,余 53。这就是所设定的数。

从这个规则里可得出一个有趣的游戏。如果有人向你学过这一规则,而另一人秘密地对他说一数,那么不必问你的朋友这数是多少,只要他按上述规则用 3,5,7 默除,并告诉你每次除后所得余数,你便知道秘密地对他说的数。

(4)这里是欧拉手中的同一定理[《圣彼得堡科学院评论》(*Commentarii Academiae Scientiarum Petropolilanae*),7(1734/5)]。

一个数被假定互质的数 a,b,c,d,e 除时,分别得余 p,q,r,s,t,求这数。这个问题被下列数满足:

$$Ap + Bq + Cr + Ds + Et + m \times abcde$$

这里 A 是一个被 $bcde$ 除无余数而被 a 除余 1 的数,B 是被 $acde$ 除无余数而被 b 除余 1 的数,$\cdots$,这些数能依次通过对两个除数的给定规则而得到。

(5)这里是萧克利(Shockley)的《数论导引》(*Introduction to Number Theory*)(1967)中的中国剩余定理。

定理 假定 $m_1, m_2, \cdots, m_n$ 两两互质,令 $M = m_1 \cdot m_2 \cdot \cdots \cdot m_n$,我们通过选择 $y = b_j$ 作为

$$y \frac{M}{m_j} \equiv 1 (\bmod m_j) \quad (j=1,2,\cdots,n)$$

的解，来定义数 $b_1, b_2, \cdots, b_n$。那么，方程组

$$x \equiv a_1 (\bmod m_1)$$
$$x \equiv a_2 (\bmod m_2)$$
$$\vdots$$
$$x \equiv a_n (\bmod m_n)$$

的通解是

$$x \equiv a_1 b_1 \frac{M}{m_1} + \cdots + a_n b_n \frac{M}{m_n} (\bmod M)$$

(6)这里是当代计算机科学家手中的中国剩余定理(普拉瑟，Prather，1976)。

如要 $n = p_1^{a_1} \cdot p_2^{a_2} \cdot \cdots \cdot p_r^{a_r}$ 是分解整数 n 成为不同质数幂 $p_i^{a_i} = q_i$ 的积的分解式，那么循环群 Z_n 有乘积表示式

$$Z_n = Z_{q_1} \times Z_{q_2} \times \cdots \times Z_{q_r}$$

(7)我们的最后一个例子来自韦斯(Weiss)的《代数数论》(*Algebraic Number Theory*)(1963)。

公理 IIb　如果 $S = \{P_1, P_2, \cdots, P_r\}$ 是 φ 的任一有限子集，那么对于任何元素 $a_1, a_2, \cdots, a_i \in F$ 和任何整数 $m_1, m_2, \cdots, m_r$，存在一个元素 $a \in F$ 使

$$u_{p_i}(a - a_i) \geqslant m_i, u_{p_i}(a) \geqslant 0$$
$$i = 1, \cdots, r, P \notin S, P \in \varphi$$

我们进一步被要求考察"(4-1-2)中描述的 $OAF\{Q, \varphi\}$。翻译成同余式语言，我们观察到我们的公理变成很熟悉的陈述。特别地，公理 IIb 的内容恰好是中国剩余定理。"

我们现在将评论这些表述。

(1)孙子的表述。今天吸引我们的第一件事在于这个表述既是特殊的又是算法的。作者从余数 2,3,2 的特殊情况开始，找出答案。直到"减去 210 即得结果"这句话为止，现代读者如堕五里雾中，不明白什么是一般方法，也不知是否我们面对的只是作为偶然事件的算术的胡言乱语。当然，他受到"方法"这个词的鼓舞，因为它给人以更多的指望。从"每余 1……"开始的第二部分展示了以第一部分为特例的一般方法，并用来完全阐明第一部分。

这个完全的表述是算术的，但是神秘性依然存在。有魔力的数字 70,21,15 和 105 从何而来？如果我们不是三个、五个、七个一数而是三个、四个、五个一数或实际上用任何一组整数来数，结果会怎样呢？

(2)不加评论。

(3)斐波那契的表述并没有离开孙子多远，这个表述仍旧是算术的，且限于一组特殊

的除数。这个问题的娱乐方面能使人感到愉快,在娱乐书籍里已存在了很多年。注意这个娱乐方法的含义之一(这点在孙子的表述中不很清楚)是无论余数多少,魔术师总能得出答案。无论斐波那契还是孙子都未处理答案的唯一性问题。但是含义似乎是不考虑不唯一的可能性。

(4)五百年后,欧拉的表述是来自不同的符号世界的。特殊的整数现在已被一般的不定量或任意量 $a,b,\cdots,t$ 取代。现代的代数记号这时完全确定了,问题的所有解都被展示出来。尽管只提到五个余数,这个方法的含义是完全一般的。最后的陈述表明常数 $A,\cdots,E$ 的确定需要先知道特定同余式的解的结果。

(5)萧克利的表述可称为高斯《算术研究》(*Introduction to Number Theory*)(1801)中观点的现代变型。高斯的同余式记号是充分确定的,它呈现的漂亮程度是前所未见的。为了获得"大衍"常数而做出的最后表示式和需要解决的附带问题以经济的方式建立起来。这个表述可被看作经典代数数论框架里的顶峰。

(6)这个表述和前面的表述在风格上有鲜明的差别。这里我们有了一个在结构主义数学概念影响下完全重写了的定理。

在模 n 加法(即不考虑 n 的倍数)下考察的有限整数集 $0,1,2,\cdots,n-1$,构成所谓加法循环群,用 Z_n 标记(见第 5.1 节)。例如,Z_4 是具有下列加法表的整数集 $0,1,2,3$:

+	0	1	2	3
0	0	1	2	3
1	1	2	3	0
2	2	3	0	1
3	3	0	1	2

这样两个群的直积,例如,$Z_4 \times Z_3$,由整数对 (a,b) 构成,这里 a 是 Z_4 中的数,b 是 Z_3 中的数。因此,$Z_4 \times Z_3$ 的元素是 12 对:

(0,0)	(1,0)	(2,0)	(3,0)
(0,1)	(1,1)	(2,1)	(3,1)
(0,2)	(1,2)	(2,2)	(3,2)

$Z_4 \times Z_3$ 元素的加法被定义为对应整数的加法,第一个元素运用模 4 而第二个元素运用模 3。例如

$$(2,2)+(3,2)=((2+3)\bmod 4,(2+2)\bmod 3)=(1,1)$$

现在这些数用 4 除得到 a,用 3 除得到 b。每对 (a,b) 都能等同于 $0,1,\cdots,11$ 中的唯一数,这样一来上面的表就成为

0	9	6	3
4	1	10	7
8	5	2	1

因此,$(1,1)=(2,2)+(3,2)\rightarrow 1=(2+11)\bmod 12$,它是在不同加法定义下两个表同构的一个特例。

剩余定理的现在这个表述认为这个方案在一般的 n 的情况下是真的,只要我们把 n 分解成它的质数幂。

注意剩余定理的这个表述同前一表述相比,给予我们的东西既多又少。它以算法为代价强调结构。它用较简单的加法(Z_q)提供了模数加法(Z_n)的完全分析。它绕过如何识别 Z_n 和 $Z_{q_1} \times \cdots \times Z_{q_s}$ 的问题(尽管这种识别出现在证明的主要部分),并且完全无视如何能根据给出的余数迅速计算产生余数的数这个历史上有推动作用的问题。

在普拉瑟看来,这在某种意义上是十分奇怪的。他在解释结尾处谈到,中国剩余定理已被证明能用于设计数字计算器的快速运算单元。人们会认为这将要求具体的算法知识。不过真实的情况是,计算机科学在它的理论表述上被一种抽象精神所支配,这种狂热的抽象并不依从于任何其他数学分支。

(7)这里我们进行的运算,不是对整数,而是对任意域。在这个推广阶段给出的命题大概不能为一般的专业数学家立刻理解。它的意义已经离开了普通经验的范围,这个命题只对非常有限的和专门化的读者才有意义。

即使我们像命题的作者所建议的那样去"翻译成同余式语言",我们仍会遇到某些困难。让我们尝试翻译,利用人们熟悉的字典技巧把一个定义反过来变换成一些较简单的定义。我们担心的不是进入一个定义的恶性循环——数学回避这一点——而是进入一个过于一般的命题,它得不到任何个人的操作经验或直觉经验的支持。

让我们从考察 $OAF\langle Q,\varphi\rangle$ 开始。我们知道,一个 OAF(寻常算术域),是"一对 $\langle F, \varphi\rangle$,这里 F 是一个域,φ 是 F 的离散质因子的非空集合,且满足下列公理:I$\cdots$,II$\cdots$。"现在,域是作为每个训练有素的数学家日常词汇一部分的一个概念。简言之,一个域是任何一个能根据通常算术规则彼此加、减、乘、除的对象系统。另一方面,域的质因子并不是这样的概念。参考本书的前面部分,我们知道域 F 的质因子是 F 上赋值的等价类的集合,其中两个赋值被认为是等价的,如果它们决定 F 上的同一个拓扑的话。参考到韦斯书中最前面,我们知道域上的一个赋值是一个从域到非负实数的函数,这个函数满足三个公理,因此,它充当了绝对值的一种推广。由于书中引证的例子极端贫乏,甚至专家们也很快明白,只有在经过长时间的琢磨和沉思之后才能得到启发。如果仅仅学习几个小时,古典的中国剩余定理的简单措辞可能依然是无法理解的。

例子的贫乏也使非专业工作者怀疑,除了自然数范围内的例子之外,究竟是否存在剩余定理的任何真正有意义的例子。如果有,它们是什么?还是这种理论的大部分只是摆空架子而已?

沃默(Wermer)教授讲过这样一个故事,当他还是大学生时,他跟代数几何领域的第一流人物之一的扎里斯基(Zariski)学过射影几何课程。扎里斯基的教材是非常一般的。沃默作为一个青年学生,偶尔需要澄清疑难。他问他的老师:"如果特别指明域 F 是复数,你将得到什么？"扎里斯基回答："说真的,那就是把 F 当作复数。"

进一步的阅读材料,见参考文献:M.J.Crowe;L.E.Dickson;U.Libbrecht;R.E.Prather;W.W.Rouse Ball;J.E.Shockley;E.Weiss;R.L.Wilder(1968)。

4.14　数学之谜

形式计算的笔直而又狭窄的过程常常使人直接撞到谜的石墙上。考察解三次方程的卡当公式的情况。这个公式由卡当于 1545 年发表在他的《大术》(*Ars Magna*)中,它给出了三次方程

$$x^3 + mx = n$$

的解。卡当公式大概是从巴比伦人以来代数中第一项伟大成就,它在当时被认为是巨大的突破。

我们以稍微不同的方式给出卡当开展的工作。

假定 t 和 u 是两个数,使

$$\begin{cases} t - u = n \\ tu = \left(\dfrac{m}{3}\right)^3 \end{cases} \tag{$*$}$$

同时成立。现在定义 x 为这样一个数:

$$x = \sqrt[3]{t} - \sqrt[3]{u} = t^{1/3} - u^{1/3} \tag{$**$}$$

然后,方程两边取立方,我们得到

$$x^3 = (t^{1/3} - u^{1/3})^3 = t - 3t^{2/3}u^{1/3} + 3t^{1/3}u^{2/3} - u$$
$$= (t - u) - 3t^{1/3}u^{1/3}(t^{1/3} - u^{1/3})$$
$$= n - mx$$

因此($*$)和($**$)意味着 x 满足三次方程

$$x^3 + mx = n \tag{$***$}$$

现在我们知道如何解($*$)以求出 n 和 m 表示的 t 和 u。因为 $u = t - n$,所以 $t(t - n) = (m/3)^3$。这导致了二次方程 $t^2 - nt - (m/3)^3 = 0$。根据二次公式,这个方程有解

$$t = \frac{n + \sqrt{n^2 + 4(m/3)^3}}{2} = \frac{n}{2} + \sqrt{(n/2)^2 + (m/3)^3}$$

因此

$$u = \frac{-n}{2} + \sqrt{(n/2)^2 + (m/3)^3}$$

将上式代入($**$),得

$$x = \left(\frac{n}{2} + \sqrt{(n/2)^2 + (m/3)^3}\right)^{1/3} - \left(-\frac{n}{2} + \sqrt{(n/2)^2 + (m/3)^3}\right)^{1/3} \tag{$****$}$$

这就是著名的三次求根公式,据说是卡当背信弃义地从他的同伴、数学家塔塔利亚

那里剽窃来的。

让我们试图求出它。取方程 $x^3 + x = 2$,显然它有一个解 $x = 1$。在这个方程中,$m = 1, n = 2$,所以从卡当公式得

$$x = \left(1 + \sqrt{1 + \frac{1}{27}}\right)^{1/3} - \left(-1 + \sqrt{1 + \frac{1}{27}}\right)^{1/3}$$

一个手控计算机立刻算出

$$x = 1.263\ 762\ 616 - 0.263\ 762\ 615\ 8$$

这是精确到 2×10^{-10} 以内的 $x = 1$,好得很。

受这次成功的鼓舞,我们再来试一次。取方程 $x^3 - 15x = 4$,显然它有解 $x = 4$。从卡当公式得

$$x = (2 + \sqrt{-121})^{1/3} - (-2 + \sqrt{-121})^{1/3}$$

哼!这发生什么事了?

我们必须给出 $\sqrt{-121}$ 的"意义"。特别地,我们必须解释如何把 $\sqrt{-121}$ 加到实数(在这里是 2 或 −2)上,然后是如何求所得的和的立方根。我们不能很容易地使用手控计算机。现在为卡当设身处地考虑。这是 1545 年,负数的平方根还是不合法的,复数理论还不存在,如何解释这些无意义的符号呢?

这里的推导是不完全的,是一个谜。数学内部的需要已造成了解释的压力。我们是好奇的,我们需要理解。我们的方法论带来了新的问题。在获得一个充分的理论来做适当的解释并使这项工作合法化之前,几乎过了三个世纪。

这个秘密最终在 1800 年左右解出了,方法是把复数解释成坐标平面上的点,平面的横轴是实轴而纵轴是"虚"轴或 i 轴。

一旦我们把实线想象为嵌入复数平面的线,我们就进入了一个全新的数学领域。当我们关于实代数和分析的全部旧知识在复数范围内被重新解释时,就变得扩大和丰富了。此外,我们立刻看到无数新问题,这些问题甚至在仅有实数的范围内是不可能提出来的。

在卡当公式中,这个代数学家不知不觉地来到一扇窗前,通过窗子,他看到了一个尚未被发现的田园隐约闪现的迷人风光。

进一步的阅读材料,见参考文献:E.Borel;R.L.Wilder [1974]。

4.15　多样性中的统一

看来似乎多种多样的对象之间的统一,即它们之间一种关系的确定,在数学中既是巨大的动力之一,又是美学乐趣的巨大源泉之一。欧拉把三角函数与"幂"或"指数"函数统一起来的公式,是它的一个漂亮的例证。三角比和指数增长序列都起源于古代。回想起那个魔术师的传说,他将被给以这么多的麦粒:棋盘的第一格里面一粒,以后每格里的

麦粒逐次加倍。无疑,序列$1,2,4,8,16,\cdots$是最古老的指数序列。现在这些观念彼此究竟有什么关系呢?

追溯这些观念的发展直到它们融合起来,将是数学史上很美妙的一个片段。我们将看到正弦和余弦函数扩展成周期函数和转换成基本指数函数e^x(这里 e 是神秘的超越数$2.718\ 281\ 828\ 459\cdots$),幂级数理论的发展,幂级数可应用范围大胆而完全自然地扩大到包括复变量,以下三个展开式的导出

$$\sin x = x - \frac{x^3}{3!} + \frac{x^5}{5!} + \cdots$$

$$\cos x = 1 - \frac{x^2}{2!} + \frac{x^4}{4!} - \cdots$$

$$e^x = 1 + x + \frac{x^2}{2!} + \frac{x^3}{3!} + \cdots$$

导致了最后的统一,即欧拉公式

$$e^{ix} = \cos x + i\sin x \text{ ,这里 } i = \sqrt{-1}$$

于是,指数函数呈现为乔装的三角函数。相反地,通过回过头来求解,人们有

$$\cos x = \frac{1}{2}(e^{ix} + e^{-ix})$$

$$\sin x = \frac{1}{2i}(e^{ix} - e^{-ix})$$

于是三角学同样地成为乔装的指数代数。在$x = \pi = 3.141\ 59\cdots$的特殊情况下得到

$$e^{\pi i} = \cos \pi + i\sin \pi = -1 \quad \text{或} \quad e^{\pi i} + 1 = 0$$

在这个最后的方程中有一种神秘味道,因为它把全部分析中五个最重要的常数 0、1、e、π和 i 联结在一起了。

沿着同一条历史线索,人们从这个神秘的登陆点奔向傅立叶分析、周期图分析、群上傅立叶分析和微分方程,从而迅速地接触到伟大的理论和伟大的技术应用,并且总是感到实际的和潜在的统一隐藏在宇宙的各个角落里。(见第 5.6 节)

作业与问题

内部问题

模式、秩序和混沌。抽象。推广。形式化。证明。美学成分。数学的对象、结构与存在。

探讨题目

(1)毕达哥拉斯学派的三元组

(2)帕斯卡三角形

(3)高斯和数论

(4)归谬证明:欧几里得关于质数个数无限的证明

(5)数学归纳法的证明:我们怎样证明关于垛积数、斐波那契数列和帕斯卡三角形的猜想?

(6)从观察中导出的数学证据

(7)从物理实验中导出的数学证据

(8)从计算中导出的数学证据

(9)数学中反例的应用

(10)数学中的概括和抽象

(11)中国剩余定理

(12)概率

主题写作

(1)模式和数学是怎样一种关系? 加以具体说明。

(2)根据你对"模式、秩序和混沌"一文的理解回答下列问题:

a.什么是混沌?

b.混沌的反面是什么?

(3)数学是存在着证明的学科。向你的妹妹说明数学家所使用的不同类型的证明。

(4)为《纽约时报》写一篇文章叙述证明在数学中的作用。选择一个主题(例如,证明作为创造新数学的催化剂),给出至少两个具体例子说明你的论题。

(5)研究四色问题的历史。为什么有些数学家仍然相信它是一条猜想而不是定理呢? 你的意见如何?

(6)阅读伯尔格(Boulger)的文章"毕达哥拉斯会见斐波那契"(《数学教师》,卷 82,1989 年四月号)。说明斐波那契数如何用于产生毕达哥拉斯三元组。

(7)阅读《数学教师》(卷 82,1989 年十一月号)上的"费马大定理",说明当 $n=4$ 时这一证明如何依赖于毕达哥拉斯三元组。

(8)你一直在阅读有关数学家作为模式发现者和证明提出者的材料。选择其中有关模式或证明的一个题目,为一般读者写两页长的期刊文章。说明在这个课堂上,就你的题目而言你学到了哪些东西。通过定义和例子使你的读者了解你的题目涉及哪些内容。讨论你的题目的起源以及在历史上或概念脉络中的位置。说明它的应用。在这样一些问题的框架里加以叙述:数学中知识的生长,作为发现或发明的数学,数学社会,作为艺术或科学的数学,等等。为你的文章创造一个醒目的标题并告诉读者你的文章的目标。

(9)什么是"檐壁模式"①(frieze pattern)？数学在使檐壁模式严格化方面起什么作用？定义一个能应用于檐壁模式的特定的数学术语。

(10)你正在为一家历史学杂志写文章。说明数学中背景的重要性。就是说,环境中的某种变化(如二维中的工作与三维的对比)会改变数学结果吗？给出三个历史界人士能理解的数学事例。

(11)向你的十几岁的刚学完毕达哥拉斯定理的弟弟说明,为什么这个定理在球面上适合或不适合。对于一个直角球面三角形来说,什么关系是有效的？查阅一部包括你所研究的图形的球面三角学著作。

(12)在本章中选择一个题目,用你自己的话加以表述。你可以使用其他材料来支持你的叙述。假定你的读者还未读过本书的这一部分,你试着说明作者提出的要点。

(13)向一个打算成为棒球主攻手的人解释打击率(即用总垒数除以击球数)与击中率(用击中数除以击球数)的区别。各举例加以说明,并指出你如何计算它们。

(14)为《拉斯维加斯新闻》写一篇文章,解释"二十一点"(blackjack)为什么和如何成为人们喜爱的游戏。

问 题

(1)数论常被称为模式的数学。高斯是在数论上做出很多贡献的19世纪数学家。有一个与高斯在幼儿园的经历相关的故事。他的老师想使孩子们参与一项活动,他要求他们将1到100的所有数字相加。高斯发现了使他的计算非常快的模式,他只要将两个数相乘并用另一个数去除。你能发现高斯是怎样做的吗？或者你能找到自己的简化计算模式吗？

(2)有时我们可以得到有关数字的事实证据,使我们提出无限正整数集的某些命题。为证明这些数字事实,我们可以试用数学归纳法,搜集证据以决定下列哪个命题是正确的,然后尝试用数学归纳法加以证明：

a.对每个正整数 n,2 是 n^2+n 的一个因子。

b.从1到 n 的奇正整数之和等于 n^2。

(3)哈代(1877—1947)将数学家比作画家或诗人。他不仅相信数学家是模式的制造者,而且相信数学家的模式要比画家或诗人的模式更为恒久,因为他或她的模式是用观念制成的。帕斯卡创造了已被称为帕斯卡三角形的数字的模式：

$$1$$
$$1 \quad 1$$
$$1 \quad 2 \quad 1$$
$$1 \quad 3 \quad 3 \quad 1$$
$$1 \quad 4 \quad 6 \quad 4 \quad 1$$
$$\vdots$$

---

① 檐壁,古典建筑中檐部三个部分的中间部分,在额枋之上,檐口之下。——译者注

这个三角形的两边由 1 构成,各行其余位值由其正上方两个数位值相加而成。

关于帕斯卡三角形有下列猜想。评论每一命题是否正确。运用反例表明某个命题是假的,或至少用四个例子表明你为什么相信某个命题是真的。如果你相信这一命题是真的,你能表明这一命题总是真的吗?

命题 1:任何一行所有数位上的值的总和,等于其上行所有对角线数位上的值的总和的两倍。

命题 2:三角形中任一数位值等于上行所有对角线数位值之和。

命题 3:由帕斯卡三角形第 n 行数字构成的数等于 11^n。

(4)运用帕斯卡三角形解下列问题:假定你在你的班级办了一次真假七问猜谜。

a.你能用多少种方式设计这次猜谜,使得不多于三个人回答正确?

b.你能用多少种方式设计这次猜谜,使得不少于两个人回答错误?

c.你能用多少种方式设计这次猜谜,使得只有一个人回答正确?

(5)创造你自己的能用帕斯卡三角形解决的问题并说明其解法。

(6)借助运用数学归纳法的证明确定斐波那契数列 $u_1, u_2, u_3, \cdots$(这里 $u_1 = u_2 = 1$, $u_3 = u_1 + u_2, u_4 = u_2 + u_3, \cdots$)满足:

$$nu_1 + (n-1)u_2 + (n-3)u_3 + \cdots + 2u_{n-1} + u_n = u_{n+4} - (n+3)$$

(7)原始毕达哥拉斯三元组能用整数 m 和 n 加以表示,这里 m 和 n 是有特定限制的,即如果 (x, y, z) 是一个毕达哥拉斯三元组,它可以写成 $(2mn, m^2 - n^2, m^2 + n^2)$,这里 m 和 n 没有公因子,而且或者 m 为偶 n 为奇,或者 m 为奇 n 为偶。对于下列三元组,确定其是否为毕达哥拉斯三元组。如果是的话,求出 m 和 n:

a.$(240, 161, 289)$;b.$(24, 19, 31)$。

(8)在第 3 章(作业与问题)问题 1 中我们运用毕达哥拉斯垛形数来说明这一猜想,即两个相继三角形数之和等于以两个三角形数中较大者一边为边长的正方形数。运用数学归纳法证明这一猜想。

(9)将沿 45°角通过帕斯卡三角形中数位的直线定义为"上升对角线"。检验帕斯卡三角形中这个上升对角线,看你是否能确定斐波那契数列和帕斯卡三角形中数的总和之间的某种关系。

(10)创造一个你自己的"檐壁模式"并详细说明其类型。

(11)研究由龙(Long)所著《初等数论导引》中(根据良序原则)关于 $\sqrt{2}$ 是无理数的证明。证明 $\sqrt{3}$ 的无理性。

(12)a.求出三个数以满足下列关系:$x \equiv 3 \mod 7$。

b.求出三个数以满足下列关系：$55 \equiv 3 \mod x$。

c.求出三个数以满足下列关系：$12 \equiv x \mod 8$。

(13)一个信步走的人在玩"林肯木棍"(Lincoln logs)的游戏。他将每 9 根木棍堆在一堆，剩余 7 根。然后他重新摆放所有木棍，每 7 根一堆，剩余 6 根。最后他尝试每 5 根一堆，剩余 2 根。运用下述两种方法求出可以作为他的"林肯木棍"总数的两个最小正整数。

方法 I：

a.构造三个算术数列

数列♯1　　$7,16,25,34,\cdots$

数列♯2　　$6,13,20,27,\cdots$

数列♯3　　$2,7,12,17,\cdots$

描述创造这些数列以解决上述问题的基本原理，换言之，说明它们是怎样由这个问题构造出来的。

b.你观察到哪些数是两个数列共有的？用共有数检验这两个数列并求出这两个数列共有的其他三个数。

c.构造一个新数列，使其首数为在 b 部分发现的数。

d.将在 c 部分创造的数列同数列♯2 加以比较。求出这两个列共有的项，并说明为什么这些项是上述问题的解。

方法 II：用同余符号表述上述问题，并用中国剩余定理加以解决。

(14)一位教师试图将学生分组以进行班级项目竞赛。她开始以 4 人为一组，结果发现余 3 人。然后她以 7 人为一组，余 2 人。最后以 5 人为一组，余 1 人。她的班级里有多少学生？

(15)考虑一个复杂的单人纸牌游戏。你如何确定你赢得这种游戏的概率呢？

(16)假如你投掷 100 次硬币，获得 100 个正面的机会与获得其他任何正反面序列的机会是相同的。然而如果这种事情发生，你肯定就会说这个硬币不正常。

概率的规律指出，如果你投掷公平的硬币足够多次，正面的比例几乎肯定接近 1/2。但"几乎肯定"至少对特例中的结果留有余地。我们不会无限次地重复实验。我们运用概率推理对只进行一次的实验做出判断，为什么这不是不合理的？

计算机问题

假定 0 和 1 是某一数列的开头两项，这个数列的每一后继数是其前两个数之和的平方根。

a.用符号表示这一事实。

b.计算这一数列的前 30 个数并加以检验。

c.提出一个有关上述数列数字特点的猜想。

d.你能证明这一猜想吗？

建议读物

Elementary Cryptanalyses by Abraham Sinkov(Washington D.C.：Mathematical Association of America，1966).

Mathematics by Choice by Ivan Niven(Washington D.C.：Mathematical Association of America,1965).

Tilings and Patterns by Branko Grunbaum and G.C.Shepard(New York：W.H.Freeman,1987).

For All Practical Purposes，edited by Lynn Steen(New York：W.H.Freeman,1987),pp.253-258.

Mathematical Magic by William Simon(New York：Charles Scribner's Sons,1964).

"Mathematics and Rhetoric" by P.J .Davis and R.Hersh in *Descartes' Dream* (Boston：Harcourt，Brace，Jovanovich,1986).

Elementary Introduction to Number Theory by Calvin T.Long(Boston：Heath,1965).

Medieval Number Symbolism by V.F.Hopper(New York：Cooper Square Publishers,1969).

The Numerology of Dr.Matrix by Martin Gardner(New York：Simon and Schuster,1967).

The Anthropology of Numbers by Thomas Crump(Cambridge：University Press,1990).

The Mystery of Numbers by Annemarie Schimmel(New York：Oxford University Press,1993).

"Squaring the Square" by Ross Honsberger in *Ingenuity in Mathematics* (New York：Random House,1970).

"The Pythagorean Theorem" by K.O.Friedrichs in *From Pythagoras to Einstein* (New York：Random House,1966).

"Pythagoras Meets Fibonacci" by William Boulger in *Mathematics Teacher* ,82(4)，April 1989.

"Beauty in Mathematics" by Francois Le Lionnais in Mathematics，People-Problems-Results,Vol.Ⅲ，Douglas Campbell and John Higgins.eds.(Belmont：Wadsworth International,1984).

Symmetries of Culture：*Theory and Practice of Plane Pattern Analysis* by Dorothy K.Washburn and D.W.Crowe(Seattle：University of Washington Press,1988).

第 5 章　数学专题选述

数学经验的内核当然是数学本身。这就是出现在数学专业杂志或专题论文中的那些材料，以及那些被讲授的材料，如果它们被认为充分有趣和重要的话。虽然本书不打算系统讲授数学的任何部分，但如果我们不详细说明若干个别专题，将是严重的疏忽。这里我们选取了六个专题。

有限单群理论是现代数学研究中最生动和成功的领域之一。从方法论角度探讨它也是很有价值的，因为它的证明空前地冗长，空前地详尽。

孪生质数问题展示了经验和计算对于做出理论判断的重要性。

非欧几何标示了数学的一项重大突破，它是思想史上的一个转折点。

非康托尔集合论对于整个有关数学存在性和数学实在的问题，对于柏拉图主义与形式主义之间的选择，都具有重要意义。近年来，它的观点是既富有成果又很有影响的。

非标准分析展示了现代数理逻辑对于数学分析中问题的一个引人注目的应用。它通过恢复一些曾被抛弃的观念，表明将数学史限定为只是已经形式化和严格化的成果的历史是完全不够的。不严格和矛盾的东西也在数学史中占有重要的地位。

傅立叶分析，是联系许多现代纯粹数学和应用数学的绝对中枢性的课题。我们的讨论表明了它的基本观念的起源，以及它如何围绕着函数、积分和无限维空间的观念形成了一些概念。

所有这些问题开始都讲得很浅显，然后逐步变得更专业化。如果一些读者感到阅读困难，也可以有选择地学习。

5.1　群论和有限单群分类

有趣的是，在群论中，20 世纪最著名的数学问题可以用寥寥几行文字从头加以陈述，并且原则上说，这种陈述包含了人们在这个问题上工作所需要的全部材料。下面就是陈述的内容。

数学群的定律或公理

（1）一个群是指这样一个集合 G，其中的元素互相组合可以得到 G 的其他元素。两个元素 a 和 b 在这一秩序下的组合用 $a \cdot b$ 表示。对于 G 中的每一个 a 和 b，$a \cdot b$ 都是有定义的，并且在 G 之中。

（2）对于 G 中的所有元素 a,b,c，

$$a \cdot (b \cdot c) = (a \cdot b) \cdot c$$

(3)在 G 中存在一个单位元素 e，使得对于 G 中的所有 a，

$$e \cdot a = a \cdot e = a$$

(4)对于 G 中的每一个元素 a，存在着 G 中的一个逆元素 a^{-1}，使得 $a \cdot a^{-1} = a^{-1} \cdot a = e$。

阶：G 中全部元素的个数叫作 G 的阶。如果 G 的元素个数是有限的，那么 G 叫作有限群。

子群：G 的一个子集合，如果在 G 的组合规则之下，自身也构成一个群，那么就称为 G 的一个子群。

正规子群：如果 H 是 G 的一个子群，并且对于 G 中的每一个元素 g，以及 H 中的每一个元素 h，ghg^{-1} 都在 H 中，那么 H 叫作正规子群。

单群：如果一个群 G 除了单位元素或 G 自身之外，没有其他正规子群，那么 G 叫作单群。

循环群：如果一个有限群中的元素可以排列得使群的乘法表中每一行是前一行向左移动一位并且行首绕至行尾的结果，那么这个群叫循环群。左图是以循环群为基础的装饰。

群论中 20 世纪最著名的问题　证明每一个有限单群是循环的或具有偶数阶。

现在即使我们宣称这是一个完全的命题，对于来自银河 X-9 星上的小人（甚或是数学知识很简单的地球上的凡人）来说，他们对于我们这里所说明的事情实际上能理解些什么呢？怎样才能把这些说得浅显些呢？他会理解这个问题为什么有重大价值吗？或者，在获得这种理解之前，他必须首先接受关于整个数学文化连同它的历史、动力、方法论、定理和价值系统的教育吗？随着抽象程度的不断提高，意义就越退越远了。让我们在上述最低限度的简单骨架之外再加上几段话，看看能使它丰满到怎样的程度。

以循环群为基础的装饰

群　"群"是一个抽象的数学结构，它是整个数学中最简单并且最有普遍性的结构之一。这个概念已应用于许多领域，例如，方程论、数论、微分几何、结晶学、原子和基本粒子物理学。有意思的是，在 1910 年，包括维布伦（Veblen）和琼斯（Jeans）在内的一个专家委员会在审议普林斯顿的数学课程设置时曾经做出结论说，群论必须被作为无用的东西丢弃掉。专家们的此类预卜不在少数。

群论是作为置换或"代换"理论而诞生的。例如,考察三个不同的物体,用 1,2,3 编号。这三个物体可以按照六种不同的方式置换:

$$e: 1\ 2\ 3 \rightarrow 1\ 2\ 3$$
$$a: 1\ 2\ 3 \rightarrow 1\ 3\ 2$$
$$b: 1\ 2\ 3 \rightarrow 2\ 1\ 3$$
$$c: 1\ 2\ 3 \rightarrow 3\ 2\ 1$$
$$p: 1\ 2\ 3 \rightarrow 2\ 3\ 1$$
$$q: 1\ 2\ 3 \rightarrow 3\ 1\ 2$$

假设把符号 1,2,3 变换到出现在右边的那些符号的运算,用位于左边的字母标记,于是 e,a,b,c,p,q 表示这三个物体的六种置换。进一步假设这些置换是用一种显而易见的方式组合或"相乘"的,我们用"·"标记这种运算。这样,$a \cdot b$ 就意味着先进行 a,然后进行 b 得到的置换。如果把 $a \cdot b$ 当作一次置换,我们可以计算

$$1 \overset{a}{\rightarrow} 1 \overset{b}{\rightarrow} 2$$
$$2 \rightarrow 3 \rightarrow 3$$
$$3 \rightarrow 2 \rightarrow 1$$

这样 $a \cdot b$ 将 1,2,3 变为 2,3,1,这正好是 p 标记的置换。因此我们可以写下 $a \cdot b = p$。

所有这样的组合信息可以简洁地总结成乘法表如下:

	e	p	q	a	b	c
e	e	p	q	a	b	c
p	p	q	e	c	a	b
q	q	e	p	b	c	a
a	a	b	c	e	p	q
b	b	c	a	q	e	p
c	c	a	b	p	q	e

如上表所示的含有由运算"·"组合起来的元素 e,a,b,c,p,q 的数学结构,现在可以看出(如果需要可以系统地证实)是满足群的四条公理的,因此它构成一个群。当然,这些公理是由几代人从许多实例中析取和精炼出来的,它们适于把这些实例统一起来,形成一般的理论。

在一个群中,可以完成一定数量的初等代数运算。例如,在任一群中,方程 $x \cdot a = b$ 有唯一的解 $x = b \cdot a^{-1}$,方程 $c \cdot a = d \cdot a$ 意味着 $c = d$,等等。

阶　在上面给出的例子中,有六个元素。有限群理论限于研究元素个数有限(有限阶)的那些群。有些群具有无限多个元素,它们的数学问题与有限群大不相同。

十分清楚,群的元素符号可以是完全任意的,群的乘法表也可以按照置换次序重写。如果两个群的乘法表相同,那么这两个群是同构(或基本相同)的。下表给出了不同阶的不同群个数:

阶	群数	阶	群数
1	1	7	1
2	1	8	5
3	1	9	2
4	2	10	2
5	1	11	1
6	2	12	5

现在还不知道生成属于所有给定阶的所有群的系统方法。

每一种特殊的群都是具有自身特点的特殊的数学对象,在群论方面工作的人们熟悉这些特点,并给以特殊的名称和符号。例如,4 阶的二面体群,12 阶的交代群,等等。

子群 从上面给出的乘法表中抽取元素 e,p,q 的集合,有它自己的简单乘法表:

	e	p	q
e	e	p	q
p	p	q	e
q	q	e	p

很容易看出,这个系统满足群的四条公理,因此它构成原来的群的一个子群。根据拉格朗日的一个著名定理可知,一个子群的阶数总能整除原来的群的阶数。由此得出推论:一个质数阶的群除了 (e) 以外没有别的子群。

循环群 从单位元素 e 开始,其他元素的次序是任意的: $e,a,b,\cdots,c$。通过不断向左循环移动这些元素,可得到一个乘法表:

	e	a	b	c
e	e	a	b	c
a	a	b	c	e
b	b	c	e	a
c	c	e	a	b

这是一个群,称作循环群。上表所示的是 4 阶循环群。类似模式的循环群是任何阶都有的。由此得到一个结论:由于循环群总是存在,因而给定阶的群至少总有一个。

一个 n 阶的循环群,可以从几何角度理解成一个平面经过 $\frac{1}{n}(360°)$ 角的倍数的旋转。它也可以从经典的代数学角度理解成 n 个复数 $\omega^k = \cos\frac{2\pi k}{n} + i\sin\frac{2\pi k}{n}$, $k=0,1,\cdots,n-1$; $i = \sqrt{-1}$,在普通的(复数)乘法下的集合。

正规子群;单群

有限群理论在下面的意义上是与数论类似的:正如每个正整数能唯一析因成质数积一样,对每个有限群也可以在某种意义上做"因子分解";它可以被表示为一个正规子群与一个商群的"乘积"。以这种方式,一个任意的有限群可以被分解为单群——除了平凡子群(整个群自身,或唯一的单位元素)之外没有其他正规子群的群。这些单群类似于质数,它们除平凡因子(数 1 和原来的数本身)之外没有其他因子。

因此,单群的研究在有限群理论中占有同质数研究在数论中一样的中心地位。有限群理论的主要目的是给出所有单群的一个完全的分类。

一个重大的突破发生在 1963 年,当时费特(Feit)和汤普森(Thompson)证明,每个单群或是循环群或具有偶数个元素。这一点在很多年以前就被伯恩赛德(Burnside)作为猜想提出来了。在费特和汤普森的成功的鼓舞下,有限群理论中兴起了新的研究活动的巨浪。今天,这个领域的专家们相信,他们距离单群的完全分类已经不远了。

进一步的阅读材料,见参考文献:D.Gorenstein。

5.2　质数定理

数论是最基本的数学分支之一,因为它的研究对象基本上是整数 1,2,3,…的算术性质,同时它也是最艰深的数学分支之一,因为其中充满着难题和艰深的技巧。

在数论的众多尖端课题中,有三个问题可以认为特别值得注意,那就是划分理论、费马大定理和质数定理。划分理论涉及一个数可以用多少种方式划分成一些较小的数。例如,包括"零"划分在内,2 可以划分为 2 或 1+1,3 可以划分为 3,2+1,1+1+1,4 可以划分为 4,3+1,2+2,2+1+1,1+1+1+1。指出划分给定数有多少种方式,远非一件简单的事情,它的研究早在 18 世纪中叶就开始了。有兴趣的读者可以试验一下,看看能否通过系统地进行这一过程,证实数字 10 可以用 42 种不同的方式划分。

费马大定理断言:若 $n>2$,则方程 $x^n+y^n=z^n$ 不可能以整数 x,y,z 为解($xyz\neq0$)。这一定理已被证明对于 $n<30\,000$ 时的所有情况都成立(1979 年),但是一般性的证明显然还没有得到。由于这一问题的奇特历史,它吸引了过多的数学狂人,而且大多数数学家都强烈地希望这个问题得到解决[①]。

质数定理是本节的主要内容,它有着巨大的吸引力和神秘性并关系到数学分析中一些核心问题的研究。它也与尚未解决的数学问题中大概是最著名的问题即所谓黎曼假设有关。它是整个数学中从混沌中获得秩序的最好例证之一。

一个孩子在学习了乘法和除法之后,很快会注意到一些数是特殊的。当一个数被进行因子分解时,它被分解成一些基本成分即它的质因子,例如,6=2×3,28=2×2×7,270=2×3×3×3×5,这些分解不能再继续进行了。2,3,5,7,…这些数是质数,它们不能再被分解。在整数中,质数起着和化学中的元素类似的作用。

让我们列出前面的一些质数:

---

① 费马大定理已由英国数学家怀尔斯(Wiles)1993 年加以证明,1995 年得到普遍承认。1996 年怀尔斯获得菲尔兹奖——数学界的最高奖。——译者注

$2,3,5,7,11,13,17,19,23,29,31,37,41,43,47,53,59,61,67,71,73,79,83,89,97,101,$
$103,107,109,113,\cdots$

这个系列是没有终结的。欧几里得早已证明:存在着无穷多个质数。他的证明简洁优美,我们叙述如下:

假设我们有一个完整的直到某个质数 p_m 的所有质数的表。考察整数 $N=(2\cdot 3\cdot 5\cdot\cdots\cdot p_m)+1$,即直到 p_m 的所有质数之积加上 1。显然 N 大于 p_m(因为它肯定大于 p_m 的 2 倍)。当 N 被 2 除时,得到 $3\cdot 5\cdot\cdots\cdot p_m$ 余 1。当 N 被 3 除时,得到 $2\cdot 5\cdot\cdots\cdot p_m$ 余 1。同样地,当它被任何质数 $2,3,5,\cdots,p_m$ 除时,都有余数 1。

现在 N 或者是一个质数或者不是,如果它是一个质数,那么它将是一个大于 p_m 的质数。如果它不是一个质数,那么它可以分解为质数。但是我们刚刚看到 $2,3,5,\cdots,p_m$ 都不可能是它的质因子,所以必然存在一个大于 p_m 的质数。

逻辑论证(实际上是两难推理,即人们无论选择哪条路都被迫得出同一结论)告诉我们,质数表是没有终结的。

质数表给人深刻印象的第二个特征是,表中不存在任何明显的模式或规律。当然,除了 2 之外的所有质数都是奇数,所以任何两个连续的奇质数的差必定是偶数。但是这个差是怎样一个偶数,似乎又无规律或原理可循。

在 9 999 900 与 10 000 000 之间存在着 9 个质数:

9 999 901,9 999 907,9 999 929,9 999 931,9 999 937,9 999 943,9 999 971,9 999 973,9 999 991

但是在下面 100 个整数之间,即从 10 000 000 到 10 000 100,仅存在两个质数:10 000 019,10 000 079。

"当人们注视这些数时,会产生面临着一种令人费解的宇宙奥秘的感觉",这是扎基尔(Zagier)发出的现代数字神秘主义的惊叹。

关于质数的已知的、未知的或猜想的东西,可以用来写成一本巨著。这里仅给出几个例子。到 1979 年为止,人们已知的最大质数是 $2^{21\,701}-1$。对于每个大于 1 的整数 n,在 n 和 $2n$ 之间至少存在一个质数。对于每个 $n>0$,是否在 n^2 和 $(n+1)^2$ 之间都存在一个质数? 无人知道。是否存在无穷多个形如 n^2+1(n 为整数)的质数? 无人知道。存在着一串串的无一是质数的连续整数,它们的长度是任意的。没有一个整数系数多项式可以使这些整数只取质数值。存在一个无理数 A,使得 $[A^{3^n}]$ 当 $n=0,1,2,\cdots$ 时只取质数值(这里 $[x]$ 表示小于或等于 x 的最大整数)。每个偶数都是两个质数之和吗? 无人知道;这就是著名的哥德巴赫猜想。是否存在着无穷多个像 11;13 或 17;19 或 10 006 427;10 006 429 这样相差 2 的质数对? 这就是孪生质数问题,虽然大多数数学家都相信回答很可能是肯定的,但是还无人能给出答案。

质数表

	0	1	2	3	4	5	6	7	8	9	10	11	12	13	14	15	16	17	18	19	20	21	22	23	24
1	2	547	1229	1993	2749	3581	4421	5281	6143	7001	7927	8837	9739	10663	11677	12569	13513	14533	15413	16411	17393	18329	19427	20359	21391
2	3	557	1231	1997	2753	3583	4423	5297	6151	7013	7933	8839	9743	10667	11681	12577	13523	14537	15427	16417	17401	18341	19429	20369	21397
3	5	563	1237	1999	2767	3593	4441	5303	6163	7019	7937	8849	9749	10687	11689	12583	13537	14543	15439	16421	17417	18353	19433	20387	21401
4	7	569	1249	2003	2777	3607	4447	5309	6173	7027	7949	8861	9767	10691	11699	12589	13553	14549	15443	16427	17419	18367	19441	20389	21407
5	11	571	1259	2011	2789	3613	4451	5323	6197	7039	7951	8863	9769	10709	11701	12601	13567	14551	15461	16433	17431	18371	19447	20399	21419
6	13	577	1277	2017	2791	3617	4457	5333	6199	7043	7963	8867	9781	10711	11717	12611	13591	14557	15467	16451	17443	18379	19457	20407	21433
7	17	587	1279	2027	2797	3623	4463	5347	6203	7057	7993	8887	9787	10723	11719	12613	13597	14561	15473	16453	17467	18397	19463	20411	21467
8	19	593	1283	2029	2801	3631	4481	5351	6211	7069	8009	8893	9791	10729	11731	12619	13599	14563	15493	16477	17471	18413	19471	20441	21487
9	23	599	1289	2039	2803	3637	4483	5381	6217	7079	8011	8923	9803	10733	11743	12637	13613	14591	15497	16481	17477	18427	19477	20443	21491
10	29	601	1291	2053	2819	3643	4493	5387	6221	7103	8017	8929	9811	10739	11777	12641	13619	14593	15511	16487	17483	18433	19483	20477	21493
11	31	607	1297	2063	2833	3659	4507	5393	6229	7109	8039	8933	9817	10753	11779	12647	13627	14621	15527	16493	17489	18443	19501	20483	21503
12	37	613	1301	2069	2837	3671	4513	5399	6247	7121	8053	8941	9829	10771	11783	12653	13633	14627	15541	16519	17491	18451	19507	20507	21517
13	41	617	1303	2081	2843	3673	4517	5407	6257	7127	8059	8951	9833	10781	11789	12659	13649	14629	15551	16529	17497	18457	19531	20509	21521
14	43	619	1307	2083	2851	3677	4519	5413	6263	7129	8069	8963	9839	10789	11801	12671	13669	14633	15559	16547	17509	18461	19541	20521	21523
15	47	631	1319	2087	2857	3691	4523	5417	6269	7151	8081	8969	9851	10799	11807	12689	13679	14639	15569	16553	17519	18481	19543	20533	21529
16	53	641	1321	2089	2861	3697	4547	5419	6271	7159	8087	8971	9857	10831	11813	12697	13681	14653	15581	16561	17539	18493	19553	20543	21557
17	59	643	1327	2099	2879	3701	4549	5431	6277	7177	8089	8999	9859	10837	11821	12703	13687	14657	15583	16567	17551	18503	19559	20549	21559
18	61	647	1361	2111	2887	3709	4561	5437	6287	7187	8093	9001	9871	10847	11827	12713	13691	14669	15601	16573	17569	18517	19571	20551	21563
19	67	653	1367	2113	2897	3719	4567	5441	6299	7193	8101	9007	9883	10853	11831	12721	13693	14683	15607	16603	17573	18521	19577	20563	21569
20	71	659	1373	2129	2903	3727	4583	5443	6301	7207	8111	9011	9887	10859	11833	12739	13697	14699	15619	16607	17579	18523	19583	20593	21577
21	73	661	1381	2131	2909	3733	4591	5449	6311	7211	8117	9013	9901	10861	11839	12743	13709	14713	15629	16619	17581	18539	19597	20599	21587
22	79	673	1399	2137	2917	3739	4597	5471	6317	7213	8123	9029	9907	10867	11863	12757	13711	14717	15641	16631	17597	18541	19603	20611	21589
23	83	677	1409	2141	2927	3761	4603	5477	6323	7219	8147	9041	9923	10883	11867	12763	13721	14723	15643	16633	17599	18553	19609	20627	21599
24	89	683	1423	2143	2939	3767	4621	5479	6329	7229	8161	9043	9929	10889	11887	12781	13723	14731	15647	16649	17609	18583	19661	20639	21601
25	97	691	1427	2153	2953	3769	4637	5483	6337	7237	8167	9049	9931	10891	11897	12791	13729	14737	15649	16651	17623	18587	19681	20641	21611
26	101	701	1429	2161	2957	3779	4639	5501	6343	7243	8171	9059	9941	10903	11903	12799	13751	14741	15661	16657	17627	18593	19687	20663	21613
27	103	709	1433	2179	2963	3793	4643	5503	6353	7247	8179	9067	9949	10909	11909	12809	13757	14747	15667	16661	17657	18611	19697	20681	21647
28	107	719	1439	2203	2969	3797	4649	5507	6359	7253	8191	9091	9967	10937	11923	12821	13759	14753	15671	16673	17659	18617	19699	20693	21649
29	109	727	1447	2207	2971	3803	4651	5519	6361	7283	8209	9103	9973	10939	11927	12823	13763	14767	15679	16691	17669	18637	19709	20707	21661
30	113	733	1451	2213	2999	3821	4657	5521	6367	7297	8219	9109	10007	10949	11933	12829	13781	14771	15683	16693	17681	18661	19717	20717	21673
31	127	739	1453	2221	3001	3823	4663	5527	6373	7307	8221	9127	10009	10957	11939	12841	13789	14779	15727	16699	17683	18671	19727	20731	21683
32	131	743	1459	2237	3011	3833	4673	5531	6379	7309	8231	9133	10037	10973	11941	12853	13799	14783	15731	16703	17707	18679	19739	20743	21701
33	137	751	1471	2239	3019	3847	4679	5557	6389	7321	8233	9137	10039	10979	11953	12889	13807	14797	15733	16729	17713	18691	19751	20747	21713
34	139	757	1481	2243	3023	3851	4691	5563	6397	7331	8237	9151	10061	10987	11959	12893	13829	14813	15737	16741	17729	18701	19753	—	—
35	149	761	1483	2251	3037	3853	4703	5569	6421	7333	8243	9157	10067	10993	11969	12899	13831	14821	15739	16747	17737	18713	19759	20759	21727
36	151	769	1487	2267	3041	3863	4721	5573	6427	7349	8263	9161	10069	11003	11971	12907	13841	14827	15749	16759	17747	18719	19763	20771	21737
37	157	773	1489	2269	3049	3877	4723	5581	6449	7351	8269	9173	10079	11027	11981	12911	13859	14831	15761	16763	17761	18731	19777	20773	21739
38	163	787	1493	2273	3061	3881	4729	5591	6451	7369	8273	9181	10091	11047	11987	12917	13873	14843	15767	16787	17783	18743	19793	20789	21751
39	167	797	1499	2281	3067	3889	4733	5623	6469	7393	8287	9187	10093	11057	12007	12919	13877	14851	15773	16811	17789	18749	19801	20771	21757
40	173	809	1511	2287	3079	3907	4751	5639	6473	7411	8291	9199	10099	11059	12011	12923	13879	14867	15787	16823	17791	18757	19813	20807	21767
41	179	811	1523	2293	3083	3911	4759	5641	6481	7417	8293	9203	10103	11069	12037	12941	13883	14869	15791	16829	17807	18773	19819	20809	21773
42	181	821	1531	2297	3089	3917	4783	5647	6491	7433	8297	9209	10111	11071	12041	12953	13901	14879	15797	16831	17827	18787	19841	20849	21787
43	191	823	1543	2309	3109	3919	4787	5651	6521	7451	8311	9221	10133	11083	12043	12959	13903	14887	15803	16843	17837	18793	19843	—	—
44	193	827	1549	2311	3119	3923	4789	5653	6529	7457	8317	9227	10139	11087	12049	12967	13907	14891	15809	16871	17839	18797	19861	20857	21799
45	197	829	1553	2333	3121	3929	4793	5657	6547	7459	8329	9239	10141	11093	12071	12973	13913	14923	15823	16883	17851	18803	19867	20873	21817
46	199	839	1559	2339	3137	3931	4799	5659	6551	7477	8353	9241	10151	11113	12073	12979	13921	14939	15859	16889	17863	18859	19889	20887	21821
47	211	853	1567	2341	3163	3943	4801	5669	6553	7481	8363	9257	10159	11117	12097	12983	13931	14947	15877	16901	17881	18869	19891	20897	21839
48	223	857	1571	2347	3167	3947	4813	5683	6563	7487	8369	9277	10163	11119	12101	13001	13933	14951	15887	16921	17903	18911	19913	—	—
49	227	859	1579	2351	3169	3967	4817	5689	6569	7489	8377	9281	10169	11131	12107	13003	13963	14957	15889	16927	17909	18913	19919	20903	21859
50	229	863	1583	2357	3181	3989	4831	5693	6571	7499	8387	9283	10177	11149	12109	13007	13967	14969	15901	16931	17911	18917	19927	20921	21863
51	233	877	1597	2371	3187	4001	4861	5701	6577	7507	8389	9293	10181	11159	12113	13009	13997	14983	15907	16937	17921	18919	19937	20929	21871
52	239	881	1601	2377	3191	4003	4871	5711	6581	7517	8419	9311	10193	11161	12119	13033	13999	14983	15913	16943	17923	18947	19949	20939	21881
53	241	883	1607	2381	3203	4007	4877	5717	6599	7523	8423	9319	10211	11171	12143	13037	14009	15017	15919	16963	17929	18959	19961	20947	21893
54	251	887	1609	2383	3209	4013	4889	5737	6607	7529	8429	9323	10223	11173	12149	13043	14011	15031	15923	16979	17939	18973	19963	20959	21911
55	257	907	1613	2393	3217	4019	4903	5741	6619	7537	8431	9337	10243	11177	12157	13049	14029	15053	15937	16981	17957	18979	19973	20963	21929
56	263	911	1619	2399	3221	4021	4909	5743	6637	7541	8443	9341	10247	11197	12161	13063	14033	15061	15959	16987	17959	18981	19979	20981	21937
57	269	919	1621	2411	3229	4027	4919	5749	6653	7547	8447	9343	10253	11213	12163	13093	14051	15073	15971	16993	17971	19009	19991	20983	21943
58	271	929	1627	2417	3251	4049	4931	5779	6659	7549	8461	9349	10259	11239	12197	13099	14057	15077	15973	17011	17981	19013	19993	21001	21961
59	277	937	1637	2423	3253	4051	4933	5783	6661	7559	8467	9371	10267	11243	12203	13103	14071	15083	15991	17021	17987	19031	19997	21011	21977
60	281	941	1657	2437	3257	4057	4937	5791	6673	7561	8501	9377	10271	11251	12211	13109	14081	15101	16007	17027	17989	19037	20011	21013	21991
61	283	947	1663	2441	3259	4073	4943	5801	6679	7573	8513	9391	10273	11257	12227	13127	14083	15107	16033	17029	17993	19051	20021	21017	21997
62	293	953	1667	2447	3271	4079	4951	5807	6689	7577	8521	9397	10289	11261	12239	13147	14087	15121	16057	17033	18013	19069	20023	21019	22003
63	307	967	1669	2459	3299	4091	4957	5813	6691	7583	8527	9413	10301	11273	12251	13151	14107	15131	16061	17041	18041	19073	20029	21023	22013
64	311	971	1693	2467	3301	4093	4967	5821	6701	7589	8537	9419	10303	11279	12253	13159	14143	15137	16063	17047	18043	19079	20047	21031	22027
65	313	977	1697	2473	3307	4099	4969	5827	6703	7591	8539	9421	10313	11287	12263	13163	14149	15139	16067	17053	18047	19081	20051	21059	22031
66	317	983	1699	2477	3313	4111	4973	5839	6709	7603	8543	9431	10321	11299	12269	13171	14153	15149	16069	17077	18049	19087	20063	21061	22037
67	331	991	1709	2503	3319	4127	4987	5843	6719	7607	8563	9433	10331	11311	12277	13177	14159	15161	16073	17093	18059	19121	20071	21067	22039
68	337	997	1721	2521	3323	4129	4993	5849	6733	7621	8573	9437	10333	11317	12281	13183	14173	15173	16087	17099	18061	19139	20089	21089	22051
69	347	1009	1723	2531	3329	4133	4999	5851	6737	7639	8581	9439	10337	11321	12289	13187	14177	15187	16091	17107	18077	19141	20101	21101	22063
70	349	1013	1733	2539	3331	4139	5003	5857	6761	7643	8597	9461	10343	11329	12301	13217	14197	15199	16103	17137	18089	19157	20107	21107	22067
71	353	1019	1741	2543	3343	4153	5009	5861	6763	7649	8599	9463	10357	11351	12323	13219	14207	15217	16111	17159	18097	19163	20113	21121	22073
72	359	1021	1747	2549	3347	4157	5011	5867	6779	7669	8609	9467	10369	11353	12329	13229	14221	15227	16127	17167	18119	19181	20117	21139	22079
73	367	1031	1753	2551	3359	4159	5021	5869	6781	7673	8623	9473	10391	11369	12343	13241	14243	15233	16139	17183	18121	19183	20123	21143	22091
74	373	1033	1759	2557	3361	4177	5023	5879	6791	7681	8627	9479	10399	11383	12347	13249	14251	15259	16183	17191	18127	19207	20129	21149	22093
75	379	1039	1777	2579	3371	4201	5039	5881	6793	7687	8629	9491	10427	11393	12373	13259	14281	15263	16187	17203	18131	19211	20143	21157	22109
76	383	1049	1783	2591	3373	4211	5051	5897	6803	7691	8641	9497	10429	11399	12377	13267	14293	15269	16189	17207	18133	19213	20147	21163	22111
77	389	1051	1787	2593	3389	4217	5059	5903	6823	7699	8647	9511	10433	11411	12379	13291	14303	15271	16193	17209	18143	19219	20149	21169	22123
78	397	1061	1789	2609	3391	4219	5077	5923	6827	7703	8663	9521	10453	11423	12391	13297	14321	15277	16217	17231	18149	19231	20161	21179	22129
79	401	1063	1801	2617	3407	4229	5081	5927	6829	7717	8669	9533	10457	11437	12401	13309	14323	15287	16223	17239	18169	19237	20173	21187	22133
80	409	1069	1811	2621	3413	4231	5087	5939	6833	7723	8677	9539	10459	11443	12409	13313	14327	15289	16229	17257	18181	19259	20177	21191	22147
81	419	1087	1823	2633	3433	4241	5099	5953	6841	7727	8681	9547	10463	11447	12413	13327	14341	15299	16231	17291	18199	19267	20183	21193	22153
82	421	1091	1831	2647	3449	4243	5101	5981	6857	7741	8689	9551	10477	11467	12421	13331	14347	15307	16249	17293	18211	19273	20219	21221	22159
83	431	1093	1847	2657	3457	4253	5107	5987	6863	7753	8693	9587	10487	11471	12433	13337	14369	15313	16253	17299	18217	19289	20231	21227	22171
84	433	1097	1861	2659	3461	4259	5113	6007	6869	7757	8699	9601	10499	11483	12437	13339	14387	15319	16267	17317	18233	19301	20233	21247	22189
85	439	1103	1867	2663	3467	4271	5119	6011	6871	7759	8707	9613	10501	11489	12451	13367	14389	15329	16273	17321	18251	19319	20249	21269	22193
86	443	1109	1871	2671	3469	4273	5147	6029	6883	7789	8713	9619	10513	11491	12457	13381	14401	15331	16301	17327	18253	19373	20261	21277	22229
87	449	1117	1873	2677	3491	4283	5153	6037	6899	7793	8719	9623	10529	11497	12473	13397	14407	15349	16319	17333	18279	19379	20269	21283	22247
88	457	1123	1877	2683	3499	4289	5167	6043	6907	7817	8731	9629	10531	11503	12479	13399	14411	15359	16333	17341	18287	19381	20287	21313	22259
89	461	1129	1879	2687	3511	4297	5171	6047	6911	7823	8737	9631	10559	11519	12487	13411	14419	15361	16339	17351	18289	19387	20297	21317	22271
90	463	1151	1889	2689	3517	4327	5179	6053	6917	7829	8741	9643	10567	11527	12491	13417	14423	15373	16349	17359	18301	19391	20323	21319	22273
91	467	1153	1901	2693	3527	4337	5189	6067	6947	7841	8747	9649	10589	11549	12497	13421	14431	15377	16361	17377	18307	19403	20327	21323	22277
92	479	1163	1907	2699	3529	4339	5197	6073	6949	7853	8753	9661	10597	11551	12503	13441	14437	15383	16363	17383	18311	19417	20333	21341	22279
93	487	1171	1913	2707	3533	4349	5209	6079	6959	7867	8761	9677	10601	11579	12511	13451	14447	15391	16369	17387	18313	19421	20341	21347	22283
94	491	1181	1931	2711	3539	4357	5227	6089	6961	7873	8779	9679	10607	11587	12517	13457	14449	15401	—	17389	—	19423	20347	21377	22291
95	499	1187	1933	2713	3541	4363	5231	6091	6967	7877	8783	9689	10613	11593	12527	13463	14461	15373	16349	17359	18391	19391	20357	21341	22277
96	503	1193	1949	2719	3547	4373	5233	6101	6971	7879	8803	9697	10627	11597	12539	13469	14479	15377	16361	17377	18401	19417	20341	21347	22283
97	509	1201	1951	2729	3557	4391	5237	6113	6977	7883	8807	9719	10631	11617	12539	13469	14489	15383	16363	17383	18401	19421	20347	21377	22291
98	521	1213	1973	2731	3559	4397	5261	6121	6983	7901	8819	9721	10639	11621	12547	13487	14503	15391	16369	17387	18311	19421	20353	21379	22303
99	523	1217	1979	2731	3559	4397	5273	6131	6991	7907	8821	9721	10651	11633	12547	13487	14503	15391	16369	17387	18311	19421	20357	21379	22303
100	541	1223	1987	2741	3571	4409	5279	6133	6997	7919	8831	9733	10657	11657	12553	13499	14519	15401	16381	17389	18313	19423	20357	21383	22307

当质数不再从个体上而是从整体上被考察时,某种秩序就开始从混沌中浮现出来了。于是人们就对质数的社会统计资料而不是对个体的怪异进行考察。首先要做出一个庞大的质数表。这项工作仅用笔和纸手算十分困难,冗长而乏味,但是使用现代的计算机是很容易的。然后人们数出到某处为止有多少质数。函数 $\pi(n)$ 被定义为小于和等于数 n 的质数个数。函数 $\pi(n)$ 描述了质数的分布情况。得到 $\pi(n)$ 之后,自然要计算比率 $n/\pi(n)$,它告诉我们到某处为止的数中质数所占分数(实际上是这个分数的倒数)。这里给出最近计算的结果:

n	$\pi(n)$	$n/\pi(n)$
10	4	2.5
100	25	4.0
1 000	168	6.0
10 000	1 229	8.1
100 000	9 592	10.4
1 000 000	78 498	12.7
10 000 000	664 579	15.0
100 000 000	5 761 455	17.4
1 000 000 000	50 847 534	19.7
10 000 000 000	455 052 512	22.0

注意从 10 的一个幂到下一个幂,比率 $n/\pi(n)$ 近似地增大 2.3(例如,22.0 - 19.7=2.3)。看到这一点,任何一个够格的数学家都会想到 $\ln 10 (=2.302\ 58\cdots)$,并且以这一证据为基础,很容易构成一个猜想:$\pi(n)$ 近似地等于 $n/\log n$。更加形式化的命题:

$$\lim_{n\to\infty}\pi(n)/(n/\log n)=1$$

就是著名的质数定理。这一定理的发现可以远溯到高斯,他在 15 岁时(约 1792 年)就提出了这个定理。但是严格的数学证明出自 1896 年普森(Poussin)和阿达玛(Hadamard)各自独立的工作。这是从混乱中提取出来的秩序,它提供了关于个体的怪异如何同规律和秩序并存的精神上的教训。

虽然表达式 $n/\log n$ 是 $\pi(n)$ 的一个十分简单的近似,但是它并不是很接近。数学家们一直有兴趣去改进它。当然,这样做的代价是使近似结果复杂化。目前对于 $\pi(n)$ 的最令人满意的近似结果之一是函数:

$$R(n)=1+\sum_{k=1}^{\infty}\frac{1}{k\zeta(k+1)}\frac{(\log n)^k}{k!}$$

这里 $\zeta(z)$ 是著名的黎曼 ζ 函数:

$$\zeta(z)=1+\frac{1}{2^z}+\frac{1}{3^z}+\frac{1}{4^z}+\cdots$$

下表显示出 $R(n)$ 是 $\pi(n)$ 的相当不错的近似值:

n	$\pi(n)$	$R(n)$
100 000 000	5 761 455	5 761 552
200 000 000	11 078 937	11 079 090
300 000 000	16 252 325	16 252 355
400 000 000	21 336 326	21 336 185
500 000 000	26 355 867	26 355 517
600 000 000	31 324 703	31 324 622
700 000 000	36 252 931	36 252 719
800 000 000	41 146 179	41 146 248
900 000 000	46 009 215	46 009 949
1 000 000 000	50 847 534	50 847 455

最后,让我们回到孪生质数对的问题上来。一般认为存在着无穷多个这样的数对,但是至今尚未得到证明。

既然没有证明,我们为什么会相信它是真的呢? 首先,存在着数字证据。这当我们找寻它们时,总会找到更多的质数对。自然数系中似乎不存在一个遥远得超出最大的质数对之外的区域。不仅如此,我们还有关于存在**多少**质数对的观念。注意到质数表中质数对的出现似乎无法预测或**随机**的情况,就能获得这种观念。由此可以提出一个猜想:两个数 n 和 $n+2$ 都是质数的机会,像连续两次抛掷一枚硬币都出现正面的机会一样。若两次连续的随机试验是彼此独立的,则二者都成功的机会就是各自成功的机会之积。例如,若一枚硬币出现正面的概率是 $\frac{1}{2}$,则两枚硬币出现一对正面的概率就是 $\frac{1}{2} \times \frac{1}{2} = \frac{1}{4}$。

现在已被证明的质数定理表明:若 n 是一个大数,并且我们在 0 与 n 之间随机地选出一个数 x,则 x 是质数的机会"大约"是 $1/\log n$。n 越大,则由 $1/\log n$ 表示的数与直至 n 的数中质数的比例的近似就越好。

若我们确信关于孪生质数的出现就像两枚硬币都出现正面一样的感觉,则 n 和 $n+2$ 都是质数的机会应大约是 $1/(\log n)^2$。就是说,在 0 与 n 之间,将有约 $n/(\log n)^2$ 个质数对。当 n 趋于无穷大时,这个分数也趋向无穷大,因此它会给出质数对猜想的定量描述。

$x+2$ 是质数依赖于假定 x 已是质数,由于这一原因,应把估值 $n/(\log n)^2$ 修改为 $(1.320\ 32\cdots)n/(\log n)^2$。

下表给出了已得到的结果与这个简单公式所预测的结果的对照。二者的一致性非常好,但是最终的"证完"尚待写出。

| | 孪生质数(对) | |
区间	预期的	已得到的
100 000 000～100 150 000	584	601
1 000 000 000～1 000 150 000	461	466
10 000 000 000～10 000 150 000	374	389
100 000 000 000～100 000 150 000	309	276
1 000 000 000 000～1 000 000 150 000	259	276
10 000 000 000 000～10 000 000 150 000	221	208
100 000 000 000 000～100 000 000 150 000	191	186
1 000 000 000 000 000～1 000 000 000 150 000	166	161

进一步的阅读材料,见参考文献:E.Grosswald;D.N.Lehmer;D.Zagier。

5.3　非欧几何

一个半世纪前非欧几何在数学舞台上的出现,引起了相当大的怀疑和震惊。现在,这种几何的存在很容易用几句话加以解释,也很容易理解了。任何一个数学理论,像算术、几何、代数、拓扑学等,都可表示为一个公理体系,这里所有的结论都可以从公理出发,通过系统地逻辑地推演而得到。这种逻辑演绎的体系,可以比拟为一种游戏,这个体系的公理就相当于游戏的规则。任何一个参加游戏的人都知道,可以对某种游戏发明一些变式,这样结果就将有所不同。非欧几何就是采用了与欧氏几何中公理不同的公理而产生的几何。

　　当然,这种简单的说明违反了历史次序。它是从一种正是由于这种几何的发现才诞生的数学哲学借用来的。为了更充分地理解这件事情,必须弄清楚它的历史背景。

　　自从古希腊时代以来,几何学一直具有两重性。它被认为是对我们生存空间的一个精确描述,同时它也是一种智力训练,一个演绎结构。这两个方面现在是被分别考虑的,但过去并非总是如此。欧几里得几何是建立在许多公理和公设之上的。这里我们给出前五个公设。["公理"与"公设(postulate)"这两个词之间的区别是模糊的。现代数学中这两个词几乎通用。]

　　(1)任何两点之间可以画一条直线。

　　(2)有限的直线可以无限地延长。

　　(3)以任何已知点为圆心,以任何长为半径,总可以作出一个圆。

　　(4)所有的直角都相等。

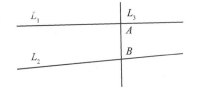

　　(5)如果一个平面上的两条直线与另一条直线相交,并且如果同侧内角的和小于两直角,则如果充分地延长这两条直线,它们必将在内角和小于两直角的一侧相交。换言之,在左图中,如果$\angle A + \angle B < 180°$,那么直线$L_1$和$L_2$必将在直线$L_3$的右侧某一点相交。

　　在早期的认识中,所谓公理或公设意味着自明的或被普遍认识的,无须证明即可接受的真理。在演绎几何中,公设的功能是作为进一步推理的基石。在描述的几何中,公设的功能是作为空间经验的世界的真实而精确的陈述。前一种观点得到了保留,后一种观点早已被放弃了。

　　如果人们观察一下公设1,2,3,4,会觉得它们容易陈述,而且的确是自明的。公设5就不同了。它的叙述非常烦琐,并且不那么自明。它似乎超出了直接的体验。公设5又称为欧几里得平行公设,或者更亲切地称为"欧几里得第五",作为对美国宪法修正案的友好暗喻。很早以来,第五公设就受到了特别的关注。

　　非欧几何的历史发展就是试图论证这个公设的结果。还要注意,虽然"欧几里得第五"被称为平行公设,但是实际上在这个公设中"平行"一词并没有出现。"平行"一词是欧几里得在定义23中才发展出来的:

　　"并行线是在同一平面内向两方无限延长时,无论在哪个方向都永不相交的直线。"

　　我们把欧几里得第五公设称为平行公设的理由,是它与下述含有"平行"一词的任何一个命题完全等价:

(1)如果一条直线与两条平行直线中的一条相交,则它必与另一条相交。

(2)平行于同一条直线的直线也彼此平行。

(3)两条相交直线不能平行于同一条直线。

(4)已知在一平面内有一条直线 L 和不在 L 上的一点 P,则过点 P 必存在且仅存在一条平行于 L 的直线。示意图如右图所示。

这里所谓等价,指的是这些命题中的任一个加上其他公理就蕴涵着欧几里得第五公设,反之亦然。

经过许多年,部分出于技术上,部分出于美学上的理由,上述第四种说法被作为欧几里得平行论断的标准说法。它因英国人普莱费尔(Playfair,1748—1819)的工作而被称为普莱费尔公理。

对于欧几里得第五公设的早期研究,试图通过把它从其他似乎自明的公理中逻辑地推导出来,以消除对它的可靠性的怀疑。这样第五公设会变成一个定理,它的地位会得到保证。这些尝试失败了,这是必然的,因为我们现在知道第五公设是不能这样推导出来的。这一点于 1868 年得到确认。

随着直接方法的失败,数学家们必然要转向间接方法。这就是先否定第五公设,然后试图导出矛盾。

采用归谬法的两位著名学者是萨开里(Saccheri,1667—1733)和兰伯特(Lambert,1728—1777),他们都否定第五公设。

萨开里作出一个四边形 $ABCD$,$\angle A$ 和 $\angle B$ 是直角,$AD = BC$,如右图所示。它现在在公理几何中称为萨开里四边形。注意,在欧氏几何中,AD 将平行于 BC,从而使 $\angle D$ 和 $\angle C$ 都是直角。但是,萨开里没有使用第五公设,他的结论是实际上有下面三种选择:

(1)$\angle C$ 和 $\angle D$ 都是直角。

(2)它们都是钝角。

(3)它们都是锐角。

从(2)或(3)两种选择得到的某些结论,同"直觉"有十分惊人的冲突。到了这一步,萨开里就大叫"矛盾",认为原来的否定错了。

兰伯特更为勇敢和灵巧,他又坚持了几个回合,直至他发现在他设计的新的、假设的系统中,人们可以证明长度的绝对单位的存在时才罢手。他辩解道,因为不存在长度的绝对单位,所以整个推演必然是靠不住的。

　　追溯发现的源流和它的许多支流并不是我们这里的目的。许多数学家发挥了他们的作用，其中最重要的有高斯、罗巴切夫斯基、鲍耶和黎曼。这一发现遭到了许多误解、怀疑和忧虑，似乎已经到了疯狂的边缘。诞生的阵痛是剧烈的。例如，鲍耶的父亲在给他的信中说："看在上帝的分上，请放弃它吧。它的可怕并不次于淫荡的情欲，因为它也会占据你整个的时间，剥夺你的健康、内心的平静和生活的幸福。"

　　人们发现存在着不是一种而是两种非欧几何。它们通用的名称是罗巴切夫斯基（或双曲）几何和黎曼（或椭圆）几何。对普莱费尔公理来说，这两种非欧几何分别对应于下面两个公理。

　　罗巴切夫斯基：已知在一平面内有一条直线 L 和不在 L 上的一点 P，则过点 P 至少存在两条平行于 L 的直线。

　　黎曼：已知在一平面内有一条直线 L 和不在 L 上的一点 P，则过点 P 不存在任何平行于 L 的直线。

　　欧几里得几何、罗巴切夫斯基几何和黎曼几何给出了三套截然不同的推论（定理），详见有关的教科书。概括地说，它们有着不同的度量公式和不同的突出方面。三者之间的比较是非常有趣的。下表总结出一些基本的差别。

欧氏与非欧平面几何比较表①

	欧几里得几何	罗巴切夫斯基几何	黎曼几何	
两条不同直线相交在	至多一个	至多一个	一个（单一椭圆）或两个（二重椭圆）	点上
已知直线 L 和 L 外一点 P，存在	一条且仅一条直线	至少两条直线	无直线	通过 P 且平行于 L
一条直线	可以	可以	不可以	被一点分为两部分
平行直线	是等距的	是不等距的	不存在	
如果一条直线与两条平行直线中的一条相交，它	必然	可能或不可能		与另一条直线相交
正确的萨开里假设是	直角	锐角	钝角	假设
两条垂直于同一条直线的不同直线	是平行的	是平行的	相交	
三角形的内角和	等于	小于	大于	180°
一个三角形的面积与它的内角和	无关	角盈成正比	角盈成正比	
对应角相等的两个三角形	相似	全等	全等	

---

　　①　选自普伦诺威茨（Prenowitz）和约当（Jordan）的《几何学的基本概念》（*Basic Concepts of Geometry*）。

下面我们再给出两个重要的对比结果。著名的毕达哥拉斯定理现在有三种形式。

欧几里得几何：

$$c^2 = a^2 + b^2$$

罗巴切夫斯基几何：

$$2(e^{c/k} + e^{-c/k}) = (e^{a/k} + e^{-a/k})(e^{b/k} + e^{-b/k})$$

这里 k 是某个确定的常数，$e = 2.718\cdots$。

黎曼几何：微分形式

$$ds^2 = \alpha dx^2 + 2\beta dx dy + \gamma dy^2$$

这里 $\begin{pmatrix} \alpha & \beta \\ \beta & \gamma \end{pmatrix}$ 是正定的。

半径为 r 的一个圆的圆周 C 有下述公式：

欧几里得几何：$C = 2\pi r$，

罗巴切夫斯基几何：$C = \pi k (e^{r/k} - e^{-r/k})$。

在黎曼几何中，圆周 C 无法用简单的式子表出。

我们再来讨论非欧几何的逻辑相容性。为做到这一点，我们处处都用短语"大圆"代替"直线"一词，这个大圆是穿过球心的一个平面在球的表面上形成的。现在我们把公理看作是关于已知球上点和大圆的命题。此外，我们一致同意把球的每一直径两端成对的点都认为是一个点。如果读者有兴趣，可以想象非欧几何的公理经过重写，其中"直线"一词处处换成"大圆"，"点"一词处处换成"点对"。显然所有这些公理都是真的，至少只要我们关于球面的通常观念是真的，这些公理就是真的。事实上，从欧几里得立体几何的公理出发，很容易证明这样一个定理：在我们刚刚描述的意义上，一个球面就是一个非欧几何面。换言之，现在我们已经看到，如果非欧几何的公理导出矛盾，那么关于球的普通欧几里得几何也会导出矛盾。这样，我们就有了一个关于相容性的相对证明。如果三维欧氏几何是相容的，那么二维非欧几何也是相容的。我们说欧氏球面是非欧几何公理的一个模型。（在我们所用的这个特殊模型中，平行公设失去了效用，因为这里不存在并行线。还可以构造一个"伪球面"，在那里平行公设也是失效的，因为通过一点存在着多于一条的直线与已知直线平行。）

进一步的阅读材料，见参考文献：A. D. Alexandroff, Chapter 17；H. Eves and C. V. Newsom；E. B. Golos；M. J. Greenberg；M. Kline (1972), Chapter 36；W. Prenowitz and M. Jordan；C. E. Sjöstedt。

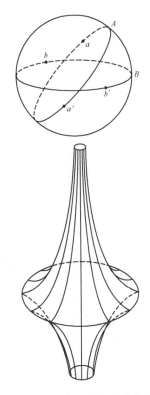

在一个球的表面上，"直线"被解释成意味着"大圆"（图中的 A 和 B）。通过任一直径两端相对的点（aa' 和 bb'）可以做出许多大圆。如果我们把"点"理解为"点对"，那么欧几里得的第一公设是成立的。如果我们允许延伸"直线"到有限的全长，或本身环绕球多次，则第二公设是成立的。如果我们把距离理解为对可环绕多次的大圆测量，则第三公设也成立。这里一个"圆"只意味着球面上与一个已知点具有已知大圆距离的点集。第四公设同样是成立的。普莱费尔公理是不成立的，因为任何两个大圆总相交。因此球是非欧几何的一个模型。如果直线被理解为在表面上连接任何两点的最短曲线，就构成一个伪球。在伪球面上存在许多经过已知点而不与已知直线相交的"直线"。

5.4 非康托尔集合论

抽象的集合理论最近经历的巨大变革,在某些方面类似于 19 世纪几何学的变革。我们将用非欧几何的故事来阐明非标准集合论的历史。

当然,集合是数学中最简单和最原始的概念之一,它如此简单,以至今天成为幼儿园课程的组成部分。无疑正是这个原因,集合作为数学最基本概念的作用在 19 世纪 80 年代之前一直是不明显的。只是在这之后,康托尔在集合论中做出了第一个非凡的发现,情况才大为改观。

康托尔指出,对于无限集合,谈论集合中元素的个数,或者至少说明两个不同的集合有相同数量的元素,是有意义的。正像对于有限集合一样,我们可以说两个集合有相同数量的元素——相同的"势",如果我们能够使这两个集合中的元素之间建立起一一对应的关系的话。如果能做到这一点,我们就说这两个集合是等势的。

所有自然数的集合可以与所有偶数的集合对应,也可以与所有分数的集合对应。这两个例子揭示了无限集合的一个矛盾性质:一个无限集合可以等势于它的一个子集。事实上,很容易证明,当且仅当一个集合等势于它自身的某一适当子集时,它是无限的。

所有这些都是很迷人的,但对康托尔来说并不新鲜。无限集合的势的概念只有在能够证明并非所有的无限集合都有相同的势的时候,才会变得十分有趣。而这正是康托尔在集合论中的第一个伟大发现。通过他的著名的对角线证明,他表明自然数集合与一个线段上的点集不等势(见本节附录)。

因此,至少存在着两种不同类型的无限。首先是自然数(以及任何与它等势的无限集合)的无限,称为阿列夫零($\aleph_0$)。以 $\aleph_0$ 作为势的集合叫作可数集。第二类无限是用一个线段表示的无限。它的势用一个小写的德文字母 c 标记,代表"连续统"。任意长的任何线段都有势 c。同样如此的还有平面内的任何长方形,空间中的任何立方体,以及无界 n 维空间中有关的一切,无论 n 等于 1,2,3 或 1 000。

一旦在无限的链上迈出第一步,下一步的发展就很自然了。我们遇到一个已知集合的所有子集的集合的概念。如果原集合叫作 A,则这个新的集合就叫作 A 的幂集,并记为 2^A。正如我们从 A 得到幂集 2^A 一样,我们还可以从 2^A 得到新的幂集 $2^{(2^A)}$,并且可以一直做下去。

康托尔证明,无论 A 是有限的还是无限的,2^A 都不等势于 A。因此,构造所有子集的集合的过程产生了不断增长的不等势无限集的无尽链。特别地,如果 A 是一个自然数集合,那么很容易证明:2^A(所有自然数集合的集合)等势于连续统(一个线段上所有点的集合)。简言之,

$$2^{\aleph_0} = c$$

这时读者们可能提出一个问题:是否存在这样一个无限集,它的势在 $\aleph_0$ 与 c 之间?就是说,在一个线段上,是否存在一个无限点集,它不等势于整个线段,也不等势于自然

数集？

这个问题是康托尔提出来的，但是他没能找到这样的集合。他断定——或不如说猜想——这样的集合是不存在的。康托尔的这一猜想通称"连续统假设"。1900 年，希尔伯特把它的证明或证伪作为著名的未解决数学问题一览表中的第一个问题，直到 1963 年它才终于被解决。然而，它是在与希尔伯特当初的想法截然不同的意义上解决的。

为了解决这一问题，人们不再能依靠康托尔对于集合的定义，即集合是"把我们的直觉或思想中确定的独立的对象汇集成一个整体"。事实上，这个定义看起来显而易见，但却隐藏着一些危险的陷阱。随意使用康托尔的关于集合的直觉概念，可能引出矛盾。只有采用更为复杂的方法来避开自相矛盾，即如罗素所提出的那种后来广为人知的类的矛盾之后，集合论才可能被用作数学的可靠性基础。

在这一切发生之前，不受欢迎的悖论已经侵入了似乎很清晰的数学理论。芝诺悖论的存在，揭示了希腊人未曾预料的点和线直觉概念中的复杂性。我们可以做一下模拟：正像罗素从不加限制地使用集合的直觉概念中发现了矛盾一样，芝诺早已从不加限制地使用"线"和"点"的直觉概念中发现了矛盾。

从前 6 世纪泰勒斯开始，古希腊几何学就依赖于未加规定的"线"和"点"的直觉概念。然而三百年后。欧几里得给出了这些概念的公理化处理。对于欧几里得来说，几何对象仍然是直觉地知道的真实实体。但是就它们是几何推理的对象而言，它们是通过某些不加证明的断言（"公理"和"公设"）来规定的，在这些断言的基础上，它们的所有其他性质都应该作为"定理"加以证明。我们不知道这种发展是不是对于像芝诺悖论那样的悖论的反应，以及反应的程度如何。然而不容怀疑，对于古希腊人来说，几何学由于只依靠（至少他们相信并打算如此）从很少的一些被清楚阐述的假设出发进行逻辑推理而可靠得多。

集合论的类似发展没有用三百年，而只是三十五年。如果康托尔扮演了泰勒斯的角色——学科的建立者，他只能依靠直觉推理，那么欧几里得的角色就由策墨罗扮演，他在 1908 年建立了公理集合论。当然，欧几里得实际上只是创建"欧几里得几何"的一系列希腊几何学家之一；同样，策墨罗也只是创立公理集合论的若干伟人中的第一个。

恰如欧几里得列出点和直线的某些性质，并且只把几何学中那些能从这些公理获得（而不是从任何可能是直觉的论据获得）的定理当作证明了的一样，在公理集合论中，一个集合只是被当作一个满足一组给定公理的不加定义的对象。当然，我们仍然想研究集合（或是直线，根据情况而定），因此公理不是任意选择的，而是要同我们关于集合或直线的直觉概念相吻合。不过，直觉已不再具有任何进一步的正式的作用，而只有那些从公理导出的命题才被接受。由这些公理描述的对象实际上可以存在于现实世界这一事实，与形式演绎的过程毫不相干（尽管这一事实对发现来说是必要的）。

我们同意认为几何学中"线""点"和"角"的符号或集合论中"集合""是……的一个子集"等的符号似乎都只是纸上的标记，它们可以只按照一系列已知的规则（公理和推理规则）重新安排。只有那些根据这种符号操作获得的命题才被作为定理接受下来。（事实上被接受的只是那些如果人们花足够的时间和劳力就明显可以按这种方式获得的命题。）

在几何学的历史上,有一个公设起着特殊的作用,它就是平行公设,即通过一个已知点只能作一条直线平行于已知直线(见本章前面关于非欧几何的讨论)。作为一个公理,它的缺陷是不具备人们对数学理论基石所要求的那种自明性。事实上,平行直线被定义为永不相交的直线,即使它们无限地延长(到无穷远)。由于我们在纸上或黑板上画的任何直线都有有限长度,所以这是一个通过直接感性观察无法从性质上证实的公理。然而它在欧几里得几何中起着必不可少的作用。许多世纪以来,几何学的一个主要课题就是**证明**平行公设,表明它能作为一个定理从更为自明的欧几里得公理得出。

在抽象集合论中,恰巧也存在一个某些数学家们发现很难接受的特殊公理。这就是选择公理,它的叙述如下:

如果 α 是任意一个集族 $\{A,B,\cdots\}$,并且在 α 中不存在空集,那么存在一个集合 Z,它恰好由 α 中所有集合 $A,B,\cdots$ 的各一个元素组成。

例如,如果 α 由两个集合组成,即所有三角形的集合和所有正方形的集合,那么 α 显然满足选择公理。我们只选用某个特殊三角形和某个特殊正方形,然后使这两个元素组成 Z。

许多人发现选择公理和平行公理一样,是直觉地十分似真的。困难在于我们许给 α 的自由:"任意"集族。如我们已看到的那样,存在着越来越大的无限集的无尽链。对于这样一个不可思议的大的集族,不存在从它的所有元集中实际地逐一选择的方法。如果我们接受选择公理,只是表示我们相信这种选择是可能的,正如我们接受平行公理,表示我们相信直线在无限延长时将会如何。从貌似简单的选择公理中,居然产生了一些意想不到的极有力的结论。例如,我们能用归纳推理证明关于任何集中元素的命题,犹如数学归纳法能用于证明关于自然数 $1,2,3,\cdots$ 的定理。

在集合论中,选择公理起着特殊的作用。许多数学家认为,应该尽可能避免使用它。这种不假定选择公理真假的公理集合论,将是几乎所有数学家都准备依靠的理论。对于这样一个公理系统,我们下面称之为"有限制的集合论(restricted set theory)"。对于建立在策墨罗和弗兰克尔给出的全公理集基础上的理论,即有限制的集合论加上选择公理,我们称之为"标准集合论(standard set theory)"。

1938 年,哥德尔深刻地阐述了这个课题。他以 1930—1931 年的伟大的"不完全性(incompleteness)"定理而著名。这里我们来谈谈哥德尔后来的为非数学工作者所不大了解的工作。1938 年,哥德尔证明了如下的十分重要的结果:如果有限制的集合论是相容的,那么标准集合论也是相容的。换言之,选择公理并不比其他公理更危险;如果能在标准集合论中找到矛盾,那么在有限制的集合论中必定已经有矛盾隐藏着了。

但是,这并不是哥德尔的全部证明。我们再次提醒读者注意康托尔的"连续统假设",即不存在大于 $\aleph_0$ 而小于 c 的无限势。哥德尔也指出,我们可以安全地把连续统假设作为集合论中的一个附加公理。就是说,如果连续统假设加上有限制的集合论蕴涵着矛盾,那么在有限制的集合论中必定也已经隐藏着矛盾。这是康托尔问题的半个解,它不是连续统假设的证明,而只是它不能被证伪的证明。

为了了解哥德尔如何取得他的结果,我们需要理解一个公理系统的模型意味着什么。让我们回过头来看一下平面几何的公理。如果我们采用这些公理,包括平行公设,我们就得到了欧氏几何的公理系统;如果我们保留除平行公设之外的所有公理,而用平行公设的否定来取代平行公设,我们就得到了非欧几何的公理系统。对于这两个公理系统——欧氏几何的和非欧几何的,我们要问:这些公理能导致矛盾吗?

对欧氏体系提这个问题,似乎是不合理的。我们所熟悉的,已有两千多年历史的中学几何学怎么能有错误?另一方面,对于非数学工作者来说,第二个公理系统确实有可疑之处,因为它否定了直觉上似真的平行公设。不过,从 20 世纪数学的观点看,两种几何学差不多具有同等地位。它们二者都是有时能应用于物质世界的,二者在相对意义上都是相容的。

非欧几何的发明,以及认识到欧氏几何的相容性蕴涵着非欧几何的相容性,是 19 世纪许多伟大数学家的贡献。我们要特别提到黎曼的名字。只是在 20 世纪,欧氏几何本身是否相容才作为一个问题被提出来。这个问题是由希尔伯特提出并回答的。希尔伯特的解答是坐标系概念的一个简单应用。对于平面内的每一点,我们可以用一个数对联系,这就是它的 x 和 y 坐标。然后对于每一直线或圆,我们可以用一个方程来联系,这就是 x 和 y 坐标之间只对直线或圆上的点为真的一种关系。用这种方式,我们建立了几何与初等代数之间的对应关系。对于一个学科中的每一命题,另一个学科中都存在着与之对应的命题。由此可知,只有当初等代数的规则——普通实数的性质——会导致矛盾时,欧几里得几何的公理系统才会导致矛盾。这里我们又有了一个相容性的相对证明。前面说过,如果欧氏几何是相容的,那么非欧几何也是相容的。现在我们说,如果初等代数是相容的,那么欧氏几何也是相容的。欧氏球面是非欧几何平面的一个模型,坐标对的集合则是欧氏平面的一个模型。

通过这些例子,我们可以说哥德尔关于选择公理和连续统假设的相对相容性的证明,同希尔伯特关于欧氏几何的相对相容性的证明是类似的。它们的共同之处是,标准理论通过一个更基本的理论得到证实。当然,没有人曾经认真地怀疑过欧氏几何的可靠性。但是,像布劳威尔、魏尔和庞加莱这样的杰出数学家都对选择公理表示了严重的怀疑。在这个意义上,哥德尔的结果具有更大的影响和重要性。

与非欧几何相类似的发展——我们可以称之为"非康托尔集合论"——只是到了1963 年才在柯恩的工作中出现。非康托尔集合论的意义是什么呢?正如欧氏几何与非欧几何除平行公设之外都用相同的公理一样,标准("康托尔")与非标准("非康托尔")集合论也仅在一个公理上不同。非康托尔集合论采用有限制的集合论的公理,并且不加选择公理,而加上选择公理的某种否定形式。特别地,我们可以采用连续统假设的否定作为一个公理。这样,如我们所将解释的,现在存在连续统问题的一个全解。在哥德尔关于连续统假设不能证伪的发现之上,增加了它也不能证明这一事实。

哥德尔的结果和新的发现都需要建造一个模型,正如我们已描述过的几何学的相容性证明需要一个模型一样。在这两种情况下,我们都希望证明:如果有限制的集合论是相容的,那么标准集合论(或非标准集合论)也是相容的。

哥德尔的想法是为有限制的集合论构造一个模型,并证明在这个模型中选择公理和连续统假设是定理。他采用了下述方法。仅使用有限制的集合论的公理(见第4.4节),我们首先通过公理2保证了至少存在一个集合(空集);然后通过公理3和公理4,我们保证了一个越来越大的有限集的无限序列的存在;再通过公理5,保证了一个无限集的存在;再通过公理7,保证了一个越来越大的(不等势的)无限集的无尽序列的存在,等等。基本上以这种方式,哥德尔确定了这样一个集合类,其中的集合能由较简单的集合通过相继步骤被实际地构造出来,这些集合被他称为"可构造集(constructible sets)";它们的存在是由有限制的集合论的公理保证的。然后,他指出,在可构造集的范围内,选择公理和连续统假设都是能够证明的。这就是说,首先,从可构造集$(A,B,\cdots)$的任何可构造族α中,总可以选出一个由$A,B,\cdots$中至少各一个元素组成的可构造集Z。这就是选择公理,在这里可以更确切地称为选择定理。其次,如果A是任何一个无限可构造集,那么在A和2^A"之间"不存在可构造集(它大于A,小于A的幂集,且与它们都不等势)。如果A被取作第一个无限势,上面这句话就是连续统假设。

于是,一个"广义连续统假设"在可构造集合论中得到了证明。因此,如果我们准备采用只有可构造集存在这一公理,那么哥德尔的工作就算完全解决了这两个问题。为什么不这么做呢?因为人们感到,主张一个集合必须按照某个指定公式构成才能被认为是真正的集合,是不合理的。因此在普通的(不一定是可构造的)集合论中,选择公理和连续统假设都没有被证明。不过至少这一点是肯定的:它们二者都可以被假定不会造成任何矛盾,除非有限制的集合论的"安全"公理已经自相矛盾了。它们造成的任何矛盾必定已存在于作为普通集合论的模型的可构造集合论中。换言之,人们只知道它们二者都不能由其他公理证伪,而不知道它们能否被证明。

这里与欧氏几何中的平行公设的类比变得十分贴切。直到最近以前,欧氏几何公理的相容性一直被认为是当然的。使几何学家们感兴趣的问题是它们是否独立,即平行公设能否在其他公设的基础上得到证明。许多几何学家试图通过表明平行公设的否定引出谬论来证明平行公设。但是结果引出的不是谬论而是"奇异"几何的发现,这些几何具有与"现实世界"中的欧氏几何同样多的逻辑相容性,只是在这件事发生以后,人们才认识到二维非欧几何恰是一定的曲面(球和伪球)的普通欧氏几何。

在集合论中的类似步骤应该是否定选择公理或连续统假设。当然,我们这里指的是这个步骤应该证明这样一种否定与有限制的集合论是相容的,正如哥德尔已证明它们的肯定与有限制的集合论是相容的一样。就是这个几年前已完成的证明,在数理逻辑中掀起一股巨浪,它的最终结果是无法预料的。

由于这是一个证明公理系统的相对相容性的问题,我们自然想到构造一个模型。我们已经看到,当欧氏三维空间中的球面被证明是二维非欧几何的模型时,非欧几何的相对相容性就被确定了。按照可比较的方式,为了证明一个选择公理或连续统假设不成立的非康托尔集合论的合法性,我们必须用有限制的集合论的公理去构造一个模型,在那里选择公理的否定或连续统假设的否定可以被作为定理加以证明。

必须承认,构造这个模型是一件复杂而精细的事情。这也许是在意料中的。在哥德尔的可构造集中,即在他的康托尔集合论模型中,他的任务是创造某种基本上与我们的直觉集合概念相同而更易处理的东西。我们现在的任务是必须用有限制的集合论中熟悉的建筑材料,创造一个非直觉的陌生东西的模型。

与其举手认输,宣称用非专业方式描述这种模型是不可能的,我们不如试图至少给出一两个有关的最主要概念的描述性说明。我们的出发点是没有选择公理的普通集合论。我们仅希望在相对意义上证明非康托尔集合论的相容性。正如非欧几何的模型证明,如果欧氏几何是相容的,那么非欧几何也是相容的一样,我们将证明如果有限制的集合论是相容的,那么我们加上"选择公理是假的"或"连续统假设是假的"这句话,它仍是相容的。我们现在可以假定,我们有了一个有限制的集合论的模型,可以用作出发点,我们称这模型为 M,它可以被认为是哥德尔的可构造集合类。

我们从哥德尔的工作中得知,为了使选择公理或连续统假设失效,我们必须在 M 上至少加一个不可构造集。如何做到这一点呢?我们引入字母 a 来代表加到 M 上的对象;还需要确定 a 应是哪一类事物。一旦我们加上 a,我们也必须加上经过允许的有限制的集合论的运算而能从 a 得到的任何事物。这些运算就是把两个或更多个集合结合成一个新集合,形成幂集,等等。通过这些方式由 $M+a$ 生成的新的集合族叫作 N。问题是如何选取 a,使得:①N 是有限制的集合论的模型,正如根据假定 M 是它的模型一样;②a 在 N 中是不可构造的。只有当这一点是可能的时候,才有希望否定选择公理或连续统假设。

通过了解 1850 年的一位试图发现伪球的几何学家会如何着手,我们能对必须做什么有一个大致的认识。在十分粗略的意义上,他大概从欧氏平面内一条曲线 M 出发,想到不在这平面内的一点 a,然后把点 a 同 M 上所有点连接起来。由于 a 被选择得不在 M 的平面内,因此所得面 N 肯定不同于欧氏平面。于是可以合理地认为,有足够的创造才能和专业技巧的人能够证明它确实是非欧几何的一个模型。

在非康托尔集合论中的类似事情,是把作为不可构造集的新的集合 a 选择出来,然后产生一个新的模型 N,它是由通过把有限制的集合论的运算应用于 a 和 M 中的集合而获得的所有集合组成的。如果能做到这一点,那就已经证明,否定可构造性公理是可以安全地做到的。由于哥德尔表明可构造性蕴涵了选择公理和连续统假设,所以这是否定这两个命题中的任一个所必需的第一步。

为了迈出这第一步,必须证明两件事情:a 能够被选择得使它不仅在 M 中而且在 N 中保持不可构造性;N 像 M 一样是有限制的集合论的模型,为了确定 a,我们采用一个间接的过程。想象我们将提出一个关于 a 的所有可能命题的表,作为 N 中的一个集合。

于是,如果我们给出一个法则,通过它能够确定任何这样一个命题是否真,那么 a 就可以被确定。

关键性的想法原来在于选择 a 作为一个"一般"元素,即选择得使只有那些对于 M 中几乎所有集合为真的命题才对 a 为真。这是一个矛盾的概念。M 中的每个集合既具有用来鉴别它的个别特殊性质,又具有它与 M 中几乎所有其他集合共同的一般典型性质。结果发现,我们可能以明确的方式使特殊性质与一般性质的这个区别成为完全清楚的和形式的。然后当我们选取 a 作为一个一般集合(可以说是没有什么特殊性质使它与 M 中任何集合相区别的一个集合)时,可以断定 N 仍然是一个有限制的集合论的模型。我们引入的新元素 a 没有什么讨厌的性质能够损害我们最初给出的 M。同时 a 又是不可构造的。任何可构造集都有特殊性质——它能够被构造出来所经过的一些步骤,而我们的 a 恰好缺少这样的个别特征。

为了建立一个连续统假设不成立的模型,我们必须不是只把一个新元素,而是把大量的新元素加到 M 上去。事实上,我们必须加入无限多个新元素。我们实际上可以这样做,使得所加入的元素从模型 M 的角度看具有势

$$\aleph_2 = 2^{(2^{\aleph_0})}$$

再举一个粗略的几何类比是会有益的。如果把一个二维的生物嵌入一个非欧几何的曲面之中,那么它就不可能认识到它的世界是三维欧氏空间的一部分。在现在这个例子里,我们站在 M 之外,可以看到我们已加入的只是可数无限个新元素。然而,它们使计数不可能由 M 自身中能得到的任何装置来进行。因此,我们得到了一个新的模型 N',在这里连续统假设不成立。在 N' 中起着实数(即一个线段上的所有点)的作用的新元素,有大于 $2^{\aleph_0}$ 的势。所以现在存在一个无限势——$2^{\aleph_0}$,它大于 $\aleph_0$,但是小于 c,因为在我们的模型 N' 中 c 等于

$$2^{(2^{\aleph_0})}$$

因为我们能够构造一个集合论模型,其中连续统假设不成立,由此可知这一"连续统假设不成立"的假定可以被加到普通的有限制的集合论中,而不会产生原来不存在的矛盾。按照相同的精神,我们也能够建立集合论的模型,使选择公理不成立。我们甚至能确定哪些无限集是"可供选择的",哪些是"太大以致不可供选择的"。

值得注意的是,哥德尔只用一个模型(可构造集)就得出他的结果,而我们在非康托尔集合论中则不止一个而是有许多个模型,其中每一个都根据特定的意图加以构造。或许比任何模型更重要的是使人们把它们全都构造出来的技巧,即"一般"的概念和相关的"力迫"的概念。很粗略地说,一般集合只具有它们为了像集合而被"力迫"具有的那些性质。为了决定 a 是否被"力迫"具有某种性质,我们必须观察全部 N。然而除非我们已确定 a,N 实际上并未被定义!对于如何使这个貌似循环的论证不循环的认识,是这个新理论中的另一个关键因素。

在巴怀斯(Barwise)编的《数理逻辑手册》(*Handbook of Mathematical Logic*)中,伯吉斯(Burgess)对柯恩的方法在后来的进一步应用做了说明。他写道:

此后柯恩的方法已被用来证明超限算术、无限组合学、测度论、实直线的拓扑、泛代数和模型论中假设的相容性。

连续统假设的真实性依然没有确定。柯恩和哥德尔证明：策墨罗-弗兰克尔集合论的公理不足以确定它。如果我们相信集合是真实的，那么我们可以确信：连续统假设必须是真的或假的。于是我们必须做的事是发现一个直觉上似真的，并且强到足以解决这个问题的新公理。至今没有人找到这样一个新公理，所以我们仍旧可以自由地做出选择：或者采用连续统假设，或者拒绝它。

进一步的阅读材料，见参考文献：J.Burgess；P.J.Cohen［1966］；K.Gödel。

附录　康托尔的对角线方法

这里仅做一个简单的介绍。考察所有定义在整数 1,2,3,… 上的函数 f。

定理　所有这些函数不可能排列在一个表中。

证明　假定这是可能的。那么表中存在第一个函数，称它为 f_1，进而有第二个函数 f_2，等等。现在对于每一个数 n，这里 n 取值 1,2,3,…，考察数 $f_n(n)+1$。这一数列本身构成了一个定义在整数上的函数，所以由我们的假定，它必在表中，称它为 f_k。由定义，$f_k(n)=f_n(n)+1$，它对于 $n=1,2,3,…$ 成立。特别地，它对于 $n=k$ 成立。由此得 $f_k(k)=f_k(k)+1$。因此 0＝1，矛盾。

对角线法在递归函数论中起着特别重要的作用。

5.5　非标准分析

非标准分析是逻辑学家鲁宾孙（Robinson）创立的一个新的数学分支，它标志着在几个著名的古老悖论中发展出一个新的天地。鲁宾孙复活了"无穷小"——一个无穷小的却又大于零的数——的概念。这一概念源于古代。对于传统的或"标准的"分析来说，它似乎明显地自相矛盾。然而，至少从阿基米德时代起，它就一直在力学和几何学方面发挥着重要作用。

在 19 世纪，无穷小曾被完全逐出了数学领域，或者说它似乎是这样。面对逻辑的要求，魏尔斯特拉斯将牛顿和莱布尼茨的微积分中的"无穷小"改造掉了。但是今天，正是数理逻辑以其当代的精巧和力量复苏了无穷小，使它再次受到欢迎。在某种意义上，鲁宾孙为 18 世纪数学那种同 19 世纪的极端严格相反的满不在乎的放纵做了辩护，在没完没了的有限与无限、连续与间断之间的战争中增添了新的一章。

在伴随着微积分发展的关于无穷小的争论中，欧氏几何是反对近代人们所持观念的一种典范。在欧氏几何中，无穷大和无穷小都被有意地排除了。在欧氏几何中可以看到，一个点是只有位置而没有大小的。这种定义被称为无意义的，但也许它正是决心不使用无穷小论证的一种保证。这是对古希腊早期思想的一种否定。德谟克利特的原子论不仅适用于说明物质，而且也适用于说明时间和空间。但是，芝诺的论证已使时间作为一排接续时刻或直线作为一排接续"不可分量"的概念站不住脚了。系统的逻辑(理论)的创始人亚里士多德从几何学中排除了无穷大和无穷小。

这里是在几何学中使用无穷小论证的一个典型例子:

> 我们希望找出圆面积与圆周长之间的关系。为了简单起见,设圆的半径为1。现在,可以认为这个圆周是由无穷多条直线段连接而成。它们全都相等,并且都无限短。于是这个圆是一些无穷小的三角形之和,这些三角形的高都等于1。三角形的面积等于底乘高的一半,所以这些三角形的面积之和恰好等于底之和的一半。但是所有这些三角形面积的和就是圆的面积,并且这些三角形底边长的和就是圆周长,所以半径为1的圆面积等于圆周长的一半。

这种会被欧几里得反对的论证,在15世纪由库萨的尼古拉发表了。这个结论当然是正确的,但论证的缺陷不难发现。至少可以说,具有无穷小底的三角形的概念是难以理解的。确实,一个三角形的底长只能等于或大于零。如果等于零,那么面积是零,而且无论将多少项相加都只能得到零。另一方面,如果它大于零,那么无论它怎样小,如果我们把无穷多的项相加,都会得到一个无穷大的和。在两种情况下,我们都不能从无穷多的相等量之和得到一个具有有限周长的圆。

这种反驳实质上提出这样一个断言:即使是一个非常小的非零数,如果把它自身相加足够多次,就会变得任意地大。由于这个断言最初是由阿基米德提出的,所以被称为实数的阿基米德性质。一个无穷小量如果存在,它将恰恰是一个非阿基米德数。就是说,无论它自身相加多少次,总是一个大于零且小于比如说1的数。阿基米德承袭亚里士多德和欧几里得的工作传统,断言每一个数都具有阿基米德性质:不存在无穷小。然而,阿基米德也是一位自然哲学家、工程师和物理学家。他使用无穷小和他的物理直觉,解决了抛物线几何学中的问题。然后,由于无穷小"不存在",他使用了依赖于一个间接论证和一些纯粹有限构造的"穷举法",给出了他的结果的一个"严格"证明。这个严格证明在他的论文《论抛物线求积》(On the Quadrature of the Parabola)中给出。但实际上使用无穷小来得到答案,则见于一篇叫作《论方法》(On the Method)的文章,这篇文章在其1906年被发现而引起轰动之前一直无人知晓。

阿基米德的回避了无穷小的穷举法,在精神上很接近19世纪魏尔斯特拉斯及其追随者为把无穷小法逐出分析学而采用的"ε-δ"方法。参考我们把圆看作无穷多边形的例子,这一点很容易解释。对于我们通过逻辑上不可接受的论证而发现的公式"半径为单位一的圆面积等于圆周长之半",我们希望获得一个逻辑上可接受的证明。

我们推论如下。这个公式断言半径为1的圆的面积与周长之半这两个量相等。如果这个公式不成立,那么这两个量中的一个就比另一个大。令A为从较大数减去较小数所得到的正数。现在我们可用一个任意多边数的正多边形外切这个圆。由于这个多边形是由有限个高为1的三角形组成的,我们知道它的面积等于周长的一半。通过使边数足够大,我们能够使多边形的面积与圆的面积之差小于A的一半(无论A取何值);同时,多边形的周长与圆周长之差小于A的一半。但是这样一来,圆的面积与半周长之差

必定小于 A。这与我们开始所做的假设矛盾。所以假设不能成立,即 A 必等于零,这就是我们想证明的。

这种论证在逻辑上没有错误,但是与最初的分析的直接性相比,就显得有些琐碎甚至迂腐。归根结底,如果使用无穷小能得到正确答案,这种论证在某种意义上不是必然正确的吗?纵然我们不能证明它所采用的概念是正确的,如果它起作用,它怎么能实际上是错误的呢?

阿基米德并没有为无穷小做这种辩护。的确,他在《论方法》中小心地解释道:"这里陈述的事实实际上不是由所用论证来证明的。"并且说,一个严格的证明已另行发表。另一方面,库萨的尼古拉却喜欢用无穷量来推理,因为他相信无穷是"所有知识的源泉和工具,同时也是不能达到的目标"。尼古拉的神秘主义为开普勒所继承,他是现代科学的奠基者之一。1612 年,开普勒在一项比起他的天文学发现来现在不大为人所知的工作中,曾利用无穷小得出一个酒桶的最佳比例。他没有被他的方法中的自相矛盾性所困惑;他依赖于神圣的灵感。他还写道:"自然界只靠本能教授几何,甚至无须推理。"而且他的酒桶体积公式是正确的。

最著名的数学神秘主义者无疑是帕斯卡,为了回答那些反对用无穷小量去推理的同时代人,帕斯卡喜欢说:"心灵的干预使这项工作条理清楚"。他认为无穷大和无穷小是神秘的,大自然向人们提供它们,不是为了让人们理解,那是为了使人们敬慕。

无穷小推理的丰硕成果来自帕斯卡之后的几代人:牛顿、莱布尼茨、伯努利兄弟(雅各布和约翰)和欧拉。微积分基本定理是 17 世纪 60 年代和 70 年代由牛顿和莱布尼茨发现的。微积分的第一部教科书是 1696 年由洛必达(L'Hospital)写出的,他是莱布尼茨和约翰·伯努利的学生。书的开头给出了两个公理,第一个公理是:两个相差无穷小的量可被认为是相等的。这实际是说,这两个量可以同时被认为是彼此相等的和不等的!第二个公理是:一条曲线等于"无穷多条无穷小直线段的总和",这是公开信奉两千多年前就被亚里士多德取缔的方法。

洛必达还指出,普通的分析学仅处理有限量,这种理论一直深入到无穷大自身,它比较有限量之间的无穷小差异,它发现这些差异之间的关系,并且由此可以知道比起无穷小量来似乎是无穷大的有限量之间的关系。人们甚至可以说,这种分析超出了无限之外,因为它并不把自身局限于无穷小差异,而是去发现这些差异的差异之间的关系。

牛顿和莱布尼茨没有分享洛必达对于无穷小的热情。莱布尼茨并不主张无穷小实际存在,只是认为它们在能用于推理而不会产生错误的意义上似乎存在。尽管莱布尼茨没有证实这种主张,但是鲁宾孙的工作表明,在某种意义上他毕竟是对的。牛顿试图回避无穷小。在他的《数学原理》(*Principia Mathematica*)中,就像阿基米德《论抛物线求积》中一样,最初通过无穷小方法得到的结果,是用纯粹的有限的欧几里得方式表示出来的。

对于数学分析,动力学所提出的问题同几何学所提出的问题同样重要。中心问题是"流量"与"流数"之间的联系,这两个概念现在被称为运动物体的瞬时位置和瞬时速度。

考察一块下落的石头,它的运动可以通过给出它的作为时间函数的位置来描述。当下落时,它的速度是增大的,即速度在每一时刻都是时间的可变函数。牛顿称位置函数为"流量",速度函数为"流数"。如果这二者之一是已知的,那么另一个即可以确定。这种联系是牛顿和莱布尼茨建立的微积分的核心。

在石头下落的情形中,流量是由公式 $s=16t^2$ 给出的,这里 s 是石头开始下落后经过的距离英尺数,t 是经过的时间秒数。石头下落时它的速度是稳定递增的。怎样才能求出石头在某一瞬间,比如 $t=1$ 的速度?

对于有限的时间,我们通过初等公式可以找到平均速度:平均速度等于距离除以时间。我们可以用这个公式来求瞬时速度吗? 在时间的一个无穷小增量中,距离的增量也是无穷小的,它们的比率,即瞬时平均速度,应该是我们所求的有限瞬时速度。

由 dt 表示时间的无穷小增量,ds 表示距离的相应增量(当然 ds 和 dt 应被看作单一符号,而不是 d 乘 s 和 d 乘 t)。我们希望求出比率 ds/dt,它将是有限的。为了求出从 $t=1$ 到 $t=1+dt$ 的距离增量,我们计算当 $t=1$ 时石头的位置,它等于 $16×1^2=16$;当 $t=1+dt$ 时,它的位置是 $16×(1+dt)^2$。只用少许初等代数知识,我们得到距离的增量,ds(两个距离之差)等于 $32dt+16dt^2$,因此比率 ds/dt(我们试图求出的量)等于 $32+16dt$。

现在问题已经解决了吗? 由于答案应该是有限量,我们要省略掉无穷小项 $16dt$,而得到答案:瞬时速度是每秒 32 英尺。这恰好是贝克莱主教不会让我们做的事情。

贝克莱在 1734 年出版的《分析学家》(*The Analyst*)中,对无穷小方法提出了卓越的破坏性的批评。他声称这书是写给"一位不信教的数学家"的,人们一般猜测这是指牛顿的朋友、天文学家哈雷(Halley)。哈雷提供了《数学原理》的出版费用,并且帮助筹备印刷。据说哈雷还曾使贝克莱的一位朋友相信"基督教教义的不可思议性"。主教反击道,牛顿的流数术与神学中的任何论点同样地"含糊、不相容和不可靠"。

"我将要求一个自由思想家的特权",主教写道,"并且用你敢于探讨宗教的原理和秘密的同样的自由,不受拘束地调查当代数学家所容许的对象、原理和证明的方法。"贝克莱宣称,莱布尼茨简单地"认为"$32+16dt$"等同于"32 的做法,是不可理解的。他写道:"说'略去的项'是一个非常小的量也没有什么用处,因为我们知道在数学中无论多么小的量都是不能被略去的。如果某种东西被略掉,无论它怎样小,我们不再能声称得到了精确的速度,而只是得到近似值。"

牛顿不同于莱布尼茨,他在晚期作品中试图用物理的启发性语言来减弱无穷小学说的"粗糙性(harshness)"。"所谓最后速度,既不是在物体到达最后位置(这时运动停止)之前的运动速度,也不是在这之后的速度,而是正到达的那瞬间的速度……因此,同样地,所谓逐渐消失的量的最后比,指的既不是在消失之前,也不是在消失之后,而是正当它们消失时的比。"但是,当他进行计算时,他仍然不得不认为从他的计算答案中删去无用的"可忽略的"项是合理的。牛顿的论证是如我们已做过的那样,首先得到 $ds/dt=32+16dt$,然后使增量 dt 等于零,留下 32 作为精确答案。

　　但是,贝克莱写道:"似乎这种推理是不清楚、不明确的。"归根结底,dt 只能等于零或不等于零。如果 dt 不等于零,那么 $32+16dt$ 不等于 32。如果 dt 真等于零,那么距离的增量 ds 也是零,并且分数 ds/dt 真不等于 $32+16dt$,而是无意义的表达式 $0/0$。"如果说令增量消失,即设增量是零或不存在,那么前面关于增量是某种东西,或增量存在的假定就破坏掉了。然而这个假定的结果,即由此而得到的表达式却保留了下来。这是一种错误的推理方法。"贝克莱不无慈悲地总结说:"这些流数是什么呢? 逐渐消失的增量的速度。这些逐渐消失的增量又是什么呢? 它们既不是有限的量,又不是无穷小的量,也不是零,难道我们不能称之为逝去量的幽灵?"

　　当时,贝克莱的逻辑不可能得到回答。然而,数学家们继续把无穷小用了一个世纪,并且取得巨大成功。实际上,物理学家和工程师们从未停止使用它们。另一方面,在纯粹数学中,恢复欧几里得的严格性的努力在 19 世纪取得了成功。1872 年,在魏尔斯特拉斯领导下,这项工作达到了顶峰。在 18 世纪那个无穷小的伟大时代,存在着一个有趣的现象,就是人们认识到数学与物理学之间并无隔阂。带头的物理学家往往就是带头的数学家。当纯粹数学再次作为一个独立的学科出现时,数学家们又确信他们工作的基础没有明显的矛盾。现代分析学做了古希腊人已做过的事情来确保它的基础,这就是取缔无穷小。

　　为了按照魏尔斯特拉斯的方法求瞬时速度,我们放弃把速度作为一个比率来计算的任何企图,而把它定义为有限增量的比所近似的一个极限。令 Δt 是可变有限时间增量,Δs 是相应的可变空间增量。于是 $\Delta s/\Delta t$ 等于变量 $32+16\Delta t$。通过把 Δt 选得足够小,我们可以使 $\Delta s/\Delta t$ 取任意接近 32 的值。因此,根据定义,在 $t=1$ 时速度精确地等于 32。

　　这种方法成功地消除了与非有限数的任何关系。它也避免了直接使分数 $\Delta s/\Delta t$ 中 Δt 等于零的任何努力。这样我们就避开了贝克莱主教设下的两个逻辑陷阱。然而,我们付出了代价。直觉上清楚的和物理上可测度的量,即瞬时速度,变得从属于惊人微妙的"极限"概念。如果我们要详细叙述出这件事的含义,我们有下面的拗口令:

　　　　任给一正数 ε,若对于绝对值小于另一正数 δ(它取决于 ε 和 t)的任 一 Δt,
　　总有 $\Delta s/\Delta t - v$ 的绝对值小于 ε,则速度是 v。

　　我们用两个新量 ε 和 δ 之间的一种微妙的关系定义了 v,在某种意义上说,这两个新量是与 v 本身无关的。至少在不知道 ε 和 δ 的情况下,并没有妨碍伯努利或欧拉求出速度。原因是我们在学习这个定义之前就已经真实地知道了瞬时速度是什么;出于逻辑相容性的考虑,我们接受了一个比被定义的概念难理解得多的定义。当然,对于一个训练有素的数学家,$\varepsilon\text{-}\delta$ 定义是直觉的;这表明通过适当的训练可以做到这一点。

　　在极限概念和它的 $\varepsilon\text{-}\delta$ 定义的基础上重建微积分,相当于把微积分还原为实数的算术。从这些根本性的阐述所获得的动力,自然导致对于实数系自身的逻辑基础的冲击。经过两千五百年后,人们又一次回到了无理数问题上面。这个问题是毕达哥拉斯之后希腊人视为无望而久已放弃的。用在这种努力中的工具之一,是新近发展起来的数理逻辑或者叫符号逻辑。

最近人们发现,数理逻辑为计算机理论和计算机程序提供了一个概念基础。因此,这个纯粹数学的典型现在不得不被认为属于数学的可应用部分了。

在逻辑与计算之间起联结作用的,在很大程度上是形式语言的概念,这种语言是机器所理解的。并且,正是形式语言的概念使鲁宾孙能够把莱布尼茨认为人们可以在好像无穷小存在的情况下进行推理而不会造成错误的主张精确化。

莱布尼茨曾认为无穷小是无穷小的正数或负数,它们仍然具有与数学中普通数"同样的性质"。表面上,这种说法似乎自相矛盾。如果无穷小具有与普通数相同的"性质",那么,它们怎么能具有"是正的但小于任何普通正数"的性质呢? 通过使用形式语言,鲁宾孙能够解决这一悖论。鲁宾孙说明了如何构造一个包含无穷小的系统,它在所有可用某种形式语言表达的那些性质方面,都等同于"实"数系。自然,那个"是正的但小于任何普通正数"的性质,不可能用这种语言表达,因此避免了悖论。

这种情况是曾与计算机沟通的人都熟悉的。一个计算机只能接受事先给定的某一符号表中的符号作为输入信号,这些符号必须按照某些给定的规则使用。用于人类交流的普通语言所服从的规则,语言学家们至今还远远没有理解。如果必须与计算机交流,它们实际上是很"笨"的,这恰恰是因为它们和人类不同,使用的是具有一个给定词汇表和一组给定规则的形式语言。而人类使用自然语言,它的规则从未被完全弄清楚。

当然,数学和哲学或计算机设计一样,是一种人类活动。数学同其他人类活动一样,是由人使用自然语言进行的。同时,数学还具有一种特殊性,它也可以用一种形式语言来充分加以描述,在某种意义上,形式语言能精确地反映它的内容。可以说,发现一种数学用形式语言表达的可能性,是对它是否被充分理解的检验。

在非标准分析中,我们取为标准数学家所知的有限实数和微积分中的其余部分作为出发点,称这些内容为"标准宇宙(standard universe)",记为 M。我们讨论 M 所用的形式语言可记为 L。L 中任何语句都是关于 M 的一个命题,当然它必定或真或假。就是说,或者 L 中的任何语句为真,或者它的否定为真。我们称所有真语句集为 K,并且说 M 是 K 的一个"模型"。我们的意思是,M 是这样一个数学结构,当 K 中每个语句对照着 M 做解释时,它是真的。当然,我们不知道 K 在任何实际意义上的内容;如果我们知道,我们就能回答分析中每个可能问题了。然而,我们把 K 当作一个确定好了的对象,我们能够对它进行推理并得出结论。

基本的事实,或主要之点,是在 M 这个标准宇宙之外,还存在着 K 的非标准模型。就是说,存在着数学结构 M^*,它们在我们将解释的某种意义上,同 M 有根本区别,但它们在这一术语的自然意义上也是 K 的模型:在 M^* 中存在着这样一些对象和对象间的关系,使得如果 L 中的符号经过重新解释,而以适当方式应用于这些伪对象和伪关系,那么 K 中的每一语句仍然是真的,虽然具有不同的意义。

下面这个粗略模拟将有助于直觉意义上的理解。设 M 是某中心中学的高中毕业班学生的集合。出于论证的缘故,假定他们都在学校的年鉴上登有照片,每张照片都占 2 英寸见方的面积。那么 M^* 可以是年鉴每一页所有 2 英寸方块的集合。显然可以认为,

关于中心中学学生的任何真的命题,都与关于年鉴中某个二英寸方块的真的命题相对
应。当然,年鉴中还有许多二英寸方块不对应于任何学生。所以 M^* 比 M 大得多;除去
与 M 的成员相对应的元素外,M^* 中还包含许多别的元素。

因此,关于"史密斯比克莱茵瘦"的命题,当在 M^* 中解释时,它是关于某两张二英寸
照片的命题。如果按照标准的方式解释关系"比……瘦",是不真的。所以"比……瘦"必
须重新解释为伪学生(学生的照片)之间的一种伪关系。只有当史密斯确实比克莱茵瘦
时,我们才可以通过说标明"史密斯"的二英寸照片"比"标明"克莱茵"的二英寸照片"瘦",
来定义伪关系"比……瘦"。用这种方法,关于学生的真命题,被重新解释为关于二英寸
照片的真命题。

当然,在这个例子中,整个论证有点做作。但是如果 M 是关于微积分的标准宇宙,
那么非标准的宇宙 M^* 将是一个不寻常的有趣的场所。

有趣的非标准模型的存在最初是由挪威逻辑学家斯科伦发现的。他发现计数公
理——描述"自然数 $1,2,3,\cdots$"的公理——有非标准的模型,其中包含一些在普通的算术
中无法考虑的"奇怪"对象。鲁宾孙的卓越见识在于,看到现代形式逻辑的这个奇异的分
支,怎样成为在微积分中复兴无穷小方法的基础。在这次复兴中,他依靠最初由俄罗斯
逻辑学家马尔采夫(Malcev)证明,然后由伯克利加州大学的亨金(Henkin)推广的一个定
理,这就是"紧致性定理"。这个定理同哥德尔的著名的"完全性定理"有关,后者指出,一
个语句集当且仅当这些语句有一个模型,即当且仅当存在一个使这些语句为真的"宇宙"
时,是逻辑上相容的(从语句中不能推出任何矛盾)。

紧致性定理陈述如下:假设我们在语言 L 中有一个语句集,又假设在标准宇宙中,这
个语句集的每一个有限子集都是真的。于是存在着一个非标准宇宙,在这里整个语句集
都是真的。

紧致性定理很容易从完全性定理中得出。如果 L 的一个语句集的每个有限子集在
标准宇宙中是真的,那么每个有限子集是逻辑相容的。所以整个语句集是逻辑相容的
(因为任何推论都只能利用有限个前提)。通过紧致性定理,可知存在一个(非标准的)宇
宙,在这里整个语句集都是真的。

紧致性定理的一个直接推论是无穷小的存在。为了了解这个使人惊异的结果是如
何从紧致性定理得到的,考察下面的语句。

"C 是一个比零大比 $\frac{1}{2}$ 小的数。"

"C 是一个比零大比 $\frac{1}{3}$ 小的数。"

"C 是一个比零大比 $\frac{1}{4}$ 小的数。"

……

这是一个语句的无限集,其中每一个语句都可以用形式语言 L 写出。对于实数的标准宇宙 R 来说,这个语句集的每个有限子集都是真的,因为如果存在有限多个形如"C 是一个比零大比 $1/n$ 小的数"的语句,那么语句之一将包含最小分数 $1/n$,并且 $1/2n$ 实际将大于零而小于这个有限语句表中的所有分数。但是如果考察这些语句的整个无限集,那么对于标准实数来说它就是假的,因为无论你选出一个怎样小的正实数 C,只要 n 足够大,$1/n$ 总将小于 C。

马尔采夫和亨金的紧致性定理表明:存在一个包含伪实数 R^* 的非标准宇宙,R^* 中有一个小于任何形如 $1/n$ 的数的正伪实数 C。就是说,C 是无穷小的。此外,C 在完全精确的意义上具有标准实数的一切性质:能够用形式语言 L 陈述的关于标准实数的任何真命题,对于包括无穷小的 C 在内的非标准实数也是真的,当然这需要在某种适当的解释下。(标明"史密斯"的二英寸照片实际不比标明"克莱茵"的二英寸照片瘦,但是"史密斯比克莱茵瘦"这一命题,在"比……瘦"的非标准的解释之下是真的。)另一方面,所有标准实数都共有的某些性质可能不适用于非标准的伪实数,如果这些性质不能用形式语言 L 表示的话。

R 的阿基米德性质(无穷小的不存在性)可以用 L 的一个无限语句集表示如下(我们按照惯例用符号">"表示"大于")。对于 R 的每一个正元素 c,下面所有的(但是有限多的)语句是真的:

$$c>1$$
$$c+c>1$$
$$c+c+c>1$$
$$\vdots$$

然而对于伪实数 R^*,这不是真的,因为如果 c 是无穷小的(因此是伪实的),那么所有这些语句都是假的。换言之,c 无论取多少项,它们的有限和都不能超过 1。阿基米德性质在标准世界中是真的但在非标准世界中是假的这一事实本身,证明了它是不能用 L 的一个语句表示的。我们使用的命题包含无穷多的语句。正是由于这一区别,使伪对象变得十分有用,它们在形式上表现得像标准对象一样,但是它们不具备那些不能被 L 形式化的重要性质。

虽然非标准宇宙在概念上不同于标准宇宙,但是也可以认为它是标准宇宙的一个扩展。由于 R^* 是 L 的一个模型,关于 R 的每个真语句都在 R^* 中有一个解释,尤其是,R 中数的名称都可解释为 R^* 中对象的名称。我们可以简单地认为 R^* 中叫作"2"的对象就是 R 中熟知的数 2。由此可见 R^* 中包含着 R 中的标准实数,连同无穷小和无穷大量的巨大集合,R 就嵌在这个集合里面。

R^* 中的一个对象(一个伪实数),如果比每个标准实数都伪大,就称为无穷大的;否则就称为有限的。一个正伪实数,如果比每一个正标准实数都伪小,就称为无穷小的。如果两个伪实数的伪差是有限的,我们就说它们属于同一"星系";伪实轴包含着不可数的无穷多的星系。如果两个伪实数的伪差是无穷小的,我们就说它们属于同一个"单子

（monad）"（这是鲁宾孙从莱布尼茨的哲学著作中引用的术语）。如果一个伪数 r^* 无限地接近于标准实数 r，我们就说 r 是 r^* 的标准部分。所有标准实数当然都在同一个星系之中，它被称为主星系。在主星系中，每个单子包含一个且只包含一个标准实数。这个单子是 r 的"无穷小邻域"，即无限地趋近于 r 的非标准实数集。单子的概念后来被发现不但适用于实数，也适用于一般的度量空间和拓扑空间。因此，非标准分析不仅与初等微积分有关，也与现代抽象分析的整个领域有关。

当我们说无穷小或单子存在时，必须明确我们完全没有认为这件事会被欧几里得或贝克莱所理解的意思。直至一百年前为止，所有哲学家和数学家都心照不宣地假定，数学的研究对象在与认为物理学具有真实研究对象的意义相接近的意义上，也是客观地真实的。无穷小是否存在是一个事实问题，它与物质的原子是否存在的问题没有多大区别。今天许多数学家，或许是大多数数学家，已经不那么深信他们的研究对象的客观存在了。模型论不需要对这种本体论问题予以这种或那种方式的承诺。数学家们想从无穷小中得到的不是物质的存在性，而是把它们用于证明的权利。为了这个目的，人们只需要确保使用无穷小时的证明不比不用无穷小时的证明更坏。

非标准分析在研究中的运用与此相似。人们希望证明一个仅含标准对象的定理。如果有人在非标准的扩展中嵌入标准对象，他就能够用非标准对象找到一个简洁得多而更深刻的证明。于是这个定理实际上是相对于它的词和符号的非标准解释而得到证明的。那些与标准对象相对应的非标准对象具有这样一个特征：关于它们的语句（在非标准解释中）是真的，仅当关于标准对象的同样语句（在标准解释中）为真时才成立。这样我们就通过关于非标准对象的推理证明了关于标准对象的定理。

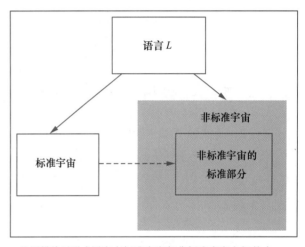

此图描绘了形式语言在标准宇宙与非标准宇宙之间的中介作用。形式语言 L 描述包含经典数学中的实数的标准宇宙，L 的语言如果在标准宇宙中是真的，那么在包含诸如无穷小这样的额外数学对象的非标准宇宙中也是真的。因此，非标准分析首次使无穷小方法精确化。

例如,回顾一下库萨的尼古拉关于半径为 1 的圆面积等于周长的一半的"证明"。根据鲁宾孙的理论,我们看到尼古拉的论证在何种意义上是正确的。一旦有了无穷小和无穷大数(在非标准宇宙中),就能够证明圆面积是无穷多个无穷小的总和(在非标准宇宙中)的标准部分。

现在我们看一下如何用鲁宾孙的方法解决落体问题。我们不像洛必达那样把瞬时速度定义为无穷小增量的比,而是定义为比的标准部分。于是 ds、dt 和它们的比 ds/dt 都是非标准实数。我们和前面一样有 $ds/dt = 32 + 16dt$,但是现在我们严格地并且在不需要任何极限观念的情况下,直接推断出 v 作为 ds/dt 的标准部分等于 32。在莱布尼茨的无穷小方法中做一点微小的修改,仔细地区别非标准数 ds/dt 与它的标准部分 v,就避免了矛盾,而这矛盾是被洛必达简单地忽略掉的。

当然,需要证明鲁宾孙的定义给出的答案与魏尔斯特拉斯的定义给出的答案一般说来是相同的。这个证明并不困难,但我们不想在这里给出了。

使无穷小方法首次获得精确性的目的现在已达到了。在过去,数学家们必须做出某种选择。如果他们使用无穷小,就必须依赖经验和直觉进行正确的推理。"继续下去吧",据传,达朗贝尔(d'Alembert)曾向他的一个犹豫不决的数学界友人保证:"信心不久就会再现。"为了严格的确实性,人们不得不求助于麻烦的阿基米德穷举法或它的现代翻版,即魏尔斯特拉斯的 ε-δ 方法。现在,无穷小方法或更一般的单子方法,已经从启发式水平提高到严格水平。形式逻辑方法由于完全回避了刺激贝克莱和所有其他早期争论者的问题,即无穷小量是否在某种客观意义上确实存在的问题,而取得了成功。

从工作中的数学家的角度看,重要的事情是他重新获得了自从阿基米德之前的时代起已富有成果的某些证明方法和推理路线。一个无穷小邻域的概念不再是一种自相矛盾的修辞手段,而是一个精确定义的概念,恰如分析中的其他概念一样具有合法性。

我们已经讨论的应用都是基本的,事实上也是较平凡的。重要的应用已经和正在做出。在非标准动力学和非标准概率方面已出现了一些工作。鲁宾孙和他的学生伯恩斯坦(Bernstein)用非标准分析解决了一个以前未解决的关于紧线性算子的问题。然而必须承认,许多分析学家仍然怀疑鲁宾孙方法的终极重要性。一个非常现实的问题是,利用无穷小做出的事情,原则上不用它们也可以做出。也许和其他根本性的变革一样,新概念将被新一代数学家们充分利用,因为他们没有过深地陷身于标准方法之中,因而能够享受非标准分析的自由和力量。

进一步的阅读材料,见参考文献:A.Robinson[1966];M.Davis[1977];K.D.Stroyan;W.A.J.Luxemburg。

5.6 傅立叶分析

要上演威尔第(Verdi)① 的歌剧《阿伊达》(*Aida*),我们不能没有铜管乐器和木管乐

---

①　威尔第(1813—1901),意大利作曲家。——译者注

器,弦乐器和打击乐器,男中音和女高音;总的来说,需要一整套音叉,再加上一种控制音量的精确方法。

这是"傅立叶定理"对于声学的一种应用,可以说,它是物理学和工程学的许多分支中最有用的事实之一。这一定理的物理学"证明"是由赫尔姆霍茨(Helmholtz)给出的,当时他表明通过电动音叉的适当组合能产生复杂的乐声(今天这类装置被称为电子音乐综合器)。

按照数学术语,每一个音叉发出一种振动,它的图形作为一个时间的函数是一个正弦波(右上图)。

如果音调是中音 c,那么从一个波峰到下一个波峰的距离,即波长或周期,将是一秒的 1/264。每个波峰的高度是振幅,它粗略地标志着音量的大小。任何乐声的物理根据都是空气压力的一个周期变化,它的图形可以是一条曲线。(右中图)

用绘图术语来说,傅立叶定理认为这样的曲线可以通过最初那样的图形的叠加而得到。(右下图)

用分析学的术语来说,傅立叶定理认为:如果 y 是一个重复的周期函数,比如说每秒重复 100 次,那么 y 具有如下的展开式:

$$y = 7\sin 200\pi t + 0.3\sin 400\pi t + 0.4\sin 600\pi t + \cdots$$

在每一项中,时间 t 乘以频率的 2π 倍。第一项的频率是 100,它称为基音或第一谐音;较高谐音的频率都是 100 的整倍数。系数 7,0.3,0.4 等,必须被调整得适合于我们称为"y"的特定的声音。末尾的省略号意味着展开式无限延续;被包含的项数越多,总和就越接近于 y。

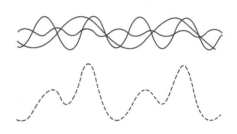

三个纯音的组合,它们的频率比是小整数

如果 y 不是周期函数,即无论我们等待多久它都不重复自身,将会怎样呢? 在这种情况下,我们可以认为 y 是一系列具有越来越长的周期(即频率越来越小)的函数的极限。然后,傅立叶定理应是求包括**所有**频率在内的和,而不是包括已知基频的倍数的和。这时展开式就称为傅立叶积分,而不称为傅立叶级数。

一旦我们把这个定理从物理学术语翻译成数学术语,我们就有权力要求符合数学标准的命题和证明。确切地说,我们要让 y 成为一个怎么样的数学函数呢? 我们的无限级数之和确切地说来意味着什么呢? 这些由傅立叶分析的实际需要所引出的问题,已经费尽了从欧拉和伯努利以来的每一位大分析学家的心力;它们至今仍然在获得新的答案。

一个新的,也是非常实用的答案,是用数字计算机做数值上的傅立叶分析的有效而独创的技术。1965 年,库利(Cooley)和图基(Tukey)的一篇著名论文开发了今天机器运算中所有的二进制记数法,极大地节省了计算时间。通过利用正弦波的对称性这一最突出的优点,他们把求得在 N 个数据点上给出的一个函数的傅立叶展开式所需的运算次数从 N^2 次运算减少到 $2N\log_2 N$ 次运算。这种减少足以表明:在许多应用中,傅立叶展开式对于计算的有效应用第一次成为可能。例如据报道,当 $N = 8\ 192$ 时,在一台 IBM7094 上计算大约需要 5 秒;而使用常规的运算程序,一般需要半小时。

说到傅立叶级数的起源问题,实际上还需要回到同我们最初论及的傅立叶分析的音乐解释密切相关的问题上来,这就是振动弦的运动问题。

弦上的波

决定弦的振动的"波动方程",是 1747 年由达朗贝尔给出的,他还找到了方程的一个解,即一个向左而另一个向右运动的两个具有相同但"任意"形式的行波的和。现在如果弦最初是静止的(速度为零),它未来的运动完全取决于离开平衡状态的初始位移。因此,在这个问题中存在着一个任意函数(给出弦在被放松之前的初终位置),在达朗贝尔的解中也存在一个任意函数(给出行波的形状)。所以达朗贝尔认为他已经给出了问题的通解。

然而我们必须了解,达朗贝尔和他的同时代人所说的"函数",相当于我们今天所说的"公式"或"解析表达式"。欧拉指出,没有什么物理根据要求弦的初始位置只由一个函数给出。弦的不同部分完全可以由不同的公式(线段、圆弧等)描述,只要它们能光滑地拟合。此外,行波的解可以被扩展到这种情况。如果行波的形状与初始位移的形状匹配,那么欧拉认为这个解仍然有效,尽管它不是由一个单独的函数给出,而是由几个分别在不同范围内有效的函数给出。应当指出,对于欧拉和达朗贝尔来说,每一个函数都有一个图形,但是并非每一个图形都表示一个单独的函数。欧拉主张,任何图形(即使不是由一个函数给出)都可被认为是弦的一个可能的初始位置。达朗贝尔不接受欧拉的物理推论。

1755 年,丹尼尔·伯努利(Daniel Bernoulli)加入了这场争论。他利用"驻波"找到了振动弦的解的另一个形式。一个驻波是指弦的这样一种运动,在这种运动中,存在着固定的"波节",它们是静止不动的;在波节之间,每一段弦一致地上下运动。"基本模式"没有波节,即整个弦一起运动。"第二谐波"表示中点有一个单独的波节的运动。"第三谐波"有两个等距的波节,等等。在任一瞬间,在每一种模式中,弦都具有正弦曲线形式,并且在弦的任何固定点,时间上的运动由一个时间的余弦函数给出。因此,每一个"谐波"对应于一个纯音。伯努利的方法是通过求无穷多个驻波之和来解振动弦的一般问题。这就要求初始位移是无穷多个正弦函数的和。它的物理定义是:弦所产生的任何声音,都可以作为纯音的和求出。

正如达朗贝尔曾拒绝欧拉的推理一样,现在欧拉拒绝了伯努利的推理。首先,如伯努利所承认的那样,欧拉自己在一种特殊情况下已经找到了驻波解。欧拉所反对的是认为驻波解具有一般性——适用于弦的所有运动。他写道:

设一根弦在放松前的形状不能用下面的方程表示:

$$y = \alpha\sin(\pi x/a) + \beta\sin(2\pi x/a) + \cdots$$

没有人怀疑这弦在突然放松后将有某种运动。很清楚,在放松后的一瞬间,弦的形状也将不同于这个方程,并且即使过一些时候之后,弦与这个方程一致了,人们仍然不能否认,在此之前弦的运动与伯努利设想中的运动不同。

在伯努利的方法中,初始位置被表示为正弦函数的无穷和。这样一个总和是一个具体的解析表达式,而欧拉却要把它当作**一个单一函数**,因此就他的思维方法而言,它不能表示由几个不同函数结合而成的初始位置。此外,对于欧拉来说似乎很清楚,正弦级数甚至不能表示一个任意的单一函数,因为它的成分全都是周期性的并且是对原点而言对称的。那么,它怎么能等于一个缺少这些性质的函数呢?

伯努利没有放弃他的论据;他坚持说,由于他的展开式包含无穷多个未定系数,它们可以被调整得在无穷多的点上适应一个任意函数。这种论证今天看来似乎比较弱。因为在无穷多点上相等并不能保证在**每个**点上都相等。不过,事实证明伯努利比欧拉更接近于真理。

欧拉1777年回到了三角级数的课题上。这时他开始考察具有余弦展开式的一个函数的情况:

$$f(x) = a_0 + a_1\cos x + a_2\cos 2x + \cdots$$

并且他希望找一个关于系数 a_0, a_1 等的简便公式。看起来很奇怪的是,这个今天我们知道可以通过一行计算解决的问题,在那时之前伯努利和欧拉竟都没有解决。更令人惊讶的是,当时欧拉找到了正确的公式,但只是通过复杂的论证才找到的,论证中包含了三角恒等式的反复应用以及两次极限过程。一旦他得到了我们现在所说的"傅立叶系数"的简单公式,他就注意到有一种很容易的技巧能立刻给出那个答案。

比如说我们需要求出第五个系数 a_5。写出具有未知系数的 f 的假定展开式:

$$f = a_0 + a_1\cos x + \cdots + a_5\cos 5x + \cdots$$

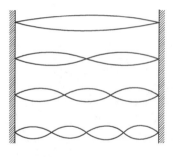

一根两端固定的弦的前四种振动模式

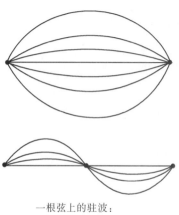

一根弦上的驻波:
基本模式和第二阶波

由两条圆弧和一条直线组成的图形。对于欧拉来说，这不是一个函数的图形，而是三个函数的图形。对于傅立叶和狄利克雷来说，它是一个有傅立叶级数展开式的一个函数的图形。

用 $\cos 5x$ 乘等式两边并积分（即在极限 $x=0$ 和 $x=\pi$ 之间取平均数）。

现在，在右边，有一个无穷级数的积分。对于欧拉时代的数学家来说，这样一个表达式的求值被认为当然总是可以通过分别将每一项积分然后再求和来进行。但是，如果我们将每一项积分，就会发现一件奇异的事情发生了。除第五项之外，所有的积分都等于零！由于我们容易计算

$$\int_0^\pi a_5 (\cos 5x)^2 \, \mathrm{d}x = \frac{\pi}{2} a_5$$

我们有

$$\int_0^\pi f(x) \cos 5x \, \mathrm{d}x = \frac{\pi}{2} a_5$$

所以

$$a_5 = \frac{2}{\pi} \int_0^\pi f(x) \cos 5x \, \mathrm{d}x$$

通过类似论证，当然可以求出所有其他系数。

这个精彩而简洁的论证完全基于下述事实：如果 m 不同于 n，那么 $\int_0^\pi \cos mx \cdot \cos nx \, \mathrm{d}x = 0$。（一个类似的公式适用于正弦函数。）余弦的这一性质现在用这样一句话来描述："在从 0 到 π 的区间，余弦是正交的。"这个几何语言的正确性，可以在后面的叙述中看到。

为了弄懂傅立叶的工作，重要的是理解欧拉的观点，他一直坚信，只有一类非常特殊的，处处由一个单独的解析表达式给出的函数，才能用正弦或余弦级数表示。只有在这种特殊的情况下，他才确信他的系数公式是有效的。

傅立叶用正弦和余弦研究热流的方法，非常类似于伯努利研究振动的方法。伯努利的驻波是两个变量（时间 t 和空间 x）的函数，这个函数有非常特殊的性质，就是它可以分解为一个空间函数与一个时间函数的乘积。要使这样一个乘积满足振动弦方程，两个因子必须都是正弦或余弦。于是边界条件（端点固定，初速为零）和弦的长度决定它们将具有 $\sin nx$ 和 $\cos mt$ 的形式。

当傅立叶得到他的热传导方程时，他发现它也有特殊解，即可以分解成一个空间函数与一个时间函数的乘积。在这种情况下，时间函数是一个指数函数，而不是三角函数，但是如果那个我们正在研究其热流动的固体是长方形的，那么，我们再次得到

了空间的三角函数。

例如,假设我们有一个金属块,它的表面保持恒定的温度,那么在物理学的意义上表明:在时间 $t=0$ 时的内部温度分布足以决定后来所有时间的内部分布。但是,这个初始温度分布可以是任意的。**然后傅立叶断言:它等于一个正弦和余弦级数之和。**在这里,他重复了伯努利的观点。不过伯努利只注意那些由单一表达式解析地构成的函数,而傅立叶的注意力显然包括了通过几个不同的公式分段给出的函数(温度分布)。换言之,他断言曾经被所有先前的分析学家默认的"函数"与图形之间的差别是不存在的;正如每一个"函数"都有一个图形一样,每一个图形都表示一个函数——它的傅立叶级数! 无怪乎18 世纪最卓越的分析学家拉格朗日发现,傅立叶的主张是很难接受的。

傅立叶是怎样计算的?

当然,在傅立叶的工作中,一个基本的步骤是找出展开式中系数的公式。傅立叶不知道欧拉已经做过这件事,所以他又做了一遍。并且他像以前的伯努利和欧拉一样,忽视了我们前面解释过的优美的直接正交方法。他不用这个方法,而进行了一种不可思议的计算,它可以当作物理学洞察力的典型事例,尽管在推理上明显错误,却导出了正确答案。

首先,他把每一个正弦函数展开成幂级数(泰勒级数),然后重新排列这些项,使"任意"函数 f 由一个幂级数表示。这一点已经是要不得的,因为傅立叶心目中的函数一般说来肯定不具有这种展式。然而,傅立叶就是在这个不存在的幂级数展开式中着手寻找系数。在这项工作中,他使用了两个显然不相容的假设,并且得到了一个包含着用一个发散的无穷乘积(即一个任意大的数)作除数的答案。对于这个幂级数展开式的公式,人们能给出的唯一合理的解释,是所有系数都等于零,即"任意"函数恒等于零。"傅立叶丝毫没有得出那个结论的意图,因此他毫不动摇地进行对于他的公式的分析。"这是兰格(Langer)在一篇文章中的评价,我们关于傅立叶推导的概括就是根据这篇文章做出的。从这个没有希望的公式出发,傅立叶凭借更加形式化的处理,终于能够得到欧拉在 30 年前已经正确地而且容易得多地得到的同一个简单公式。

值得称颂的是勒让德、拉普拉斯和拉格朗日的洞察力。尽管在傅立叶的推理中存在着明显的缺陷,他们仍授予他科学院大奖。因为傅立叶是在得到了欧拉公式**之后**获得巨大的成功的,这时他像欧拉一样也注意到,如果利用正弦的正交性,一下子就可以得到简洁的公式。但是他还进一步看到了在他之前没有人看到过的:系数的最终公式和由正弦的正交性导出的结果,对任何一个具有限定面积的图形——对傅立叶来说,这就意味着所有的图形——都是有意义的。他已经就许多特例计算了傅立叶级数。在每一种情况下,他都从数值上发现,前几项的和非常接近于产生这个级数的实际图形。以此为根据,他宣称每一种温度分布——或者如果你愿意的话,可以是每一个图形,无论它由多少独立部分组成——都可以用正弦和余弦级数表示。十分清楚,虽然许多特例可以造成人们的确信,但是这种确信绝不是证明,如果证明这个词是像数学家们过去和现在那样理解的话。兰格说:"无疑地,他之所以能采取那些在更富于批判性的天才们看来根本不可能的概念步骤,部分原因是他非常忽视严格性。"

傅立叶是正确的,即使他既没有陈述又没有证明关于傅立叶级数的正确定理。他如此不顾一切使用的方法,使他理所当然地名垂不朽。为了弄懂他所做的这些工作,那些"更富于批判性的天才们"努力了一个世纪,然而结局还未见分晓。

函数是什么?

首先,半个世纪以前欧拉的那些貌似合理的反对意见怎么样了呢? 周期函数(正弦和余弦)的总和怎么可能等于一个碰巧不是周期性的任意函数呢? 非常简单。任意函数只能在某一区域内给出,比如说从 0 到 π。在物理学上,它表示一根长度为 π 的弦的初始位移,或者一根长度为 π 的棒的初始温度。只有在这个区域中,这些物理变量才是有意义的,并且正是在这个区域中,傅立叶级数等于已知函数。这个已知函数在这个区域之外是否延续是与此不相关的另一回事;如果延续,它一般不会等于那里的傅立叶级数。换言之,完全可能出现这样的情况:我们的这两个函数的等同,只是在某一区域内,比如说从 0 到 π,超出这个区域它们相互间就没有关系。这种可能性看来达朗贝尔、欧拉和拉格朗日都从来没有考虑到。它不仅使傅立叶级数有可能系统地用在应用数学中,它还导致了对函数概念的第一次认真的批判性的研究,这一概念在它的所有细节方面都像任何其他科学概念一样富有成果。

正是狄利克雷(Dirichlet,1805—1859)利用了傅立叶的例子和未经证明的猜想,并且把它们变成了体面的数学。第一个先决条件是对函数做出一个清楚和明确的定义。狄利克雷给出了至今我们最常用的定义:如果我们有任何规则,它在某个点集中对每个 x 都指一个确定的 y 值,那么函数 $y(x)$ 就是给定的。狄利克雷写道:"y 对 x 而言不一定服从在整个区间都同一的规则,实际上,人们甚至不需要能通过数学运算来表示这种关系……即使人们把这种'对应'设想为不同部分是由不同的法则给出的,或者只是指定对应值,而所说的对应根本就不具有任何规律性……如果一个函数只是在一个区间的一部分里被规定,那么在区间的其余部分,它的延续方式完全是任意的。"

这就是傅立叶所说的"一个任意函数"吗? 就狄利克雷对短语"任意规则"的意义的解释而言,当然不是。请看 1828 年由狄利克雷给出的一个著名的例子:如果 x 是有理数,那么 $\varphi(x)$ 被定义为 1;如果 x 是无理数,那么 $\varphi(x)=0$。由于每一个区间无论怎样小,都包含着有理点和无理点,要画出这个函数的图形是不可能的。因此根据狄利克雷的函数定义,分析学已经超出了几何学,并把它远远扔在后面,18 世纪受限制的函数概念还不足以描述诸如傅立叶级数展开式的一个函数的图形那样的很容易想象的曲线,而 19 世纪的任意函数的概念竟包括了一些任何人都无法描绘或想象的创造物。

很明显,人们几乎不能期望狄利克雷的这个 0-1 函数由傅立叶级数来表示。实际上,由于这样一个"曲线"下面的面积是不确定的,又由于欧拉的系数是通过积分(即计算面积)得到的,所以对于这个例子,傅立叶甚至不可能求出傅立叶级数的任何一项来。当然,作为一个务实型的物理学家,傅立叶不会考虑这种纯粹数学的反常发明。

　　狄利克雷从积极的角度,正确而严格地证明:如果一个函数 f 有一个只包含有限多个拐点的图形,并且它除了有限多个隅角和跳跃之外,是光滑的,那么实际上 f 的傅立叶级数的和在每一点上的值恰好等于 f 在这点上的值(假定在 f 有跳跃的点上,取左右两边的值的平均值作为 f 的值)。

　　这是常在老式的工程数学教程里给出的结果,因为物理学中出现的任何函数都会满足"狄利克雷准则"。似乎可以说,凡是能够用粉笔或钢笔画出的曲线都满足狄利克雷准则。然而,这种曲线远远不足以表示物理学或工程学中感兴趣的所有情况。

　　让我们强调一下狄利克雷结果的意义。公式

$$y(x)=b_1\sin x+b_2\sin 2x+b_3\sin 3x+\cdots$$

在下面的意义上成立。如果我们在 0 和 π 之间选择任何一个已知值 x_0,那么 $y(x_0)$ 是一个数,而右边是一些数的和。可以断言:如果在级数中取足够多的项,那么数的和将充分地接近于 y 在已知 x_0 点的值。这就是**点态**收敛。它在许多可能的收敛概念中是外观上最简单,但实际上却最复杂的。从纯粹数学的角度看,狄利克雷的结果不是结局,而是开端。数学家所需要的是一个完美的、清晰的答案,即他们在行话中所说的充分必要条件。狄利克雷准则是一个充分条件,但绝不是一个必要条件。

　　黎曼(Riemann,1816—1866)看到:进一步的发展需要一个更一般的积分概念,强到足以把握具有无穷多个不连续点的函数。因为欧拉公式给出的 f 的傅立叶系数,是 f 的积分乘以一个正弦波。如果函数 f 被推广到超出一个光滑曲线的直觉概念,那么 f 的积分也必须被推广得超出曲线下面积的直觉概念。黎曼完成了这个推广工作。运用他的"黎曼积分",他能够给出违反狄利克雷条件,然而仍满足傅立叶定理的函数实例。

　　寻找傅立叶定理有效性的充要条件的工作是漫长而艰巨的。对于物理应用来说,人们当然希望允许函数有跳跃。这就意味着我们允许 f 不连续。我们当然希望它是可积的,因为系数是通过积分计算的。现在,如果 f 的值在一个或几个点上变化,这不足以影响积分值(这是在 0 与 π 之间全部不可数地多个点上的 f 平均值)。所以 f 的傅立叶系数是不变的。这个结果表明:点态收敛不是研究这个问题的恰当方式,因为可能存在这样一些点,这里 f 与 g 是两个不同函数,但 f 和 g 却仍具有同样的傅立叶展开式。实际上,正是理解哪一些点集与傅立叶级数无关的尝试,使得康托尔在创立他的抽象集合论方面迈出了第一步。

　　一个比在每一点的收敛更适度和更合理的要求,是使函数 f 的傅立叶级数除了一个小得不被积分过程充分注意的集合上可能不等于 f 外,一定等于 f。这些被勒贝格(Lebesgue,1875—1941)精确地定义的集合,称为零测度集合,它们被用来定义一个比黎曼积分更强的积分概念。人们可以按照下面的方法来认识这些集合:如果你在 0 与 1 之间随机地取一个点,则你在任何给定区间里着陆的机会恰好等于区间的长度。如果你在给定点集上着陆的机会等于零,那么我们说这个集合具有零测度。

　　根据定义,一个点的长度是零。如果我们把几个点的长度累加起来,这个和仍然等于零。因此,一个有限多个点的集合具有零测度。还存在着具有无穷多个点的零测度集合。甚至可能出现这种情况：一个集合具有零测度但却是"处处稠密"的，即在每个无论怎样小的区间中都有一个代表。事实上，全部有理数的集合恰恰是这样一个处处稠密的零测度集合。因此，根据勒贝格的观点，狄利克雷 0-1 的函数确实有一个傅立叶展开式——它的每一个系数都等于零，因为这个函数正如勒贝格所指出的那样，"几乎处处"是零。这是那种使"务实"的人们震惊的数学。如果傅立叶展开式不只是在几个孤立的点上，而是在一个处处稠密的集合上给出错误的答案，那么它还有什么用处呢？

但是，即使我们愿意接受只是"几乎处处"（即除了在一个零测度集合上之外）的收敛，我们仍然不能得到它。1926 年，柯尔莫戈罗夫构造了一个可积函数，它的傅立叶级数**处处**发散。所以，即使是一种"几乎处处"理论，也肯定不能只以可积性为基础。

广义函数

一个不同的方法，也是现代分析主流中用得相当多的方法，是认真得多地对待正弦波的"正交"性质。如果 f 是一个平方可积的 π 周期函数，那么从正弦的正交性得

$$\frac{1}{\pi}\int_0^\pi f^2 = b_1^2 + b_2^2 + b_3^2 + \cdots$$

这里 b 是 f 的正弦波展开式中的系数。（证明如下：通过把每个 f 因子展开成正弦级数，将第一个级数与第二个级数相乘，并逐项积分，求出 $\int_0^\pi f^2 = \int_0^\pi f \cdot f$ 的值。由于正交性，大部分的积分等于零，其余的可以求值，即得上述公式。）

现在，关键的问题是注意：这个平方和类似于欧几里得几何的毕达哥拉斯定理中出现的平方和。

按照初等欧几里得几何，如果 P 是一个具有平面坐标 (x,y) 或空间坐标 (x,y,z) 的点，那么从原点到 P 的向量 OP 的长度的平方分别等于

$$\overline{OP}^2 = x^2 + y^2$$

或

$$\overline{OP}^2 = x^2 + y^2 + z^2$$

这种类似提醒我们，可以认为函数 f 是某种超欧几里得空间中的一个向量，它具有直角（正交）坐标 b_1, b_2, b_3 等。显然，它将是一个无限维空间。然后 f 的"长度"将自然定义为 $\frac{1}{\pi}\int_0^\pi f^2$ 的平方根，它与 $b_1^2 + b_2^2 + b_3^2 + \cdots$ 的平方根相同。两个函数 f 和 g 之间的"距离"就是 $f - g$ 的"长度"。

如此定义的这个函数空间称为 L_2，它是通常称为希尔伯特空间的一类抽象空间的最早的和标准的例子。符号 L_2 中的 2 来自平方运算的指数。L 表示我们必须对勒贝格测度积分。现在我们对傅立叶级数的收敛有了一个新的解释：我们要求前一万项（如果需要的话，也可以是十万或一百万）的和应在 L_2 中的距离的意义上接近于 f。这就是说，经过平方和积分后，二者的差应该非常小。

从希尔伯特空间的观点看,傅立叶分析的微妙和困难似乎都烟消云散了。现在事实的证明和陈述都很简单:一个函数在 L_2 中(即平方可积)的充要条件是它的傅立叶级数在 L_2 的意义上收敛。[这一事实已作为黎兹-费歇耳(Riesz-Fischer)定理载入史册。]

然而,还有一个未解决的问题,即 L_2 函数的点态行为可能如何。由于柯尔莫戈罗夫曾给出一个可积函数的例子,它的傅立叶级数处处发散,因此当卡尔森在 1966 年证明,如果一个函数平方可积,那么它的傅立叶级数几乎处处点态收敛时,引起了很大的轰动。这里包含了一个连续周期函数有一个几乎处处收敛的傅立叶级数这一新结果作为特例。也是在 1966 年,卡兹纳尔森(Katznelson)和卡亨(Kahane)表明,对于任何零测度集合,存在着一个连续函数,它的傅立叶级数在那个集合上发散,从而完成了这个理论。

令人感兴趣的是,这种新发展实际上牵涉到了函数概念的进一步演变。因为 L_2 中的元素不是一个函数,无论在欧拉的解析表达式的意义上,或者在狄利克雷的联系两个数集的规则或映射的意义上,都是如此。

它能服从某些应用于函数的常规运算(加、乘、积分),在这种意义上,它像一个函数。但是,由于它被认为当它的值在一个零测度的任意集合上变动时保持不变,它肯定不是一个在它的定义域中给每一点指定一个值的规则。

正如我们已经看到的,19 世纪傅立叶分析的发展获得了逻辑的严格性,但是是以在纯粹和应用这两种观点之间的某种分裂为代价的。这种分裂仍然存在,但是很多近代和当代的工作倾向于使傅立叶分析的这两个方面重新结合起来。

首先,希尔伯特空间的概念尽管抽象,却提供了量子力学的基础。因此,最近五十年来,它一直是应用数学中的主要课题。此外,傅立叶级数的主展开式,在维纳的广义调和分析中,和在希瓦兹的广义函数理论中,受到了最为具体的应用的直接推动。例如,在电机工程中,人们常常设想一个电路瞬时被接通。于是电流将从接通前的零值一跃而为接通后的一个值,比如说 1。显然,在接通时,是不存在电流的有限变化率的。用几何来说明的话,电流的图形在 $t=0$ 时是垂直的。不过,计算时使用一个虚构的变化率是很便利的,设它在 $t=0$ 时是无穷大(狄拉克的 δ 函数)。广义函数论为使用这种"脉冲"函数或伪函数提供了一个逻

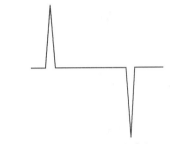

这是一个在希尔伯特空间 L_2 的意义上而不是在曲线间距离通常意义上接近于零的函数的图形。L_2 中的高尖峰可以略去不计,因为它们包含的面积非常小。

辑基础。这一理论允许我们求任何函数的微分任意多次；唯一的麻烦是我们必须允许结果产生的对象不是一个真正的函数，而是一个"广义函数"。从历史的观点看，有趣的是函数的概念不得不被进一步扩展，既超越了狄利克雷，又超越了希尔伯特。

此外，这种扩展的报偿之一，是在某种意义上我们又能回到傅立叶的精神。因为当我们构造这些"广义函数"之一的傅立叶展开式时，我们得到一个级数或积分，它在我们考虑的任何意义上都是发散的。不过，欧拉或傅立叶风格的形式化处理，现在在新理论的背景上常常变得有意义和可靠了。

由此可知，数学家们为了证实傅立叶的某些运算的合理性，已经付出了一个半世纪的努力。另一方面，很少有哪个物理学家或工程师感到需要证实这种合理性。（毕竟一个工作装置或一个成功的实验本身就能说明问题。）但是，他们确实似乎从数学现在发给他们的许可证得到某种安慰。在新近的应用教科书中，开头几页轻描淡写地引几句希瓦兹的话，仿佛这就证实了先前的"不正当"计算的合理性。

进一步的阅读材料，见参考文献：F.J.Arago；E.T.Bell[1937]；J.W.Dauben；I.Grattan-Guiness；R.E.Langer；G.Weiss。

作业与问题

数学专题选述 群论和有限单群分类。质数定理。非欧几何。非康托尔集合论。附录。非标准分析。傅立叶分析。

探讨题目

(1)非欧几何

(2)埃拉托色尼之筛

(3)质数定理

(4)对称

(5)群论

(6)非康托尔集合论

(7)傅立叶分析

(8)纽结理论

狄拉克的 δ 函数除一点外都是零，在这点上它是无穷大。在现代分析中，甚至这个非常古怪的"函数"也能够被表示为一个无穷余弦级数。

主题写作

(1)评论由英国开放大学摄制的录像带"群论",向一个中学数学俱乐部讲述邮局如何运用群论使信上的邮票盖销。

(2)描述两种历史上的文化如何在它们的设计中运用对称关系。

(3)向一个聪明的十几岁少年解释对称。

(4)几何图形常常出现在自然界中。指出几种可作为旋转对称和反射对称事例的图形并加以讨论。

(5)向一个地方艺术俱乐部讲述对称中刚体运动的作用。给出某些"檐壁"模式的例子并指出数学家怎样帮助对它们进行分类。

(6)为什么考古学家会关心"檐壁"模式的对称? 作为一种解释,做《面向实际》(斯蒂恩(Steen)编,纽约:费雷曼公司)中第 269 页第 6 题。

(7)你正准备在班上做一次演讲。选择第 5 章的一个题目,确定这部分的主题。在一篇两页长的评论中,充分加以叙述,引用本书或其他读物以及课堂上用过的数学实例。

(8)为一般读者写一篇两页长的讨论对称和群的期刊文章。通过定义和实例使你的读者了解这两个题目如何相关。为你的文章创造一个醒目标题,以便使你的读者明确你的写作目的。

(9)向你的正在学习中学几何的弟弟解释曼德布洛特(Mandelbrot)的分形几何与欧氏几何在解释世界方面有何不同?

(10)为《时代》杂志写一篇文章说明对称在科学中的用处。

(11)以某种方式折一张纸,在被折的纸上穿一些小洞。打开纸后写出你从对称观点看到了什么。

(12)辩论赞同还是反对这个命题:在建筑学上,一个建筑物具有的对称越多,看起来越令人愉快。

(13)引用贝克莱和休谟(Hume)关于任意小线段的争论。回顾欧几里得关于二等分任何线段的作图。它与休谟和贝克莱的观点有何抵触? 评论这种矛盾。

(14)阅读"傅立叶分析"一文,找出关于音乐综合器和音叉的内容,为你所在地报纸写一篇文章解释你从中学到了什么。

问　题

(1)我们想用埃拉托色尼之筛得到小于 500 的所有质数。我们必须删除其倍数的最大质数是什么?

(2)在有关 $n, \pi(n), n/\pi(n)$ 值的下表中,以认可头两列为基础来验证第三列。

n	$\pi(n)$	$n/\pi(n)$
10	4	2.5
100	25	4.0
1 000	168	6.0
10 000	1 229	8.1
100 000	9 592	10.4
1 000 000	78 498	12.7
10 000 000	664 579	15.0
100 000 000	5 761 455	17.4
1 000 000 000	50 847 534	19.7
10 000 000 000	455 052 512	22.0

就表中某些 n 值查看 $\log n$ 值,检验公式

$$\lim_{n \to \infty} \pi(n)/(n/\log n) = 1$$

质数定理指出当 n 越来越大时方程左边越来越接近于 1。n 多大时这个误差小于 0.1,0.001 呢?

(3)比较两个运算表 $(M, *)$ 和 (N, f),这里 $M = \{p, q, r, s, t\}$ 而 $N = \{0, 1, 2, 3, 4\}$:

$*$	p	q	r	s	t
p	s	r	t	p	q
q	t	s	p	q	r
r	q	t	s	r	p
s	p	q	r	s	t
t	r	p	q	t	s

f	0	1	2	3	4
0	2	3	0	4	1
1	4	2	1	0	3
2	0	1	2	3	4
3	1	4	3	2	0
4	3	0	4	1	2

a.M 在 $*$ 运算下是封闭的吗?N 在 f 运算下是封闭的吗?

b.$(M, *)$ 有单位元素?(N, f) 有单位元素吗?

c.在 $*$ 运算下 M 中每一元素都有逆元素吗?

d.在 f 运算下 N 中每一元素都有逆元素吗?

e.$(M, *)$ 是群吗?(N, f) 是群吗?

(4)令 $S = \{a, b, c\}$。做一个具有下列性质的 $(S, *)$ 的运算表:$(S, *)$ 有一个单位元素,但除单位元素外其他元素都无逆元素。

(5)令 $R = \{q, r, s, t\}$,具有定义在 R 上的运算 $\sharp$。此外,假定下列性质:

q 是单位元素,r 是 s 的逆元素,

$r \sharp r = s \sharp s = t$,$(R, \sharp)$ 是一个群。

做一个 $(R, \sharp)$ 的运算表。

(6)对下面给出的运算表,回答下列问题:

$*$	a	b	c	d
a	a	b	c	d
b	b	d	a	c
c	c	a	d	b
d	d	c	b	a

a.这个集合在 * 运算下是封闭的吗？为什么？

b.这里存在单位元素吗？如果有,是哪个？如果没有,为什么？

c.每一元素都有逆元素吗？如果有,列出各元素的逆元素。如果没有,表明哪些元素没有逆元素并说明为什么。

d.给出一个例子表明这个集合在 * 运算下具有结合性。

e.这个表描述了一个群吗？为什么？

(7)如有可能,填充下列各表以定义一个群。如果不可能,说明其原因。

①　　　　　　　　②　　　　　　　　③

*	r	s
r	s	
s		

#	1	2	3
1	2		
2	2		
3			

$	a	b	c	d
a	b			
b		c		
c			d	
d				a

(8)做一个满足下列条件的 $S=\{a,b,c\}$ 的运算表,或解释为什么这样做是不可能的。

a.S 是交换的,但没有单位元素。

b.S 有单位元素,但不是所有元素都有逆元素。

c.S 有单位元素,但所有元素无逆元素。

(9)在一个运算表中列出等边三角形的所有对称。

(10)做出一个运算表,描述在拨动一盏灯的开关时的所有可能情况,开关旋钮上有四个位置:低、中、高和关,分别用数字 1,2,3,4 表示。例如,如果开关在中位上,你拨动一下开关,结果将使灯处在高位上:$2*1=3$。如果你拨动两次开关,灯将关闭:$2*2=0$。

(11)棋盘形嵌石装饰是一种覆盖一个平面且不留缝隙又不使其组合部分重叠的和谐模式。一个棋盘形嵌石装饰如果由正凸边形构成,且每个顶点图形(由联结各已知顶点连线中点所构成的多边形)是正多边形,则这个棋盘形嵌石装饰是规则的。

a.方形嵌石装饰的顶点图形是什么？

b.等边三角形嵌石装饰的顶点图形是什么？

(12)通过与等边三角形和正方形的类比,写出六边形的对称表。这些对称的代数规则是什么？用这些规则计算 ba^2b,这里 a 是最小的旋转对称,b 是一个反射对称。

(13)确定矩形的对称,看带有"乘法"运算的刚体运动集合是否满足群的公理。

(14)用数字以下列方式填充 8×8 的棋盘,其结果模式相对于对角线的反射是对称的。这里可用的各种不同的数字中最大的数是多少？

(15)下列线性方程组出现在离散傅立叶分析中:

$$w = 0.5a + 0.5b + 0.5c + 0.5d$$
$$x = 0.5a - 0.5b + 0.5c - 0.5d$$
$$y = 0.5a + 0.5b - 0.5c - 0.5d$$
$$z = 0.5a - 0.5b - 0.5c + 0.5d$$

解这个方程组,用 w, x, y, z 表示字母 a, b, c, d,表明它具有完全相同的形式。

(16)两个相邻质数的平均值每隔多久有一个质数?

(17)阅读"非康托尔集合论"一文并回答下列问题:

a.伽利略发现所有自然数的集合能同偶数集合配对,说明如何做到这一点。

b.用分数 F 与自然数 N 配对是一种技巧,因为分数是"稠密的"(任何两个分数间总有另一个分数)而自然数是"离散的"(一个数跟着另一个数)。按照分数的"重量"(分子与分母之和)重新加以排列。如果两个分数"等重",按分子大小排列其顺序。说明这种重新排列如何确定分数的次序,进而可以同自然数 N 配对。

计算机问题

令一个数列的前两项为 1 和 2。这个数列的每一后继项都由用 i($\sqrt{-1}$)乘以前项并将乘积加到前项上而得到。

a.用符号化形式写出说明书。

b.表明数列中的数构成一个重复模式(即这个数列是周期性的)。

c.概括这一过程并了解其周期性。

d.一个图的周期性能从视觉上发现吗?

建议读物

"Bringing Non-Euclidean Geometry Down to Earth" by C. Folio in *The Mathematics Teacher*, September 1985.

Mathematical Gems Ⅱ by Ross Honsberger(Washington,D.C.:Mathematical Association of America,1976).

"Groups and Symmetry" by Jonathan L.Alperin in *Mathematics Today*, Lynn A.Steen, ed.(New York:Springer-Verlag,1978).

"The Klein Four-group and the Post Office" by P.S.Scott in *The Mathematical Gazette*,Vol.58,1974.

"Regular Polyhedra with Hidden Symmetries" by J.Bokowski and J.M.Wills in *The Mathematical Intelligencer*,Vol.10,Winter 1988.

Symmetries of Culture:Theory and Practice of Plane Patterm Analysis by D.K.Washburn and D.W.Crowe(Seattle:University of Washington Press,1988).

For All Practical Purposes:Introduction to Contemporary Mathematics, edited by Lynn Arthur Steen (New York:W.H.Freeman,1987).

The Geometry of African Art,Ⅰ,Ⅱ,and Ⅲ by Don Crowe.Part Ⅰ,on Bakuba art,in the Journal of Geometry 1(1979),pp.169-182;Part Ⅱ,on Beninpatterns,in *Historia Mathematica*(1975),pp.57-71;Part Ⅲ,"The Smoking Pipes of Begho" in *The Geometric Vein*, edited by Davis et al.(New York:Springer,1982),pp.177-189.

Fantasy and Symmetry:The Periodic Drawings of M.C.Escher,29 master prints(New York:Abrams,

1981).

The Fractal Geometry of Nature by B.Mandelbrot(New York:W.H.Freeman,1983).

The Mathematics of Islamic Art by Jane Norman and Stef Stahl(New York:The Meropolitan Museum of Art,1975).

The Two Cultures by C.P.Snow(New York:Cambridge University Press,1959).

"Thirty Years after the Two Culture Controversy:A Mathematician's View" by P.J Davis in *Essays in Humanistic Mathematics*,edited by Alvin White(Washington,D.C:Mathematical Association of America,1993).

"Fractals:A World of Nonintegral Dimensions" by L.A.Steen in *Science News*,August 20,1997:pp122-123.

Geometric Patterns and Borders by David Wade(New York:van Nostrand Reinhold,1982).

Symmetry by Hermann Weyl(Princeton:Princeton University Press,1982).

"Polyhedra and Symmetry" by S.A.Robertson in *The Mathematical Intelligencer*,Vol.5,November 4,1983.

"Archimedes' Symmetry Proof" by M.M.Bowden and Leon Schiffer in *The Role of Mathematics in Science* (Washington,D.C:Mathematical Association of America,1984).

"Regular Polyhedra with Hidden Symmetries" by Jurgen Bokowski and Jorg M.Wills in *The Mathematical intelligencer*,Vol,10,No.1,Winter 1988.

"Transformations" by H.S.M.Coxeter and S.L.Greitzer in *Geometry Revisitad* (Washington,D,C,:Mathematical Association of America,1967).

Groups and Their Graphs by Israel Grossman and Wilhelm Magnus(Washington, D.C.:,Mathematical Association of America,1964).

"Group Theory and the Postulational Method" by Carl H.Denbow and Victor Goedicke in *Mathematics*, *People-Problems-Results*,Vol.II,Douglas Campbell and John Higgins (Belmont:Wadsworth International,1984).

The Beauty of Fractals by H.O.Pietgen and P.H.Richter(New York:Spinger-Verlag,1986).

The Fourth Dimension and Non-Euclidean Geometry in Modern Art by Linda Henderson(New Jersey: Princeton University Press,1983).

"The Man Who Reshaped Geometry" by James Gleick in *The New York Times Magazine*,December 8,1985.

Geometry in Nature by Vagn Lundsgaard(Wellesley:AK Peters,1993).

6

第 6 章　数学教学

第6章 数学教学

6.1 一个预科学校数学教师的自白

威廉斯(化名)是新英格兰一个很不错的私立学校的数学系主任,他曾在1978年4月接受过采访。

威廉斯今年刚过40岁。他讲授数学、物理学和科学概论,还担任一个少年男子棒球队的教练。他说他更喜欢教数学,而不愿教物理学,因为很难跟上物理学的新发展。威廉斯曾获得过名牌学校的数学硕士学位,还学习过大学的哲学入门课程。在科学哲学方面,他告诉来访者,几年前他读过庞加莱的《科学与假设》(*Science and Hypothesis*),最近他又读了明斯基(Minsky)关于视感控器的书(但他说他没有彻底读懂)。他也读过布鲁诺斯基(Bronowski)与电视系列节目配套的书,还读了一些数学史。他说他的学校要他做的事情太多,他很少有读书的时间。

威廉斯说他还没有教过数学史和数学哲学的课程。

关于数学是被发现还是被发明的问题,他"啪"地捻了一下手指说:"这二者没有多大区别,为什么花时间去试图解决它呢? 重要的事情在于做数学工作是一种乐趣。我想让孩子们懂得的就是这么回事。"

当进一步追问时,他说:"噢,我想它是被发现的。"

在问及他是否曾思考过数学的兼容性问题时,他说:"我听说过罗素悖论和诸如此类的事情,但我实际上不懂。我认为数学像一座沙子堆的城堡,它很美,但它是用沙子做成的。"

"如果它是用沙子做成的,你怎样向你的学生说明学习它的必要性呢?"

"我告诉他数学不会撒谎。你知道它们不会。没有人提出过任何反例来表明它们撒谎。但这整个问题与我不相干。"

在回答关于纯粹数学和应用数学有什么不同的问题时,威廉斯说:"纯粹数学是一种游戏,它玩起来很有趣,我们是从为数学而数学的角度来做这种游戏,这比应用它更有趣。我讲授的数学中的大部分从未被任何人应用过,向来如此。美术中没有数学,英语中没有数学,金融业中也谈论不到数学。但是我喜欢纯粹数学。数学世界是美好的和清洁的,它的美丽和清澈是引人注目的,不存在半点含糊之处。"

"然而,数学可以应用吗?"

"当然。"

"为什么数学能够应用?"

"因为自然界遵循美的规律,物理学家不借助数学是走不远的。"

"π 这个数离开人类还能存在吗? 银河 X-9 星上的小绿人能知道 π 吗?"

"一个人年龄越大,就越不愿在这种问题上自找麻烦。"

"数学中有美吗?"

"有。例如,如果你在一个领域从几个公理出发,你将得到一个完整的强有力的理论。观察一个理论从无到有的过程,是很美妙的事情。"

威廉斯先生提到他的学校现在有了一台电子计算机,他正在教程序课。

"计算的目的是什么?"

"在中学里没有人问'为什么'。就那样,它是有趣的。"

"程序是数学的一种形式吗?"

"不。程序是思维,它不是数学。"

"有没有数学直觉这种事情?"

"噢,有的。你在学生中能看到一些人比另一些人反应更快。一些人的直觉多一些,另一些人少一些。直觉能够被发展,但是需要付出辛苦的劳动。数学是模式。如果一个人没有形象的意识,他就缺少研究数学的条件。如果谁比较'敏感',那么他学起来就快,这个学科对他就是有诱惑力的。否则它就会令人生厌。数学的许多部分使我厌烦。当然,我并不理解它们。"

"数学有神秘之处吗?"

"数学中充满了神秘的符号,这是很有吸引力的。如果人们同一个'真正'的数学家谈话,便可发现他很聪明,他正在从别人显而易见的事情中探寻秘密。因此,人们对他的了解就多了一点。人们敬畏他的博学多闻。"

"数学研究走向何处?"

"我一点也不知道。"

"你怎样把它概括起来呢?"

"作为一个教师,我经常要面对一个又一个跟数学没有关系的问题。我试图做的事情就是在数学有趣的基础上把它兜售给孩子们。我每星期就是这样度过的。"

6.2　传统教学法的危机

> 现行著述中,有时连我们当中的杰出人物也难以回避的令人讨厌的神秘主义思想,令人乏味的教科书对陈腐的教学思想而非真正的综合方法的过分注重,以及一旦我们置身于研究之外就表现出的奇怪的谦逊,似乎阻止我们在公之于众之前对自己的方法进行真诚的探索……
>
> ——布洛克(Bloch),《历史学家的技艺》
>
> (*The Historian's Craft*)

1.引　言

在大学数学的每堂课上,都肯定要用一部分时间去证明定理。讲授的材料越是艰深或抽象,这部分时间很可能就越长。证明的目的之一是借助于推理、心理学和直觉,使学生确信一些命题是真的。在低年级课堂上常常会——这是所有教师都曾体验过的——有一些诚实而又糊涂的学生用喊叫打断证明:"我不懂为什么你那样做,我不理解为什么你这么说,而且我不理解你怎么会那么做的。"

教师面临的是理解的危机。如何对付这个危机? 很遗憾,没有什么好的方法。或许教师用稍稍不同的措辞就能渡过难关,或许为了赶进度,他要赶紧把学生打发掉,说是只要他们在自己房间里复习这些材料,就一定会获得理解。

在关于数学的性质的课程(本书部分内容是这一课程的结果)的一次讲授中,这样一种危机出现了。这诱使我做出标准的公开反应。但是我控制住了自己。我没有对危机置之不理,而是完全改变了讲授的进程,直到我沿着下面展示的线索探究了数学难题和对这些难题的回答。

2.双煎饼问题

当时在讨论中的并且因证明而引起危机的定理,常被称为"双煎饼问题"。这个定理的内容是,两个任意形状的薄煎饼的面积能同时被小刀的一条切割直线二等分(右图)。这个有趣的定理是初等实变理论和初等拓扑学的一部分。它常被当作连续函数性质的一种应用。这个定理的一个诱人之处是它的一般性。煎饼不必有任何特定形状,例如,圆形的、方形的或椭圆形的,煎饼中甚至可以有洞或气泡。为这种一般性所付出的代价

是这个定理仅具有存在性：它告诉我们存在一条刀切的直线将煎饼二等分，但没有告诉我们如何准确地找到这条刀切的直线。在缺少有关煎饼的精确形状和位置的数值信息时，这是无法做到的……

这个定理是轻松愉快的。它具有巨大的视觉和动觉影响。借助心智的眼睛，人们可以想象通过试错过程一刀一刀地完成这个切割。

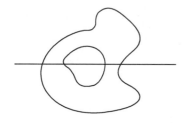

我想不出这个定理会有什么重要的应用，但我不排除这种可能性。它有许多特例和推广。例如，煎饼可以在平面内的任何位置。它们可以彼此交叠。如果一个完全包含在另一个中，那么它可被理解为像湖中的一个岛（左图）。存在一条直线把它们的面积同时二等分。推广到三维，有一个著名的火腿三明治定理：一个三明治由一片白面包、一片黑面包和一片火腿组成。存在小刀的一个切割平面同时将这三部分的体积都二等分，使两个人都能得到相等的一份。

3.证明：第一式

我现在将用或多或少像在课堂上用过的导致危机的方式给出这个证明。它仿效钦（Chinn）和斯廷罗德（Steenrod）给出的形式。这里面积及其连续性的概念是在直觉层次上被采用的。我们假定煎饼的尺寸是有界的。只考察一个煎饼。如果开始切割时没有碰到煎饼（C_1），它的全部面积都在这条切割线的一边。当小刀平行于刀身移动时，这一边的面积就越来越小。最后小刀的切割线（C_0）又离开了煎饼，这一边的面积等于零（左图）。当切割线从 C_1 到 C_0 连续移动时，在切割线一边的面积是连续变化的，从 C_1 的 100% 不断减少到 C_0 的 0%。这样，必然存在唯一的切割线位置 $C_{1/2}$，在那里切割线把面积二等分。于是得：

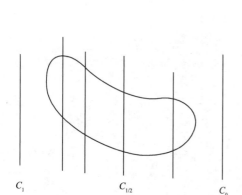

C_1 $C_{1/2}$ C_0

引理 在平面内任意给定方向 θ：$0 \leqslant \theta \leqslant 180°$，存在这个方向（或垂直于这个方向）的唯一的切割线将给定的煎饼二等分。

我们现在就来证明整个定理。

作任一包含两个煎饼的圆。用这个圆作为参考系。标出它的圆心，过圆心作夹角为 θ 的直径。$0° \leqslant \theta \leqslant 180°$。对于每个 θ，存在垂直于 θ 射线的唯一的切割线，将煎饼 I

二等分。沿着有向射线,令切割线与射线相交于与原点相距 $p(\theta)$ 的一点(右上图)。同样,对于煎饼 II,可以类似地定义 $q(\theta)$。

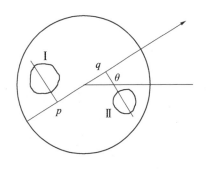

　　现在考察 $r(\theta)=p(\theta)-q(\theta)$。〔这就是危机点:"为什么? 我不明白! 再说一遍! 我被弄糊涂了!"学生们喊出声来了。来自教师的第一个反应是:"好,只要考察 $p(\theta)-q(\theta)$。你们会看到结果不错! 让我继续下去!"〕当 θ 在 0°到 180°之间变动时,考察 $p(\theta)-q(\theta)$。射线 $\theta=0°$ 和 $\theta=180°$ 是同一条线,但方向是相反的。另一方面,I 和 II 的等分线尽管位置相同,但 $p(180°)$ 和 $p(0°)$ 的测定是相反的。因此,$p(180°)=-p(0°)$。同理,$q(180°)=-q(0°)$。于是,$r(0°)=p(0°)-q(0°)$,且 $r(180°)=p(180°)-q(180°)$,因此 $r(180°)=-r(0°)$。现在 $r(0°)=0$ 或 $r(0°)\neq0$。如果 $r(0°)=0$,那么 $p(0°)=q(0°)$,这意味着 I 和 II 的等分线重合,这就是我们切割时所要求的关系。如果 $r(0°)\neq0$,那么当 θ 从 0°变到 180°时,$r(\theta)$ 改变符号。这个变化是连续的,因此必定存在一个位置 θ,使 $r(\theta)=0°$,在这点 $p(\theta)=q(\theta)$,这就给出了我们这个问题的解,因为两条切割线实际上重合(右下图)。

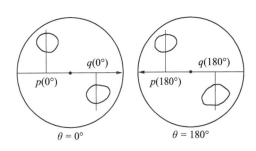

4.教师的反应

　　我对危机的第一个反应是考虑:它为什么在这种地方发生? 这里"仅仅"是一个定义,实际上并不是很难的部分。噢,或许这就是压断骆驼背的稻草。我们一直在把矫饰的东西堆积起来。引理似乎是很容易接受的。把煎饼放到参考圆里面是难以理解的。沿着一条射线测定有向距离是麻烦的。记号 $p(\theta)$,$q(\theta)$ 带来了由于使用函数符号不熟练而造成的种种不可靠之处。经过上述证明之后,我感到我至多不过是强迫我的学生在不理解证明的情况下接受了这个定理。同样清楚的是,开始的障碍一经形成,仅仅依靠重复证明,即使极度详尽,也是消除不了的。需要采取另一条途径。

5.发现过程的文件记录

　　人们有时说理解的方法就是原来发现的方法。就是说,如果人们知道某些事情最初如何被想出来的方法,那么,这就是向学生讲述的一个好方法。事实不一定如此,因为最初的发现可能已模糊不清,有着不必要的困难,或隐藏在一个全然不同的背景中。也有可能出现这种情况:一种漂亮的、最新的表达方式由于被裹在一般性中而难于理解,而较早的表达方式却能提供较多的洞察力。

有时,最确切的理解方法是从稍微不同的(甚至新的)角度自己重新构造一个证明。这样一来,人们面临的不仅有困难,也有辉煌的突破点。当危机出现后,我回到我的办公室,构造(并记录下来)一个稍微不同的证明,它回避了外伤性的步骤:令 $r(\theta) = p(\theta) - q(\theta)$。我知道改变符号的论证必将出现,但我将把它放在稍微不同的伪装下。

6.证明:第二式

(1)建立初步的直觉

①圆的面积由任何直径二等分。

②反过来,圆面积的任何等分线必定是直径。

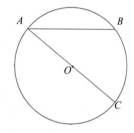

第一条是清楚的,但第二条可能稍微不够清楚。如果 AB 不是直径,作直径 AOC。由于楔形 ABC 的存在,显然 AB 上面的面积小于半圆的面积(左图)。

③双圆问题(即同时等分两个圆的面积)在两圆的圆心不同的情况下有且仅有一个解。因为二者的面积平分线必定是公共直径。如果两圆的圆心重合,则双圆问题有无穷多个解。

④推论:三圆问题亦即三煎饼问题,在一般情况下是无解的。因为三个圆公共的面积平分线必定是公共的直径。除非三个圆的圆心共线,否则这是不可能的。

这个推论是有趣的,因为它给出了这个问题能被推广的限度。知道了这种限度,就增加了对最初命题的认识。

(2)问题变复杂了

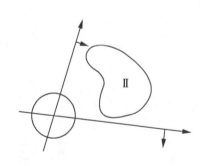

我们将一个圆保持不变,然后让另一个圆变成一个奇形怪状的煎饼,并把它标作 Ⅱ。假定煎饼完全在圆之外。为平分那个圆,我们需要一条直径,于是就作一直径。沿直径和一条垂线画上箭头,建立一个能使直径两边相互区别的坐标系。令 $p(\theta)$ 是煎饼 Ⅱ 的面积在直径有箭头一边的百分比。很明显,当直径从 Ⅱ 的一边旋转到另一边时,$p(\theta)$ 从 100% 变到 0%。根据连续性,存在一个使 $p(\theta)$ 成为 50% 的位置(左图)。

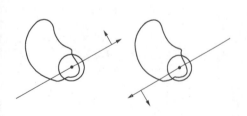

但是,如果圆与煎饼交叠,以致不能从 100% 变到 0%,情况又怎么样呢?好,在这种情况下,就不要限制直径的旋转,而让它在 $0° \leqslant \theta \leqslant 180°$ 之间充分旋转!直径是相同的,但方向是相反的,于是(啊哈!)$p(0°) + p(180°) = 100\%$(左图)。这样,如果例如 $p(0°) = 43\%$,$p(180°) = 57\%$,那么有一个中间值 θ 使 $p(\theta) = 50\%$。

（3）决定性的事实

摆脱掉圆,我们来对付两个一般的煎饼。按照引理,用一条平行于方向 θ 的有向直线平分煎饼 I。用 $p(\theta)$ 标记 II 在等分线有箭头一边的面积百分比。和前面一样,我们有 $p(0°)+p(180°)=100\%$,于是这个结论被推广到了一般情况。

我感到第二个证明比第一个好一些。这或许是最先被揭示的,或许是指在我个人的头脑中感到它更可靠——事实上,它是我自己想出来的。无论如何,学生们似乎达到了较高的理解水平,并继续讨论这个危机的其他方面。

7.教科书的表述

为什么教科书和专著对数学的表述这样难理解呢? 外行人可能认为,训练有素的数学家可以事先毫无准备地读一页数学文献,恰如李斯特事先毫无准备地演奏一首困难的钢琴乐曲一样。事实上,不大会这样。专业工作者读懂一页数学文献,通常是一个缓慢的、乏味的、艰苦的过程。

教科书上的表述通常是"倒过来"的。发现的过程从描述中消除掉了,也不提供文献记录。无论通过哪种途径和方法得到定理及其证明之后,整个文字和符号表述都被按照逻辑演绎方法的标准重新整理、加工润饰和重新组织起来。职业的美学要求这样。历史的惯例——希腊传统——要求这样。事实上,出版业的经济效益还要求在最小的空间内容纳最大的信息量。数学趋向于过分地达到这种状态。简洁是数学华彩或才智的灵魂。过于详细的解释被认为是冗长乏味的。

8.独裁主义的或教条主义的表述

数学的表述无论是书本上的还是课堂上的,都常常被看作独裁主义的,这可能引起学生的不满。理想的数学教育是:"来,让我们一起思考。"但是讲授者的嘴里却常常说:"看,我告诉你,它就是这样的。"这是强迫的证明。发生这种情况有几个原因。

首先是缺少时间。我们必须(或以为必须)在一学期内完成一定量的教学任务,以便学生为下一门数学课程或物理学 15[①] 做好准备。所以我们没有时间在任何一个困难面前留恋下去而必须屏住呼吸冲过障碍。

此外,有些教师抱有显露才华的愿望。(我告诉你的这些事情对于我来说是极容易、极显然的,如果你还没有弄懂它,你一定是一个十足的笨蛋。)

事情还有另一面。教师可能缺少知识或没有准备,使他被紧紧地约束在教科书中安排好的相当狭窄的道路上。这样的教师在他们的学科上可能是不胜任的。一些人缺乏数学家的自信心,他们自己可能对教科书或学术文章的权威望而生畏。他们不知道怎样"消磨时间",或者如果他们这样做的话,他们害怕教学生去消磨时间。

---

① 指物理课程名称——译者注

9.学生的反抗

学生方面的反抗、不满和抵制的原因有哪些呢？

首先是对教材相当厌烦。令人吃惊的是，这种情况常常出现在好学生那里。因为好学生倾向于要求马上理解。数学对他们来说总是容易的。理解和直觉很容易获得。不过当他们进入较高层次的数学领域时，教材就日益难起来了。他们缺乏经验，缺乏策略。他们不知道怎样消磨时间。理解是伴随着痛苦的。说将被介绍的内容是几十个或几百个优秀人物思考了几个世纪的最终结果，很难产生深刻的印象。立即理解的愿望是非常强的，而且最终可能衰弱下去。（如果我不能立即得到它，就再也不想了，让它见鬼去吧。）

关键的观念常常是卓越而困难的。人们可能在心理上不愿承认世界上存在着超越他们自己的天才和理解。人们可能突然发现一些高深的数学完全超出他们的能力，于是造成了对自我的震惊和打击，反抗可能加强，表现为不想钻研，缺乏兴趣，以及不愿尝试自己的发现过程。

一般认为人有"数学型"（math types）和"非数学型"（nonmath types）的差别。没有人知道为什么一些人搞数学容易，另一些人却极为困难。对于非数学型来说，反抗可能是对先天的局限的真实反应。不是所有人都能成为钢琴演奏家或溜冰健将的。为什么数学就该例外呢？

10.核心问题

顿悟的闪现，难关的突破，"啊哈！"的喊声，象征着某些真正的新事物、个人的新理解、出现在更多的公众面前的新概念已经产生。创造力是存在的，它每天都在出现。它不是在大众中平等地分布的，但它是丰富的。它不被一部分人理解，这个范围可能被增加或减少。它在一定范围内能被传授。但每个人能力都有限，每个人都在获得更辉煌的成就方面遇到障碍和挫折。为了证明这一点，只要环顾一下，就能发现生活和数学中都充满着没有解决的问题。由此产生一个新的问题——数学创造是什么？是智力的突变吗？是天赐的恩惠吗？是神权的授予吗？

目前有大量为剖析洞察力的核心而进行的研究和实验。甚至有人致力于用计算机使它自动化，使它更加丰富，从而使我们的时代成为历史上的伟大时代之一。

然而很明显，人们是通过实例和教训，通过拜在大师脚下，模仿他们的做法来学习的。同样明显的是，大师们是能够传授他们的某些策略和洞察力的。让我们考察一些具体的经验。

进一步的阅读材料，见参考文献：Chinn and Steenrod；J.Hadamard。

6.3　波利亚的发现技巧

> 我的心灵被一束闪光照亮,在那里它的希望满足了。
>
> ——但丁,《神曲·天堂》(*Paradiso*,*Canto*)第 33 篇,波利亚摘引

波利亚有七十多年的科学经历。他是一个在许多领域做出重要贡献的卓越的数学家,也是一名卓越的教师,教师的教师和评论家。波利亚相信发现有一种技巧。他相信发现和发明的能力可以通过巧妙的教学来提高,从而提醒学生注意发现的原理,并给他实践这些原理的机会。

波利亚写了一系列内容极为丰富的出色著作,其中第一部是 1945 年出版的。在这些书中,波利亚根据自己的广博经验使这些发明和发现的原理具体化,并同我们分享了这些原理的规则和实例。这些著作汇集了有关发现的策略、技能、经验方法、良好意见、轶事、数学史,连同各种层次上一个又一个问题,以及所有不寻常的数学趣事。波利亚在《怎样解题》(*How to Solve It*)的衬页上对"怎样解题"提出了一个总的方案。

怎样解题

第一:你必须**理解**问题。

第二:寻找已知和未知之间的联系。如果找不到直接的联系,你可能不得不考虑辅助问题。你应该最终获得求解的**计划**。

第三:实行你的**计划**。

第四:**检查**所获得的解。

这些规则在旁边的衬页上被进一步具体分解。在这里,提出的一系列个别策略可以在适当的时候发挥作用,例如:

如果你不能解决所提出的问题,可以思索一个适当的有关问题。回过头来思考,向前思考,缩小某些条件,放宽某些条件,寻找反例,猜测和验证,分化并解决问题,改变概念模式。

所有这些启发式原理都用适当的例子来详加阐述。

后来的研究者用许多方法进一步发展了波利亚的思想。舍恩菲尔德(Schoenfeld)把大学数学中最常用的启发式原理制成了一个有趣的表。我们把它附在这里。

常用的启发法

分析

(1)尽可能**画**一个图。

(2)检查特例:

a.选择特殊值来造成问题的例证,获得对它的"感觉"。

b.检查极限情况以探索可能范围。

c.使任一整数参数依次等于 1,2,3,…以寻找一个归纳模式。

(3)**尝试简化问题**

a.利用对称性。

b."不失一般性"的论证(包括缩尺)。

探索

(1)**考察本质上相同的问题**

a.把问题的条件用等价条件代换。

b.用不同方式重新组合问题的各要素。

c.引进辅助要素。

d.重新表述问题,方法如下:

(i)改变观点或符号;

(ii)考虑反驳论证或对比论证;

(iii)假定你有了一个解,确定它的性质。

(2)**考察稍加修改的问题**

a.选择次要目标(获得条件的部分满足)。

b.放宽一个条件,然后尝试重新加上它。

c.把问题域进行分解,再对各种情况进行研究。

(3)**考察全面修改的问题**

a.用少数变量构造一个类似的问题。

b.固定某个变量之外的所有变量,以确定这个变量的影响。

c.尝试利用任何有关问题,它们具有类似的

(i)形式;

(ii)"已知条件";

(iii)结论。

记住:当处理较容易的有关问题时,你应当尝试利用已知问题的结果和解题方法。

验证你的解答

(1)**你的解通得过这些特殊检验吗?**

a.是否利用了所有的有关条件?

b.是否同合理的估值或预测相一致?

c.是否经得住对称性、维度分析或缩尺检验?

(2)**你的解通得过这些一般检验吗?**

a.它能否用不同的方式得到?

b.它能否为特例所证实?

c.它能否归结为已知结果?

d.它能否用来产生你已知的某些事物?

为了说明波利亚在一种非常优美而精巧的,涉及概念模式改变的情况下的思维和写作的风格,我将详细摘引他的《数学的发现》(*Mathematical Discovery*)(第二卷,第 54 页起):

例

　　我想和读者们一起做个小小的实验。我将说出一个简单但不太平凡的几何定理,然后我将尝试把导出它的证明的那些想法依次重新构造出来。我将慢慢地,很慢很慢地进行,一个接一个逐渐地揭示每个线索。我想在我完成整个过程之前,读者就会抓住重要的思路(除非出现特殊的阻碍情况)。但这个主要的思路是很出乎意外的,因此读者可以体验到一个小小的发现的愉快。

　　A.如果有相等半径的三个圆经过一点,那么经过它们另外三个交点的圆和这三个圆半径相等。

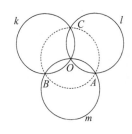

经过一点的三个圆

　　这就是我们要证明的定理。它的陈述简洁明了。但细节说得不够清楚。如果我们画一个图形(右上图),同时引入适当的符号,就可以更清楚地重述如下:

　　B.三个圆 k,l,m 有相等半径 r,并经过同一点 O。l 与 m 交于 A 点,m 与 k 交于 B 点,k 与 l 交于 C 点。于是经过 A、B、C 的圆 e 的半径也等于 r。

　　右上图展现了四个圆 k,l,m 和 e 以及它们的四个交点 A,B,C 和 O。然而这个图容易使人不满意,因为它不够简单,而且还是不完全的。有些东西好像缺掉了,好像我们没有考虑某些根本性的东西。

　　我们正在讨论圆。圆是什么? 一个圆是由圆心和半径决定的,从圆心到圆上各点是等距的。距离的值是半径的长度。我们未能引入共同的半径 r,因此我们未能考虑假设的本质部分,那么就让我们引入 k 的圆心 K,l 的圆心 L 和 m 的圆心 M。我们应该在什么地方表示半径 r? 对待三个已知圆 k,l 和 m 或三个交点 A,B 和 C 中的任何一个,看来没有什么理由比另两个更偏爱一些。这使我们把三个圆心与各圆的所有交点都连接起来。如 K 与 B,C 和 O 连接等。

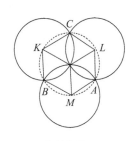

太拥挤了

　　所得图形(右下图)拥挤不堪。上面有许多线条,有直线又有圆,使我们很难满意地"看清"这个图形:它"站不稳"。它就像老式杂志上的某些图画,这种图画有意画得暧昧不明。如果你用通常的方式观察它,它展示了某个图形;如果你改变一下它的位置,从某种特殊角度观察它,另一个圆形会在你面前突然出现,暗示着对第一个图形的多少有些巧妙的评注。在这个有着过多直线和圆的令人困惑的图形中,你能否认出第二个有意义的图形呢?

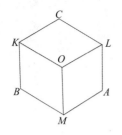

图(a) 它使你想起什么？

我们可能一眼就看出了隐藏在复杂图形中的那个正确的圆形,我们也可能逐渐地认出它。由于努力解决原有问题,或者由于某些次要的非本质的情况,我们可能达到这个目的。例如,当我们将要重画这个令人不满意的图形时,我们可能会看到整个**图形**是由它的**直线部分**所决定的[图(a)]。

这种观察看上去是很有意义的。它确实简化了几何圆形,还可能改进了逻辑状况。它引导我们用下面的方式重新叙述我们的定理。

C.如果 9 个线段 $KO,KC,KB,LC,LO,LA,MB,MA,MO$ **都等于** r,**那么存在一点** E,**使三个线段** EA,EB,EC **也都等于** r。

这个命题把我们的注意力引向图(a)。这个图形是有吸引力的,它使我们想起某种熟悉的事物。(想起什么?)

当然,根据假设,图(a)中某些四边形例如 $OLAM$ 四边相等,它们是菱形。菱形是熟悉的对象,我们认出了它,就能更加"看清"这个圆形了。(整个图形使我们想起什么?)

一个菱形的对边是平行的,根据这一点,我们认识到图(a)的 9 个线段可分三类,同类线段如 AL,MO 和 BK 是互相平行的。(现在这个图形使我们想起什么?)

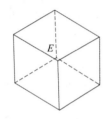

图(b) 当然如此!

我们不应忘记我们得到的结论。我们假定结论是对的,在图上作出圆心 E 或圆 e,以及它的三条以 A,B,C 为端点的半径,我们获得(根据推测)更多的菱形,更多的平行线段,如图(b)所示。(现在整个图形使我们想起什么?)

当然,图(b)是一个平行六面体的 12 条棱的射影,它的特殊在于所有棱的射影长度相等。

图(a)是一个"不透明"平行六面体的射影。我们只看到三个面、七个顶点和九条棱;另外三个面、一个顶点和三条棱在图上是看不到的。图(a)只是图(b)的一部分,但这一部分确定了整个图形。如果平行六面体及其射影方向被选择得使图(a)所示九条棱的射影都等于 r(根据假设它们应当等于 r),那么其余三条棱的射影也应当等于 r。这长度为 r 的三条线是从第八个看不见的顶点的射影发出的,这个射影 E 正是通过 A,B,C 三点且半径为 r 的圆的圆心。

于是,我们的定理得到了证明,而且是通过把平面圆形看成立体的射影这种出人意料的艺术概念得到证明的。

(这个证明应用了立体几何的概念,我希望这不是什么大错误。但是即使如此也很容易修正。现在我们能如此简单地说明圆心 E 的位置的特征,所以不依赖于任何立体几何知识就能很容易检查 EA,EB 和 EC 的长度。但这里我们不再坚持这一点。)

这是非常漂亮的,但人们对此感到怀疑。这是否像"清晨喷射的光芒"那样,使希望得到满足? 或者,它仅仅是马后炮(事后诸葛亮)? 这些思想是在课堂上产生的吗? 把波利亚的方案归结为实用教学法的进一步努力,解释起来是困难的。对于教学来说,显然有着比来自大师的某个好主意更多的东西。

进一步的阅读材料,见参考文献:I.Goldstein and S.Papert;E.B.Hunt;A.Koestler[1964];J.Kestin;G.Pólya[1945],[1954],[1962];A.H.Schoenfeld;J.R.Slagle。

6.4 新数学的创造——拉卡托斯启发法的应用

在《证明与反驳》(*Proofs and Refutations*)中,拉卡托斯(Lakatos)提出了"数学发现的逻辑"的图景。一个教师和他的学生们正在研究著名的欧拉-笛卡儿多面体公式:

$$V-E+F=2$$

在这个公式中,V 是多面体的顶点数,E 是它的棱数,F 是它的面数。在熟悉的多面体中,这些量取下面的值:

	V	E	F
四面体	4	6	4
角锥体	5	8	5
立方体	8	12	6
八面体	6	12	8

(见第 7.6 节)

这个教师提出了把多面体铺展在一个平面上的传统证明。这个"证明"立即招致学生们提出的许多反例的攻击。在这些反例的影响下,定理的陈述被修改,证明被修正并精心给出。随着新的反例的产生,不断进行新的调整。

拉卡托斯阐述了这种发展过程,作为一般情况下数学知识发展的模式。拉卡托斯为整个数学文化提出的证明与反驳的启发式事例,当然可以在个人创造新数学的努力中得到应用,作者在他的班级中使用这个方法取得了一定的成功。不向学生提出待解决的确定问题而提出可能获得某种发现的不确定情况所引起的最初震动,是必须而且能够加以克服的。于是较好的学生体验到了能够掌握教材的兴奋和自由的感觉。我将用初等数论中一个小例子来说明这个方法(右图)。

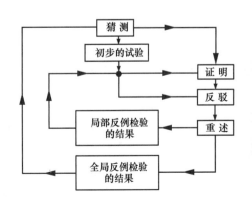

　　我从一个我称之为"种子"的原始命题开始,这个种子命题应该是很有趣的,很简单的。练习的目的是使学生们给种子浇水,使它长成一株苗壮的植物。我通常向学生介绍各种各样的种子,由他们根据自己的经验进行选择和浇灌。

第一场

种子　"如果一个数末位是 2,那么它能被 2 整除。"

例　42 的末位是 2,因而能被 2 整除。172 的末位也是 2,因而能被 2 整除。

证明　当且仅当一个数的末位是 $0,2,4,6,8$ 时,它是偶数。所有偶数都能被 2 整除。特别地,末位是 2 的数能被 2 整除。

证明(更复杂的)　如果一个数的数字形式是 $ab\cdots c2$,那么显然它可以写成 $(ab\cdots c0)+2$,因而可以写成 $10Q+2=2(5Q+1)$。

猜测(飞跃)　如果一个数末位是 N,那么它能被 N 整除。

评论　勇敢地做出明显的推广。如果结果证明错了,天也不会塌下来。

例　如果一个数末位是 5,那么它能被 5 整除。不错,如 $15,25,128\,095$,等等。可是,哎呀!

反例　如果一个数末位是 4,那么它能被 4 整除吗? 14 能被 4 整除吗? 不能。糟糕。

异议　但是某些末位是 4 的数能被 4 整除,如 24。某些末位是 9 的数能被 9 整除,如 99。

经验概括　数字 $1,2,3,\cdots,9$ 似乎可分为两类,第一类:末位是 N 的数总能被 N 整除。第二类:末位是 N 的数只是偶数能被 N 整除。第一类有:$1,2,5$。第二类有:$3,4,6,7,8,9$。

质问　末位是 0 的数怎么样? 它们能被 0 整除吗? 不能。但它们能被 10 整除。嗯! 我们应该注意这种情况。这种现象不适合种子的形式。

定义　让我们把第一类数称为"幻数"。它们有一种可喜的性质。

试验定理　$1,2,5$ 三个数是幻数。只有它们是幻数。

反例　25 这个数怎么样? 它不是幻数吗? 如果一个数末尾是 25,它能被 25 整除。例如,225 或 625。

异议　我们讲的是单一数字。

辩驳　对,我们原先是这样。但 25 这个现象很有趣,让我们把最初的探究稍稍展开一下。

重述　现在 N 不必只表示单一数字,而是可以表示像 $23,41,505$ 这样的数字组。我们提出如下定义:如果末尾是数字组 N 的一个数能被 N 整除,那么 N 是一个幻数。这个扩展了的定义有意义吗？

例　有的。25 是幻数，10 是幻数，20 是幻数，30 是幻数。

反例　30 不是幻数。130 不能被 30 整除。想一下你怎样知道 25 是幻数？

定理　25 是一个幻数。

证明　如果一个数的末尾是 25，它的数字形式是 $abc\cdots e25 = abc\cdots e00 + 25$，因而可写成 $100Q + 25 = (4Q + 1)$

目的重述　找出所有的幻数。

经验积累　$1, 2, 5, 10, 25, 50, 100, 250, 500, 1\,000$ 都是幻数。

观察　我们能够找到的所有幻数看来都是一些 2 和一些 5 的乘积。上面列举的数确实都是这样。

猜测　具有 $N = 2^p \cdot 5^q (p \geqslant 0, q \geqslant 0)$ 的形式的任何数 N 都是幻数。

评论　看上去是有道理的。我们有什么疏漏吗？

反例　取 $p = 3, q = 1$。于是 $N = 2^3 \cdot 5 = 40$。末尾是 40 的数总能被 40 整除吗？不，例如 140 就不能。

重述　然而，用相反的方式怎么样？我们找到的所有幻数都具有 $2^p \cdot 5^q$ 的形式。或许所有的幻数都具有那种形式。

异议　这不就是你刚才提出的吗？

辩驳　不，刚才提出的是相反的方式：一个形如 $2^p \cdot 5^q$ 的数是幻数。看到这里的差别了吗？

定理　如果 N 是一个幻数，那么 $N = 2^p \cdot 5^q$。

证明　令一个数以 N 结尾（回忆一下：在这命题中 N 起一个数字组的作用）。于是这个数就是 $abc\cdots eN$ 这个样子。我们应希望像前面一样把它分解开。所以令 N 有 $d(N)$ 位数字。于是 $abc\cdots eN$ 这个数可写成 $abc\cdots e00\cdots 0 + N$，这里前一部分末尾有 $d(N)$ 个零。因此这个数的形式是 $Q \cdot 10^{d(N)} + N$。（试验一下当 $d(N) = 2, 3$ 等时的情况。）所有以 N 结尾的数都具有这个形式。反过来，如果 Q 是任何数，那么 $Q \cdot 10^{d(N)} + N$ 这个数是以 N 结尾的。现在，如果 N 是幻数，它总能整除 $Q \cdot 10^{d(N)} + N$。因为 N 整除 N，它必定对于所有的 Q 总能整除 $Q \cdot 10^{d(N)}$。举例来说，Q 可以是简单的数 1。因此，N 必定整除 $10^{d(N)}$。由于 $10^{d(N)} = 2^{d(N)} \cdot 5^{d(N)}$ 是一个质因子分解式，可知 N 本身必定能分解为一些 2 和一些 5。

当前情况　我们现在知道，一个幻数的形式 $N = 2^p \cdot 5^q$，其中整数 $q, p \geqslant 0$。我们希望把它倒过来考虑。这样我们就该有一个关于幻数的充要条件。

经验重整　因为我们知道所有幻数的形式是 $N = 2^p \cdot 5^q$，问题就成为：p 和 q 应取怎样的值，使 N 是幻数？

猜测 $p \leqslant q$?

反例 $p=0, q=4, N=2^0 \cdot 5^4=625$。625 是幻数吗？不，因为 1 625 不能被 625 整除。

猜测 $p=q$?

异议 于是，$N=2^p \cdot 5^p=10^p$，或 $1,10,100,\cdots$，这不错，但是还有另外的幻数。

猜测 $p \geqslant q$?

反例 $p=3, q=1, N=2^3 \cdot 5^1=40$。这不是幻数。

观察 嗯。这里有些事情很微妙。

这时第一场闭幕了。对于有充分兴趣和能力的人，这个过程还将继续。

第二场

（在这一场，启发式的思路在文字表述上被大大省略。）

策略讨论 先回到形式 $N=2^p \cdot 5^q$ 的必要性证明上来。我们发现如果 N 是幻数，它整除 $10^{d(N)}$。我们回想到 $d(N)$ 代表数字组 N 的位数。或许这也是充分的？啊哈！一个突破？

定理 当且仅当 N 整除 $10^{d(N)} \cdots$ 时，N 是幻数。

证明 必要性已经被证明。如果一个数以 N 结尾，那么我们知道它的形式是 $Q \cdot 10^{d(N)} + N$。但是 N 整除 N 且 N 被假定整除 $10^{d(N)}$。所以它一定整除 $Q \cdot 10^{d(N)} + N$。

美学异议 尽管我们现在真的有了幻数的充要条件，但是这个条件是关于 N 本身而不是关于它的因子分解式 $2^p \cdot 5^q$ 的。

讨论 什么时候 $N=2^p \cdot 5^q$ 整除 $10^{d(N)}$？因为 $10^{d(N)}=2^{d(N)} \cdot 5^{d(N)}$，显然，所需的充要条件是 $p \leqslant d(N), q \leqslant d(N)$。但这个条件等价于 $\max(p,q) \leqslant d(N)$。我们仍旧要对付这个该死的 $d(N)$。我们不想要它。我们想要一个关于 N 本身，或者可能是关于 p 和 q 的条件。怎样能把 $\max(p,q) \leqslant d(N)=d(2^p \cdot 5^q)$ 变换成为一个更方便的形式呢？我们知道，$p=q$ 时是很不错的。让我们把上式写成新的形式：$p=\max(p,q) \leqslant d(2^p \cdot 5^q)=d(10^p)$。现在 10^p 的位数是 $p+1$，也就是说 $p \leqslant p+1$，这很好。如果在一般情况下，我们使 2 的幂与 5 的幂"均衡一下"，将怎么样呢？写成 $q=p+h, h>0$。（啊哈！）

异议 如果 $p>q$，以致 $q=p+h$ 在 $h>0$ 时是不可能的，将怎么样呢？

辩驳 以后再说。

讨论 $\max(p, p+h) \leqslant d(2^p \cdot 5^{p+h})=d(2^p \cdot 5^p \cdot 5^h)=d(10^p \cdot 5^h)$。现在，由于 $h>0, \max(p, p+h)=p+h$。而且，如果 Q 是任何数，$10^p \cdot Q$ 的位数 $=p+q$

的位数。所以 $p+h\leqslant p+d(5^h)$ 或 $h\leqslant d(5^h)$。

疑问　什么时候 $h>0$ 且 $h\leqslant d(5^h)$？

试验　当 $h=1,1\leqslant d(5^1)$，好。当 $h=2,2\leqslant d(5^2)$，好。当 $h=3,3\leqslant d(5^3)$，好。当 $h=4,4\leqslant d(5^4)=d(625)=3$，不好。当 $h=5,5\leqslant d(5^5)=d(3\ 125)=4$，不好。

猜测　当且仅当 $h=1,2,3$ 时，$h\leqslant d(5^h)$。

证明　略。

重新开始　$p>q$ 如何呢？

讨论　使 $p=q+h,h>0$。$q+h=\max(q+h,q)\leqslant d(2^{q+h}\cdot 5^q)=d(10^q\cdot 2^h)=q+d(2^h)$，或 $h\leqslant d(2^h)$。什么时候 $h\leqslant d(2^h)$？

试验　当 $h=1,1\leqslant d(2^1)$，好。当 $h=2,2\leqslant d(2^2)$，不好。

猜测　当且仅当 $h=1$ 时，$h\leqslant d(2^h)$。

证明　略。

定理　当且仅当 N 等于 10 的幂与 1,2,5,25 或 125 的乘积时，N 是幻数。

证明　略。

为期待进一步的发展，我们可以用不同方式写出这个定理。

定理　当且仅当 $N=2^p\cdot 5^q$，其中 $0\leqslant q-p+1\leqslant 4$ 时，N 是幻数。

证明　略。

如果我们用 10 以外的数为底写出我们的数，那么会发生什么情况？以质数为底，或以质数的幂为底，将会怎样？通过提出这些问题，第三场就可以开始了。

进一步的阅读材料，见参考文献：M.Gardner；U.Grenander；I Lakatos[1976].

6.5　比较美学

对创造力有利的要素是什么？它是不是从无拘无束的组合的或几何的想象中得来的一种深刻的分析能力，或是像花园里一群蜜蜂一样在事实与事实、感觉与感觉之间不停地飞来飞去并借助于惊人的记忆建立联系的一种智力，或是关于宇宙如何表现数学的一种神秘直觉，或是像计算机一样逻辑地操作并创造出成千上万个蕴涵式直到一个合适的构形出现的一种智力？

或者它是不是靠某种超逻辑的原则在起作用，是不是通过掌握和运用形而上学的原则作为指导？或者像庞加莱所想过的那样，是一种对数学美学的深刻理解？

很难说存在一门数学美学的科学。但我们可以考察一个实例，并详细地讨论它。这样我们就能更加了解庞加莱的评价的缘由。

我将采用一个具有很多美学成分的著名数学定理，并提出它的两个不同的证明。这个定理就是毕达哥拉斯关于$\sqrt{2}$不是一个分数的著名研究结果。

第一个证明是传统的证明。

证明 I 假设$\sqrt{2}=p/q$,其中p和q都是整数。这个方程实际上等价于$2=p^2/q^2$。假设p和q是最低项,即它们没有公因子(因为如果它们有的话,可以约去)。现在$2=p^2/q^2$可写成$p^2=2q^2$,因此p^2是偶数。因此p是偶数(如果它是奇数,p^2也是奇数,因为奇数×奇数=奇数)。如果p是偶数,它的形式是$p=2r$,于是我们有$(2r)^2=2q^2$或$4r^2=2q^2$或$q^2=2r^2$。这样,如前所述,q^2是偶数,所以q必是偶数。现在我们处于逻辑的束缚中,因为我们已经证明了p和q都是偶数,而我们预先假定它们没有公因子。因此,如果p,q是整数,方程$\sqrt{2}=p/q$必须被否定。

第二个证明不是传统的证明,它的论证稍不严格。

证明 II 如前所述,假设$p^2=2q^2$。每个整数能被分解为质数的乘积,我们假设p和q都已被分解。这样,在p和q中有一些成对的质数(因为$p^2=p\cdot p$)。在q^2中也有一些成对的质数。但是(啊哈!)在$2\cdot q^2$中只有一个2,而没有和它成对的2。于是产生矛盾。

我毫不怀疑。十个专业数学家中有九个会说证明 II 展现出更高水平的美学乐趣。为什么?因为它更简短吗?(实际上我们略去了一些形式上的细节。)因为相比较而言,证明 I 强调逻辑上的毫不宽容,看上去笨重而沉闷。我认为答案在于这一事实:证明 II 似乎揭示了问题的本质,而证明 I 掩盖了本质,从错误的假设出发,并以矛盾终结。证明 I 似乎是一个自作聪明的人的论证,证明 II 则揭示了"真正的"推理。在这方面,美学成分是同更纯粹的想象力相关的。

进一步的阅读材料,见参考文献:S.A.Papert[1978]。

6.6 数学的非解析方面

有意识的和无意识的数学

如果我们接受普遍的信念,认为物质的宇宙受数学规律支配,那么我们就会理解这个宇宙和其中的所有东西是不断被数学化,即实行数学运算的。如果我们富于想象,我们可以认为每个粒子或每个聚集体里面都住着具有监管功能的数学守护神,他们在说:"注意反比平方律,注意微分方程。"这样一个守护神也会住在活生生的人里面,因为他们经常也在数学化而不经过有意识的思考或努力。当他们穿过交通拥挤的街道时,他们在数学化,从而解决着十分复杂的机械的和概率的极值问题。当他们的身体不断对瞬时条件有所反应,并寻求受规律限制的平衡时,他们也在数学化。花的一粒种子长出六褶对称花瓣,也是一个数学化的过程。

让我们把宇宙中固有的数学化称为"无意识的"数学。不管人们怎么想,无意识的数学总是存在着。它不能被阻止或排除。它是自然的,自动的。它不需要头脑或特殊的计算装置,它不需要智力或体力。在某种意义上,花朵和行星就是它们自己的计算机。

　　同无意识的数学相对比,我们可以区分出"有意识的"数学。这似乎只限于人类,大概还有某些高等动物。人们通常当作数学的,是有意识的数学。它主要是通过专门训练而获得的。它似乎发生在头脑中。人们对它的进行或中止有特别的意识。它常常同抽象的符号语言联系在一起。它常常得到笔和纸、数学仪器或参考书的帮助。

　　但是有意识的数学并不总是通过抽象符号进行的。它可以通过"数觉""空间感觉"或"动觉"发生作用。例如,关于"这个东西能否装进那个盒子"的问题,是能够在只是一瞥的基础上十分可靠地加以回答的。隐藏在这些特殊感觉后面的东西常常讲不清楚。无论它们表示贮存起来的经验,立即完成的模拟型解答,还是富有灵感然而部分是随意获得的猜测,事实上这种类型的判断总是可以迅速而正确地获得的。尽管人们意识到这个问题,但是人们只是部分地意识到用来产生解答的方法。事后的反思常常揭示出一种独立运算和交迭叠算的混合物。因此在有意识的和无意识的数学之间并不存在明显的界限。

类比数学和解析数学

　　把有意识的数学分成两类是方便的。第一类,大概比较原始,可称为"类比实验"数学,或简称类比数学。第二类称为"解析"数学。类比数学化有时是容易的,能被迅速完成,它可以不用或很少用"学校"数学的抽象符号结构。

维格里维尔艾伯尔塔(Vegreville Alberta)复活节彩蛋。计算机科学家和艺术家雷施创造了这个巨大的多面蛋。这个蛋高31英尺,宽18英尺,重5 000磅,有3 512个可见的面。它用524个1/16英尺的经阴极化处理的星形铝片和2 208个1/8英寸的三角形铝片制成。①

在某种程度上,几乎所有接触许多空间关系和日常技艺的人都能完成这种数学化。虽然有时它很容易,几乎不费气力,有时却相当困难,例如,试图理解机器各部件的排列和关系,或尝试对一个复杂系统获得一种直观感觉。结果可能不用文字来表达,而只用"理

---

① 艾伯塔是加拿大西部一个省。——译者注

解""直觉"或"感觉"。

在解析数学中,符号材料占优势。这种数学工作几乎总是难做的。它是费时的,使人疲劳的。它需要特殊训练。它可能需要利用整个数学文化不断检验以保证可靠性。解析数学只是少数人从事的。解析数学是高人一等的和自我批判的。它的高级表现形式的实践者构成了一种"天才统治"。解析数学的超乎寻常的优点就从这里产生,因而尽管检验别人的直觉或许不可能,但是检验他的证明还是可能的,虽然这常常是困难的。

由于类比和解析这两个词是在科学中用于许多专门场合的平常的词,并由于我们想使它们在本文中具有特定的含义,我们将用一些例子来说明我们的意图。我们从一个十分古老的有着宗教基础的问题开始。

问题　夏至、新月或其他重要天象发生在什么时候?

类比解答　(i)等待到它发生。利用通信手段从最初的探测点向有关方面传播这一事件。(ii)建造某种物理装置来探测重要的天文数据。据说从史前时期以来在旧大陆和新大陆都有大量的天文"计算器"被用于检测至点和重要的月亮或其他星体的准线,它们在农业或宗教方面常常是十分重要的。

解析解答　建立一个天体周期理论并做出它的日程表。

问题　这个烧杯里有多少液体?

类比解答　把液体倒进有刻度的量具中,直接读出体积。

解析解答　应用圆台体积公式。测出有关的线性尺寸然后计算。

问题　公共汽车公司为获得最大效益,应在普罗维登斯市区和波士顿市区之间采用哪条路线?

类比解答　列出若干可能的路线,在汽车运行中搜集时间、费用和乘客的数据,采用最佳答案。

解析解答　构造一个里程、通行税和交通条件的模型。如果可能,在闭形式中解这个模型。如果不可能,那么用计算机解。

解析的且存在性的解答　表明在某些一般性假定的基础上,使我们确信问题的解存在。

问题　已知二元函数 $f(x, y)$ 定义在 xy 平面的一个正方形上。需要制定一个计算机策略以绘出函数的轮廓线 $[f(x, y) = 常数]$。

解析解答　从某点 (x_0, y_0) 开始计算 $C = f(x_0, y_0)$,借助逆插法,找到 $f(x_i, y_i) = C$ 的接近点 $(x_1, y_1), (x_2, y_2), \cdots$ 连接这些点。重复这个过程。

似类比解答　在正方形上画出细方格,把最终的圆形看作是用光栅扫描方法产生的。在格点上计算这个函数,并划分取值范围,比如说 20 个值:$v_1, \cdots, v_{20}$。选择一个值 v_i,在每个小方格内或者(a)不画任何东西,或者(b)如果四个角的值同 v_i 一致,画一直线段。就不同的 i 重复这个过程。

类比解答与解析解答的对比

在某些问题中，类比解答和解析解答都可能得到，也可能一种有一种没有，或者两种都没有。就准确或方便而言，没有哪一种类型能被先验地认为比另一种更可取。如果两种类型的解答都能得到，那么这两种解答的一致是极为需要的。这可以成为物理理论的决定性实验。

解决一个问题常常要混用两种方法。在现实世界中，当真实系统需要被模型化或构造时，解析解答无论多么好，总是必须做精细的调整。因此在工程中，解析解答一般被作为出发点，我们希望它是良好的初步近似。

类比解答看来更接近宇宙中发生的无意识的数学化。类比解答很可能在技术领域占优势，但这是纯粹的推测。

智力价值的等级制

然而，当说到这两种模式的智力价值时，层次是清楚的。尽管类比解答可能更灵巧，运用了复杂而精妙的手段，但它不能获得纯智力解答的礼遇。

智力关注其自身。那种有意识的、更困难的东西是更值得赞扬的。受称赞的智力层次与抽象符号化的表面复杂程度成比例。这当然有一定的限度，因为通过智力建造起来的房屋当面对经验实体时可能塌掉。科学教育常常不指向特殊问题的解答，而以在尽可能高的智力层次上进行谈论为目的。

我们刚才描述的等级制是属于专业数学家的。比如说，从工程师的观点出发，一个解析解答要是不能导致一种与问题的类比解答相应的有效方法，就没有什么意思。一种精心设计的、高度发展的方法能显示出手段的经济和思想的优美，这是最佳科学和数学的特征。然而这种优美不大被理论方面的科学家所承认。能够制造性能良好的飞机或可靠的高效计算机的创造才能和艺术技巧，在人们试图亲自沿着这些途径去做些事情之前，是难得受到赏识的。

非科学领域里存在类似的等级制

强调智力的趋势不仅限于科学领域，它也发生在例如艺术领域。处在最低层次的是商业艺术家，稍高一点的是根据需要画像的艺术家。在最高层次站着"美术家"，他们被认为是对智力与精神的抽象的但却自由自在的敦促做出反应的人。艺术作品常常被人们加以精细分析，分析的抽象程度可与最深奥的数学成果相媲美。

数学证明及其价值等级

研究数学的定义—定理—证明的途径几乎已变成数学讲解和高级训练的唯一范式。当然，这并不是数学被创造、传播、甚至理解的途径。把一个数学证明变成（原理上）可机械化的过程的逻辑分析，只是一种假设的可能性，从未被完全实现。数学是一种人类活动,数学的形式-逻辑说明只是一种虚构。数学本身是要到数学家的真正实践中去寻找的。

与理解证明的困难相联系的一种有趣现象是必须注意的。如果一个数学定理的证明很困难,这个定理就被称为"深奥的"。决定深奥程度的一些因素是陈述或论证的非直觉性、观念的新奇性、从某种本身并不深奥的出发点算起的证明材料的复杂程度或长度。深奥的反面是"平凡",这个词常包含贬义。然而,平凡的东西不一定无趣味、没有用或不重要。但是,尽管有这种等级次序,深奥的东西在某种意义上是不合需要的,因为存在着一种追求简单化以及通过发现不同的观察方式以使深奥的东西平凡化的不懈的努力。当我们从经验范围的解析部分走向类比部分时,我们都感觉更好些。

认识风格

关于人类思维的一种明显说法,是人们在可被称为他们的"认识风格"的东西即他们的原有思维模式方面是大不相同的。

这是 19 世纪的心理学家们所熟知的。高尔顿(Galton)在 1880 年曾请很多人"描述某个早晨他们的早餐桌在他们的心灵眼睛中的映像"。他发现有些人能构成活生生的清晰图像,而另一些人只能构成模糊的映像,有时甚至完全没有映像。詹姆斯报告说,人们在他们最初用于思维的感觉模式方面变化很大,大多数人是在听觉或视觉方面。然而也有较少的一部分人,受到触觉或动觉的强烈影响,甚至在通常所谓的抽象思维方面也是如此。

这样众多的思维方式不应造成任何问题。实际上,我们可以愉快地考虑人类所显示的思考世界的种种不同方法,并把它们全部作为探讨问题的有效方法予以高度重视。

可惜,宽容是罕见的美德,对不同思维方式的一般反应是首先否认它们的可能性,其次否认它们的价值!

詹姆斯说:"一个视觉想象强的人觉得难于理解没有这种能力的人如何能思考。"

反过来,某些主要用文字来思考的人,简直不能想象没有语言的思想。奎因说:"……记忆主要不是过去的感觉的痕迹,而是过去的概念化或语言化的痕迹。"马勒(Muller)写道:"我们怎么知道天空存在并且它是蓝的呢? 如果没有给天空命名,我们会知道天空吗?"然后他指出没有语言的思想是不可能的。阿贝拉德(Abelard)说:"语言由智力产生,又产生智力。"《吠陀》(*Chandogya*)的最后一章《奥义书》(*Upanishad*)① 说:"人的本质是言语。"《约翰福音》(*Gospel of John*)一开始就说:"最初有文字……"

然而,很多人持相反的观点。亚里士多德说,我们常常借助映像进行思考和回忆。贝克莱主教认为文字是思想的障碍。许多哲学家和神学家认为概念和文字是危险的带错路的"文字游戏"。《楞伽经》(*Lankavatara Sutra*)② 的话最典型:"信徒们应防范词和句

① 印度古文献《吠陀》经典的最后一部分。——译者注
② 全称为《楞伽阿跋多罗实经》,佛教经典之一。——译者注

子及它们虚妄意义的诱惑,因为通过它们,无知和迟钝的人会受到纠缠而陷入无助的困境,就像在深泥中绕着圈挣扎的大象一样。词和句子……不能表达最高的实在……无知和头脑简单的人宣称意义只是词而已。词是什么,意义就是什么……而真理是超出字母、词和书本的。"《道德经》(*Tao Te Ching*)第八十一章说:"信言不美,美言不信。善者不辩,辩者不善。……"《圣经》(*Biblical quotation*)引用了这样一种传统的说法:"字母伤人,精神养生。……"

数学中的认识风格

阿达玛在他的书中,试图发现著名的数学家和科学家在工作时实际上如何思考。在一次非正式调查中他接触了一些人,他写到他们时说:"实际上他们全都……不仅避免词语在心智上的使用,而且避免代数的或精确的符号的心智使用……他们使用模糊的映像。"又说:"我收到回答的那些数学家们的心智图像大多数是视觉的,但也可能是另一类型,例如动觉的。"

爱因斯坦回答阿达玛说:"写出的文字或说出的语言,似乎在我的思维过程中不起任何作用……似乎用作思维要素的物质实体是某些符号和或多或少清晰的映像,它们能'自发地'再生和组合……上面提到的要素,在我这里,是视觉的,某些是肌肉类型的。只是在下一阶段,才需要吃力地寻找约定的词或其他符号……"关于非数学专业的成年人完成简单算术的方式的若干新近的研究似乎表明,对于非数学工作者来说,情况是一样的。

组合几何中认识风格一例

我们已经描述和比较了类比解答和解析解答。由于数学发现中可能含有这种或那种丰富的成分,我们就在这里研究认识风格的差别。

这里是一个吸引人的例子:解析证明可能十分困难,而类比类型的证明却使整个事情一目了然。

戈莫里(Gomory)**定理**　从普通棋盘上移去一块白的和一块黑的方块,缺损的棋盘总能被 31 个尺寸为 2×1 的多米诺骨牌覆盖。

类比证明　把这个棋盘变换成附图中的一个迷宫。不管去掉哪个黑方块"A"和哪个白方块"B",棋盘总能由在 A 和 B 处断开的履带拖拉机式多米诺骨牌链穿越这个迷宫而得到覆盖(右图)。[见杭斯伯格(Honsberger),第 66 页]

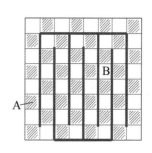

移动履带的意象,足以使人们一望即能掌握解答。注意这个强烈动觉的和与行动有关的证明模式。对于正常的(即多少属于视觉类型的)读者来说,要弄通这个证明而感觉不到运动的意识,是困难的。我们不知道这个问题的解析解答。当然,人们可以通过计算黑方格和白方格的数目,紧缩上述的解答以获得一个较为形式的证明。

这里是一个两种类型解答都可得到的几何问题。

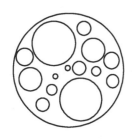

定理　用包含在圆 C 中有限数量的不交叠小圆填满圆 C 是不可能的(左图)。

类比解答　这在视觉上是显然的。

解析解答　一个基于线性无关概念的简洁证明。(见:戴维斯,1965)

类比解答是如此明显,以至做更多的要求就是一件数学卖弄的事情。这会把我们引向"声名狼藉"的。

约当曲线定理　平面内一条简单的闭曲线将平面分为有限的和无限的两部分(左图)。

类比解答　这在视觉上是显然的。

解析解答　非常困难,困难来自如下事实:过度的解析一般性已被引入这个问题中。

数学意象

阿达玛描述过可能与有意识的数学过程相伴随的潜意识思维流。尽管这种事情非常难于描述和提供文件证明,但它确实存在。

因此,在这方面再说一些我自己的经验,也许是适宜的。潜意识思维流,也可以说是数学意象,似乎与人们企图做的解析工作没有直接关系,它使人感到更具有类比的特点,几乎是视觉的,有时甚至是音乐性的。它伴随着并偶然帮助着思维的主流。它常常看起来与思维主流不相干,只是一种徘徊着的隐蔽的存在。

几年前,我曾用很多时间做复变函数论方面的研究。这个理论有深厚的几何根基。事实上,它能独立地从几何的(黎曼的)或分析的(魏尔斯特拉斯的)观点发展起来。教科书中的几何插图常常描绘球、地图、特殊类型的表面、包含圆的构形、圆的交叠链等。当我使用解析材料工作时,我发现它被我在各种书籍中看到的很多图像的重新集合或者它们的碎片混合物伴随着,在一起的还有不完全但却反复出现的非数学思想和音乐旋律。

我曾或多或少得到过一批被我用简略形式记下的材料。后来某些事情列入了我的日程表,使我好几年无法继续研究这些材料。这中间我几乎没有考虑过它。当这个阶段结束时,时间又变得可利用了。我决定回到这些材料上,看我能否把它写成一本书。

开始时,我完全心凉了。看来需要几个星期的工作和复习,以便重温这些材料。后来我吃惊地发现,那些最初的数学意识和旋律重新出现了,我继续这项研究直至成功地完成计划。

数学应用的真正目的是使数学自动化

解析数学是难做的,匆忙完成很难保证精确性。我们并不期望登月航天员实际上根据用对数表和三角函数表进行计算的结果安排行动。理想的情况和在无人驾驶飞行中一样,整个系统是可以自动化的。尽管登陆操作要用到很多数学,但我们期望航天员只是对仪器或计算机读数或代替读数的口头指令做出反应。解析数学必须被抑制或绕过,并用类比数学来取代。

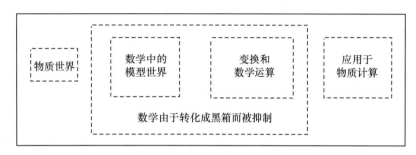

人们在应用数学中一再看到这种情况。应用越是完全和成功,它越是必定成为自动的固定程序。

计算机图示学的一个例子

数学根基受抑制的突出例子,最近十年到十五年间发生在计算机艺术和动画领域。

计算机艺术可追溯到产生各种循环运动、内摆线、利萨如图形、"呼吸描记器"图形等的机构装置。这些图形是容易通过振荡器或模拟电路系统产生的。画出的圆形具有视觉上的快感或兴奋感。这些圆形总是能用数学方程来鉴定。

计算机艺术的第一个十年左右,数学的存在还是引人注目的。除具有艺术敏感性以外,实践者必须懂得计算机程序、图标程序、一定量的基础数学知识如解析几何、初等变换和插值法。逐渐地,为计算机艺术写出了越来越高级的语言。运算模式变得较少解析性,较多语言性和类比性。当这种情况发生时,数学的子结构或被嵌入,或被抑制,或被绕过。

这种抑制的出色例证,是在犹他大学和纽约技术学院发展起来的 PAINT 程序。作为对通过计算机产生商业动画片的愿望的响应,一种很高级的语言被发展出来了,它很容易学,能被没有数学知识的商业动画片制作者使用。在色彩方面,艺术家能够选择调色板并创造各种宽度和喷墨特点的画笔。他用尖笔在计算机素描簿上创作图形。众多的"选择条目"使他能借助线性和非线性内插法完成上色,按实际时间连续调换颜色,进行复制、(远近)变换,制造幻象,使图像活动起来。

这样,艺术家就向计算机输入了他自身的腕、臂和肩膀的肌肉运动以及一个"选择菜单"。由于这些选择也是由尖笔所控制的,整个过程就模仿着用常规工具绘画的方式进行。

几何意识的衰退

在过去的一个半世纪中,常常有这样一种评论,认为数学教育和研究的几何和动觉因素,一直在逐渐地衰退。在这个时期,形式的、符号的、文字的和解析因素已大大兴旺起来。

造成这种衰退状态的原因有哪些呢? 我们想到这样一些解释:

(1)笛卡儿《几何学》(La Géométrie)的严重影响,在这部著作中几何被归结为代数。

(2)19 世纪后期,克莱因(Klein)用群论统一几何学的纲领的影响。

(3)19 世纪初期,主要来自有限的感觉经验的那种认为欧几里得几何是宇宙的先验真理,是物质空间唯一模型的观点的崩溃。

(4)19 世纪被发现并被希尔伯特和其他人修正的经典欧几里得几何逻辑结构的不完全性。

(5)构成视觉几何自然背景的二维或三维物质空间的局限性。

(6)非欧几何的发现。它与作为视觉几何基础的视觉领域的局限性有关,相反地,当几何代数化和抽象化时,则可能做很大的推广(非欧几何、复几何、有限几何、线性代数、度量空间等)。

(7)肉眼感知数学"真理"的局限性(连续但不可微的函数;视错觉;有启发性然而使人误解的特例)。

在哈恩(Hahn)《数学世界》(The World of Mathematics)第三卷的文章中,可以发现关于解析数学在力图扩展视觉领域时所具有的反直觉性质的精彩说明。现在人们习惯上认为这些"病理的例子"指出了视觉直觉的缺陷。但它们同样可以被解释为视觉过程解析模型做得不适当的例子。

右半球和左半球

在我们描述过的研究数学的两条途径和当代关于两个大脑半球功能的研究之间,存在着一种使人感兴趣然而费解的类似之处。尽管这项研究工作仍在初始阶段,但似乎已弄清楚,右半球和左半球在分别执行着不同的任务。[要了解这个迅速发展的领域,可参阅施密特(Schmitt)和沃登(Worden)著作的第一部分,非正式讨论则见加德纳(Gardner)的《破碎的思维》(The Shattered Mind)。]

一百多年前人们就知道,事实上在所有右利手人和大约一半左利手人中,大脑中同语言相联系的部分基本上位于左半球。这看来是一种天生的生理的专门化。而且解剖学上已表明,无论新生婴儿还是成年人的大脑两半球之间,都存在轻微的不对称。左半球某些部分的损坏将造成一定类型的言语困难,而右半球同样部位的损坏则没有这种后果。为了使这个复杂问题大大简化,可以说大多数人的左半球主要与基于语言的行为和我们可以大致认为具有分析或逻辑特性的认识技能有关。近来已经弄清楚,就大多数视觉和空间能力、接触鉴别力和听觉的某些非文字方面例如音乐而言,右半球都远远胜过左半球。

关于半球特化的大量信息来自对少量神经外科病人的细心研究,他们的两半球已切断联系,作为对抗威胁生命的癫痫的最后手段。斯佩里(Sperry)总结了对这些病人的大量研究结果:

> 过去十年间的反复检验已一致确认,在这些惯用右手的病人中,分离的左半球在说、写和计算方面有明显的侧向优势……尽管默不作声地占据了主导地位……然而较小半球在完成某些类型的任务方面显然是更好的大脑成员……它们主要涉及对空间形式、关系和变换的认识和加工。它们似乎是笼统的(ho-listic)和一致的,而不是解析的和片段的……涉及具体的感性洞察而不是抽象的、符号的、循序的推理。

我们应经常记住,两个半球组合成整个大脑。甚至在语言这种左半球功能之中,右半球也起着重要的作用,而且正常人的两半球是协调地起作用的。

语言的旋律方面——韵律、音高和语调,看来与右半球有关。加德纳提供了对另一些功能的贴切描述:

> 右半球损伤的人,只保留用语言表达自己和理解别人的能力。……其余都是不正常的……[然而]这些病人很奇怪地同别人只保留语言交流……他们使人想到语言机器……不懂得语言中的细微差别或发出信息的非语言背景。

然后加德纳以一种对数学家的一般形象稍嫌不恭的方式继续说道:

> 这里的右半球损伤病人的行为……很类似那些卓越的年青数学家或计算机科学家。这种高度理性的个人对谈话中的不兼容非常敏感,总是寻求以最严密的方式表述思想,但是他对自身的状况毫无幽默感……对那些构成人类交往核心部分的很多微妙的直觉的人际关系也是如此。人们感到同他谈话得到的回答,更不要说是在打印纸上高速打印出来的。

前面已经提到的轶事和我们自己的经验,表明数学所利用的才能在两半球中都能找到,而不是只限于左半球的语言的分析特征。思想的非言语的、空间的、笼统的方面,在大多数优秀数学家的实际工作中是相当显著的,尽管他们并未在他们的工作中谈得很多。

由此可以得出一个合理的推论:特别不重视思想的空间、视觉、动觉和非言语方面的数学文化,并未充分利用大脑的全部能力。

忽视数学的类比因素,意味着数学意识和经验的一个通道的封闭。的确,发展和应用我们大脑的所有特殊天资和能力,而不是用教育和专业偏见来抑制其中的一部分,将会更好些。我们建议在数学中应当让大脑两半球的功能相互合作、补充和提高,而不是使它们相互冲突和干扰。

进一步的阅读材料,见参考文献:T.Banchoff and C.Strauss;P.J.Davis[1974];P.J.Davis

and J.Anderson；H.Gardner；I.Goldstein and S.Papert；J.Hadamard；R.Honsberger；W.James
[1962]；M.Kline [1970]；K.Knowlton；Wikuyk；E.Michener；R.S.Moyer and T.K.Landauer
[1967]，[1973]；S.Papert[1971]；M.Polányi[1960]；R.D.Resch；F.Restle；F.O.Schmitt and F.
G.Worden；R.W.Sperry；C.M.Strauss；R.Thom[1971]。

作业与问题

教与学

一个预科学校数学教师的自白。传统课堂理解与教学法的危机。波利亚的发现技巧。新数学的创造：拉卡托斯启发法的应用。比较美学。数学的非解析方面。

探讨题目

(1)问题解决。

(2)数学教学。

(3)拉卡托斯启发法。

(4)数学的非解析方面。

主题写作

前两个主题写作，参照"一个预科学校数学教师的自白"。

(1)根据对这位预科学校教师的下列反应写一页评论。设想你的读者是正打算下学期编入数学班的学生。你可以假定他们已读过《数学经验》(*Mathematical Experience*)。然而，尚未接受你所描述的数学知识。最后，确信了你对数学事实给出的准确解释。

威廉斯提出了导向错误的命题，其中暗含的对数学的理解其实并非如此。例如，"他更喜欢教数学而不愿教物理学，因为很难跟上物理学的新发展。"这可能被读者解释为：数学中不存在(或很少有)新发展。由于很多人相信数学是"事实的集合"，这种含义势必导向谬误。在另外几处，威廉斯回答的是有关数学的老生常谈。后来进一步追问时，他就用相互缠绕的推理和不严格的定义加以解释。

说明威廉斯的命题错在何处。用至少一个特定事实来解释你的观点。充分表明这一事实如何与威廉斯的命题相矛盾。

(2)如果这位预科学校教师担任你的教师，你的感觉如何？试将他同你的最好的和最糟的数学教师相比较。

(3)阅读"传统课堂理解与教学法的危机"。设想你还不能完全理解这些定理的证明。确定你在哪些地方感到困难。如果有人能向你澄清这些困难之处，说明其是如何做的。

(4)再次参照"传统课堂理解与教学法的危机"一文。你能想象在你的数学班里出现类似的"危机"吗？你怎样看待这篇文章中展示的解答？

(5)你是一个时光旅行者。你可以返回到波利亚的大学时代(1905 年左右)。他正试图决定其专业领域。他想到了数学,但是不敢肯定他在这个领域一定能有所贡献。根据你对有关波利亚的材料的阅读,提出一个令人信服的论证,以说服他选择数学作为终身职业。

(6)你是否用过,或观察到你的老师或同学们用过波利亚倡导的启发式方法？创设一个问题或选择一个你已在班上讨论的问题,解释其数学含意,以及什么样的启发过程能用于解决它。假定你的读者正为数学中的问题解决而焦虑,而你正试图鼓励他们编入数学班级。

(7)谈谈做数学中的"瞎撞",描述在什么环境下出于什么目的一个教授会在课堂上"瞎撞"。根据你在数学课堂上的经验,详述你自己或你的教师在帮助你理解一个概念时如何"瞎撞"。确信你的说明描述了这个事件中相关的数学。给出特殊的数学实例。

(8)完成并且继续拉卡托斯启发法的讨论(填补空白)。

(9)认知风格可分为视觉的、言语的、听觉的和动觉的。例如,我们知道一位作曲家会通过将电话号码解释为某种旋律来加以记忆。这表明她可能具有听觉的认知风格。讨论你自己的认知风格和你认识或知道的人的认知风格。

(10)在本章选择一个题目加以叙述。你可以使用其他材料(如班级讨论、录像带或其他读物)以帮助你的叙述。假定你的读者没读过本书的这部分内容,你试着解释一下作者提出的要点。

(11)你正在完成你的数学课程。你的朋友正试图决定是否选这门课程。向你的朋友试着描述这门课程。假定你的朋友非常认真,想要确切了解从这门课程中她会学到什么重要内容。从数学是什么,数学做什么,为什么数学是重要的这些问题出发向她进行解释。然后告诉她这个班上已经教给你关于数学的哪些内容。

问　题

(1)在由四个字母组成的表中,你能用多少种方式构成一个七个字母的词？提示:做出某些猜想,使问题简化。用较小的字母表,构造较短的词,等等。检验这些较小的问题并观察其模式,作一个图表。

(2)由已知四个字母(a,b,c,d)构成的表中,你能用多少种方式构成一个七个字母的词(不允许包含连续的 a)？在你的解答中,要说明全部过程并包含对你的解题方法的阐释。

(3)你能以多少种方式用一分铜币、五分镍币、一角银币和两角五分币兑换一美元？在你的解答中,要说明全部过程并包含你对解题方法的阐释。

(4)若以十万美元为单位,一个女人能以多少种方式将一百万美元分给她的五个孩子？

(5)令 S 是所有独角兽(unicorn)的集合,令 T 是一个有关独角兽的所有观念的集合,S 等于 T 吗?

(6)令 S 是所有真数学命题的集合。

a.这是一个合理的集合吗? 加以讨论。

b.S 有多"大"?

c.你对(b)的回答是一个数学命题吗?

(7)考虑这样一个命题:画一个边长为 1 的正方形。以正方形每个顶点为圆心,在正方形内部画出连接相邻顶点的圆弧,如左图所示。

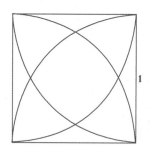

a.画出的图形和语言上的说明哪个更容易理解? 为什么?

b.这个正方形被分为多少个部分? 你需要有关这个数目的形式证明吗? 如果需要,你如何给出这样一个证明?

c.这个正方形又被细分为多少个不同的全等部分? 你需要有关这个数目的形式证明吗? 如果需要,你如何给出这样一个证明?

d.如果你用正五边形或正六边形代替正方形作一个类似图形,你将如何回答问题 b 和 c?

(8)找一个排球、足球或篮球,注意它的表面由多少部分组成。计算一下交点、边和面数。检验笛卡儿-欧拉公式。棒球的情况如何呢?

计算机问题

讨论为确定在芝加哥、伊利诺斯和丹麦哥本哈根之间的大圆距离,你需要了解什么信息。

建议读物

"Pólya, Problem Solving, and Education" by Alan Schoenfeld in *Mathematics Magazine*, Vol. 60, No. 5, December 1987.

"The Pólya-Escher Connection" by Doris Schattschneider in *Mathematics Magazine*, Vol. 60, No. 5, December 1987.

How to Solve It: A New Aspect of Mathematical Method by George Pólya (Princeton: Princeton University Press, 1945, 1973).

Mathematical Discovery by George Pólya (New York: John Wiley & Sons, 1981).

Mathematical Methods in Science by George Pólya (Washington, D.C.: Mathematical Association of America, 1977).

Patterns of Plausible Reasoning by George Pólya (Princeton: Princeton University Press, 1986).

第 7 章　从确实性到易谬性

7.1　柏拉图主义、形式主义和构造主义

如果你每天做数学工作,你会觉得它似乎是世界上最自然的事情。如果你停下来思考你在做什么和它意味着什么,它似乎是最神秘的事情之一。我们是如何能够谈论从未有人见过的事情,并且对它们比对日常生活中的实在对象理解得更好的呢? 为什么欧几里得几何仍然正确,而亚里士多德的物理学却早已死亡了呢? 在数学中我们知道些什么,又是如何知道的呢?

在关于数学基础的讨论中,出现三个标准的主义:柏拉图主义、形式主义和构造主义。

按照柏拉图主义的观点,数学对象是真实的,它们的存在是一个客观事实,完全独立于我们对它们的理解。无限集、不可数无限集、无限维流形、充满空间的曲线——所有数学动物园的成员都是有确定性质的确定对象。有一些对象人们已知,而更多的是未知的。这些对象当然不是物理的或物质的。它们存在于物质存在的时间和空间之外。它们是永恒不变的——它们不能被创造,也不会变化或消失。无论我们能否确定它,对于数学对象有意义的问题总有确定答案。按照柏拉图主义的观点,数学家是类似地质学家那样的经验科学家,他不能发明任何东西,因为一切都已存在,他所能做的全部事情就是发现。

托姆(Thom)和哥德尔是两个全心全意的柏拉图主义者。托姆 1971 年写道:

> 数学家应该有勇气对所有被思考的事情抱有最充分的信念,因而确信数学形式实际上独立于思考它们的头脑而存在……但是,在任何给定的时刻,数学家对这个观念世界只有一种不完全的和局部的观察。

哥德尔说道:

> 尽管集合论的对象离感觉经验很遥远,我们对它们确实也有某种类似感性的认识,公理迫使我们把它们作为真实的存在接受下来的事实就足以说明这一点。我看不出有任何理由,应对数学直觉这种知觉赋予比感性知觉更少的信任……它们也是可以表现客观实在的一个方面。

托姆的观念是几何的世界,而哥德尔的是集合论的世界。与此相反的有鲁宾孙 1969 年的观点:

> 我不能想象我还会回到真正的柏拉图主义者的信条那里去,那些人看到

实际无限的世界在他们面前扩张,并自信能理解那些不能理解的东西。(鲁滨孙,1969)

另一方面,按照形式主义的观点,不存在数学对象。数学就是由公理、定义和定理,也就是说由公式组成的。形式主义以一种极端观点认为存在着使公式彼此推导的规则,但公式并不是**关于**什么事物的,它们只是符号串而已。当然形式主义者知道数学公式有时被应用于物理问题。当一个公式被给予物理解释时,它得到一种意义,这时它才可以是真的或假的。但这种真假与特定的物理解释有关。纯粹的数学公式既无意义又无真假。

展示形式主义者与柏拉图主义者的区别的一个实例是康托尔的连续统假设。康托尔猜测不存在一个大于 $\aleph_0$(整数的势)而小于 c(实数的势)的无穷基数。哥德尔和柯恩表明,在形式集合论公理的基础上,连续统假设既不能被证明(哥德尔,1937)也不能被证伪(柯恩,1964)。(见第 5.4 节)对于柏拉图主义者来说,这意味着我们的公理作为对实数集的描述是不完全的,它们并没有强到足以告诉我们全部真理。连续统假设或真或假,而以我们对实数集的理解尚不足以找到答案。

另一方面,对于形式主义者来说,柏拉图主义者的解释没有任何意义,因为不存在实数系,除非我们愿意通过建立描述它的公理去创造它。当然,如果我们想改变这个公理系统,我们有这样做的自由。这种变化可以服从于便利、有用或我们愿意引入的其他标准。不得不承认这是一件很好地同实在相对应的事情,因为那里没有实在。

形式主义者和柏拉图主义者在存在和实在问题上是对立,但他们在数学实践中允许在哪些推理原则的问题上彼此没有分歧。和二者都对立的是构造主义者,他们认为地道的数学只能通过有限次构造获得,实数集或其他任何无限集都不能这样获得,因此他们认为康托尔的假设毫无意义,任何回答都是十足的浪费口舌。

7.2 正在工作的数学家的哲学困境

参与讨论这个课题的大多数作者似乎都同意,典型的数学家在工作日是柏拉图主义者,而在星期天是形式主义者。也就是说,当他做数学工作时,他确信是在处理一个客观实体,在力图确定这个实体的性质。但在这之后,当被要求对这实体给予哲学说明时,他发现最容易的办法是假装他自己不相信它的存在。

我们下面摘引两位著名作者的话:

说到基础,我们相信数学的实在性,但是当哲学家用悖论攻击我们时,我们当然会赶紧躲到形式主义的后面,并说:"数学只是无意义的符号的组合",然后拿出集合论的第 1 章和第 2 章。最后,我们又像往常一样心安理得地搞起自己的数学。而且每个数学家都会觉得他正在研究某种真实的东西,这种感觉或许是错觉,但很管用。布尔巴基对基础的态度就是如此。[丢东涅(Dieudonné),1970,第 145 页。]

对于只希望知道他的工作有精确基础的一般数学家来说,最吸引人的选择是借助希尔伯特纲领来回避困难。这里人们把数学看作形式游戏,只关心兼容性问题……实在论者即柏拉图主义者的观点或许是大多数数学家愿意采用的观点。没有意识到集合论中的某些困难的人,不会对它表示怀疑。如果这些困难特别干扰他,他将迅速地寻求形式主义的庇护。而在一般情况下他将处于二者之间,试图享受这两个世界中最好的东西。[柯恩,见《公理集合论》(*Axiomatic Set Theory*),斯科特(Scott)编。]

在对丢东涅和柯恩的著作的引述中,我们用术语"形式主义"表示那种认为大多数或全部纯粹数学是无意义的游戏的哲学观点。显然,拒绝作为数学哲学的形式主义,绝不意味着批评数理逻辑。相反,逻辑学家自己的数学活动就是对形式系统的研究,他们是最适于评价被实践的数学和用形式数学系统的概念表达的数学之间的巨大差别的。

按照蒙克(Monk)的说法,数学界中有 65% 的柏拉图主义者、30% 的形式主义者和 5% 的构造主义者。我们自己的印象是,柯恩和丢东涅描绘的图景较为接近真理。典型的数学家既是柏拉图主义者又是形式主义者,即隐蔽的柏拉图主义者在需要的时候戴上形式主义的面具。构造主义者是稀有品种,他们在数学界中的位置,有时就像被正统的国教信徒包围着的受宽容的异教徒一样。

进一步的阅读材料,见参考文献:J. Dieudonné〔1970〕;M. Dummett;K. Gödel;L. Henkin;J.D.Monk;A.Robinson;R.Thom;D.Scott。

7.3 欧几里得神话

数学哲学的教科书描绘的图景是一个奇怪的支离破碎的图景。读者们从中获得这样一种印象:整个课题最初出现在 19 世纪末,是由康托尔集合论的矛盾引起的。那时为了修补基础,根据有关于"基础危机"(crisis in the foundations)的讨论,出现了三大学派,他们彼此争吵了三四十年,结果没有一个能对基础有多大帮助,事情就在大约四十年前不了了之。怀特海和罗素放弃了逻辑主义,希尔伯特的形式主义被哥德尔定理击败了,布劳威尔仍在支持阿姆斯特丹继续鼓吹的构造主义,然而数学界所有其余的人都对之不予理睬。

数学史上的这个插曲实际上是一个不寻常的故事。的确,这是数学哲学的一个关键时期。但是,通过词语含义的惊人的改变,基础论在某个关键时期是数学哲学中的主导潮流这一事实,已使数学哲学事实上等同于基础研究。这种等同关系一旦形成,就给我们留下了一个特殊印象:数学哲学是仅有四十年历史的活动领域。它被集合论的矛盾所唤醒,不久又重新沉睡了。

事实上,任何数学思想总是或多或少地以一种哲学思想为基础的。在某种数学思想形成初期,带头的数学家们公开地关心哲学问题,并参加关于它们的公开争论。为了弄清楚这个初期阶段的意义,人们需要对这时期前后发生的事情进行考察。

欧几里得原本第一个英译本的封面

　　这里有两条历史线索应该注意：一条是数学哲学的，另一条是数学自身的。因为这个危机是我们可称为欧几里得神话的传统数学理想与数学实际，即任何特定时刻真实的数学活动实践之间，长时间脱节的表现。贝克莱主教 1734 年在他的《分析学家》中承认了这种脱节。这书有一个冗长的副题：《对一个不信教的数学家的谈话，并探讨近代分析学的对象、原理和推论是否比宗教教义和信条更清楚地表达出来，或更明显地推导出来的问题》(*A Discourse Addressed to an Infidel Mathematician*，*Wherein it is Examined Whether the Object*，*Princin-ples and Inferences of the Modern Analysis are More Distinctly Conceived*，*or More Evidently Deduced*，*than Religiuos Mysteries and Points of Faith*)。"先投出你自己的目光，然后才能一目了然地除掉你兄弟眼中的微尘。"(这个不信教的人指的是哈雷。)

　　贝克莱揭示了他那个时代由牛顿、莱布尼茨和他们的追随者们解释的微分学的含糊和不相容之处。就是说，他指出了微积分在多大程度上并未达到欧几里得神话所要求的数学观念标准。

　　什么是欧几里得神话呢？那就是相信欧几里得的著作包含着关于宇宙的清晰的且不容置疑的真理。从自明的真理开始，通过严格的证明过程，欧几里得获得了确实的、客观的、永恒的知识。直到 19 世纪中期或后期为止，这个神话从未受到挑战，大家都相信它。甚至到现在，大多数受过教育的人都相信欧几里得神话。它曾是形而上学哲学即力图确定宇宙性质的某种先验确实性的哲学的主要支柱。

　　数学哲学和数学自身一样，根基在古希腊，那时，数学意味着几何学，其中柏拉图和亚里士多德的数学哲学就是几何哲学。对于柏拉图来说，哲学的使命在于发现隐藏在世俗世界的意见以及表现、变化和幻觉的帷幕后面的真实知识。数学在这项任务中居中心地位，因为数学知识是独立于感觉经验之外的知识，即永恒而必然的真理的知识。

　　在柏拉图的《曼诺》(*Meno*)篇中，苏格拉底向一个小奴隶提问，并引导他发现大正方形(右图)的面积是对角线等于大正方形边长的正方形 *ABCD* 的面积的两倍。小奴隶是如何知道这关系的呢？苏格拉底指出这个孩子在他的世俗生活中并未学习过它，因此他的知识必定是从出生前的生活中回忆起来的。在柏拉图看来，这个例子表明存在着真知识即永恒的知识这样的事物。他指出：

　　(1)我们知道的几何真理是我们在训练和经验中未曾学到的。

　　(2)这种知识是我们实际上能领悟和认识到的不变的、普遍的真理的一个例子。

　　(3)因而必定存在一个绝对实在和不变真理的王国，它是我们关于善的知识的源泉和基础。

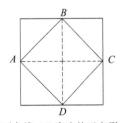

以对角线 *AC* 为边的正方形面积是以 *AB* 为边的正方形面积的两倍。柏拉图用这个例子表明我们具有的知识是确实而永恒的。

柏拉图的几何概念是他的世界概念的关键因素。几何学对于斯宾诺莎、笛卡儿和莱布尼茨这些唯理论哲学家起着类似的作用。像柏拉图一样，唯理论者把推理的能力看作人类心智的天生特性，通过它使真理能独立于观察而被先验地理解。例如，我正坐在写字台前构思现在这句话，我的思维可能出错，如太阳明天将会升起的想法也可能是错的。但我关于三角形内角和等于一个平角的知识决不会有错误。（斯宾诺莎喜欢的关于不容置疑的真命题的例子就是欧几里得的这个定理。附带说一下，它在非欧几何中已被证伪。）

推理是使人们了解善和神明的能力。这种能力的存在在数学中是最显而易见的。数学始于自明的真理，并通过仔细的推理过程去发现隐蔽的真理。被几何真理当作主题材料的理念形式的存在，对于心智来说是显然的。如果怀疑它们的存在，将是愚昧或疯狂的标志。

数学和宗教都是通过推理获得知识的突出例子。柏拉图的善的知识在文艺复兴时期的唯理论者的思想中变成了关于上帝的知识。

唯理论对科学的贡献在于它否定至高无上的权威，特别是宗教的权威，但仍然维持宗教的真理。这种哲学给科学以生长的余地而不是作为叛逆被扼杀。它主张推理——特别是对科学而言——有权独立于权威——特别是教会的权威，然而推理的这种独立性对权威并不太危险，因为哲学家宣称科学不过是关于上帝的研究。"天界宣扬上帝的光辉，太空显示他的手艺。"

数学对象在独立于人类心智的理念世界里的存在，对于作为基督徒的牛顿和莱布尼茨是没有困难的。他们认为上帝心智的存在是理所当然的。在这个范围内，数和几何形式这样的理念对象的存在是没有问题的。问题倒是要说明非理念的物质对象的存在。在唯理论成功地取代了中世纪经院哲学之后，它又先后受到唯物论和经验论的挑战：在英国是洛克、霍布斯；在法国则是百科全书派。在唯理论与经验论的竞争中，立足于实验方法的自然科学的进步使经验论获得决定性的胜利。科学中的传统智慧变成了这样一种信念：认为物质的宇宙是基本的实体，实验和观察是获得知识的唯一合法手段。

经验论者认为除数学知识以外的所有知识都来自观察。他们通常不想解释数学知识是如何获得的。一个例外是穆勒（Mill），他提出了数学知识的经验主义理论，认为数学是与别的学科没有什么差别的一门自然科学。例如，我们知道3+4=7，是因为我们观察到把三个扣子的一个小堆与四个扣子的一个小堆并到一起，我们得到了有七个扣子的一堆。在弗雷格的《算术基础》（*Founations of Arithmetic*）中，对穆勒的粗疏大加嘲弄。正是由于弗雷格的批评，穆勒的数学哲学至今仍在被讨论。[①]

首先是在唯理论与经院哲学之间，而后是在唯理论与经验论和唯物论的新的激进思潮之间的哲学论争中，几何学的尊严一直没有受到挑战。哲学家们辩论着，究竟我们是

---

① 试图回到经验论数学哲学的一项最近的工作体现在莱曼（Lehman）1979 年的一本书中，这本书受到普特南（Putnam）的实在论的影响。

通过推理(这是人从上帝那里得到的天赋)去发现物质世界的性质呢,还是用我们仅有的肉体感觉去发现物质对象和它们的造物主的性质呢? 在这些论战中,双方都理所当然地认为,即使所有其他知识都成问题,几何知识也是不成问题的。休谟的著名指示"付之一炬"②,只有数学和自然科学著作得到豁免。他甚至在规定数学知识的地位时没有觉察到有什么问题。

对于唯理论者来说,数学是证实他们的世界观的最好例子。对于经验论者来说,它是一个令人窘困,必须不予理睬或设法解释过去的反例。如果说数学看来显然包含独立于感性知觉的知识,那么经验论作为对人类全部知识的解释是不够的。这种困境依然伴随着我们。它是我们在数学哲学方面遇到困难的一个原因。

我们似乎忘掉了现代科学观只是在 19 世纪才获得优势。到罗素和怀特海的时代为止,还只有逻辑和数学仍可被认为是直接从推理获得的非经验知识。

数学在唯理论与经验论的论战中总是占有一个特殊位置。从常识出发相信数学这门知识的普通数学家,是唯理论的最后残余。

今天的科学家习惯上认为,柏拉图主义作为一种非正规的或不言而喻的工作哲学,它的盛行是很不正常的。科学中被接受的假定不仅现在是,而且很多年来一直是本体论上的唯物论和认识论上的经验论的假定。这就是说,世界完全是被称为"物质"的并用物理学来研究的东西。如果物质使自身具有充分复杂的形态,它就成为较特殊的有自己的方法论的科学,例如,化学、地质学和生物学。我们通过观察世界和思考所看到的东西来了解世界。如果我们不看,就没有任何东西可供思考。然而,在数学中,我们有关于从未观察到也不可能观察到的事物的知识。至少,这是一种当我们不想作为哲学家时采取的一种朴素观点。

到了 18 世纪末,经典哲学在康德(Kant)那里发展到了顶峰。他的工作力图统一唯理论和经验论这两种对立的传统。康德的形而上学是柏拉图遗产的继续,是对人类知识的确定性和永恒性的研究的继续。康德想反驳休谟对人类知识确实性的可能性所做的批判。他在我们永远不可能认识的物自体和我们的感觉唯一能告诉我们的现象即外貌之间做出明确区分。但是尽管康德是细心的怀疑论者,他主要关注的仍然是一种先验知识,一种永恒的、独立于经验的知识。他区别了两种类型的先验知识,一是"先验分析",是我们借助于逻辑分析,借助于所用到的词语的真实意义知其为真的知识。康德像唯理论者一样,相信我们还具有另一类先验知识,并非简单的逻辑自明真理,这就是"先验综合"。在康德看来,我们对时间和空间的直觉就是这种知识。他通过指出这些直觉是人类心智的固有性质来解释它们的先验性质。我们的时间知识在以对依次接续的直觉为基础的算术中被系统化。我们的空间直觉在几何中被系统化。对康德来说,像对柏拉图一样,只有一种几何,我们今天称之为欧几里得几何,以区别于其他许多种也称为几何的概念系统。几何和算术的真理通过我们心智的工作方式强加给我们,这可以解释为什么它们被认为对任何人都是真的而与经验无关。作为算术和几何的基础的时间和空间的直觉,就它们对所有人类心智都普遍可靠的意义来说,是客观的。这里并没有指出一种

---

② 参见休谟在《人类理解研究》(*Inquiry into Human Understanding*)结尾处的有关论述。——译者注

在人类心智之外的存在,欧几里得神话仍然是康德哲学形成的中心因素。康德的先验主义在 20 世纪相当长一段时间内对数学哲学仍有重要影响。所有三个基础论学派都在设法挽救康德赋予数学的这种特殊作用。

7.4 基础的发现和丧失

在 19 世纪以前,欧几里得的神话不但在数学家中,在哲学家中也是完全确定的。几何学被包括数学家在内的所有人看作最坚实可靠的知识分支。数学分析——微积分及其推广和衍生物是从与几何的联系中得到意义和合法性的。我们以往使用"欧几里得几何"这个术语,因为这个修饰词的使用只是在认识到多于一种几何的可能性之后,才变得有必要和有意义。在这种认识之前,几何就是几何——关于空间性质的研究。这些东西是绝对且独立存在的,是客观地给定的,是精确的、永恒的,通过人类心智确实可知的宇宙性质的最重要的例子。

在 19 世纪发生了几场灾难,一场是非欧几何的发现,它表明存在着多于一种的可想象的几何。

另一场更大的灾难是分析发展超出了几何直觉,这体现在填满空间的曲线和连续而无处可微曲线的发现中。这些惊人的意外事件揭示了几何直觉这个曾被认为数学可依据的坚实基础的脆弱性。几何学中确实性的丧失是哲学上无法容忍的,因为它意味着人类知识的所有确定性的丧失。从柏拉图的时代起,几何学就一直是人类知识确实性的可能的最重要的典范。

19 世纪的数学家们遇到了挑战。在戴德金(Dedekind)和魏尔斯特拉斯引导下,他们把数学基础由几何转变为算术。为做到这一点,必须给出线性连续系统即实数系的构造,以表明它如何能由整数 $1,2,3,\cdots$ 构建而成。戴德金、康托尔和魏尔斯特拉斯提出了做这件事的三种不同方法。在这三种方法中,人们都必须使用某一无限的有理数集以定义或构造一个实数。因此,在努力把分析和几何归结为算术时,无限集就被导入数学基础。

集合论凭本身的资格被康托尔作为一个新的和基本的数学分支发展起来了。似乎"集"——不同对象的任意集合——的概念是如此简单和基本,以至于能作为构造全部数学的建筑砖块。甚至算术能从基本结构下降(或上升)为二级结构,因为弗雷格曾指出自然数如何能通过使用集合论运算从虚无即空集被构造出来。

集合论最初看起来几乎等同于逻辑。集合论的包含关系,A 是 B 的子集,总可以改写成逻辑的蕴涵关系,即"如果 A,那么 B"。因此集合论逻辑似乎可能成为全部数学的基础。在这种背景下理解的"逻辑",与推理的基本规律和宇宙的基本事实有关。矛盾规律和蕴涵规则被认为是客观的和不容置疑的。指出全部数学的内容只是精心制作的逻辑规律,就是把逻辑本身的无可置疑性传递给数学的其余部分,以证实柏拉图主义的正确性。这也就是罗素和怀特海在他们的《数学原理》中所研究的"逻辑主义纲领"(logicitst program)。

由于全部数学能被归结为集合论,所以人们需要考虑的只是集合论的基础。然而,正是罗素本人发现了表面上明晰的集合概念包含着意外的陷阱。

19 世纪末和 20 世纪初论战的发生是由于集合论中矛盾的发现。一个特殊的词——"二律背反"(antinomies)被用来作为这种类型的矛盾的委婉语。

悖论的出现来自这样一种信念:任何合理的谓词,即任何看来有定义的文字描述,都能用来定义一个集合,即具有共同所述性质的事物的集合。

这种集合的最著名的例子是罗素本人发现的。为说明罗素悖论,我们定义"R 集"为"包含自身的集合(例如,"恰好能用 11 个英文词描述的所有对象的集合")。[①] 现在考察另一个集合 M;这一集合的成员包括除 R 集以外的所有可能的集合[②]。M 是 R 集吗? 不是。M 不是 R 集吗? 也不是。我们得出的结论是:M 的定义虽然看来有点狡猾而并无害处,但却自相矛盾。

罗素在一封信里把这个例子告诉了弗雷格。当时弗雷格正要发表一篇算术在集合论基础上以直觉形式重新构造出来的不朽著作。弗雷格在他的论文后面加了一则附言——"一个科学家几乎不会遇到比这更难堪的事情:在工作刚刚结束时它的基础垮掉了。当这一著作即将付印之时,罗素先生的一封信就把我置于这种境地。"

罗素悖论和其他的二律背反表明,直觉的逻辑远远不是比经典数学更安全,实际上反而更危险,因为它能以算术和几何中从未发生过的方式导致矛盾。这就是"基础的危机",也是 20 世纪前 25 年里的著名论战的中心问题。后来提出了三种主要的补救办法。

弗雷格和罗素学派提出的"逻辑主义纲领",是要设法重新表述集合论以回避罗素悖论,从而挽救弗雷格、罗素和怀特海在逻辑基础上建立数学的计划。

有关这个纲领的工作在逻辑发展中发挥了重要作用,但从它的最初意图看,它是失败的。在集合论被修补得足以排除悖论之前,它是一个人们几乎不能在"正确推理规则"的哲学意义上与逻辑等同起来的复杂结构。因而要争辩说数学无非是逻辑而已,即数学是一种大规模的重言式(同义反复),就变得没有理由了。罗素写道:

> 我以人们要求宗教信仰的那种方式来要求确实性。我认为确实性在数学中比在别的地方更可能找到。但是我发现我的老师们希望我接受的很多数学证明是充满谬误的;并且,如果确实性在数学中能被发现,它应该是在一个新的数学领域中,它的基础比至今为止一直被认为安全的基础更加坚实。但是当工作继续进行时,我不断想起那个有关象和龟的寓言。在构造出一个用来支持数学世界的大象之后,我发现大象摇摇欲坠,于是又构造一只龟来防止大象倾跌。但是龟并不比象更安全。经过大约二十年十分艰苦的努力之后,我终于得出结论,在使数学知识无可置疑方面,我不能再做更多的事情了。[罗素,《记忆中的肖像》(Portraits from Memory)。]

---

① 引号内的例子的原文共计 11 个英文词。——译者注
② 冒号后的集合定义的原文也是共计 11 个英文词。——译者注

*54·42. $\vdash::\alpha\epsilon2.\supset:.\beta\subset\alpha$. $!\beta.\beta\neq\alpha.\equiv.\beta\epsilon\iota``\alpha$

  Dem.

$\vdash.*54·4.$ $\supset\vdash::\alpha=\iota`x\cup\iota`y.\supset:.$

$\qquad\qquad\beta\subset\alpha.\exists!\beta.\equiv:\beta=\Lambda.v.\beta=\iota`x.v.\beta=\iota`y.v.\beta=\alpha:\exists!\beta:$

$[*24·53·56.*51·161]\qquad\equiv:\beta=\iota`x.v.\beta=\iota`y.v.\beta=\alpha$ (1)

$\vdash.*54·25.\text{Transp}.*52·22.\supset\vdash:x\neq y.\supset.\iota`x\cup\iota`y\neq\iota`x.\iota`x\cup\iota`y\neq\iota`y:$

$[*13·12]\quad\supset\vdash:\alpha=\iota`x\cup\iota`y.x\neq y.\supset.\alpha\neq\iota`x.\alpha\neq\iota`y$ (2)

$\vdash.(1).(2).\supset\vdash::\alpha=\iota`x\cup\iota`y.x\neq y.\supset:.$

$\qquad\qquad\qquad\beta\subset\alpha.\exists!\beta.\beta\neq\alpha.\equiv:\beta=\iota`x.v.\beta=\iota`y:$

$[*51·235]\qquad\qquad\qquad\qquad\equiv:(\exists z)\cdot z\epsilon\alpha.\beta=\iota`z:$

$[*37·6]\qquad\qquad\qquad\qquad\equiv:\beta\epsilon\iota``\alpha$ (3)

$\vdash.(3).*11·11·35.*54·101.\supset\vdash.\text{Prop}$

*54·43. $\vdash:.\alpha,\beta\epsilon1.\supset:\alpha\cap\beta=\Lambda.\equiv.\alpha\cup\beta\epsilon2$

  Dem.

$\qquad\vdash.*54·26.\supset\vdash:.\alpha=\iota`x.\beta=\iota`y.\supset:\alpha\cup\beta\epsilon2.\equiv.x\neq y.$

$\qquad[*51·231]\qquad\qquad\qquad\qquad\equiv.\iota`x\cap\iota`y=\Lambda.$

$\qquad[*13·12]\qquad\qquad\qquad\qquad\equiv.\alpha\cap\beta=\Lambda$ (1)

$\qquad\vdash.(1).*11·11·35.\supset$

$\qquad\qquad\vdash:.(\exists x,y).\alpha=\iota`x.\beta=\iota`y.\supset:\alpha\cup\beta\epsilon2.\equiv.\alpha\cap\beta=\Lambda$ (2)

$\qquad\vdash.(2).*11·54.*52·1.\supset\vdash.\text{Prop}$

From this proposition it will follow, when arithmetical addition has been defined, that $1 + 1 = 2$.

罗素和怀特海是把数学归结为逻辑的纲领的倡导者

（这里，经过 362 页之后，算术命题 1＋1＝2 才被证明。见：《数学原理》，剑桥大学出版社，1910）

在逻辑主义之后,下一个主要学派是构造主义,它大约在 1908 年由荷兰拓扑学家布劳威尔首创。布劳威尔的观点是认为自然数由作为全部数学的出发点的基本直觉赋予我们。他要求全部数学应构造地建立在自然数基础上。这就是说,除非数学对象从自然数出发,用有限多的步骤构造出来,否则这些对象不能被认为是有意义的,不能被说成是存在的。仅指出关于(对象)不存在的假设将会导致矛盾是不够的。

对于构造主义者来说,经典数学中很多标准证明是无效的。在某些情形中,他们能提供构造性证明。但在另一些情形中,他们表明构造性证明是不可能的。在经典数学中被认为完全确定的某些定理,在构造主义数学中实际上被宣布是假的。

一个重要的例子是"三分律":**任何实数或是零,或是正数,或是负数。**

当实数按照例如戴德金或康托尔的方法利用集合论构造出来时,三分律可以作为一个定理得到证明。它在全部微积分和分析中起着根本性的作用。

然而,布劳威尔给出一个实数的例子,使我们不能构造地证明它是零、正数还是负数。(详见第 8.2 节)在布劳威尔看来。这是一个反例,它表明三分律是假的。

事实上,三分律的经典证明使用了矛盾证明(排中律),因此按布劳威尔的标准就不是一个有效的证明。

尽管很多杰出数学家对非构造方法及自由使用无限集表示过担忧和不同意,但布劳威尔关于从头开始重构分析的号召在大多数数学家看来是不合理的,实际上是一种狂热。

希尔伯特特别警觉。"魏尔和布劳威尔的所作所为,归根结底,都是在步克罗内克(Kronecker)的后尘!他们要把一切讨厌的东西都抛弃掉,来挽救数学……他们要对这门科学大肆砍伐。如果听从他们所建议的这种改革,我们就要冒丧失大部分最宝贵财富的风险!"[瑞德(Reid),《希尔伯特》(Hilbert),第 155 页]。

希尔伯特通过给出经典数学兼容性的数学证明,使数学能抵御布劳威尔的批评。而且,他还提出要通过纯粹有限性的组合类型的论证来做到这一点,这种论证是布劳威尔本人无法反驳的。

这个纲领包含三个步骤。

(1)引入一种形式语言和形式的推理规则,它们使每个经典定理的"正确证明"能充分利用形式推导表示出来,从公理出发,每一步都能机械地予以检查。这方面的大部分工作已由弗雷格、罗素和怀特海完成了。

(2)发展这种形式语言的组合性质的理论,这种语言被当作根据推理规则进行置换和重排的有限的符号集合,而这些规则现在被当作公式变换的规则。这种理论被称为"元数学"(meta-mathematics)。

(3)通过纯粹有限的论证,证明一个矛盾,例如 1=0,不能在这个系统中导出。

以这种方式,数学将在保证兼容性的意义上,得到一个安全的基础。

这种基础与基于某种已知为真的理论(例如几何学过去一直被信以为真)或至少不可能怀疑的理论(例如初等逻辑中的矛盾律应该是不可能怀疑的)的基础完全不同。

希尔伯特的形式主义基础,像逻辑主义基础一样,以很高的代价提供了确实性和可靠性。逻辑主义的解释试图通过把数学变成同义反复来使它安全,形式主义的解释试图通过把数学变成无意义的游戏来使它安全。"证明论纲领"只是在数学用形式语言编码,并且它的证明以一种机器可检查的方式写出之后,才发挥作用。至于符号的意义,已变成超出数学之外的某种东西了。

希尔伯特的著作和谈话显示出充分确信数学问题是关于真实对象的问题,有着有意义的真答案。这里的"真"与任何关于实在的真命题的"真"具有同样的意义。如果他准备为数学的形式主义解释辩护,这就是他认为必须为获得确实性而付出代价。

> 我的理论的目的是一劳永逸地确立数学方法的确实性……现在我们不时会遇到悖论的状况,这是无法忍受的。试想,在号称真理性和确实性的典范的数学里面,每个人所学的、教的和用的那些定义和演绎方法竟会导致荒谬! 如果数学思想有缺陷的话.那么应该到哪里去寻找真理性和确实性呢?[希尔伯特,《论无限》(*On the Infinite*),见:贝纳塞拉夫(Benacerraf)和普特南的《数学哲学》(*Philosophy of Mathematics*)。]

事实上,即使付出了这样的代价,确实性仍然得不到。1930 年哥德尔不完全性定理表明希尔伯特纲领是无法实现的,任何强到足以包括初等算术的兼容的形式系统,都不能证明自身的兼容性。可靠基础的探求,从这次失败后就再没有恢复。

希尔伯特纲领依靠两个未经检验的前提。首先,康德的前提,即认为在数学中,有**某种东西**,至少是纯粹"有限性的部分"是它的一个坚实的基础,这是不容置疑的。其次,是形式主义的前提,即认为关于形式语句的稳固建立的理论,使现实生活中的数学活动有效,而这里形式化作为一种假设的可能性,即使存在,也只是存在于遥远的背景下。

第一个前提是与构造主义者共同具有的,第二个前提当然为他们所摒弃。

形式化纲领等于把集合论和分析映像到自身的一部分,即有限组合的部分,因此,人们最多也只能声称:如果在"元数学"(希尔伯特的关于数学的数学通常被称为元数学)中所允许的"有限主义"的原则自身是可靠的,那么全部数学就是兼容的。这里人们又在寻找最后的象下面的最后的龟。

处于底部的龟或象事实上就是康德的先验综合,即直觉。尽管希尔伯特并不直率地援引康德,他认为数学能够而且必须提供真理和确实性,否则我们在别的什么地方能找到它! 这种信念存在于柏拉图的传统中,这种传统通过唯理论者传给康德,再传给 19 世纪西欧知识界。在这方面,他的康德主义和布劳威尔的同样多,后者的构造主义标志公开承认他的康德主义传统。

在布劳威尔看来,希尔伯特纲领的第一步是一种误解,因为它依赖于把数学本身等同于被用来描述或表达数学的公式。然而,又只有借助于这种语言和公式的变换,希尔伯特甚至才能够想象给数学以数学证实的可能性。

布劳威尔像希尔伯特一样,认为数学理所当然地能够而且应该建立在一个"健全的"和"坚实的"基础上。但是他走了另一条路,坚持数学必须从直觉上给定的、有限的东西开始,并且必须只包括以构造方式从这个直觉已知的出发点获得的东西。这里直觉仅仅意味着计数的直觉。无论对布劳威尔还是希尔伯特,把几何直觉看作与算术直觉同样根本或基本的"已知",在基础讨论的范围内,看来都是十足的倒退,是不可接受的。同时,无论是布劳威尔还是希尔伯特,在"通常的"(非基础的)数学研究中运用几何直觉,都是理所当然的事情。布劳威尔并不觉得必须在他的拓扑学研究中为他的直觉主义信条做出牺牲,正像希尔伯特也不觉得必须在他的工作中处理公式而不处理意义。对他们两人来说,他们通常的数学实践和他们的基础理论的分离似乎不需要解释或辩护。据说布劳威尔在晚年准备在他的拓扑学研究中为他的直觉主义信条做出牺牲。

进一步的阅读材料,见参考文献:D.Hilbert;S.Kleene;C.Reid。

7.5　形式主义的数学哲学

在 20 世纪中叶,形式主义在数学教科书和其他"官方"数学著作中成为占统治地位的哲学态度。构造主义仍然是一种只有少数信奉者的异端。柏拉图主义过去和现在都是为近乎所有数学家所信仰的。但是,像一种地下宗教一样,它只是被秘密遵奉,很少被公开提到。

当代的形式主义是希尔伯特形式主义的后裔,但二者不是一回事。希尔伯特相信有限数学的实在性。他发明元数学以便证实无限的数学。这种在无限上持形式主义观点的有限实在论至今仍被很多作者所倡导,但更多时候形式主义者并不为这种区别伤脑筋。对于他来说,数学,从算术那里开始,只不过是一种逻辑演绎的游戏而已。

形式主义者把数学定义为严格证明的科学。在其他领域里,有些理论可以在经验或貌似可信的基础上被鼓吹,但在数学中,他说,不是得到证明,就是一无所得。

任何逻辑证明必须有一个出发点。因此数学家必须从某些未定义的术语及关于这些术语的某些不加证明的命题出发。这些命题被称为"假定"或"公理"。例如,在平面几何中,我们有未定义的术语"点"和"线",以及公理"过两点只能作一条直线"。形式主义者指出这一命题的逻辑意义并不依赖于任何可能被我们与之相联系的心智图像。只有传统阻止我们使用点和线之外的词,比如"通过两个不同的 bleeps 只能作一个 neep"。①

如果我们给出术语"点"和"线"的某种解释,那么这些公理可以变为真的或假的。可以推测总有某些解释使它们为真。否则,对它们感兴趣将是无意义的。然而,就纯粹数学而言,这是与我们对公理所做的解释无关的。我们只关心从它们得出的有效的逻辑推论。

---

①　bleep 和 neep 是随便造出来的词,本身没意义。——译者注

以这种方式推出的结果被称作定理。人们不能断言一个定理是真的,恰如人们不能断言公理是真的。纯粹数学中的命题既非真又非假,因为它们谈论的是未定义的术语。我们在数学中所能说的只是,定理逻辑地来自公理。因而数学定理的陈述没有任何内容,它们不**涉及**任何事情。另一方面,在形式主义者看来,它们免除了任何可能的怀疑或错误。因为严格证明和演绎的过程不会留下任何缺口或漏洞。

简而言之,形式主义者的数学是从公理到定理的形式演绎的科学。它的原始术语是未定义的。它的命题是在给予解释后才具有内容的。例如,我们可以用物理位置之间的距离解释几何中的命题。

在某些教科书中,形式主义观点被当作简单的事实来叙述,不加批判的读者或学生会把它作为权威的或"法定"的观点接受。它不是一个简单的事实,而是一个复杂的解释问题。读者有权利持怀疑态度,并期待证实这种观点的证据。

实际上,简单的思考表明,根据普通的数学经验,形式主义观点并不是似是而非的。每个小学教师都谈论过"算术的事实"或"几何的事实",在中学毕达哥拉斯定理和质因子分解定理则被作为关于直角三角形和整数的真命题来讲授的。按照这种法定的观点,任何关于事实或真理的谈论都是不正确的。

对这种法定观点的一个论证来自几何的历史,它是对废黜欧几里得几何的一种反应。

对欧几里得来说,几何公理不是假定的而是"自明的真理"。形式主义观点部分起因于拒绝可以从"自明的真理"出发的观念。

我们在第 5 章中讨论非欧几何时,看到证明欧几里得第五公设(关于平行线的公设,它并不像其他四个公设那样"自明")的企图如何导致非欧几何的发现,在那里平行公设是被假定为伪的。

现在,我们可以主张欧几里得平行公设和它的否定**都是**真的吗?形式主义者的结论是,如果我们想保持作为数学家既研究欧氏几何又研究非欧几何的自由,必须放弃二者都真的想法。只要二者都是相容的就足够了。

事实上,欧氏几何和非欧几何之所以显现出冲突,只是由于我们相信客观的物理空间只服从一组规律,而两个理论都力图描述这个空间。如果我们放弃这一信念,那么欧氏几何和非欧几何就不再是同一问题的解的互相竞争的候选者,而只是两个不同的数学理论而已。平行公设对欧几里得的直线是真的,对非欧几何的直线则是假的。但几何定理离开了物理解释还是有意义的吗?我们对纯粹几何中的命题仍可用"真"和"假"这两个词吗?柏拉图主义者会说"是",因为数学对象脱离物理应用的世界而存在于自身的世界中。可是形式主义者会说"否",这些命题无所谓真假,因为它们不涉及任何事情,不意味着任何东西。

形式主义者提出了作为演绎结构的几何与作为描述科学的几何的区别。只有前者被认为是数学的,至于图像或图表的使用,甚至内心的意象,全是非数学的。原则上说,它们应是不必要的,从而,他认为这些出现在数学课本中,甚至在数学课堂上,都是不恰当的。

为什么我们特别给出**这个**定义,而不给出别的定义呢? 为什么是**这些**公理而不是别的公理呢? 对于形式主义者来说,这些问题是前数学的,即使这些被容纳进他的教科书或课程中,那也将是放在括号里一笔带过的。

从他所发展的一般理论中能得到哪些例子或应用呢? 这也是关系不大的,可以放在附注里,或作为一个问题另提出来。

从形式主义观点看,在我们提出某些假设并开始证明之前,我们实际上并没有开始做数学工作。一旦我们得到了结论,数学就过去了。在某种意义上,我们关于它再要说的任何话,都是多余的。我们衡量一堂课完成了多少,要看我们在讲解中证明了多少。至于听众学习和理解了什么的问题则是另一回事,那不是一个数学问题。

形式主义占优势的一个原因是它同逻辑实证主义的联系。这是 20 世纪 40 年代和 50 年代科学哲学中的主要趋势。它的余效持久不衰,只要假定由于没有出现别的权威性的学说来取代它就可以了。逻辑实证主义者的"维也纳学派"鼓吹以统一的科学,遵循形式的逻辑演算规则,并使用单一的演绎方法为目的。提出形式化作为一切科学的目的。形式化意味着选择基本的术语词汇,用这些术语陈述基本规律,根据这些基本规律逻辑地发展一个理论。随后给出的例子有经典力学和量子力学。

为了把形式理论与实验数据相联系,每门科学必须有它的解释规则,它们并非形式理论的一部分。例如,经典力学中有对基本量(质量、长度、时间)进行物理测量的规则。量子力学有自己的规则,即把形式理论术语"可观察的"与实验测量相联系的规则。在事物的这个框架里,数学呈现为表述和发展理论的工具,基本规律是数学公式。在力学中,它们是微分方程。理论就是通过运用数学推理从这些规律导出结论而发展起来的。

数学本身不是被看作科学,而是被看作其他科学的语言。它不是一门科学,因为它没有属于这个学科的物质对象。它没有使人们能对其应用解释规则的观察数据。根据逻辑实证主义所承认的哲学范畴,数学似乎只是一种形式结构。于是科学哲学中的逻辑实证主义导致数学哲学中的形式主义。

作为一种数学哲学,形式主义与工作中的数学家的思想方式并不协调。但这对实证主义的科学哲学家并不成为问题。由于他们的主要方向是理论物理,他们可以将数学只看作工具,而不看作本身活着和生长着的学科。从使用者的观点看,将数学本身与教科书中的公理表达式等同起来是可能的,有时甚至是便利的。从数学生产者的观点看,公理表达式是第二位的,它只是在原始工作即数学发现过程已经进行之后所提供的一种精炼。物理学家可能不理睬这一事实,物理哲学家更是如此,因为他们关于数学的观念主要来自逻辑和数学哲学,而不是来自数学自身发展中的参与。

逻辑实证主义在科学哲学中已不再流行。主要来自波普尔(Popper)工作的一种历史批判观点,现在可用来代替它。但这对于数学哲学已经没有什么影响。

罗素、弗雷格和维特根斯坦的传统留下了一个分析哲学学派,它认为哲学的中心问题是意义的分析,而逻辑是它的基本工具。由于数学这个知识分支的逻辑结构被理解得最清楚,所以人们认为数学哲学是最先进的哲学分支,是哲学的其他部分的典范。作为英美哲学的主导类型,分析哲学趋向于使数学哲学永久地与逻辑并与形式系统的研究等同起来。

从这种立场出发,与数学家有主要关系的问题已变得荡然无存了。这个问题就是对实际的数学的发展,对形式化之前的数学,即课堂和讨论班上的数学,包括形式化之前的数学如何同形式化相关并受到它的影响的情况的调查,给予哲学的说明。

作为数学阐释的一种类型的形式主义的最有影响的例子,是被统称为布尔巴基(Bourbaki)的一群人的著作。用这个笔名写出了一系列集合论、代数和分析的研究生基础课本,在 20 世纪 50 年代和 60 年代对世界各地产生了巨大的影响。

形式主义风格逐渐渗透到大学数学教学之中,最后,以“新数学”的名称,甚至扩大影响到使幼儿园中开设学前集合论课程。一种叫作“合式的公式和证明”的形式逻辑游戏被发明出来。教小学儿童如何根据形式逻辑去认识“合式的公式”(well-formed formula,WFF)。

近年来,对形式主义的反作用一直在增长中。在近来的数学研究中,有一种向着具体的东西和可应用的东西的转变。在课本和论文中,对例子更加重视,而在形式阐述方面的严格性减少一些了。形式主义数学哲学是形式主义风格的数学工作的智力源泉。似乎有迹象表明形式主义哲学不久会失去它的特权地位。

进一步的阅读材料,见参考文献:H.B.Curry[1951];A.Robinson[1964],[1969]。

7.6　拉卡托斯与可疑性哲学

基础论,即企图建立数学的无可置疑性的基础的想法,在 20 世纪数学哲学中占统治地位。它的一种根本不同的替换物是由我们将要讲的拉卡托斯的引人注目的工作提供的。这是科学哲学新潮流的成果。

在科学中,对“基础”的探求导致“归纳逻辑”的传统问题:如何从特殊的实验和观察中得出一般规律。1934 年,发生了科学哲学的一场革命,这时波普尔提出,通过为归纳推理辩解来论证科学规律,既不可能也不必要。波普尔认为与其说科学理论是从事实中归纳地导出的,倒不如说,它们是作为假设、推测、甚至猜想而发明的,然后接受实践检验,在检验中批评家力图反驳它们。波普尔说,一种理论只有当它原则上能被检验和承担被反驳的风险时,才有资格被认为是科学的。一旦理论经受住了这种检验,它就获得了一定的可信度,可以被认为是尝试性地建立起来了,但它从不被*证明*。一个科学理论可能客观上是真的,但我们无法确实地知道这一点。

尽管波普尔的思想曾遭到批判,并且现在有时也被认为是片面的和不完全的,但他对归纳主义教条的批判,已经对人们思考科学知识的方法造成了根本性变化。

当波普尔和其他近代思想家改变了科学哲学时,数学哲学依然相对停滞不前。我们仍处在 20 世纪初基础论大论战的灾难性后果中。形式主义、直觉主义和逻辑主义都以一定数学研究纲领的形式留下了它们的痕迹,最终对整个数学本身做出了自己的贡献。作为哲学纲领,作为建立数学知识可靠基础的努力,它们都走完了历程,渐趋枯竭和干涸。然而还残留着一种未明确说明的舆论,认为数学哲学**就是**关于数学基础的研究。如果我觉得基础研究无趣味或不相干,我就断定我简直对哲学不感兴趣(因而自行剥夺了正视并澄清我自己有关数学研究的意义、性质、目的或重要性的疑问的任何机会)。

拉卡托斯作为一个懂数学的哲学家和波普尔的科学知识理论的追随者投入了这一活动。他在德布勒森学校①学数学、物理和哲学,于 1944 年毕业。他是纳粹统治下的幸存者,他的母亲和祖母都死在奥斯威辛集中营中。[他出生时的名字叫利普希茨(Lipschitz),后来为了在德国人统治下安全起见,1944 年改名为伊雷姆·穆尔纳(Imre Molnar)。再以后,当他回来获得一些带有字母标记 I.L. 的衬衫时,又改名为伊姆雷·拉卡托斯]。第二次世界大战后,他是一名积极的共产党员,一度成为教育部高级官员,但在 1950 年被捕,在监狱里蹲了三年,获释后在雷尼(Rényi)的帮助下找到工作,把数学著作译成匈牙利语。他翻译的书籍之一是波利亚的《怎样解题》。1956 年匈牙利事件后他逃离匈牙利,最后到达英国。在那里受到波普尔的影响,开始攻读哲学博士学位。波普尔和波利亚是拉卡托斯工作的联合教父。正是波利亚建议他把欧拉-笛卡儿公式 $V-E+F=2$ 的历史作为研究课题。(见第 6.4 节)

拉卡托斯没有去展示组合的符号和规则,而是展示了一些人,即一个教师和他的学生。他没有去展示根据基本原则建立起来的系统,而是展示了一些观点的冲突,即论证和反驳。他没有去展示成了骸骨和化石的数学,而是展示了一个从问题和猜想中生长出来的数学,它的理论在我们眼前随着辩论和争执的热烈展开而成形,同时怀疑让位给肯定,再让位给新的怀疑。

《证明与反驳》(*Proofs and Refutations*)是拉卡托斯杰作的代名词。在 15 年时间里,它是数学家中的一种秘密经典,只有那些敢于涉猎卷帙浩繁的《英国科学哲学杂志》(*British Journal for Philosohpy of Science*)的极少数无畏的人才知道它。它以四篇系列论文的形式在 1963 年刊出,最后由剑桥大学出版社于 1976 年出版成书,这已经是拉卡托斯在 51 岁死于脑肿瘤病之后三年了。

《证明与反驳》用历史作为教材,在此基础上建立起它的说教:数学像自然科学一样,也是易谬的,不是无可置疑的;它也要通过对理论的批判和修正而成长起来,这些理论从来不是完全没有含混或错误和失察的可能性的。从问题或猜测开始,就同时探求着证明和反例。新的证明解释旧的反例,新的反例推翻旧的证明。对拉卡托斯来说,在这种非形式的数学背景下的"证明",并不意味着通过牢不可破的链条把真值从假定带到结论的机械程序。而是意味着解释、证实、阐述,使猜测更逼真,更可信,同时在反例的压力下变得更加详尽和精确。

---

① 匈牙利城市。——译者注

证明的每一步本身都要受到批评,这种批评可能仅仅是怀疑,或者可能是对一个特定论证构造出一个反例。针对论证中的某一步提出的反例被拉卡托斯称为"局部反例";针对结论本身提出的反例被他称为全局反例。

因此,拉卡拉斯把他的认识论分析不是应用于形式化的数学,而是应用于非形式的数学,即生长和发现过程中的数学,这种数学当然是数学家和学数学的学生都了解的。形式化的数学近年来已被极度哲学化,事实上除了符号逻辑杂志教科书和杂志以外,几乎任何地方都找不到他了。

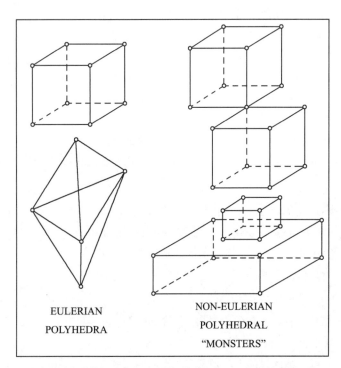

EULERIAN
POLYHEDRA

NON-EULERIAN
POLYHEDRAL
"MONSTERS"

欧几里得多面体与非欧多面"怪物"笛卡儿(1635)和欧拉(1752)指出对所有多面体有 $V-E+F=2$。拉卡托斯把注意力集中于随之而来的喜剧性错误,这里连续发现一些使上式无效的数学多面"怪物",并力图修补这个理论。现在已有定论了吗? $V=$顶点数,$E=$棱数,$F=$面数。

在形式上,《证明与反驳》是课堂中的对话,是波利亚的《数学中的归纳与模拟》(*Induction and Analogy in Mathematics*)中的对话的继续。教师展示了柯西给出的欧拉公式的传统证明,这里多面体的棱被展布成一个平面网络,然后逐次化简为单一的三角形。这个证明刚一完成,课堂上就展现了各种各样的反例。战斗在进行着,这个证明证明了什么? 我们在数学中知道些什么? 又是如何知道的? 讨论在数学和逻辑上都不断深入到更复杂的层次。

争论中总有几种不同观点,很多时候人们改变自己的观点,而采用刚被他的对手放弃了的观点。

与这些热烈的论辩相对照,脚注提供了欧拉-笛卡儿猜想的真实而有文献记录的历史,详细和复杂程度令人惊异。主要内容部分是真实历史的一种"理性重构";或者更应该像拉卡托斯曾说过的那样,真实历史是它的理性重构的拙劣模仿。

《证明与反驳》是一部杰出著作。它的辩论的丰富多彩、论证的复杂和构思的精致性,以及它的历史知识的十足分量,都足以使读者叹为观止。

公正地说,在《证明与反驳》中,拉卡托斯声称教条的数学哲学逻辑主义或形式主义是不可接受的。并且他表明波普尔的数学哲学是可能的。然而,实际上他并没有实现用易谬主义认识论重构数学哲学的纲领。

在《证明与反驳》的主要内容中,我们听到的是作者所创设的人物的话,而不是作者本人的话。他向我们显示他所看到的数学,但他并没明确指出他所显示的东西的全部意义。甚至说,他只是批判地指出它的意义,特别是在竭尽全力对形式主义的进行攻击。但是它的积极意义是什么呢?

首先我们需要知道数学是**关于**什么的。柏拉图主义者(特别是像弗雷格和早期的罗素这样的逻辑柏拉图主义者)会说数学是关于客观存在的理想实体的,这种实体是某种理智能力允许我们理解或直接感觉的,恰如我们的五官感知物理对象一样。但是很少有现代读者,当然,除了拉卡托斯,会准备认真地考虑包含在现代集合论中的所有实体的无时间、无空间的客观存在,更不用说包含在尚待揭示的未来理论中的那些实体了。另一方面,形式主义者说数学不涉及任何事物,它只是存在而已。一个数学公式就是一个公式,我们关于它有内容的信念是一种幻觉,无须辩护或证实。这种观点只有在人们忘记了非形式的数学也是数学时才站得住脚。形式化只是一种抽象的可能性,没有人希望或能够真的去实现它。

拉卡托斯认为非形式的数学是波普尔意义上的科学,它随着对理论不断批判和改进的过程,以及新的竞争着的理论的进展(并非通过形式化数学的演绎模式)而成长起来。然而,在自然科学中,波普尔的学说依赖于自然界的客观存在。诸如“电压表显示读数 3.2”这样单一的时空命题,提供了科学理论借以被批评,有时被驳斥的检验标准。用波普尔的行话说,这些“基本命题”是“潜在的证伪者”。如果把非形式的数学与自然科学等同起来,我们必须确定它的“对象”。这个学科的什么素材,什么“基本命题”,为被提出的非形式的数学理论提供潜在的证伪者? 这个问题在《证明与反驳》中甚至没有提出来,但是如果人们希望进一步构造易谬主义的或非教条的数学认识论,这个问题就是必须处理的主要问题。

我们不会知道拉卡托斯是否已解决了这个问题。在写完《证明与反驳》之后,他厌弃了数学哲学。他成为包括卡尔纳普(Carnap)、波普尔、库恩(Kuhn)、波兰尼(Polányi)、图尔明(Toulmin)和费耶阿本德(Feyerabend)这样一些作者的科学哲学论争中的杰出辩论者。无疑他有意回到数学上来。但他突然死于1974年2月,还没有来得及这样做。

部分答案包含在他逝世后出版的选集第二卷的一篇论文中。这篇题为《经验论在数学哲学中的复兴?》(*A Renaissance of Empiricism in the Philosophy of Mathematics?*)的论文从逻辑主义和形式主义类型的十几位杰出数学家和逻辑学家的给人以深刻印象的引文辑录开始,这些引文全都表明对可靠基础的探求已被放弃。大家一致认为没有理由相信数学,除非它似乎在起作用。冯·诺伊曼说它至少不比很多人似乎也相信的现代物理更糟。拉卡托斯通过表明他的“异端”观点,实际上并不与建立数学的观点相冲突,已经使他的反对者的理论站不住脚了。他进一步刻画了诸如传统的基础论数学哲学这样的“欧几里得”理论与认为数学本来就具有猜测性和易谬性的“拟经验论”理论之间的差别。他指出他的理论是拟经验论的(不是纯粹的和简单的经验论),因为数学的潜在证伪者或基本命题,和自然科学的命题不一样,肯定不是单一的时空命题(如“电压表上的读数是 3.2”这样的命题)。他分两部分给出自己的答案。首先,对于形式化的数学理论,潜在的证伪者是非形式的理论。换言之,如果这是一个接受或否定为集合论提出的公理集的问题,我们要根据形式系统再现或符合我们头脑中原有的非形式数学理论到怎样的完满程度来做出我们的决定。当然,拉卡托斯充分意识到我们也可能决定修改我们的非形式理论,而关于要采取哪一条路的决定可能是复杂和有争议的。

在这一点上他迎面遇上的主要问题是:什么是**非形式数学理论**的"对象"呢?当我们离开任何定义和公理系统谈论数、三角形或打赌中的不平等条件时,我们是在谈论哪些种类的实体呢?有很多可能的答案,其中有些要追溯到亚里士多德和柏拉图。所有答案都有困难,并都有竭力回避这些困难的漫长历史。易谬主义的观点应导致对旧答案的新评论,或许应导致一个会把数学哲学带到当代科学哲学主流中去的新答案。但是拉卡托斯没有准备献身于此。他写道:"答案不大会是铁板一块的。细心的历史批判性的案例研究也许会引出一种复杂的混合解答"。这种观点的确很合理,但却令人失望。

《证明与反驳》的引言是对形式主义的激烈攻击,拉卡托斯这样定义这个学派的:

> 他们倾向于把数学与它的形式公理的抽象等同起来,把数学哲学与元数学等同起来。

> 形式主义割断了数学史与数学哲学的关系……形式主义拒绝承认那些已被普遍理解的数学的大多数成果的数学地位,且对它的成长过程矢口不谈……

> 在形式主义目前的统治下,人们不禁要推行康德的话:数学史失去了哲学的指引,已变得盲目;而数学哲学离开了数学史上那些最令人感兴趣的现象,已变得空虚……形式主义数学哲学有很深的根基,它是教条主义数学哲学的长链条上的最后一个环节。两千多年来,教条主义者和怀疑论者之间一直存在着争论。在这种大论战中,数学一直是教条主义中值得夸耀的堡垒……一场挑战现在早已成熟了。

然而,拉卡托斯并不承认是他自己的工作正在提出这场早已成熟的挑战。他写道:

> 这种案例研究的核心将向数学形式主义挑战,但不会直接向数学教条主义的根本地位提出挑战。它的适度的目标是提出这样一种论点,即非形式的、拟经验的数学并不是通过无可置疑地建立起来的定理数量的单调增加而成长起来的,而是通过用推测和批判,用证明和反驳的逻辑对猜想所做的不断改进成长起来的。

拉卡托斯很快成为国际上科学哲学的主要人物,但是(除了刊登在《数学评论》上的相当完全的摘要以外)直到他逝世后由剑桥大学出版社在 1976 年以书的形式重新出版之前,我并未看到任何公开发表的对《证明与反驳》的评论或反应。

最初的评论是以编者沃勒尔(Worrall)和扎哈(Zahar)加上的脚注和说明的形式出现在书中的。

在这一页上,拉卡托斯写道,要修正不谬论的数学哲学,"人们必须放弃认为我们的演绎推理直觉是不谬的这种观念。"

编者注说：

　　这段内容在我们看来是错误的。我们深信不疑，对形式演绎逻辑给予最高度重视的拉卡托斯，将会自己改变它。一阶逻辑已能描绘推理的有效性，这种描绘能力（相对于一种语言的"逻辑"术语的描绘）能使有效推理基本上不谬。

　　同样的论点出现在其他脚注和补充材料中。拉卡托斯"稍许冲淡了数学'严格主义者'成就的意义"。"严格正确证明的目的是可以达到的。"这些证明"不在任何严重意义上的易谬"。

　　显然编者认为，每当拉卡托斯怀疑数学严格性问题的最后解答的存在时，纠正他是一件十分重要的事情。看到他们的评论，粗心大意的读者也许完全相信，今天的数学实践实际上已达到这样的一个阶段，这在决定一个证明是否有效方面绝不会出毛病。他们断言现代形式演绎证明是不谬的，因此对结论为真的怀疑的唯一来源是对前提为真的怀疑。如果我们把定理不是看作它的结论的陈述，而是看作形如"若假设为真，则结论为真"的条件命题，那么，按照沃勒尔和扎哈的说法，在这个条件形式中，一阶逻辑的成就使它的真理性无可置疑。他们说，拉卡托斯的易谬论在这个意义上是不正确的。

　　在我看来，拉卡托斯是对的，扎哈和沃勒尔是错的。更令人吃惊的是，他们的反对意见正是植根于拉卡托斯在他的引言中激烈攻击的错误，这个错误就是使数学本身（真实的数学家在现实生活中实际研究的数学）等同于它在元数学中的模型或表示，或者如果你愿意的话，等同于一阶逻辑。

　　沃勒尔和扎哈断言一阶逻辑中的形式推导在任何严重的意义上都不是易谬的。但是他们未能弄清楚，这种推导是纯粹假设性的活动（除了在逻辑教程中可以作为练习设立的"游戏"问题）。

　　实际情况是这样。一方面，我们有真实的数学，它的证明是通过"合格者的一致同意"建立起来的。一个真实的证明是不能通过机器乃至任何不熟悉一定的形态检验的，即这个证明所在的特定数学领域的思维模式的数学家也不能检验。即使对于"合格的读者"来说，在一个真实的证明（即一个实际上被说出或写下的证明）是否完全或正确的问题上，存在不同意见也是正常的。这些怀疑是通过交流和解释，绝不是通过把证明转换为一阶术语演算来解决的。一旦证明被"接受"，证明的结果就被认为是真的（具有较高的概率）。检查证明中的错误可能需要几代人。如果一个定理被广泛了解和应用，它的证明被频繁研究，如果发明了替换的证明，如果它有了大家知道的应用和推广，并同相关领域的已知结果相类似，那么它就被认为是"（可靠的）基石"。这样看来，全部算术和欧氏几何当然都是最基础的。

　　另一方面，区别于"真实的数学"，我们有"元数学"或"一阶逻辑"。作为一种活动，它确实是真实数学的一个部分。但从它的内容看，它描绘了"原则上"实际不谬的证明的结构，因而我们能用数学方法研究一种构造不谬证明的想象中的能力的结果。例如，我们能给出证明规则的构造主义变异，并注意这种变异的结果是什么。

这种数学图景的存在,如何影响我们对真实数学的理解和实践呢? 沃勒尔和扎哈在他们对拉卡托斯的评论中,似乎说到真实证明的易谬问题(这是拉卡托斯所谈论的),已通过元数学中不谬证明概念的存在最终解决了。(元数学这个希尔伯特的术语,作为证明论的名称,即使不过时也陈旧了。但在这种讨论中,作为关于数学的形式系统模型的研究的名称,仍然是方便的。)人们怀疑他们如何能证实这样一种主张。

最近有一位著名的分析学家,在同一些数学家同行共进午餐时,提到他在大学时代曾读过罗森布鲁姆(Rosenbloom)的《数理逻辑》(*Logic for Mathematicians*)。当时他的专业教授(一位非常有名的分析学家)叫他不要读这本书,并说:"你可以在年纪太大,精力太疲倦而不能研究真正的数学时去读那种东西",或者类似的话。别的数学家听到这个故事,被这种狭隘思想的表现逗乐了。但没有人感到惊奇或震动。事实上一般人都会同意,就研究逻辑肯定对分析学家没有帮助并且会大大干扰他而言,老教授是正确的。

今天,事实不再会是这样的了。因为作为数学的一部分,逻辑可能作为分析学家或代数学家工具的理论,例如非标准分析中的情况就是如此。但是,这同把证明翻译成一阶逻辑公式来加以证实没有任何关系。

很可能,沃勒尔和扎哈想说真实的证明只是简略的或不完全的形式证明。看起来好像是这么回事,但这样说也有一些困难。在真实的数学实践中,我们对完全的(非形式的)证明和不完全的证明是做出区别的。(在完全的非形式证明中,论证的每一步都是使心目中的读者信服的。)作为形式证明,二者都是不完全的。因而当有人告诉我们真实的数学证明是形式推导的缩写时,很难了解告诉我们的到底是什么,因为对于不完全的不能接受的证明也可以这样说。

形式主义的发言人(用拉卡托斯的说法,像脚注中的扎哈和沃勒尔这样的人)从不解释在什么意义上形式系统才是数学的模型。是在规范的意义上——数学应该像一个形式系统,还是在描述的意义上——数学像一个形式系统?

如果人们被逻辑学教科书前言中的花言巧语所指引,逻辑要求并无规范作用。它满足于研究它的数学模型,就像理论物理学家研究作为声音传播模型的波动方程一样。波动方程是纯粹数学中的研究课题。如果我们想把这种研究同声音传播的物理想象相联系,我们必须有解释规则。我们实际上怎样观察或测量那些被数学方程描述的物理变量? 然后,最重要的,我们的物理观察和理论预测之间的一致性紧密到什么程度? 在哪些情况下,波动方程是精确的物理描述?

在新近的一篇十分有趣的说明性论文中,费弗曼(Feferman)说,逻辑理论的目的是"做出理想化的柏拉图主义的或理想化的构造主义的数学家的推理模型"。他指出。尽管有时在逻辑学家用形式系统研究数学推理与物理学家用微分方程研究物理问题之间做出类比,但是由于逻辑学家的模型不存在像物理实验方法那样的能用来被实践检验的类似物,上述模拟就破裂了。他写道:"我们没有这种对逻辑理论的检验。或者说,这主要是一件对这些理论与普通经验符合到什么程度做出个人判断的事情。很多人表示赞成的判断积累起来,当然就有意义了。"

这里没有谈到不谬性。费弗曼继续说:"尽管逻辑工作的意义因而不是结论性的,我仍希望使读者相信有很多重要的东西是被了解和正在研究的。"他报告了下述类型的各种结果:一个形式系统 A 似乎比另一个形式系统 B 弱一些(在推理规则上有较少的"许可移动"),其实二者同样强。例如,如果 A 是一个"构造主义的形式系统"。而 B 是一个违反某些构造主义限制的形式系统,则 B 中被证明的任何东西实际在构造意义上也是真的。(然而,在逻辑中这种结果的证明不应该是构造性的证明。构造主义者能发现它有启发性吗? 或许它可能在某种情况下鼓舞他去寻找在 B 中被证明的某种东西的构造性证明。)

这些对逻辑的有节制的主张肯定是毫无争议的。《证明与反驳》的影响在于,它展示了一幅与逻辑和元数学所展示的图景完全不同的数学的哲学图景。而且当这两幅图景并列在一起时,关于哪一幅更逼真是没有疑问的。

费弗曼写道:

> 工作着的数学家依靠令人惊异的含糊的直觉,摸索着走走停停,并且反复太多。很明显,按照现状来看,逻辑不能对数学的成长历史或它的实践者的日常经验给予直接的说明。同样明确的是,通过形式系统去探求最终基础,得不到任何令人信服的结论。

费弗曼对拉卡托斯的工作有认真的保留意见。他指出拉卡托斯关于证明和反驳的模式不足以解释所有数学分支的成长。另一些原则,例如不同课题的趋于统一,似乎为抽象群论或点集拓扑的发展提供了最好解释。但拉卡托斯并不主张给数学如何发展以完全的包罗万象的解释。他在引言中已明确指出,他的目的是通过展示另一幅图景,即活生生地成长着而不是僵化在形式公理中的数学的图景,来表明形式主义的不足之处。

在这方面,费弗曼十分欣赏拉卡托斯的成就。他写道:

> 很多对数学的实践、教学或者历史有兴趣的人将以更多的同情响应拉卡托斯的纲领。它完全适合于这些时期日益增长的批评和反权威情绪。我个人已发现在他的一般方法和详细分析方面都有很多我同意的东西。

这是一个合理的和令人鼓舞的开端。它使我们期待一种新的富于启发的对话,这可能导致在基本性问题上、在数学中的意义和真理性的问题上、在数学知识的性质问题上的进步。

如果你只能迎面观察一个立方体,你就不会理解立方体是什么。有必要从许多不同角度来看它,甚至最好把它拿起来,边看边接触它的角和棱,注意当你把它转动时发生的情景。如果你制造一个立方体,把硬金属线折弯并拧在一起来构成立方体,或在软模具里塑造它,或在铣床上用钢切削而成,都能帮助你理解。

你要了解超立方体,可以观察它的图像,或在交互图标系统的控制台上掌握它。(见第 8.7 节)当你转动它并观察一个图像如何变换成另一个时,你将学会把超立方体作为单一的事情来思考。与此类似,数学也是单一的事物。对数学的柏拉图主义、形式主义和构造主义的观点之所以有可信性，是因为它们分别对应于不同角度的不同观察，或用特定观察方式所做的检验。

我们的问题是找到对数学这种事物本身的理解，把各种特定观点合起来，这些观点中每一种本身单独拿出来都是错误的，这正是因为它不完全和片面。这些观点是兼容的，因为它们是同一事物的图景。它们似乎不兼容是由于我们用不适当的偏见来进行观察而造成的。

例如，如果把超立方体当作三维对象，它的不同图像是相互矛盾的。在四维空间中，不同的三维射影彼此适合。或者再降低一步考虑。一个普通的实心立方体，从不同的二维角度观察，像两个不同对象的图像，直到我们发展了三维的观察力或"直觉"，才使我们能把它们彼此变换。

观察数学有很多不同的方式。20世纪大多数从哲学角度写的系统的数学著作，一直有着基础论的传统。

如果我们问什么是数学，举出形式系统模型作为答案是容易的，尽管不难发现数学家们对形式系统模型的批评，因为他们清楚地知道这种模型不大符合他们自己的实践。但是从弗雷格的时代以来，几乎没有哪个知名哲学家曾用不同于基础论、形式逻辑的术语讨论数学。最好的修正办法是与全然不同的模型对照。这就是拉卡托斯在《证明与反驳》中给予我们的启示。

进一步的阅读材料，见参考文献：S. Feferman；I. Hacking；R. Hersh[1978]；I. Lakatos[1962]，[1967]，[1976]，[1978]。

作业与问题

从确实性到易谬性

柏拉图主义、形式主义和构造主义。正在工作的数学家的哲学困境。欧几里得神话。基础的发现和丧失。形式主义的数学哲学。拉卡托斯与可疑性哲学。

探讨题目

(1)欧几里得神话。

(2)数学是什么？数学做什么？

(3)数学基础：公理化方法。

主题写作

(1)著名数学家庞加莱曾写道："关于'欧几里得几何是真的吗？'这个问题，我们如何思考？它本身是没有意义的。我们同样也可以问……是否笛卡儿坐标为真而极坐标为假。一种几何不会比另一种更为真实，它可能只是更为便利。"向你正在中学二年级学习几何的妹妹解释,这段话是什么意思?

(2)在《笛卡儿之梦》(*Descarter' Dream*)(P.J.戴维斯和 R.赫什著,波士顿,哈考特、布雷斯、伊万诺维奇出版公司,1986)第 4 章中,戴维斯和 J.理查德兹教授谈论有关非欧几何与伦理相对主义的问题。理查德兹教授提出这样一个观点:"今天人们可以在数学中确立真理,但真理的概念已发生了变化。"在这段对话的语言环境中讨论这个观点,考虑下述问题:欧几里得几何是客观真理吗? 公理化方法是确定了真理,还是仅仅作为演绎的游戏? 非欧几何的发现如何改变了人们对真理和公理化方法的态度?

(3)写一篇发表在《纽约人》(*The New Yorker*)杂志上的文章,比较和对照哥德尔不完全性定理与平行公设独立性的发现在数学界内外的影响。

(4)你正在参加辩论。你的反题恰好包括关于欧几里得几何是唯一的几何的论证。你必须使你的听众相信事情并非如此。通过描述两种不同于欧几里得的几何来反驳你的对方的观点,说明这两种几何与欧几里得的区别在什么地方?

(5)罗素写过这样一段话:"数学是这样一种学科,这里我们既不知道我们要谈些什么,又不知道我们所说的是否正确。"写一篇两页长的短文,用数学中的实例来评论罗素的观点。

(6)"数学是一个过程"这句话意味着什么?

(7)在"人们如何以少数假定出发获得如此多的信息"[《科学、计算机和信息冲击》(*Science*, *Computer and the Information Onslaught*),克尔(Kerr)编,奥兰多:学术出版社,1984]一文中,格里森(Gleason)提出了关于数学的下列定义:"数学是关于秩序的科学。数学的目的是觉察、描述和理解隐藏在复杂情形中的秩序"。用具体例子支持或批评这一定义。

(8)从一个你所采用的(经验论的或唯理论的)角度出发,讨论你是否认为数学涉及发现或发明? 为什么?

(9)选择本章中一个论题,用一页长的短文描述它。

(10)写一篇两页长的文章评论"正在工作的数学家的哲学困境""理想的数学家""一个预科学校数学教师的自白"。这三节内容都是有关数学家现实状况的。在你的文章中,讨论有没有与这三篇文章提到的数学家的观点类似的情况,或有没有与之不同的情况。

(11)就下列每个问题各写一个短评,假定你的读者已读过"柏拉图主义、形式主义和构造主义"。

a.柏拉图主义者会如何谈论 π? 就是说,柏拉图主义者会怎样解释 π 为什么能在数论、概率论、几何学等学科中被发现?

b.为什么构造主义者认为康托尔的连续统假设没有意义?

c.关于毕达哥拉斯定理已应用于现实世界这一事实,形式主义者会说些什么? 他的回答与认可的数学观有联系吗？

(12)写一段短评以回答下列各问题：

a.公理是确实可以证明的事实,还是逻辑的真理,或用于解题的一种约定呢？用具体例子支持你的论点。

b.公理对每个数学分支都是根本性的吗？如果是这样,给出一个例子。如果不是这样,为什么？

c.公理能实际上规定一个数学理论吗？如果能,给出一个例子。如果不能,为什么？

d.公理能说明不同数学分支之间的联系吗？给予具体说明。

e.数学史上哪些重大"危机"与公理相关？

(13)为《大西洋月刊》(*The Atlantic Monthly*)写一篇讨论下列题目的文章：

a.公理系统的要素及其含义。

b.数学与逻辑的相互作用。

c.公理化方法是什么？它引申出了什么？

d.逻辑是什么？它引申出了什么？

e.公理化方法在数学中的作用。

(14)你认为有意识(或无意识)地掌握数学哲学以何种方式影响新的数学成果的创造？

(15)近来有一些关于分形研究代表几何学一场革命的引人注目的讨论。你是否同意这种观点？你的理由何在？从技术、科学和艺术的角度加以思考。

(16)在你看来,你觉得什么事情是绝对肯定的？考虑生活和思想的所有方面。你的看法的根据是什么？

(17)将法庭的证据和数学家提供的作为理解的证据加以比较。你认为医学领域的证据是什么？

(18)数学中的命题有可能是假的却仍然是有用的吗？用实例支持你的答案。

计算机问题

数字计算机不会使公理有用。这个判断是否正确？为什么？

建议读物

"Perspectives through Time—Non-Euclidean Geometry and Ethical Relativism" in *Descartes' Dream* by P. J. Davis and R. Hersh (New York: Harcourt Brace Jovanovich, 1986), pp.203-216.

"The Man Who Reshaped Geometry" by James Gleick in *The New York Times Magazine*, December 8,

1985. This article is a good basis for discussion of how mathematics affects other disciplines. It describes how Benoit Mandelbrot's insight into irregular and fragmented shapes has transformed the way some scientists look at the natural world.

"Geometry and Measurement" by Eric Temple Bell in 100 *Year of Mathematics* (edited by George Temple; New York: Springer-Verlag, 1981).

"Non-Euclidean Geometry" by Stephen Barker in *Mathematics*, *People-Problems-Results*, Vol. II, Douglas Campbell and John Higgins (Belmont: Wadsworth International, 1984).

"The Algebra of Statements" in *Ingenuity in Mathematics* by Ross Honsberger (Washington, D.C.: Mathematical Association of America, 1970).

"Are Logic and Mathematics Identical?" by Leon Henkin in *Mathematics*, *People-Problems-Results*, Vol. II, Douglas Campbell and John Higgins (Belmont: Wadsworth International, 1984).

Philosophy of Mathematics (*Selected Readings*) (2nd ed.) edited by Paul Benacerraf and Hilary Putnam (New York: Cambridge University Press, 1983).

"How Does One Get So Much Information from So Few Assumptions?" by Andrew Gleason in *Science*, *Computers*, *and the Information Onslaught*, edited by D. M. Kerr (Orlando: Academic Press, 1984).

Non-Euclidean Geometry—A Critical and Historical Study of it Development by Roberto Bonola (New York: Dover, 1955).

Euclid and his Modern Rivals by Charled Dodgson (pseud. Lewis Carroll) (London: Macmillan, 1885).

"Rigor and Proofin Mathematics—An Historical Perspective" by I. Kleiner in *Mathematics Magazine*, 64, 1992, pp.219-241.

"Mathematical Proofs: The Genesis of Reasonable Doubt" by G. Kolata in *Science*, June 4, 1976.

"Truth and Proof" by Alfred Tarski in *Scientific American*, June 1969.

"The Concept of Mathematical Truth" by Gian-Carlo Rota in *Essays in Humanistic Mathematics*, edited by Alvin White (Washington, D.C.: Mathematical Association of America, 1993).

8 第 8 章　数学实在

第 8 章 数学实在

让我们来看一些数学研究的特殊例子,了解一下能从中获得哪些哲学教训。我们将发现数学研究活动迫使我们认识数学真理的客观性。工作中数学家的"柏拉图主义"(Platonism)实际上并不是对柏拉图神秘主义的一种信念。它只是对数学事实的难以驾驭的和棘手的性质的一种意识。它们是自在的,并不依我们的愿望而改变。

同时,我们将看到我们关于这些数学真理的知识是通过各种启发的和"严格的"方法获得的。启发的方法会令人完全信服,而严格的方法会使我们总是处在怀疑的烦恼中。

8.1 黎曼假设

我们举的第一个例子是纯粹数学的最受尊敬、没有争论的分支——数论。

在数论中,我们把质数分布问题作为我们的案例研究,这在第 5 章已经讲过。这个问题的吸引力在于,在我们能证明某一件事的发生之前,就能观察到这件事。例如,从有关质数分布的表(见本书 P151,选自扎基尔在《数学通报》上的文章)可知,当 x 小于 10^{10} 时,小于或等于 x 的质数个数乘以 $\log x$ 后,作出的图形是一条接近于完美的直线。

当人们面对这样的证据时,不可能不为论证的分量所打动。正像在波普尔的科学知识理论中一样,人们构造了一个十分清晰而又有价值的"大胆猜想",因而可以说它不像是"偶然"为真的。以后的问题是使这一猜想通过数字计算而不是物理实验来进行检验。检验不能驳倒这个猜想,于是它变得十分巩固。可以说它已被证明,尽管这肯定是在自然科学意义上,而不是在演绎数学意义上。

自然科学研究进入质数领域的一项更为完善的工作是 1967 年古德(Good)和丘奇豪斯(Churchhouse)在一篇论文中报告的。他们对我们在第 5 章中已定义和讨论过的黎曼 ζ 函数有兴趣。黎曼假设涉及 ζ 函数的"根",即复数 Z 在函数等于零时的值。黎曼猜测这些根全都有实部 $=\dfrac{1}{2}$。在几何意义上来说,它们位于"Z 的实部 $=\dfrac{1}{2}$"这条线上,即与虚轴平行,在它右边相距 $\dfrac{1}{2}$ 单位处的线上。

现在,这个黎曼猜想已被普遍认为是数学中突出的未解决问题。"质数定理"的一个证明依赖于这样一个(已被证明的)事实,即所有零点都在虚轴和 $x=1$ 之间的某处。要证明它们全都精确地位于 $x=\dfrac{1}{2}$ 这条线上,意味着要获得有关质数分布的更精确的结论。哈代的一个主要成就是证明有 ζ 函数的无穷多个零点位于 $x=\dfrac{1}{2}$ 线上。但是我们至今仍不知道是否所有零点全在那儿。

通过计算已经证实,ζ 函数的前 7 000 万个复零点位于 $x = \dfrac{1}{2}$。但古德和丘奇豪斯说:

> 这不是一个很好的理由,足以使我们相信这个假设是真的。因为在 ζ 函数理论中,以及在十分类似的质数分布理论,复合对数 $\log\log x$ 时常包含在渐近公式中,这个函数的增长是极为缓慢的。离开 $R(s) = \dfrac{1}{2}$ 这条线的第一个零点,如果有的话,可能有一个虚部,它的复合对数或许可以像 10 一样大。如果这样,有可能在实际上永远不会通过计算发现这个零点。

> (如果 $\log\log x = 10$,那么 x 近似等于 $10^{10\,000}$。)

如果这种说法看来牵强附会,那么他们还提到另一个得到完全证实的猜想。它在前 10 亿个情形中已知为真,但利特尔伍德(Littlewood)终于证明它是假的。然而,古德和丘奇豪斯写道,他们自己的工作目标是为相信黎曼假设提供一个"理由"(引号是他们加的)。

他们的工作涉及某种叫作麦比乌斯函数的东西,它写作 $\mu(x)$(读"x 的 μ")。为计算 $\mu(x)$,要把 x 分解为质数。如果有重复的质因子,如 $12 = 1 \cdot 2 \cdot 2 \cdot 3$ 或 $25 = 5 \cdot 5$,那么 $\mu(x)$ 就被定义为零。如果所有因子都不相同,数出它们的数目。如果有偶数个因子,令 $\mu(x) = 1$。如果有奇数个因子,令 $\mu(x) = -1$。例如,$6 = 2 \cdot 3$,有偶数个因子,于是 $\mu(6) = 1$;而 $70 = 2 \cdot 5 \cdot 7$,于是 $\mu(70) = -1$。

现在就所有小于或等于 N 的 n 把 $\mu(n)$ 的值相加,这些 $+1$ 和 -1 的和是 N 的函数,记为 $M(N)$。很早以前就已证明,黎曼猜想等价于下述猜想:当 N 趋于无限时,$M(N)$ 不会增长得比 $N^{1/2+\varepsilon}$ 的一个常数倍数更快(这里 ε 是大于零的任意数)。这两个猜想彼此蕴涵,当然它们都未被证明。

古德和丘奇豪斯通过给出一个说明 $M(N)$ 有所需要的增长率的"好理由"(不是证明),使人们有"好理由"相信黎曼假设。

他们的"好理由"涉及把麦比乌斯函数的值看成似乎是随机变量。

为什么说这是个好理由呢?麦比乌斯函数是完全确定性的。一旦一个数 n 被选定,那么它是否有重复因子,如果没有,因子个数是奇数还是偶数,是毫不含糊的。

另一方面,如果我们做出麦比乌斯函数值表,它"看上去"就是随机的,因为它似乎非常混乱,没有可以辨认的模式或规律,除了 μ"恰好同样可能"等于 1 或 -1 这一事实。

n 没有重复因子即 $\mu(n) \neq 0$ 的机会是什么呢?如果 n 不是 $4, 9, 25$ 或任何其他质数平方的倍数,这种事情就会出现。现在,一个随机选定的数不是 4 的倍数的概率是 $\dfrac{3}{4}$,不是 9 的倍数的概率是 $\dfrac{8}{9}$,不是 25 的倍数的概率是 $\dfrac{24}{25}$ 等。而且,这些条件是完全独立的。

已知 n 不是 4 的倍数,丝毫不告诉我们它是否是 9 的倍数。因此按照基本的概率规律即两个独立事件都发生的概率是它们各自独立的概率的乘积,我们得出结论,$\mu(n)$ 不等于零的概率是乘积

$$\frac{3}{4} \cdot \frac{8}{9} \cdot \frac{24}{25} \cdot \frac{48}{49} \cdots$$

尽管这个乘积有无穷多个因子,但它能被解析地估值,已知它等于 $6/\pi^2$。

　　因此,$\mu(n)=1$ 的概率是 $3/\pi^2$,$\mu(n)=-1$ 的概率也是如此。μ 的“期望值”当然是零,平均地看,$+1$ 和 -1 的个数彼此差不多抵消。

　　现在假定我们随机地独立选择非常多的整数。然后,对每一次这样的选择,有 $\mu=0$ 的概率是 $1-6/\pi^2$,有 $\mu=1$ 的概率是 $3/\pi^2$,有 $\mu=-1$ 的概率是 $3/\pi^2$。然后我们把所有的 μ 值相加,如果我们的大多数选择碰巧使 $\mu=1$,那么将获得一个可能非常大的数。另外,看来不大可能出现我们的选择给出 $\mu=1$ 比 $\mu=-1$ 多很多的情况。事实上,一个概率定理(豪斯道夫(Hausdorff)不等式)说,如果我们以这种方式挑选 N 个数,那么当 N 趋于无穷大时,总和的增长不比一个常数乘以 $N^{1/2+\varepsilon}$ 更快的概率是 1。

　　这个结论恰好是我们证明黎曼假设所需要的! 不过,我们已改变了加法中的项。在黎曼假设中,我们是就从 1 到 N 的数求 μ 值的和,而这里 N 个数是随机选择的。

　　这由什么来证实? 用来证实的是我们的感觉或印象,即 μ 值的表是“混沌的”“随机的”“不可预测的”。由于这种标志,μ 的前 N 个值并非什么特殊的东西,它们不过是“随机样本”。

　　如果我们承认这些,那么黎曼假设为真的概率是 1。这个结论似乎既勉强又无意义。勉强是由于概率推理用这种惊人的方式精确地给出了所需的 $M(N)$ 增长率,无意义是由于黎曼假设的真理性肯定不是仅能具有“概率 1”的随机变量。

　　讨论 ζ 函数的权威著作的作者爱德华兹(Edwards)说这种启发式推理“很荒唐”。(爱德华兹不是指古德和丘奇豪斯,而是指登乔伊(Denjoy)1931 年的论文,文中使用了与此类似而不大详细的概率论证。)

　　古德和丘奇豪斯为检查他们的概率推理,曾做了一些数值工作。他们就间隔长度达 1 000 的 n 列出 $\mu(n)$ 的和值的表,通过统计发现完全确证了他们的随机模型。

　　在一次单独的计算中,他们发现对于从 0 到 33 000 000 之间的 n,$\mu(n)$ 的零点总数是 12 938 407。“期望值”是 33 000 000 $\cdot$ $(1-6/\pi^2)$,即 12 938 405.6。他们称这是“惊人的契合,比我们原来意料的更好”。一个不严格的论证所预测的数学结果达到了 8 位准确度。

　　在物理学或化学中,实验同理论有 8 位准确度的一致,应被认为是对理论的极强的确证。在这里,也应相信这种一致绝非偶然。计算所根据的原理必然是正确的。

　　当我们以这种方式看待启发式证明时,我们在某种意义上承认了实在论的或柏拉图主义的哲学。我们正在断言已被预言和确证的规律性不是幻觉,这里存在某种有秩序、

有规律的东西。

很容易举出一个例子,说有一个命题序列,对于 $n=1,2$,直到 10^{12},命题都是真的,然后就是假的(例如"n 不能同时被 2^{12} 和 5^{12} 整除"这一命题)。因此,一个关于自然数的猜测对于前 2×10^9 种情况为真这一事实,确实不能证明它对于第 $2\times10^9+1$ 种情况亦为真。但是对于诸如质数分布这样的猜测,没有人相信在我们的样本里观察到的行为到了在趋向无穷大的遥远地点选取的另一个样本中,会突然变得完全不同。

只有在对于数系的有序性或"有理性"有一些信心时,才可能进行成功的研究。爱因斯坦说过:"上帝是精明的,但不是恶意的。"为了相信自己能理解宇宙,物理学家需要这种信念。试图了解自己关于数和形的精神世界的数学家们也需要这种信念。或许这就是丢东涅在称实在论为"便利的"时所意味着的东西。它不仅仅是便利的,它是必不可少的。

在这个讨论中有一点值得注意,就是从构造主义或形式主义的观点看来,它是毫无意义的。构造主义者说,只有当构造性证明以这种或那种方式给出时,才能判断黎曼假设的真假。脱离开证明来讨论它是否已真或假是没有任何意义的。形式主义者说,黎曼假设除了作为一个猜想,即某一命题能从某些公理推导出来之外,没有任何意义。他们也认为,离开已证明或证伪的东西,数学中的真假是无从接受的。

有趣的问题是,在这样一个背景上,为什么我们仍然感到需要证明呢? 如果未来的证明长到 200 页或 300 页,充满费力的计算,甚至最有耐力的人也不免有时迷路,是什么使我们对它额外地确信呢?

看来很清楚的是,我们之所以需要证明,是因为我们确信自然数的所有性质都能从一组公理推演出来。如果某种东西是真的,而我们却不能以这种方式推演出来,就表明我们的理解有缺陷。换言之,我们相信证明是理解黎曼假设何以为真的途径,这比只是通过令人信服的启发式推理而知道它为真是更有意义的。

然而这样说来,如果一个证明十分复杂和不清楚,以致不能使事情明白显示,那就无法达到这个目的。

为什么我们仍然需要证明,甚至是一个令人失望的复杂而又表达不清楚的证明呢? 假定一个证明要用 500 页写出,如何肯定这个证明是正确的呢? 假如有足够数量的专家来确定,我们应该因为我们现在肯定知道黎曼假设为真而喜出望外吗?

然而,或许证明有另一个目的,即作为数学家的持久力和创造性的检验根据。我们赞美珠穆朗玛峰的征服者,不是因为珠峰的顶端是我们想去的地方,只是因为那里非常难于到达而已。

进一步的阅读材料,见参考文献:H.Edwards;I.J.Good and R.F.Churchhouse;E.Grosswald;M.Kac;G.Pólya[1954];D.Zagier.

8.2　π 和 $\hat{\pi}$

我们在数论中已经看到,可以有如此强的启发式证明,以至在没有严格证明的条件下也有说服力。这是哲学所必须接受的一般数学经验。事实上,在这方面数论还远不够典型。

在大多数数学领域,人们处理的对象比在数论中复杂得多。通过具体实例检验一个猜想常常十分困难,或者不可能。甚至展示人们正在考察的那种结构的一个不平凡的例子,也会是一项重要成就;或者人们想证明的那种断言会具有难于或不可能通过计算加以检验的性质,即使在特例中也是如此。例如,在集合论和泛函分析中,事实就是如此。

然而,即使在这些领域中,先假定一种客观实在,然后再去确定它的真理性,无论对于研究人员还是学生,都是不可避免的。

我们不想使用更抽象的研究领域的例子来谈论这种情况,这里要展示的是布劳威尔的一个著名例子,这个例子与实数系的"三分律"有关:每个实数或为正,或为负,或为零。布劳威尔断言他的例子是三分律的**反例**,他给出一个实数,并断言它既非正数也非负数,又非零。大多数数学家看到这个例子时,极力否认布劳威尔的结论。他们说他的数**是**或正或负或零,只是我们不知道它是什么。

我们在这里展示这个例子时,也将对构造主义做稍详细的说明。然而我们的主要动机是进一步说明柏拉图主义思想,它体现在一般的(非构造主义的)数学所理解的实数系的结构本身之中。由于难以想象不从根本上依赖于实数的任何数学分支,这就表明柏拉图主义同今天进行的大多数数学实践有本质联系。

为了给出布劳威尔的反例,我们从 π 开始,然后用 π 的十进制展开式来定义与它相关的第二个实数,我们称之为 $\hat{\pi}$(读 pi-hat)。我们的 $\hat{\pi}$ 的定义包含大量随意性,有很多其他构造能给出同样的基本结果。我们也可以不从 π 开始,而代之以 $\sqrt{2}$ 或任何其他熟悉的无理数。所要求的只是:①像对于 π 一样,我们有一个确定的计算程序("算法"),能给出我们希望多少项就有多少项的十进制展开式。②这个十进制展开式的某些性质。例如,其中出现一排 100 个连续的零,据我们所知是"偶然的"。就是说我们不知道有任何理由说明为什么这个性质是 π 的定义所排除的或所需要的。要确定 π 的展开式中是否哪个地方有一排 100 个连续的零,除非实际将 π 展开并进行观察,此外没有别的办法。就至今已算出的 π 值而言,没有这样的一排零。如果我们把展开式推进到 10 亿位,发现其中有一排 100 个零,那么当然事情就解决了(如果我们完全信任我们计算的正确性)。反之,如果在我们算出的展开式中找不到 100 个零,我们仍旧不比先前更聪明;关于第二个 10 亿位,我们什么也不知道。即使在我们算出的展开式中有连续 100 个零,我们也可以把问题转换为例如连续 1 000 个 9 之类的问题,这仍然是一个未决的问题。要点在于有而且将来也总是有这一类关于 π 的简单问题,我们永远没有希望得到它们的答案。(直到 5 000 位小数的 π 值见下表)。

π 的前 5 000 位

3.

1415926535	8979323846	2643383279	5028841971	6939937510	5820974944	5923078164	0628620899	8628034825	3421170679
8214808651	3282306647	0938446095	5058223172	5359408128	4811174502	8410270193	8521105559	6446229489	5493038196
4428810975	6659334461	2847564823	3786783165	2712019091	4564856692	3460348610	4543266482	1339360726	0249141273
7245870066	0631558817	4881520920	9628292540	9171536436	7892590360	0113305305	4882046652	1384146951	9415116094
3305727036	5759591953	0921861173	8193261179	3105118548	0744623799	6274956735	1885752724	8912279381	8301194912
9833673362	4406566430	8602139494	6395224737	1907021798	6094370277	0539217176	2931767523	8467481846	7669405132
0005681271	4526356082	7785771342	7577896091	7363717872	1468440901	2249534301	4654958537	1050792279	6892589235
4201995611	2129021960	8640344181	5981362977	4771309960	5187072113	4999999837	2978049951	0597317328	1609631859
5024459455	3469083026	4252230825	3344685035	2619311881	7101000313	7838752886	5875332083	8142061717	7669147303
5982534904	2875546873	1159562863	8823537875	9375195778	1857780532	1712268066	1300192787	6611195909	2164201989
3809525720	1065485863	2788659361	5338182796	8230301952	0353018529	6899577362	2599413891	2497217752	8347913151
5574857242	4541506959	5082953311	6861727855	8890750983	8175463746	4939319255	0604009277	0167113900	9848824012
8583616035	6370766010	4710181942	9555961989	4676783744	9448255379	7747268471	0404753464	6208046684	2590694912
9331367702	8989152104	7521620569	6602405803	8150193511	2533824300	3558764024	7496473263	9141992726	0426992279
6782354781	6360093417	2164121992	4586315030	2861829745	5570674983	8505494588	5869269956	9092721079	7509302955
3211653449	8720275596	0236480665	4991198818	3479775356	6369807426	5425278625	5181841757	4672890977	7727938000
8164706001	6145249192	1732172147	7235014144	1973568548	1613611573	5255213347	5741849468	4385233239	0739414333
4547762416	8625189835	6948556209	9219222184	2725502542	5688767179	0494601653	4668049886	2723279178	6085784383
8279679766	8145410095	3883786360	9506800642	2512520511	7392984896	0841284886	2694560424	1965285022	2106611863
0674427862	2039194945	0471237137	8696095636	4371917287	4677646575	7396241389	0865832645	9958133904	7802759009
9465764078	9512694683	9835259570	9825822620	5224894077	2671947826	8482601476	9909026401	3639443745	5305068203
4962524517	4939965143	1429809190	6592509372	2169646151	5709858387	4105978859	5977297549	8930161753	9284681382
6868386894	2774155991	8559252459	5395943104	9972524680	8459872736	4469584865	3836736222	6260991246	0805124388
4390451244	1365497627	8079771569	1435997700	1296160894	4169486855	5848406353	4220722258	2848864815	8456028506
0168427394	5226746767	8895252138	5225499546	6672782398	6456596116	3548862305	7745649803	5593634568	1743241125
1507606947	9451096596	0940252288	7971089314	5669136867	2287489405	6010150330	8617928680	9208747609	1782493858
9009714909	6759852613	6554978189	3129784821	6829989487	2265880485	7564014270	4775551323	7964145152	3746234364
5428584447	9526586782	1051141354	7357395231	1342716610	2135969536	2314429524	8493718711	0145765403	5902799344
0374200731	0578539062	1983874478	0847848968	3321445713	8687519435	0643021845	3191048481	0053706146	8067491927
8191197939	9520614196	6342875444	0643745123	7181921799	9839101591	9561814675	1426912397	4894090718	6494231961
5679452080	9514655022	5231603881	9301420937	6213785595	6638937787	0830390697	9207734672	2182562599	6615014215
0306803844	7734549202	6054146659	2520149744	2850732518	6660021324	3408819071	0486331734	6496514539	0579626856
1005508106	6587969981	6357473638	4052571459	1028970641	4011097120	6280439039	7595156771	5770042033	7869936007
2305587631	7635942187	3125147120	5329281918	2618612586	7321579198	4148488291	6447060957	5270695722	0917567116
7229109816	9091528017	3506712748	5832228718	3520935396	5725121083	5791513698	8209144421	0067510334	6711031412
6711136990	8658516398	3150197016	5151168517	1437657618	3515565088	4909989859	9823873455	2833163550	7647918535
8932261854	8963213293	3089857064	2046752590	7091548141	6549859461	6371802709	8199430992	4488957571	2828905923
2332609729	9712084433	5732654893	8239119325	9746366730	5836041428	1388303203	8249037589	8524374417	0291327656
1809377344	4030707469	2112019130	2033038019	7621101100	4492932151	6084244485	9637669838	9522868478	3123552658
2131449576	8572624334	4189303968	6426243410	7732269780	2807318915	4411010446	8232527162	0105265227	2111660396
6655730925	4711055785	3763466820	6531098965	2691862056	4769312570	5863566201	8558100729	3606598764	8611791045
3348850346	1136576867	5324944166	8039626579	7877185560	8455296541	2665408530	6143444318	5867697514	5661406800
7002378776	5913440171	2749470420	5622305389	9456131407	1127000407	8547332699	3908145466	4645880797	2708266830
6343285878	5698305235	8089330657	5740679545	7163775254	2021149557	6158140025	0126228594	1302164715	5097925923
0990796547	3761255176	5675135751	7829666454	7791745011	2996148903	0463994713	2962107340	4375189573	5961458901
9389713111	7904297828	5647503203	1986915140	2870808599	0480109412	1472213179	4764777262	2414254854	5403321571
8530614228	8137585043	0633217518	2979866223	7172159160	7716692547	4873898665	4949450114	6540628433	6639379003
9769265672	1463853067	3609657120	9180763832	7166416274	8888007869	2560290228	4721040317	2118608204	1900042296
6171196377	9213375751	1495950156	6049631862	9472654736	4252308177	0367515906	7350235072	8354056704	0386743513
6222247715	8915049530	9844489333	0963408780	7693259939	7805419341	4473774418	4263129860	8099888687	4132604721

令 P 表示这个命题："在 π 的十进制展开式中,终于出现一排 100 个连续的零。"令 $\overline{P}$ 表示相反命题:"在 π 的十进制展开式中,无论哪里都不出现一排 100 个连续的零。""非 P 即 $\overline{P}$"这个命题是真命题吗?

大多数数学家会回答"是"。事实上,"排中律"需要"是"。我们只是问 P 是否非真即假,排中律则说每个命题都非真即假。

构造主义者不同意这种观点。他指出排中律不适用于这种情况。因为他把"π 的展开式"看作一种神秘的怪物。相信或 P 或 $\overline{P}$ 为真这种信念,来自把已经存在的 π 展开式作为完成了的对象这一错误概念。但这是假的。所有存在的东西,或我们知道如何去构造的东西,只是这个展开式的有限部分。

这种论证似乎有些神学味道。这有什么要紧呢?

它是要紧的。要使数学家放弃他的相信 π 的展开式的存在、相信非 P 即 $\overline{P}$ 为真这一柏拉图式的信念,就需要重新构造全部数学分析。通过三分律的例子已说明了这一点。我们通过给出一个规则来定义数 $\hat{\pi}$。按照这个规则,要算出 $\hat{\pi}$ 的十进制展开式的前一千位、前一百万位、前一千亿位数字。所谓"定义"一个实数的意义全在于此。

$\hat{\pi}$ 将会看上去非常像 π。事实上,二者在小数点后面前一百位、前一千位,甚至前一万位上是相同的。我们的规则是:把 π 展开到我们发现有一排 100 个连续的零(或直到我们已超过对 $\hat{\pi}$ 所希望的精密度,无论哪个在先)。在达到这最先出现的 100 个连续的零为止。$\hat{\pi}$ 的展开式与 π 的展开式是同一的。假定最先出现的 100 个连续的零开始于第 n 位数字。如果 n 是奇数,令 $\hat{\pi}$ 终止于第 n 位。如果 n 是偶数,令 $\hat{\pi}$ 的第 $n+1$ 位数是 1,然后终止。

应该注意,我们现在并不知道,大概永远也不会知道,是否存在 n 这样的数。如果我们在 π 中永远找不到 100 个连续的零的序列,那么我们将永远不会有 n 的值。然而,我们构造 $\hat{\pi}$ 的方法是完全确定的,我们对它的十进制位数的了解同 π 一样多。我们也知道,当且仅当 π 不包含 100 个零的序列时,$\hat{\pi}=\pi$。如果 π 包含这样一个序列,它开始于展开式中的偶数位,那么 $\hat{\pi}$ 大于 π;如果它开始于奇数位,那么 $\hat{\pi}$ 小于 π。

现在让我们来计算一下,不是算 π 而是算差值 $\hat{\pi}-\pi$。称这个差为 Q。Q 是正数、负数还是零呢?

如果我们试图用一台计算机来计算 π 的展开式以求得结果,那么除非找到一排 100 个连续的零,否则我们不会得到任何答案。如果我们的机器运转一千年,一直找不到 100 个连续的零,我们仍旧不知道 Q 是正数、负数还是零。而且,我们没有任何理由认为我们已有所进步,或比开始时更接近答案。

在这种情况下,对于所谓"三分律",即"每个数或为零,或为正,或为负"这一标准数学的基本规律,我们能赋予什么意义呢? 很明显,在我们说 Q 是或正,或负,或零时,没有考虑我们对它一无所知这个事实。从字面意义来看,三分律只是断言这三个命题中必定有一个为真,完全不管是否有什么办法,即使是在原则上,能够确定哪一个为真。

构造主义者断言三个命题中没有一个是真的。只有当有人确定这三个命题中哪个为真时,Q 才将是零、正数或负数。在这之前三者都不是。因此,数学真理是取决于时间的,并且是**主观**的,尽管它不依赖于任何个别的生存着的数学家的意识。

他们的评论带来的主要冲击是,指出任何基于复合命题"$Q>0$ 或 $Q=0$ 或 $Q<0$"的结论是不可证实的。更一般地说,任何基于有关无限集的推理的结论,如果依赖于每个命题非真即假的原理,即排中律,那就是有缺陷的。像上面这个例子所表明的,一个命题在构造意义上完全可以既不真又不假。就是说,没有人能用任何方法表明它非真即假。

标准的数学家发现这个论证并不可信而是讨厌的。他并不打算放弃三分律而采用一种能得到构造性证明的更精密的说法。他也不想承认他的数学实践和教学依赖于柏拉图主义的本体论。他既不为柏拉图主义辩护,也不重新考虑它。他采取了鸵鸟战略,假装什么事也没有发生。

近年来,沿着构造主义途径重新构造分析学的主要努力,是由毕肖普(Bishop)做出的。毕肖普在转向构造主义之前,以经典分析方面的重要工作著名。他吸引了一群追随者。他像布劳威尔一样,认为大部分标准数学是没有意义的游戏。但是在用实例表明如何能按在构造上有意义的方式改造数学方面,他远远超过布劳威尔。

大多数数学家用冷漠或敌视来回答他的工作。非构造主义的大多数人应该能做得更好一些。我们在陈述自己的哲学观点时,应该能和构造主义陈述他们的观点同样清楚,我们有权更喜爱自己的观点,但我们必须老老实实认识到它是什么。

这里给出的对构造主义的说明是常规的,是从普通的或经典的数学观点出发来陈述的。

这意味着从构造主义者的观点出发,不能接受这种说明。在他看来,经典数学是神话和真实的混合物。他宁愿不要神话,根据他的观点,经典数学恰恰表现为离开正路,构造主义才是对参与接受神话的一种拒绝。

斯托尔岑伯格(Stoltzenberg)曾经一丝不苟地仔细分析过,经典数学家们未说出的假定,如何使构造主义观点难以被他们理解。这篇文章是为有哲学头脑的读者写的,并不需要数学的准备知识。

进一步的阅读材料,见参考文献:E. Bishop[1967];N. Kopell and G. Stolzenberg;G. Stolzenberg.

8.3 数学模型、计算机和柏拉图主义

下一个例子,我们考察一个非常典型的情况,在应用数学中几乎是一种标准情况。

一个数学家对某个微分方程的解有兴趣。他知道这个解 $u(t)$"存在",因为标准的微分方程"存在定理"包括他的问题。

知道了这个解的存在,他着手尽其所能多找到一些关于它的信息。例如,假定他的

一般定理告诉他函数 $u(t)$ 对于所有 $t \geqslant 0$ 是单值存在的。他的目的就是尽可能准确地用表列出函数 $u(t)$ 的值，特别是当 t 接近于零或非常大（或如他所说，接近无穷大）时的值。

当 t 接近于零时，他用了叫作"泰勒级数"的东西。他知道 t 很小时这个级数收敛于方程的解的严格证明。然而，他没有办法证明他必须取级数的多少项才能获得所希望的准确度，比如说在精确值的一百万分之一以内。他增加级数的项，直到发现再增加更多的项总和不变。这时他停下来，他是被常识而不是被严格的逻辑所指引的。他不能证明所略去的高阶项事实上是可以略去的。另一方面他不得不终于停下来。就是说，他缺少一个完全严格的论证，而用似真的论证做出了这个决定。

对于中等程度的、既不很大又不很小的 t，他用递归方法计算 $u(t)$，即用一系列代数方程取代微分方程。他对结果的准确度有充分信心，因为他用的是所有可用的解微分方程的方案中最先进的方案。它已被改进和检验多年，并且在全世界的科学实验室里得到应用。然而，不存在严格的逻辑证明表明他从机器获得的数字是正确的。首先，计算的算法是程序的核心，但是不能保证在所有情况下都起作用，而只能保证在所有"合理"情况下起作用。就是说，证实这个算法的作用的证明，首先假定这个解具有某些"正常地"呈现在"通常被提出的问题"中的、合乎需要的性质。但这一点没有任何**保证**，如果有一个反常的问题，将会怎么样？这个反常性通常由计算中止显示出来。由于数字"爆炸"，即变得太大，以致程序不能处理，于是程序停止进行并对操作者发出警告。毫无疑问，某些足够精明的人将造一个微分方程，使这个特殊程序给出它的看上去合理的错误答案。

此外，即使在我们的例子中这个算法被严格证明为可靠的，实际上的机器计算既涉及软件又涉及硬件。"软件"意味着计算机程序，以及一整套使我们可以把写程序用的纸从一千页减到十页的过程控制系统。"硬件"意味着机器本身，晶体管、存储器和线路等。

软件本身是一种数学。人们可以要求对软件被期望做什么就做什么给予严格证明。计算机科学中甚至发展着一个提供"程序的证明"的领域。像人们可以料想的那样，产生一个程序的正确性证明所需要的时间，比产生这个程序本身的时间长得多。对于在大尺度科学规划中使用的庞大汇编程序来说，正确性证明的出现是遥遥无期的。如果有一天它们出现了，也难以想象谁能去读这些证明，并检查它们的正确性。同时，汇编程序是被毫不犹豫地使用的。为什么？因为它们是那些竭力使它们正确工作的人们创造出来的。因为它们已被使用多年，人们推测大多数错误已有时间被检查出来和纠正过了。人们希望余留下来的错误没有害处。如要人们需要特别小心，可以使用两个不同系统的程序和两台不同的机器，进行两次计算。

至于硬件，它通常是正常工作的。人们假定它是高度可靠的，任何一个部分失灵的概率是可以略去不计的（**但不是零！**）。当然，在很多很多部件中，可能有几个会失灵，如果出现这种情况，会使计算受到影响。人们期望这种严重的不正常能被发觉，以便停机修理。但所有这些只是可能的事情，不是肯定会发生的。

最后，当 t 很大，"接近无穷大"时，函数 $u(t)$ 会怎么样呢？用机器递归地计算，我们能达到 t 的某个很大的值，但无论多么大，它仍然是有限的。为令 t 达到无穷大，以结束

对 $u(t)$ 的研究,有可能用一些特殊的计算方法,即所谓"渐近法",这些方法的准确度随着 t 的变大而增高。有时这些方法能被严格地证实,但它们常被用在缺少这种严格证明的情况下,以一般经验为基础,靠眼力来鉴别那些结果是否"看来合理"。

如果渐近计算可以用两种不同方法进行且结果一致,这个结果就被认为是几乎确定的,即使两个方法都没有在严格数学意义上被证明为正确。

现在,从形式主义者(我们想象中的那种严格的极端的形式主义者)的观点看,上面整个过程是毫无意义的。至少,它不是数学,也许我们称它为木工或管工手艺还过得去。因为没有公理,没有定理,只有以零零碎碎的论证为基础的"盲目计算",所以我们的形式主义者如果忠实于他的哲学,只能对这种所谓应用数学的愚蠢而无意义的工作报以怜悯的微笑。

(我们必须当心这里文字上的陷阱,这是由形式主义一词的双重意义造成的。在数学内部,形式主义常常意味着没有误差估计或收敛证明而进行的计算。在这个意义上,应用数学中所用的数值的和渐近的方法都是形式的。但是在哲学范围内,形式主义意味着把数学归结为从公理出发的,不考虑意义的形式演绎。)

从哲学上看,应用数学家是不加批判的柏拉图主义者。他认为,存在着函数 $u(t)$,并且他有权用他想到的任何方法尽可能多学到一些有关它的东西,这都是理所当然的。如果有人要他解释,它在哪里存在或如何存在,他会感到困惑,但他知道所做的事是有意义的。它有一种内在的条理性,并且与数学和工程的许多方面相互联系。如果他试图用某种方法计算的函数 $u(t)$ 并不先于并且独立于他的计算而存在,那么他要计算它的整个计划是毫无意义的,恰如试图在降神会上给神媒放射的物质拍照一样。

在很多事例中,他求解的微分方程被提出作为某种物理状态的模型。那么当然它的效用或有效性的最终检验,取决于它对物理问题的预见或解释价值。因此,人们必须比较这两种**各有其自己的客观性质的实体**,一个是在我们的例子中通过微分方程给出的数学模型,另一个是物理模型。

物理模型并不完全对应于实际的物理对象,即一个在特定时间和地点可观察的事物。它是一种理想化或简单化。在任何特定时间和地点,可以要求进行的有无穷多种不同的观察或测量。在某一特定时间和地点发生的事情总能与在另一时间和地点发生的事情相区别。为了发展一个**理论**,即一种具有某种普遍适用性的理解,物理学家选出少数特征作为"状态变量",用来表示真实的无限复杂的物理对象。他用这种方法创造了物理模型,即已对物理实体加以简化的事物。作为物理理论的一部分,这个物理模型被相信或推测要遵从某些数学规律。于是这些规律或方程要规定某些数学对象,即数学方程的解,而这些解就是**数学模型**。人们最初写出的数学模型,时常太复杂而不能提供有用的信息,因此人们进行某些简化,"略去方程中一些很小的项",最终获得一个简化的数学模型,它被希望(有时人们甚至能证明它!)在某种意义上接近最初的数学模型。

无论如何,人们必须最终确定,数学模型是否给出了物理模型的一个可接受的描述。为此,每个模型都必须作为具有它自己的性质的不同实体加以研究。正如我们所指出的,对于数学模型的研究应尽可能地应用严格的数学,应用不那么严格的或形式①的数学,应用各种类型的机器计算——模拟、舍位、离散化。

物理模型可在实验室里研究,如果它有可能在实验室条件下得到发展的话。或者如果自然界有它的某种近似物,比如在行星际等离子体中或在大西洋深处的海槽里,只要有最近似的条件,都可对它进行研究。或者还可用计算机模拟,只要我们设想能充分告诉机器有关物理模型行为的情况。如果这样,我们实际上就是比较着两种不同的数学模型。

关键在于,关于我们的数学模型是完全规定了的对象的柏拉图式的假定,看来是必不可少的,如果整个应用数学规划要有任何意义的话。

进一步的阅读材料,见参考文献:R.DeMillo,R.Lipton and A.J.Perlls;F.Brooks,Jr.

8.4   为什么我应当相信计算机

1976 年,一个罕见的事情发生了。《纽约时报》新闻专栏竟报道了纯粹数学中一个定理的证明。这就是阿佩尔(Appel)和黑肯(Haken)证明了"四色猜想"。这个事件值得报道有两个理由。首先,"四色猜想"是一个著名的问题,对它的研究历时一百多年,其间有过许多不成功的尝试,现在它终于被证明了。其次,证明的方法本身也值得报道。这证明的主要部分由计算机计算组成。就是说,发表的证明包含计算机程序和依照这些程序计算后输出的结果。用来实施这些程序的中间步骤当然没有发表,在这个意义上,发表的证明永久地是并且在原则上是不完全的。

四色问题是要证明平面或球面上的地图至多用四种不同颜色就能绘成。唯一的要求是具有公共边界的两个国家不能用同一种颜色。如果两个国家仅在某一点接壤(就像美国的犹他州和新墨西哥州那样),则可用同一种颜色。每个国家可以有任何形状,但必须是由单一的连通区域所构成的。

人们一定很早就注意到四种颜色已经够用,它作为数学猜想则最先是在 1852 年由格思里(Guthrie)提出来的。1878 年,著名英国数学家凯莱(Cayley)把它作为一个难题向伦敦数学会提出,不到一年,一位伦敦律师和伦敦数学会会员肯普(Kempe)发表一篇论文宣称要证明这个猜想。

肯普试图使用归谬法。为解释他的论证,只要考察"正规的"地图就足够了。一个正规地图要求在一点相遇的地区不多于三个,任一地区都不被另一地区完全包围。每个地图都能同一个至少需要同样多颜色的正规地图相联系。只要证明四色猜想对正规地图成立就可以了。

肯普正确地证明,在任一正规地图中,至少有一个地区有五个以下的邻域。这意味着下面四个构形之一必定出现在任何正规的圆中:这四个图表示一个地区有 2,3,4,5 个

---

①   "形式"系原文,可能是"非形式"之误。——译者注

邻域的四种可能情况。用来描述这四种情况中至少有一种必然发生这一事实的说法是：这个构形集合是不可避免的。

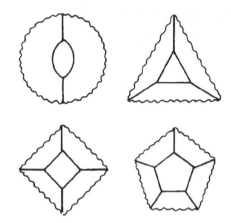

肯普试图表明在每种情况下，人们怎样能构造一个着五种颜色的、国家数较少的新地图。如果这种构造能实现，就说给出的构形是可归约的。于是肯普的证明的想法就是展示一个"不可避免"的"可归约"构形集合。这样一来，归谬法就是可行的了。因为这时我们能得出结论：任给一张五色地图，人们可由此构造一张有较少区域的新的五色地图。在有限步骤内，我们可获得少于五个区域的五色地图，这肯定是荒谬的。

遗憾的是，肯普的可归约论证在一个地区有五个邻域的情况下是不正确的。1890 年希伍德（Heawood）指出了这个错误。从 1890 年到 1976 年，四色猜想是著名的未解决数学难题之一。

最后，阿佩尔和黑肯的证明又使用了同样的想法，即展示一个不可避免的可归约构形集合。但是不可避免集合所包含的不是肯普的证明中的四个简单构形，而是几千个构形，其中的大多数构形如此复杂，以至可归约性的证明只有使用高速计算机才是可能的。

计算机在这种情形中的应用，在原理上完全不同于我们已描述过的在应用数学和数论中的那些应用。

在应用数学中，当理论不能给我们以精确答案时，可用计算机算出一个近似答案。我们可以试图用理论证明计算机的结果在某种意义上接近精确答案。但理论绝不依靠计算机得到它的结论。理论的和机械的这两种方法，倒好像对同一对象的两种不同观点，问题是使它们协调起来。

在研究质数分布或类似的数论问题时，可用计算机产生数据。通过研究这些数据，数学家能够构造诸如质数定理这样的猜想。当然，数学家乐于证明这一猜想，如果不能证明，他至少可以再次使用计算机进行**检查**，通过研究另一个自然数系的例子，看他的猜想的预期结果是否被证实。

在这两种情形中，证明的数学严格性始终未被机器玷污。在第一种情形中，对于应用数学家来说，机器是居第二位的，是在理论无法进入的领域中使用的替代物。在第二种情形中，对于数论学家而言，机器是富有启发性的助手。它可以帮助我们确定什么东西可信，甚至相信它到如何强烈的程度，但仍旧不能影响有待证明的东西。

在黑肯和阿佩尔的四色定理中,情况是完全不同的。他们是把自己的工作作为确定的、完全的、严格的证明提出来的。由于这个原因,他们得到的复杂的、有争议的反应,使我们对哲学家和数学家想象中的"严格证明"这一概念的意义,获得了不同寻常的见识。

在《哲学杂志》(*Journal of Philosophy*)1979 年 2 月号上,蒂莫兹科(Tymoczko)分析了黑肯和阿佩尔的工作的哲学意义。他写道:

> 如果我们把四色定理作为一个定理接受下来,就必须改变"定理"的含义,或更进一步,改变更根本的"证明"概念的含义。

在哲学家看来,使计算机的应用成为数学证明的基本部分,将会减弱证明的标准。它给怀疑论以可乘之机,从根本上改变了以前要求含有在任何阶段不为怀疑论留余地的无可置疑的结论的状况。

阿佩尔和黑肯写道:

> 人们可以用一两个月时间仔细检查执行程序中不包含可归约计算的部分,但似乎不可能用于检查可归约计算本身。实际上,作为我们工作成果的论文的鉴定人,用我们的全部记录去检查执行程序,但他们用独立的计算机程序去检查可归约计算的正确性。

因此,不能否认接受黑肯-阿佩尔定理包含着信任成分。即使我阅读和检查了他们写的每一行字,我仍然必须相信计算机计算事实上完成了要它们完成的事情。因此我对四色定理证明的信任,不仅依赖于我对自己理解和检验数学推理的能力的信任,也依赖于我对计算机做了要它们做的事情的信任。这是一种完全不同程度上的信任。这种信任并不比对"常识"的真实性和可依赖性的信任有更多的根据。"常识"是众所周知的事情。我相信常识是因为我接受"众所周知的东西"。

这样一来,数学知识就被归结到常识层次。但常识并不要求基于严格证明或用演绎推理的确实性来证实它。因此黑肯-阿佩尔证明对计算机的依赖涉及牺牲数学确实性的一个基本方面,把它降低到普通知识的一般水平,普通知识要受制于某种可能的怀疑论,而数学知识一向是免于怀疑的。这就招致了哲学家的批评。

然而,数学家在这件事情上有完全不同的见解。数学家中少数对计算机有好感的人,对这种用来解四色问题的艺术感兴趣并且很欣赏,而且实际上成功地把它用到计算机上去。对于他们来说,黑肯-阿佩尔定理是一种鼓舞和支持。但是,大多数数学家的反应是很不一样的。当我听到四色定理已被证明时,我的最初反应是"太妙了! 他们是怎么干的?"我期望某些卓越的新见解,期望在证明的核心有一个观念,它的美会改变我们的时代。但当我得到回答,说"他们把它分解为成千上万种情况,然后依次全都上机",我感到失望了。我随后的反应是:"如果证明就是这样的话,这毕竟不是一个好的问题。"

这种反应肯定是一个口味问题。在这件事情上,我的口味大概属于过去的时代。将来的一代数学家或许会在这种最初被莱默(Lehmer)获得,现在又被黑肯和阿佩尔提到新高度的计算机证明中发现美学乐趣。但这种问题与我们是否喜欢这种证明有关,与我们是否体会到这种证明带来的见识、欢悦和满足,或得到我们认为一个好的证明应带给我们的东西有关。

哲学家的反对理由是完全不同的。在他看来,确实性程度的降低违背了他所理解的数学的本质。

对数学家来说,哲学家的反对理由过于天真和理想化,可以说是不成熟的,容易上当的。

事实上,黑肯教授在一次接受记者采访时,特别否认他和阿佩尔对计算机的使用涉及数学证明概念的任何改变。他说:

> 沿着这条思路,任何人在任何地方都能补充细节并检查它们。计算机能在几小时之内经历比人的一生所能经历的更多的细节,这一事实并没有改变数学证明的基本概念。改变的不是数学的理论而是实践。

对哲学家来说,依赖机器可靠性的证明和只依赖人的推理的证明是完全不同的。对数学家来说,推理的易谬性是生活中的常事,因此他欢迎计算机作为比他自己更可靠的计算者。

阿佩尔和黑肯在一篇说明他们工作的文章中写道:

> 大多数在快速计算机发展之前受教育的数学家,常常不把计算机看作可与其他较老和较理论性的工具一起用来推进数学知识的常规工具。因此他们在直觉上感到,包含一些不能用手算确证的部分的论证是基础不大牢固的。有一种趋势认为,由独立的计算机程序来证实计算机结果,并不像独立地用手工检查按标准方式完成的定理证明一样肯定正确。

> 这种观点对于那些具有中等长度和高度理论性的证明的定理来说是合理的。当证明很长,又大量涉及复杂计算时,可以认为即使可能用手工检查,人为误差的概率也大大超过机器误差的概率。

人为误差的概率甚至在我们生产出计算机之前就存在了!我们所能做的只是努力把它降到最低限度。如果一个证明足够长,足够复杂,那就总存在怀疑它的正确性的余地。使用计算机并没有消除人为误差,因为计算机本身也是一个人造物。

在 1971 年的《数学学报》(*Acta Mathematica*)上发表,并为马宁(Manin)的教科书《数理逻辑导论》(*Introduction to Mathematical Logic*)所引用的一篇文章中,斯温纳顿-戴尔(Swinnerton-Dyer)使用计算机计算齐次线性形式研究中出现的某个行列式的值,斯温纳顿-戴尔做出下述评论:

> 当一个定理借助计算机已被证明时,不可能按照传统检验的要求解释这个证明,就是说使一个充分有耐心的读者能做完这个证明并证实它是正确的。即使人们印出所有程序和全部数据(在这一情形中大约要占满四十页),也不能保证数据带未被误打或误读。况且,各种现代计算机的硬件和软件都有隐蔽的

毛病(这些毛病不大造成误差,因此很多年都不能发觉),每台计算机都难免有一时的故障。这种误差很罕见,但或许有几个就发生在这里报告的计算过程中。

这意味着计算结果应放弃吗? 完全不。他继续写道:

> 然而,这种计算实际上相当于大海里捞针。几乎全部计算都涉及事实上没有针的部分。计算中有误差的部分也不会影响最终结果。尽管有可能存在误差,我认为几乎可以肯定容许 $\Delta \leqslant 17$ 的表是足够的。无穷多的容许 $\Delta \leqslant 17$ 竟被忽略,这倒是不可思议的。

他的结论是:

> 然而,确证这些结果的唯一方式(如果被认为值得的话),是用另一台不同的机器完全独立地解这个问题。这同大多数实验科学的情形完全一样。

进一步的阅读材料,见参考文献:K.Appel and W.Haken;Y.I.Manin;T.Tymoczko。

8.5 有限单群的分类

现在我们转向现代数学中另一个繁盛的分支,在这里**已被证明**这个词的意义与逻辑教科书中的解释似乎稍有不同。这个分支就是有限单群理论(见第 5 章)。有限单群的分类是代数中的主要问题,它近年来取得了戏剧性的进展。这个课题有两个方面使那些并非专门家的数学家对它特别感兴趣。令人感兴趣的一个方面是一系列"魔群"的发现。它们是单群,以前人们完全不知道它们的存在,1966 年杨科(Janko)发现了第一个魔群,从此零散群的现代理论就发展起来了。"这些以平均每年一个的速度被发现的奇怪对象的存在,展现了这个学科的丰富,给有限单群的性质带来了神秘气氛"[戈伦斯坦(Gorenstein),《美国数学会公报》(*Bull. Amer. Math. Soc.*),1979 年 1 月]。

杨科的群有 175 560 个元素,在他之后又发现了二十多个魔群,发现者的名字和群的大小可以在戈伦斯坦的文章里找到。其中最大的是"费歇耳魔群",它的阶是 $2^{46} \cdot 3^{20} \cdot 5^9 \cdot 7^6 \cdot 11^2 \cdot 13^3 \cdot 17 \cdot 19 \cdot 23 \cdot 29 \cdot 31 \cdot 41 \cdot 47 \cdot 59 \cdot 71$(近似 8×10^{53})。

实际上,在戈伦斯坦的文章发表时,这个群的存在尚未被证明,但是据说它的存在有"压倒一切的证据"。

有限单群方面的工作者现在相信他们实际上已完成了全部有限单群的分类。在这项工作中出现的方法论问题,同斯温纳顿-戴尔就他的计算机计算讨论过的并在前面提到过的那些问题极为类似。

> 说现在所有有限单群的判定非常接近于完成,这样一种断言如果不是没有意义,也显然是自以为是的,因为人们不说定理"几乎已被证明"。但最终断言有限单群分类的定理,与数学史上任何其他定理都不一样。因为当获得完全的证明时,它的长度将远远超过 5000 页杂志篇幅! 况且,非常可能的是,现在

这些书页的 80% 以上不是在印刷中就是准备印刷。

——戈伦斯坦

对于斯温纳顿-戴尔来说,一个证明的传统检验,就是有充分耐心的读者能做完它并证实它是正确的。如果证明的长度达到几千页,有充分耐心的读者就难找到了。我们或许要安排一个耐心读者的队伍,并希望不要因队伍成员之间的通信问题而造成谬误。

造成麻烦的不只是证明的长度,还有准确度方面的问题。

在目前情况下对"证明"的意义谨慎措辞是适当的。因为展示几百页绝对精确的经严密推理的论证,似乎超出了人类的能力。我这里不是说不可避免的印刷错误,也不是说证明的总体上的概念基础,而只是说你的"局部"论证不很正确——是一个错误或其中有漏洞。它们几乎总能就地修补,但是这种"暂时"错误的存在至少可以说是令人难堪的。实际上,它们带来下述基本问题:如果论证时常就是由此开始,人们如何保证这个"筛子"没有漏掉导致另一个单群的构形呢? 遗憾的是,没有任何保证——人们必须生活在这种现实中。然而,存在一种流行的感觉:在过去十五年间有多么多人从事单群研究,而且他们的观点常常如此不同,以至每种有意义的构形经常会呈现出来,不会长久不被注意。另一方面,它明显指出连续复查已存在的"证明"的强烈需要。当最后的单群分类已被公布,向更富饶领地的出走已经发生时,这一点将尤其重要。一些忠实者必须留下来改进"文本"。这将是"分类后"时代的首要任务之一。

——戈伦斯坦

做"手工"证明同做计算机证明一样,人们必须生活在与推理错误共存的现实中。在这两种情形中,人们不管怎样都有一种以对问题的整体观察为基础的感觉:不完全的或错误的证明依然给出正确的答案。

如果戈伦斯坦描述的计划实现,如果其结果被数学界作为有效的或结论性的东西接受下来,那么这与在四色定理中那样接受计算机证明有什么不同呢?

当一个证明有 5 000 页那样长,并且是由几个不同数学家的贡献合并而成时,很明显,这个队伍声称已经证明他们的定理,主要基于相互间对每个人的能力和正直的信任,而整个数学界接受这项成果,在很大程度上基于对这个队伍中每个成员的信任。

这种相互信任基于对数学专业的社会机构和布局的信任。接受四色定理的计算机证明基于对计算机做了应该做的事的信任。在这两种情形中,信任都是合理的和有充分根据的。在这两种情形中又都存在怀疑和可能出差错的余地。

四色定理看来例外是由于计算机的使用。有限单群分类看来例外是由于证明的长度。但是在这些例子与数学杂志每月发表的典型证明和定理之间,不能划出明确的界限。

每个领域的数学家相互信赖并引用他人的工作。允许这样做的相互信任基于对以他们为成员的社会系统的信任。他们并不限制自己只使用他们本身能从基本原理证明的结果。如果一个定理发表在有声誉的杂志上,如果作者的名字熟悉,如果这个定理已被别的数学家引证和使用过,那么它就被认为确立了。任何需要用到它的人这样做时都将感到无拘无束。

这种相互信任是完全合理和适当的。但它确实使数学真理无可置疑的概念受到侵犯。

进一步的阅读材料,见参考文献:J.Alper;F.Budden;D.Gorenstein。

8.6　直　觉

数学家使用的直觉一词,带有很大的神秘性和含糊性。有时它似乎是严格证明的危险而又不合法的替代物。在其他场合,它似乎表示顿悟的莫名其妙的闪现,幸运的少数人借助它获得别人只有通过长期努力才能获得的数学知识。

为了初步探索这个难以捉摸的概念会给我们带来些什么,列出我们给予这个词的各种意义和用法的一览表是有益的。

(1)直觉是严格的反面。这种用法本身不完全清楚,因为"严格"的意义本身就从未精确地给出。我们可以说在这种用法中直觉意味着失去严格性,但严格概念本身是直觉地而不是严格地定义的。

(2)直觉意味着可见。因此直觉的拓扑或几何在两个方面不同于严格的拓扑或几何。一方面,直觉表示在可见曲线和曲面领域内有一种意义,一种对象,它是被排除在严格(即形式或抽象)表示之外的。在这方面,直觉是优越的,它具有严格表示所缺少的性质。另一方面,可见性有可能使我们把含混的甚至错误的命题认为是显然的或自明的。[哈恩的论文《直觉的危机》(*The Crises in Intuition*)给出了这类命题的一些很好的例子。]

(3)直觉意味着在缺乏证明时的似真性或可信性。一个与此相关的意义是:"在这种情况下,人们可以在具有类似情形或相关主题的一般经验的基础上,期望为真的那种东西"。"直觉地似真"意味着作为一种猜测亦即作为证明的一个候选者是合理的。

(4)直觉意味着不完全。如果人们在不用勒贝格定理的情况下,在积分号下取极限;如果不检查函数的解析性,就用幂级数表示一个函数,那么只要说这种论证是直觉的,这个逻辑缺陷就被承认。

(5)直觉意味着依赖物理模型或某些主要例子。在这个意义上它几乎与启发法相同。

(6)直觉意味着与详细或分析相对立的笼统或综合。当我们一般地思考一个数学理论,当我们意识到某个命题必定为真,因为它应以一定方式同我们所知有关的其他所有事情相适应,我们就是在"直觉地"推理。为了严格起见,我们必须通过一系列推理演绎地证实我们的结论,这里每一步要经得起批评,第一步被认为已知,最后一步是所要求的结果。

如果这一系列推理极为冗长复杂，严格的证明仍可以使读者存有严重疑虑。坦率地说，它或许比直觉论证更不可信。直觉论证着眼于整体的把握，它含蓄地利用数学在整体上是一致的和合理的这一假定。

在所有这些用法中，直觉的概念仍旧很含混。从一种用法到另一种，它的面貌有些改变。在教科书的前言中，某个作者可以自夸回避了"单靠"直觉，即用数字和图表作为证明的帮助。另一个可以自夸对直觉的强调，即传达数学理论的视觉的和物理的意义，或提供定理的启发式推导，而不只是形式上的事后确证。

就上面这些解释来说，直觉在某种程度上是外在的和非根本的。它可能是合乎需要的或不合乎需要的，或许最好说它有它的合乎需要和不合乎需要的方面。不同的作者会在他们的著作中赋予直觉以不同的地位。但无论如何，它都是任意的，如同色拉的作料一样。或许教师教数学和研究人员写论文时不注意直觉问题是愚蠢的和自拆台脚的，但他们总还能这样干。然而，如果人们不做数学工作，而是试图观察那些搞数学的人，理解他们所做的事，那么直觉的问题就将变成核心的和不可回避的。

我们认为：

(1)所有标准的哲学观点基本上依赖于某种直觉概念。

(2)没有一种观点企图解释它们所假定的直觉的性质和意义。

(3)把直觉作为实际上经验的东西加以考察，导致一种困难而复杂的概念。不过这概念不是不可说明或分析的。数学直觉的实在论分析是一个合理的目的，应该成为恰当的数学哲学的核心特征之一。

让我们详细阐述这三个重点。有三种主要的哲学流派，即构造主义，柏拉图主义或实在论，以及任一种形式主义。出于目前讨论的目的，我们无须在柏拉图主义、形式主义和构造主义的各种可能变种之间做出细致的区别。用一句话粗略地刻画每种观点就足够了。就是说，构造主义者把自然数当作数学的基本材料，它不需要也不可能归结为任何更基本的概念，所有有意义的数学概念必须由它构造出来。

柏拉图主义者认为数学对象不是我们构造的事物，而是在某种理想的和与时间无关（或"无时态"）的意义上，早已存在并将永远存在的事物。我们并不创造而只是发现那些已存在的东西，包括数学家的心智所想到的或尚未想到的复杂程度不等的无限。

最后，形式主义者既不接受构造主义者的约束，也不接受柏拉图主义者的神学。对他来说，重要的只是游戏规则——我们用来把一个公式变换成另一公式的推理规则。这些公式所具有的任何"意义"都是"非数学的"和与本题无关的。

这三种哲学需要直觉做什么呢？

最明显的困难是在柏拉图主义者那里。如果数学对象组成一个理念的非物质的世界，人的心智如何同这个世界建立联系呢？考察连续统假设。从哥德尔和柯恩的发现来看,我们知道根据当代数学中描述无限集所用的任何公理系统,是既不能证明又不能证伪的。

柏拉图主义者相信这种情况只不过表明了我们的无知。连续统是独立于人类心智而存在的确定事物。它或包含或不包含既不等价于整数集又不等价于实数集的一个无限子集。我们的直觉必须发展到能告诉我们这两种情况中哪一种是真实的为止。

这样柏拉图主义者需要直觉来建立人类意识与数学实在之间的联系。但这个直觉是一种非常难捉摸的东西。柏拉图主义者并不想描述它,更不要说分析它的性质了。人们如何获得数学直觉呢?很明显,这是因人而异的,甚至数学天才之间也不相同。直觉必须被改进和发展,因为它目前似乎还不完善。那么人们通过谁,又根据什么标准来训练或发展它呢?

我们是否在谈论一种精神能力,它能同我们的物理感官察觉物质实在一样地直接察觉理念实在?如果这样,那么直觉就变成第二个理念实体,即客观层次上理想的数学实在在主观层次上的对应物。现在我们有了两个谜而不是一个,不仅有永恒概念的理念实在与不断流变的宇宙实在之间的关系之谜,还有在这个流变的世界中生生死死的物质的数学家与他的直接达到无始无终的隐蔽实在的直觉能力之间的关系之谜。

这些问题使柏拉图主义成为任何从科学角度为之辩护的人都感到困难的学说。

数学柏拉图主义者不打算讨论它们。他们不能分析数学直觉的概念,因为他们的哲学态度使直觉成为一种必不可少却又不可分析的能力。直觉对于柏拉图主义者来说就是相信来世者的"灵魂",我们知道它在那里,却不能提出有关它的任何问题。

构造主义者的态度是不同的。他是康德的自觉后裔,确切地知道他是如何依靠直觉的。他把构造概念和自然数概念,即能被迭代运算,总能再一次被重复的概念,当作(直觉地)给出的。这样做似乎没什么问题,不大有人会对此存有争议。不过在布劳威尔的追随者中,似乎对行动的正确方式或做一个构造主义者的正确方式,一直有着分歧或不同意见。当然这只是意料中的事。每个哲学派别都有同样的经验。但这就给自称以普遍的毫无错误的直觉为基础的学派造成了困难。自然数系的直觉具有普遍性这一信条,从历史的、教育学的或人类学的经验角度看,是站不住脚的。自然数系似乎只是对这样的数学家才是天生的直觉,他们如此怪异以至于在获得自然数系之前不能记忆或想象时间,他们如此孤独以至于从不需要同那些没有把这些概念内在化并变成直觉的人们(无疑仍是人类的大多数)进行认真的思想交流。

形式主义者怎么样?直觉的问题难道没有同定义和真理的问题一起消失吗?事实上,人们只要把数学定义为无非是形式定理的形式推论而已,就可以回避考虑直觉。如利希尼罗维兹(Lichnerowicz)所说:

> 我们对自己的要求已变得无限大,我们前辈的论证不再使我们满足,但他们发现的数学事实仍然保留。我们用无限地提高严格性和精确性的方法来证明这些事实,由于这些方法,具有其证据未经充分分析这一特点的几何直觉已

被完全禁止了。

几何学作为一个自洽的分支已经死去。它不过是一种特殊的、令人感兴趣的代数拓扑结构的研究。但形式主义者能够只是通过将注意力集中于改进证明,获得一种教条的和无可反驳的最终描述,来消除直觉。

对于人们为什么对这些过于精确和可靠的定理这个明显问题感兴趣,形式主义不做回答。因为对它们的兴趣来自它们的意义,而意义恰恰是彻底的形式主义者作为非数学的东西加以丢弃的。

如果有人问形式主义者,我们蒙昧的先人如何通过不正确的推理发现正确的定理,他只能回答:"直觉"。

柯西知道柯西积分定理,尽管他并不知道(这里的"知道"指在形式主义定义上知道形式集合论定义)——他不知道定理陈述中任何术语的意义。他不知道什么是复数、积分或曲线,但他知道求曲线上积分所表示的复数值的正确方法! 怎么能做到这一点呢? 很容易。众所周知,柯西是个大数学家,因而他可以依赖他的直觉。

但这种直觉是什么呢? 至少柏拉图主义者相信这样的(在性质上是理念的)真实对象的存在性,对此人们多少能以某种方式感知或"直觉"。如果形式主义者不相信这种事物存在,那么,直觉的对象是什么呢? 他能提供的唯一答案是——无意识的形式化。柯西是一个天才——他下意识地知道定理的"正确"证明。无疑,这意味着知道定理陈述中所包含的全部术语的正确定义。

这个回答使我们之中那些有过提出不能证明的正确猜想的经验的人特别感兴趣。如果我们直觉的猜测是无意识计算的结果,那么:

a.或者无意识的方法是比我们已知的任何方法更好的奥妙方法。

b.或者证明在我的脑子里,我只是不能在我看得到的地方把它写出来而已。

愿意考虑有关发现的问题并在历史发展中考察数学的形式主义者,必须引入神秘的直觉,去说明在数学叙述(借助规则的游戏)与人们真实的数学经验之间的巨大鸿沟,在真实经验中更多工作的完成往往是通过打破规则而不是服从规则。

我们已经树立并打倒了我们的稻草人,现在要说的是我们看到了怎样一个问题,并且如何寻找一个答案。问题是说明数学中直觉知识的现象,使它可以理解。这是数学认识论的基本问题,即我们知道什么? 我们如何知道?

我们设想通过另一种问法来回答这个问题,即我们教什么? 我们如何教? 或者用更好一些的问法,我们试图讲授什么? 我们如何发现讲授它的必要性?

我们试图讲授数学概念,不是形式地(熟记定义)而是直觉地讲授——通过观察例子,做习题,发展一种思考能力,这就表示我们已成功地把某种东西内在化。这是什么? 是直觉的数学概念。

因此自然数的基本直觉是人类共有的概念,是一种有过使用硬币、砖块、纽扣或小石子的某些经验的每个人共同掌握的概念。一旦对我们的问题获得了"正确"答案,我们就能说他得到了这个概念。这时即使我们迟早会用完纽扣或硬币,但有一个像一大箱纽扣或硬币那样的概念我们会永远用不完。

这就是说,直觉并不是对外部永恒存在的事物的直接感觉。它是具体事物(后来是纸上的记号甚至内心的想象)的活动和操作的某些经验在头脑中产生的影响。作为这种经验的结果,在学生头脑中存在某种东西(痕迹、影响)作为他对整数的表示。而他的表示同我的等价,因为我们对你所问的任何问题有相同的答案,或者如果我们的答案不同,我们可以比较我们的记录,看哪个正确。我们这样做,不是因为我们已被教会了一组代数规则,而是因为我们的内心图景彼此相符。如果它们不符,由于我是教师,我知道我的内心图景同社会批准的(所有其他教师都有的)内心图景相符,学生就获得差的分数,并且不能参加这个问题的进一步讨论。

我们有直觉,是因为我们有关于数学对象的心智表示。我们获得这些表示,不是靠熟记文字公式,而是靠重复经验(在初等水平上,处理物质对象的经验;在高等水平上,做习题和自己发现事物的经验)。

这些心智表示的真实性受到我们的教师和同学们的检查。如果我们未得到正确答案,我们的课程就不及格。这样,不同人们的表示总是彼此磨砺,以便确认他们是一致的。

当然,我们不知道这些表示以什么方式被心智掌握。我们同样很少知道任何其他思想或知识如何为心智所掌握。

关键是,作为共有的概念互相一致的心智表示,它们是像母爱、种族偏见、茶叶的价格和对神的敬畏一样地"客观"存在的真实对象。那么我们如何把数学同别的人文主义研究相互区别呢? 显然,数学和比如文学批评之间有根本的差别。如果数学是与它的题材有关的人文主义研究,它的客观性类似于科学。那些关于物质世界的能重现的结果——在任何时候能以同样方式重复的结果——称为科学的,那些有可重现结果的学科称为自然科学。在概念和心智对象的领域性质可重现的概念称为数学对象,**对具有可重现性质的心智对象的研究称为数学**,直觉是我们能考察或检查这些(内在的、精神的)对象的能力。

确实,直觉之间总有一些产生不一致的可能性。相互协调以保证一致的过程永远不会终结。当新问题出现时,结构的新部分可能成为先前从未被注意的焦点。

有时问题没有答案。(没有理由解释为什么连续统假设必须是真的或假的)

我们知道对物理对象可以问一些不适当和无答案的问题。例如,电子的准确位置和速度是什么? 此刻有多少棵树生长在佛蒙特州(Vermont)? 对于心智对象同对于物理对象一样,最初看来适当的问题后来可能由于有巨大的困难而被发现是不适当的,这并不是对特定的心智或物理对象的存在表示怀疑。有很多其他问题**是**适当的,对它们能给出确定而可靠的答案。

对直觉是什么的理解的困难,是由于要求数学具有不谬性而造成的。两种传统的哲学即形式主义和柏拉图主义都满足这个要求。它们都企图创造像柏拉图那样的超人所希望的那种数学。但由于它们都是篡改了数学的本性(在人类生活中和历史上的本性)而这样做的,它们都造成了自己所不需要的混乱而神秘的环境。

进一步的阅读材料,见参考文献:M. Bunge;H. Hahn;A. Lichnerowicz;R. Wilder[1967]。

8.7 四维直觉

线是一维的,平面是二维的,立体是三维的,可是第四维是什么呢?

有时人们说时间是第四维。在爱因斯坦的相对论物理学中,所用的四维几何是由三维空间和一维时间坐标组成的一个单一的四维连续统。但我们不想谈论相对论和时空。我们只想知道在几何维数表上再多走一步是否有意义。

例如,在二维中,我们有圆和正方形的熟悉图形,它们的三维类似物是球和立方体。我们能谈论四维超球和超立方体,并使它们有意义吗?

我们可以从一个点出发,用三步得到一个立方体。第一步,我们取相距1英寸的两个点并连接它们。我们得到了两点间的一条线,一个一维图形。第二步,取两条1英寸长的互相平行的线,相距1英寸。连接两对端点,我们得到了1英寸见方的正方形,一个二维图形。第三步,取两个1英寸见方的互相平行的正方形,比如使第一个正方形在第二个正方形的正上方,相距1英寸,连接对应顶点,我们得到了一个1立方英寸的立方体。

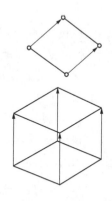

因此,要获得边长1英寸的超立方体,必须取两个1立方英寸的互相平行的立方体,使它们相距1英寸,并连接对应顶点。以这种方式,我们应该获得边长1英寸的超立方体,一个四维图形。

麻烦的是我们每次必须转向一个新的方向,新的方向必须垂直于所有原来的方向。在我们前后、左右、上下移动之后,已经用尽了我们可以理解的所有方向。我们是三维生物,不能从三维空间逃遁到第四维中去。事实上,第四个有形维的概念可能仅仅是幻觉,是用来写科学小说的手段。关于它的唯一论证是我们能设想它。我们的设想没有任何不合逻辑或不兼容之处。

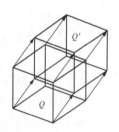

我们能指出四维超立方体所应具有的很多性质,如果它存在

的话。我们能算出它应有的边数、顶点数和面数。因为它通过连接两个立方体构成,每个立方体有 8 个顶点,所以超立方体必定有 16 个顶点。它应有两个立方体的所有的边,还应有连接每对顶点的新的边,这样就给出 12+12+8=32 条边。只要简单算一下,人们就可看到它应有 24 个正方形面和 8 个立方体超面。

下表里显示线段、正方形、立方体和超立方体的"部件"数,令人吃惊的发现是部件的和总是 3 的幂!

维数	对象	0 面(顶点)	1 面(边)	2 面(面)	3 面	4 面
0	点	1				
1	线段	2	1			
2	正方形	4	4	1		
3	立方体	8	12	6	1	
4	超立方体	16	32	24	8	1

在中学教师和学生的解题课程中,这些关于超立方体的事实的逐步发现要用上一两个星期。我们能找出关于超立方体的这么多明确的信息这一事实,似乎意味着它在某种意义上必然存在。

当然,超立方体在物理存在意义上只是一种虚构。当我们问起超立方体有多少顶点时,我们是在问如果有这种东西存在,它能有多少顶点。这就像那个古老笑话的妙语——"如果你有一个兄弟,他会喜欢鲱鱼吗?"不同之处在于,关于不存在的兄弟的问题是一个愚蠢的问题,而关于不存在的超立方体顶点的问题不是愚蠢的,因为它有确定答案。

事实上,通过使用代数方法,利用坐标来定义超立方体,我们(至少在原理上)能回答有关超立方体的任何问题。至少,我们可以把它归结为代数,恰如普通的解析几何把二维或三维图形的问题归结为代数一样。然后,由于四个变量的代数基本上不比两个或三个变量的代数困难,我们可以和回答有关正方形或立方体的问题同样容易地回答有关超立方体的问题。这样,超立方体就成为我们所说的数学存在的一个很好的例子。它是虚构的或想象的对象,但它有(或者说将会有,如果人们喜欢用条件句型的话)多少顶点、边、面和超面是没有疑问的!

通常的三维或二维几何的对象也是数学对象,就是说,它们是想象的或虚构的,然而它们更接近于物理实在,不像超立方体那样无法构造。

数学的立方体是理想的对象,但我们可以观察一个木方块,并用它来确定立方体的性质。立方体的边数是 12,方糖的边数也是 12。我们通过画图或建造模型,然后考察它们,能获得二维和三维几何的大量信息。尽管误用图形或模型有可能出错,但是要做到这样倒是不容易的。需要有独创性才可能造成一种使人们在这样做时会出错的局面。在一般情况下,使用图形和模型是有益的。在理解二维和三维几何方面甚至是必不可少的。

　　建立在模型或图形之上的推理,无论所说的模型或图形是真实的或是关于它们的心理图像,都将被称为直觉推理,这是与形式的或严格的推理相对立的。

　　当进入四维几何时,似乎由于我们本身只是三维生物,我们生来就被排除在四维对象的直觉推理的可能性之外。然而并非如此,四维图形的直觉掌握并非不可能。

　　在布朗大学,数学家班乔夫(Banchoff)和计算机科学家斯特劳斯(Strauss),已制成在我们的三维空间内外移动的超立方体的计算机生成电影。为理解他们所做的事,想象一个扁平的二维生物生活在池塘表面,只能看到表面上(而不能看到上面或下面)的其他对象。这个扁平生物将被限于两个物理的维度,如同我们限于三维一样。他只有通过三维对象在他的扁平世界的二维横截面,才可能产生对三维对象的意识。如果一个实心立方体从空中掉到水里,它看到的是当立方体进入平面,穿过它,最后离开它的时候,立方体在平面上造成的截面。

　　如果这个立方体从很多角度和方向重复穿过平面,他终究会获得关于立方体的足够信息去"理解"它,即使他不能逃离他的二维世界。

　　斯特劳斯和班乔夫的电影显示了当超立方体从不同角度穿过我们的三维空间时我们会看到的情景。我们将看到各种复杂程度不等的顶点和边的构形。描述我们通过数学公式所了解到的东西是一回事,看到它的图像完全是另一回事,看到它在运动中那就更好了。当我看到班乔夫和斯特劳斯提供的电影时,我对他们的成就[1]和看电影时纯粹的视觉愉快有深刻印象。但有一点失望,我并没有获得对超立方体的任何直观感觉。

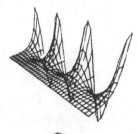

　　几天之后,在布朗大学计算中心,斯特劳斯向我展示了能产生这种电影的交互图示系统。使用者坐在电视屏幕前的控制台上,用三个按钮在四维空间的任何一对轴上转动一个四维图形。当他这样做时,他在屏幕上看到的将是四维图形旋转穿越我们的三维空间时在上面形成的不同的三维图形。

　　另一个手动控制器使人们能得到这个三维切片并使其在三维空间中随意转动。还有一个按钮使人们能放大或缩小影像。效果是使观察者感到似乎正在飞离影像,或者飞向并实际上进入屏幕上的影像中去。[正是以这种方式,通过计算机制图,造

从几个角度观察的复指数函数(一个四维对象)(由班乔夫和斯特劳斯提供)

---

① 顺便说一下,这部影片在1979年布鲁塞尔电影节上获基础研究奖。

成《星球大战》(*Star Wars*)中穿越战星飞行的某些效果。]

在计算中心,斯特劳斯告诉我如何能用所有这些控制器获得超立方体的各种角度的三维投影。我一边看,一边力图掌握所看到的东西。接着他站起来,让我坐到控制台的椅子上去。

我尝试转动超立方体,把它移开,把它拉近,再用别的方式转动它。突然我能感觉它了。当我学习如何操纵超立方体,在我的指尖上感受到改变我所看到的东西并再变回去的力量时,超立方体已一跃而成为明显可见的实体了。计算机控制台上的主动控制创造了动觉和视觉思维的统一体,使超立方体进入了直觉理解的水平。

在这个例子中,我们可以只从抽象的或代数的理解出发。这可用于设计一个计算机系统,它能通过给予我们以三维直觉的处理、移动和观察真实立方体的各种经验来模拟超立方体,因而四维直觉对于那些想要或需要它的人来说是合用的。

这个可能性的存在揭示了研究数学直觉的新的前景。我们可以不必像研究初等几何直觉的发生[皮亚杰(Piaget)学派]那样去研究儿童的、人种学的或历史的材料,而是代之以研究受过数学训练的或自然状态的成年人,努力通过客观的心理实验去记录四维直觉的发展,或许还可以整理出视觉的(被动观察)和动觉的(主动操作)作用。通过这样的研究,我们对四维直觉的理解将会深入。把直觉当作解释一切神秘的或成问题的事物的包罗一切的名词,是没有理由的。

回到认识论问题上来,人们怀疑在四维和三维之间是否真有原理上的差别。我们能够发展与四维假想对象相适应的直觉。一旦这样做了,它似乎不比像平面曲线和空间曲面那样的"真实"事物虚假多少。它们都是我们能从视觉(直觉)上和逻辑上掌握的理想对象。

进一步的阅读材料,见参考文献:H. Freudenthal［1978］;J. Piaget［1970,71］;T. Banchoff and C.M.Strauss。

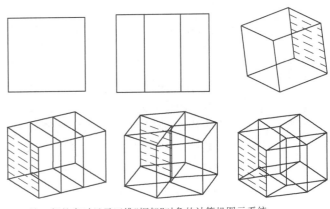

从一般的实时显示四维"框架"对象的计算机图示系统得到的超立方体的六个视图(由班乔夫和斯特劳斯提供)

8.8   关于假想对象的真正事实

在三个传统的数学基础论观点中(未说出来的假定),是把数学看成无可置疑的真理的源泉。

所有学派的实际经验和所有数学家日常的实际经验都表明,数学真理像其他真理一样,是易谬的和可改正的。

在被我们的日常经验证伪的形式主义,与假设一个神秘仙境,那里不可数的和不可接近的东西等待数学家用上帝赐予的足够好的直觉去观察的柏拉图主义之间,我们真的必须进行选择吗? 对数学哲学提出一项与此不同的任务是合理的! 这就是不去寻找无可置疑的真理,而给出数学知识的真实说明——它是易谬的,可改正的,试验性的,不断发展的,就像人类其他知识一样。我们不继续徒劳地寻找基础,或因缺乏基础而有迷失方向和不合法的感觉,而尝试观察真正的数学,并把它作为一般的人类知识的一部分来说明。我们力图如实地思考我们在使用、讲授、发明或发现数学时所做的事情。

康托尔说过,数学的本质在于它的自由。自由地构造,自由地做出假定。数学的这些方面已被构造主义和形式主义者认识到了。然而康托尔是柏拉图主义者,相信超越人类心智的数学实在。于是这些构造,这些想象出来的世界,把它们的秩序强加给我们。我们必须承认它们的客观性。它们是部分已知,部分神秘而难知,还有一部分或许是不可知的。这就是柏拉图主义者看到的真理。

当我们观察到世界上两个矛盾的事实,发现二者都不可否认地为真时,发生了什么事情呢? 我们被迫改变观察这个世界的方式,我们被迫寻找使事实不矛盾而相容的新观点。

换一种方式说,如果一件事实违反常识,而我们又不得不接受并面对这种事实,我们就要学会改变对常识的观念。

关于数学的性质,我们有这样的两组信息。

事实1,数学是人类的发明。数学家知道这一点,因为他们做出发明。

每个人都知道的算术和初等几何似乎是上帝给予的,因为它们无处不在,而且似乎一向如此。拓扑学家使用的最近的代数发明,一种最新的伪微分算子,是在离现在很近的时代发明的,我们知道发明者的姓名和地址。它们还闪耀着崭新的光泽,但我们可以看到遗传的线索。从最新的事物到最古老的事物,家族的相似是错不了的。产生算术和几何的地点与产生同伦论的地点一样——都是人类的大脑。我们千百万人每天都努力把它们灌输到别人的大脑中去。

事实2,被我们带到这个世界上的这些几何图形、算术函数和代数算子,对于我们这些创造它们的人来说却是神秘的。它们的一些性质我们只有依靠巨大的努力和独创性才能发现,另一些性质是我们试图发现而徒劳的,还有一些性质甚至我们一点都不知道。整个数学解题活动是事实2的证据。

形式主义以事实1为基础。它认识到数学是人类心智的创造,数学对象是假想的。

柏拉图主义者以事实2为基础。柏拉图主义者认识到数学有它自身的规律。我们必须遵守。一旦我们构造了一个直角边为a,b,斜边为h的直角三角形,那么无论我们是否愿意,总有$a^2+b^2=h^2$。我不知道 1 375 803 627 是不是质数,但我知道这不是由我来决定的。当我把这个数写出来时,这件事就已经决定了。

这些假想对象有确定的性质,存在着关于假想对象的真正事实。

从柏拉图主义观点看,事实 1 是不能接受的。因为数学对象是自在的,无视我们的无知或偏爱,它们在一种独立于人类心智之外的意义上必定是真实的。它们以我们不能解释或理解的某种方式存在于物质世界和人类心智之外。

从构造主义观点看,事实 2 是不能接受的。因为数学是我们的创造,数学中任何东西在我们知道之前——事实上在我们用构造方法证明之前都不是真的。

至于形式主义者,他简单地否认一切事情,来回避这个两难推理。数学对象不存在,因而也不存在关于数学对象性质的任何问题。

如果我们愿意忘却柏拉图主义、构造主义和形式主义,我们可以把我们从数学经验中学到的两件事实作为我们的出发点。

事实 1:数学是我们的创造物,是与我们头脑中的概念有关的。

事实 2:数学是客观实在,因为数学对象有确定的性质,尽管我们可能或不可能发现这些性质。

如果我们相信我们自己的经验并接受这两个事实,那么我们必须问它们怎样能被调和,我们怎样能把它们看成是兼容的而不是矛盾的。或者不如说,我们必须弄清楚我们预先做出了哪些假定,迫使我们发现这两个事实之间的不兼容或矛盾之处。然后我们试图处理这些预先假定以发展一种足够宽广的观点来接受数学经验的实在性。

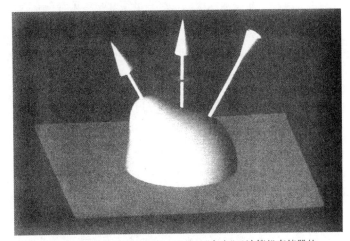

关于"不存在"对象的真正事实。这是只"存在"于计算机存储器的一个对象的图,是由计算机做出的(犹他大学计算机科学系提供)

我们在哲学背景上习惯于认为世界只包含两类事物,一类是物质,是指物理实体,即在物理实验室里研究的东西;另一类是心智,意味着我的或你的心智,即我们每个人在头脑中某处都存在的私人心灵。但这两个范畴是不够的,恰如古希腊的土、气、火、水四个范畴对于物理学是不够的一样。

数学是客观实在,它既不是主观的又不是物质的。它是一个理念的(即非物质的)实在,而这个实在是客观的(在任何人的意识之外的)。事实上,数学的例子是这种理念实在存在的最强有力的、最令人信服的证明。

这就是我们的结论。我们不要截短数学使之适合于对它来说太狭隘的哲学,而是需要使哲学范畴扩大,以接受我们的数学经验的实在。

波普尔新近的工作提供了一个适合数学经验而无须使它变形的背景。他引入了术语"世界1,2,3"以区别不同实在的三个主要层次。

世界1是物质世界,是质量和能量、星体和岩石、血液和骨骼的世界。

意识的世界在生物进化过程中从物质世界产生出来。思想、情感、意识都是非物质的实在。它们的存在是与活的有机体分不开的,但它们在性质上不同于生理学和解剖学的现象。它们必须在一个不同的层次上被理解。它们属于世界2。

在进一步演化过程中,出现了社会意识、传统、语言、理论、社会制度等所有非物质的人类文化。它们的存在是与社会成员的个人意识分不开的,但它们在性质上不同于个人意识的现象。它们必须在另一个不同的层次上被理解。它们属于世界3。当然,数学就在这个世界之中。

数学并不是关于一种理想的、预先存在的非时间的实在的研究。它也不是类似下棋那样的有编排好的符号和公式的游戏。更不用说,它是人的研究中能够达成类似科学的一致、能够确立**可重现**的结果的那个部分。被称为数学的这个学科的存在是一个事实,是不成问题的。这一事实恰好意味着具有强迫性和结论性的,"一旦理解了就不会再有争论的"概念的推理和论证模式的存在。

数学确实有它的题材,它的命题是有意义的。然而这种意义要到人们的共同理解中去找,在非人的外部实在中是找不到的。在这方面,数学类似于神学、宗教或艺术形式。它涉及人的意图,只有在文化背景上才是可理解的。换言之,数学是一种人文主义研究,它是人文学科之一。

数学区别于其他人文学科的特征是它的类似科学的性质。它的结论是强迫性的,就像自然科学的结论一样。它们不只是意见的产物,不像文学批评的观念那样永远会有不同意见。

作为数学家,我们知道我们发明了理念对象,然后试图发现有关它们的事实。任何不能包容这种知识的哲学都太狭隘了。当受到哲学家们攻击时,我们无须退却到形式主义那里去。我们也无须承认我们关于数学真理客观性的信念,需要一种柏拉图式的与人类思想分离的理想实在的意义。拉卡托斯和波普尔的工作表明,现代哲学能接受数学经验的真理。这意味着接受数学本来的合法性,即它是易谬的、可改正的和有意义的。

进一步的阅读材料,见参考文献:K.Popper and J.Eccles。

作业与问题

数学实在

黎曼假设。π。数学模型、计算机和柏拉图主义。有限单群的分类。四维直觉。关于假想对象的真正事实。为什么我应当相信计算机?

探讨题目

(1)多维数学

(2)计算机与数学

主题写作

(1)假定你能回到从前,见到波利亚、笛卡儿和毕达哥拉斯这些人,假定这些人已经气馁,并且考虑放弃数学探索,你会怎样鼓励他们?

(2)用至少两个数学特例支持下述命题:

a.考虑问题角度的变化常常改变数学中某种已被接受的结果。

b.在证明被给出之前数学上有时会接受结果。

c.新的数学分支常常是研究熟悉的事实的结果。

d.某个领域的发现能够造成数学界内外的重大危机。

(3)你知道作为计算结果的"可怕"故事吗?

(4)信息、知识和智慧之间有区别吗? 以何种方式发展"信息高速公路"会增进知识?

(5)讨论信念和信息的关系。

(6)各州或各国的边界线是真实的对象还是虚幻的对象?

(7)数字计算机的数值计算遵循代数规律吗?

(8)假如你正在构思这门课的考试。尝试全面覆盖本学期的内容。确认你的问题并非来自同一章节。根据下列要点写出问题和答案。

问题Ⅰ应是一个涉及做数学的问题。这个问题可以是课堂上或家庭作业中所做问题的变型。你可以创造一个全新的问题,使它符合所设计问题的困难程度。

问题Ⅱ应是一个基于教材中阅读材料的评述性问题。

问题Ⅲ应是一个基于补充读物的比较、对照性问题。

(9)写一篇两页长的短文,题为"给未来的数学专业学生的忠告"。这篇文章包含下列内容:

a.你对你的数学课程目标的理解。

b.对一个你认为在你的数学班上提出的最能促进你智力发展的题目的描述。(一定要给出对这个题目的完整解释,用课堂讨论和阅读课文得到的具体例子做数学阐释。)

c.就数学课程中你经常使用的或成功的方法,向未来的数学专业学生做简明扼要的忠告。

(10)假定你是数学班级教师。系主任要求你提交一份报告,概述你的课程目标以及符合这些目标所要谈到的特定主题。你应该讨论你构造课程的方式,涉及的题目,以及如何试图将题目同一般的主题相联系。写出这样一份概述,包括说明每个题目主题的陈述;用课堂讨论和课文中的具体例子,作为你说明主题所用的事例。指出你为什么感到或没感到你已符合你的目标。这份报告应三页或四页长。

(11)选择下列时段:前 6 世纪初,前 6 世纪,4 世纪,4 世纪到 14 世纪,或 15 世纪和 16 世纪。指出各时期数学活动的主要焦点。描述这一时期获得成就的至少一位数学家的工作,说明这位数学家的工作如何推动了数学的进展。

计算机问题

使用一个科学的计算组件,变量 x 被设定为等于 2 的方根。当向计算机问恒等式 $x^2 = 2$ 是真还是假时,计算机回答"假"。解释并加以讨论。存在与这类回答相关的危险吗?

建议读物

Flatland: *A Romance of Many Dimensions* by J. C. Abbott (Princeton: Princeton University Press, 1991).

"A Journey into the Fourth Dimension" by Andre Sante-Lague in *Great Currents of Mathematical Thought*, F. Le Lionnais, ed. (New York: Dover, 1971).

"Geometry of Four Dimensions" by Henry P. Manning in *The American Mathematical Monthly*, Vol. 25, September 1918, pp. 316-320.

Geometry, *Relativity*, *and the Fourth Dimension* by R. Rucker (New York: Dover, 1977).

"What Is Geometry" by S. S. Chern in *The American Mathematical Monthly*, Vol. 97, No. 8 (October 1990), pp. 679-686.

Space through the Ages: *The Evolution of Geometric Ideas from Pythagoras to Einstein* by C. Lanczos (New York: Academic Press, 1970).

Map Coloring, *Polyhedra*, *and the Four Color Problem* by David Barnette (Washington, D.C.: Mathematical Association of America, 1983).

"Computer Use to Computer Proof: A Rational Reconstruction" by T. Tymoczko in *Two-Year College Mathematical Journal*, March 1981.

Descartes' Dream ("Criterion Makers," "Mathematics and Social Policy," "The Computerization of Love," "The Unreasonable Effectiveness of Computers: Are We Hooked?") by P. J. Davis and R. Hersh (Boston: Harcourt Brace Jovanovich, 1986).

"The Language of Computers" by Lord Bowen in *Mathematics*, *People-Problems-Results*, Vol. Ⅲ, Douglas Campbell and John Higgins (Belmont: Wadsworth International, 1984).

"Computer Science and Mathematics" by Donald Knuth in *Mathematics*, *People-Problems-Results*, Vol. Ⅲ, Douglas Campbell and John Higgins (Belmont: Wadsworth International, 1984).

"Some Moral and Technical Consequences of Automation" by Norbert Wiener in *Mathematics*, *People-Problems-Results*, Vol. Ⅲ, Douglas Campbell and John Higgins (Belmont: Wadsworth International, 1984).

"Some Moral and Technical Consequences of Automation—A Refutation" by Arthur Samuel in *Mathematics*, *People-Problems-Results*, Vol. Ⅲ, Douglas Campbell and John Higgins (Belmont: Wadsworth International, 1984).

Random Essays on Mathematics, *Education and Computers* by John Kemeny (Englewood: Prentice-Hall, 1964).

术语汇编

算法（algorithm）　若系统施行就会产生预期结果的固定程序。例如，"欧几里得算法"就是能用于两个整数而产生最大公约数的一组规则。

分析（analysis）　微积分运算的现代成果。

自变量（argument）　计算函数时的一个特定值。若函数为 $y=x^2$，自变量 $x=7$ 使得函数值 $y=7^2=49$。函数的独立变量。

公理（axiom）　被接受为进一步逻辑推理基础的命题。在历史上，公理曾被认为是"自明的"真理或原则的体现。

选择公理（axiom of choice）　使某种类型的数学构造有效的一个原则。选择公理断言对于给定的一组集合，人们可以恰好由其中每个集合中选出一个元素来构成一个新的集合。

比特（bit）　一个数的二进制表达式的数字个数。于是 1101 即 4 比特数。形式化信息的基本单位。

二进制记数法（binary notation）　利用 2 的幂表示整数的方法，多用于计算机。

十进制	二进制	说明
1	1	$1=(1\times1)$
2	10	$2=(2\times1)+(1\times0)$
3	11	$3=(2\times1)+(1\times1)$
4	100	$4=(4\times1)+(2\times0)+(1\times0)$
5	101	$5=(4\times1)+(2\times0)+(1\times1)$
6	110	$6=(4\times1)+(2\times1)+(1\times0)$
7	111	$7=(4\times1)+(2\times1)+(1\times1)$

字节（byte）　8 比特数字。

组合学（combinatorics）　一门"无须计数而运算"的数学学科，它力图回答这样的问题："有多少种方式可以……?"例如，有多少种方式可以将五位丈夫和五位妻子安排在一个圆桌周围，使每位妻子都不坐在其丈夫旁边?

复数（complex number）　形如 $a+ib$ 的数，这里 a 和 b 是实数而 $i=\sqrt{-1}$（或 $i^2=-1$）。对这种数的系统研究称为"复变函数论"，在纯粹数学和应用数学中都有很多应用。

构造主义（constructivism）（早期称"直觉主义"）　由荷兰数学家布劳威尔及其追随者提出的一种学说，主张只有那些由某些原始对象出发经有限步骤能"构造"出来的数学对象,才是真正存在并有意义的。

连续统假设(continuum hypothesis)　在康托尔集合论中,一个集合的基数表示它的"多少"。整数 $1,2,3,\cdots$ 的集合的基数用 $\aleph_0$ 表示。实数集的基数用 $2^{\aleph_0}$ 表示。连续统假设断言在 $\aleph_0$ 和 $2^{\aleph_0}$ 之间不存在其他集合的基数。

曲线拟合(curve fitting)　找出一个"简单"公式或"简单"几何曲线作为物理的或统计的数据的近似。开普勒关于行星轨道为椭圆形的发现,就是曲线拟合的典型例子。

丢番图方程(Diophantine equation)　只考虑整数解的一类方程。例如,丢番图方程 $2x^2-3y^2=5$ 有整数解 $x=2,y=1$。

狄利克雷问题(Dirichlet problem)　给定 x-y 平面上的一个区域 R 和在 R 的边界 B 上定义的函数 f。狄利克雷问题要寻找一个满足 R 上的偏微分方程 $\dfrac{\partial^2 u}{\partial x^2}+\dfrac{\partial^2 u}{\partial y^2}=0$ 且在 B 上取 f 值的函数 $u(x,y)$。

费马大定理(问题)(Fermat's last problem/theorem)　一个有待证明的命题,指出方程 $x^n+y^n=z^n$ 当 n 为大于 2 的整数时无正整数解。这是一个目前尚未解决的最著名的数学问题。[①]

不动点(fixed point)　一个在变换中保持不变的点。比如一个碟子绕其中心旋转,其中心就是不动点。

形式主义(formalism)　一种认为数学"只是由按照预先规定的规则或协议加以操作或结合的形式符号或表达式"的主张。形式主义认为没必要考虑表达式的意义。

四色定理(four-color theorem)　人们希望在给行政区划地图着色时,使有着共同边界的国家用不同颜色着色。有经验的制图者知道四种颜色就足够了。一百多年来,这个用严格公式化表达的断言的证明一直是数学中未解决的问题。它现在已由计算机辅助加以"证明"。

傅立叶分析(Fourier analysis)　一种使周期曲线(函数)分解为基本周期曲线(正弦或余弦)的数学方法。

函数(function)　一般说来,两个集合间的一种联系。狭义地说,一种使某种联系能被计算的公式,一条曲线,一种规则或对于给定输入能产生固定的输出的"黑箱"。例如,对于 $y=x^2$,输入为 x,输出即 x^2。

函数空间(function space)　函数的集合,其成员由表值规则所限定。一个著名的例子是定义在区间 $-\pi\leqslant x\leqslant\pi$ 上所有函数的集合,它在勒贝格意义上是可测的,且 $\int_{-\pi}^{\pi}|f|^2\mathrm{d}x<\infty$。函数空间的一个不那么特别的例子是所有抛物函数 $y=ax^2+bx+c$ 的集合。

---

①　这个问题已经在 1995 年由怀尔斯解决。——译者注

代数学基本定理(fundamental theorem of algebra) 断言形如 $a_0 x^n + a_1 x^{n-1} + \cdots + a_n = 0$ 的方程(这里 $a_0, \cdots, a_n$ 这些数可以是复数)至少有一个复数值 x 满足它。

哥德巴赫猜想(Goldbach's conjecture) 关于每个偶数都是两个质数之和的猜想。

群(group) 一个群是满足下列要求(公理)的代数结构。存在着一个元素集,这些元素能通过运算"·"两两结合,产生集合中的另一元素。这个结合过程满足"结合律":$a \cdot (b \cdot c) = (a \cdot b) \cdot c$。这个集合包含一个"单位元"$e$,对于集合中的所有 a,满足结合关系 $a \cdot e = e \cdot a = a$。对于集合中每个元素 a,存在一个"逆元"a^{-1},满足结合关系。$a \cdot a^{-1} = a^{-1} \cdot a = e$。群的一个最简单例子是两个数 1 和 -1 通过乘法结合而成的。元素 1 是单位元。1 和 -1 的逆元是 1 和 -1。一个群的阶是其中元素的个数。

整数(integers) 正整数是 $1, 2, 3, \cdots$。负整数是 $-1, -2, -3, \cdots$。此外还有 0,即零整数。

无理数(irrational number) 一个并非有理数(分数)的实数,最先发现的无理数之一是 $\sqrt{2} = 1.414\cdots$。"大多数"实数在康托尔严格给出的意义上是无理数。

引理(lemma)(预备定理) 本身看来价值可能不大,但能用作更基本的定理证明的阶梯。

逻辑主义(logicism) 一种认为数学等同于符号逻辑的主张。这种主张的早期倡导者之一是罗素。

矩阵(matrix) 一些项(通常是数)的矩形数组。

$$\begin{pmatrix} 2 & 1 \\ 2 & 3 \end{pmatrix}, \begin{pmatrix} 1 & 2 & 3 \\ 4 & 5 & 9 \end{pmatrix} 是矩阵$$

模(modulo) 当整数取"模 3"时,人们忽略 3 的倍数而只考虑其余数,例如,7(模 3)$=1$,因为 $7 = (3 \cdot 2) + 1$。大于 3 的模与此类似。时钟记录取模 12,而非累计时间。轿车计程器记录里程取模数 10 万英里。

自然数(natural number) 任一整数 $1, 2, \cdots$。正整数。

非欧几里得几何学(non-Euclidean geometry) 一种建立在与欧几里得公理相矛盾的公理基础上的几何学。具体说来,一种用另外公理取代欧几里得第五公理的几何学。第五公理断言过直线外一点存在且只存在一条平行线。一种特定的非欧几里得几何学断言根本不存在这样的平行线。

非标准分析(non-standard analysis) 一种与微积分有关的数学数字系统,20 世纪 60 年代由鲁滨孙以严格的逻辑形式给出,它承认无穷小量。

柏拉图主义 本书所指的柏拉图主义,是一种相信数学在整体上独立于人类而永恒存在,数学家的工作只不过是发现这些数学真理的主张。

幂级数(power series) 一种特殊类型的无穷级数,其中一个变量的相继的幂分别被某些数相乘,然后相加。例如

$$1+x+x^2+x^3+\cdots$$

$$1+x+\frac{x^2}{1\cdot 2}+\frac{x^3}{1\cdot 2\cdot 3}+\frac{x^4}{1\cdot 2\cdot 3\cdot 4}+\cdots$$

变量 x 的幂级数的一般形式为

$$a_0+a_1x+a_2x^2+a_3x^3+\cdots$$

质数定理（prime number theorem）　关于质数在正整数序列中出现频率的一种陈述。这一定理早在 19 世纪初就作为猜想提出，但直到 19 世纪 90 年代才最终确立。更精确地说，如果用 $\pi(n)$ 表示不大于 n 的质数的个数，$\pi(n)$ 近似等于 $\dfrac{n}{\log n}$，其近似程度随 n 值变大而改善。

有理数（rational number）　作为两个整数之比的任一个数，$\dfrac{1}{1}$，$-\dfrac{6}{7}$，$\dfrac{21}{108}$，$\dfrac{4\,627}{1\,039}$。一个分数。

实数（real number）　任一有限或无限的十进制数，例如

1

2 817

$-30.007\,92$

81.111 1…

0.123 456 789 110 111 213 14

3.141 59…

任一有理数或无理数。

剩余（residue）　一个整数被另一整数除后的余数。以 6 为模（即被 6 除），10 的剩余为 4。

罗素悖论（Russell's paradox）　通俗地说，一个克里特人说所有克里特人都说谎——他这句话是真话还是谎话？

数学上的表述：一个由所有不包括自身作为其元素的集合构成的集合。这个概念包含矛盾。

序列（sequence）　按正整数次序相继排列的一个集合。一般说来是数列。偶数数列是 2,4,6,8,…，平方数数列是 1,4,9,…。

级数（series）　一般说来（并非总是如此）指无限项之和。一个无限个数相加的数学过程。比如 $1+\dfrac{1}{2}+\dfrac{1}{4}+\dfrac{1}{8}+\cdots$，$1-\dfrac{1}{3}+\dfrac{1}{5}-\dfrac{1}{7}+\cdots$ 和 $1-1+1-1+1\cdots$ 都是著名的无穷级数。

词长（word length）　计算机运算中作为一个单元的标准比较数。

参考文献

ADLER, ALFRED: Mathematics and Creativity. The New Yorker Magazine, February 19, 1972

AHRENS, W.: Mathematiker Anektoden, ed. L. J. Cappon. Chapel Hill: University of North Carolina Press 1959

ALEXANDROFF, A. D., KOLMOGOROFF, A. N., LAWRENTIEFF, M. A. (eds.): Mathematics: Its Content, Methods and Meaning. Cambridge: M.I.T.Press 1963

ALPER, J.L.: Groups and Symmetry. In: Mathematics Today, ed. L.A. Steen, pp.65-82. New York: Springer-Verlag 1978

ANDERSON, D. B., BINFORD, T.O., THOMAS, A. J., WEYBRAUCH, R. W., WILKS, V. A.: After Leibniz: Discussions on Philosophy and Artificial Intelligence. Stanford Artificial Intelligence Laboratory Memo AIM-229 March 1974

ANONYMOUS: Federal Funds for Research and Development, Fiscal Years 1977, 1978, 1979. Vol. 27. Detailed Statistical Tables, Appendix C. NSF-78-312. Washington. D.C.: National Science Foundation 1978

APPEL, K., HAKEN, W.: The Four-Color Problem. In: Mathematics Today, ed. L. A. Steen, pp. 153-190. New York: Springer-Verlag 1978

ARAGO, F. J.: Éloge historique de Joseph Fourier.Mém. Acad. Roy. Sci. 14, 69-138. English translation in: Biographies of Distinguished Scientific Men, London, 1857

ARCHIBALD, R.C.: Outline of the History of Mathematics. Slaught Memorial Paper. Buffalo: Mathematical Association of America 1949

ARIS, R.: Mathematical Modelling Techniques. San Francisco: Pitman 1978

AUBREY, JOHN: Brief Lives. Edited by Andrew Clark. Oxford: Oxford University Press 1898

AUBREY, JOHN: Aubrey's Brief Lives. Edited by Oliver Lawson Dick; foreword by Edmund Wilson. Ann Arbor: Ann Arbor Paperbacks 1962

BANCHOFF, T., STRAUSS, C. M.: On Folding Algebraic Singularities in Complex 2-Space. Talk and movie presented at meeting of the American Mathematical Society. Dallas, Texas January 1973

BARBEAU,E.J.,LEAH,P.J.:Euler's 1760 Paper on Divergent Series.Historia Mathematica 3,141-160(1976)

BARKER,STEPHEN F.:Philosophy of Mathematics.Englewood Cliffs:Prentice-Hall 1964

BARWISE.JON (ed.):Handbook of Mathematical Logic Amsterdam: North-Holland 1977

BASALLA,GEORGE: The Rise of Modern Science: Internal or External Factors. Boston: D. C. Heath and Co.,1968

BAUM,ROBERT J.(ed.):Philosophy and Mathematics from Plato to the Present,Freeman,San Francisco 1973

BELL, E. T.: Men of Mathematics. New York: Simon and Schuster, 1937.

BELL, E. T.: The Development of Mathematics. New York: McGraw-Hill 1949.

BELL, M. S.(ed.): Studies in Mathematics, Vol XVI: Some Uses of Mathematics: a Sourcebook for Teachers and Students of School Mathematics.Stanford: School Mathematics Study Group 1967.

BELLMAN, RICHARD: A Collection of Modern Mathematical Classics: Analysis. New York: Dover 1961.

BENACERRAF, PAUL, PUTNAM, HILARY (eds.): Philospgy of Mathematics: Selected Readings. Englewood Cliffs:Premtice-Hall 1964

BERNAL, J.D.:The Social Function of Science,New York:Macmillan 1939

BERNSTEIN,DOROTHY L.:The Role of Applications in Pure Mathematics.American Mathematical Monthly. 86,245-253(1979)

BETH,EVERT W., PIAGET,JEAN:Mathematics,Epistemology and Psychology.Translated by W. Mays,New York:Gordon and Breach 1966

BIRKHOFF,GARRETT:Mathematics and Psychology.SIAM Review.11,429-469(1969)

BIRKHOFF,GARRETT(ed.):A Source Book in Classical Analysis. Cambridge:Harvard University Press 1973

BIRKHOFF,GARRETT:Applied Mathematics and Its Future. In:Science and Technology in America,pp.83-103.Washington,D.C:National Bureau of standards, Special Publication No. 465 1977

BISHOP,E.:Foundations of Constructive Analysis.New York:McGraw-Hill 1967

BISHOP,E.;Aspects of Constructivism.Las Cruces. New Mexico State University 1972

BISHOP,E.; The Crisis in Constemporary Mathematics. Historia Mathematica, 2,507-517(1975)

BLANCHÉ, ROBERT; Axiomatization.In; Dictionary of the History of Ideas.Vol. Scribner's 1973

BLOCH, MARC; The Historian's Craft. New York; Alfred A. Knopf 1953

BLOOR, DAVID; Wittgenstein and Mannheim on the Sociology of Mathematics. Studies in the History and Philosophy of Science. 2,173-191 New York; Macmillan 1973

BOCHNER,SALOMON; The Role of Mathematics in the Rise of Science. Princeton; Princeton University Press 1966

BOCHNER, SALOMON; Mathematics in Cultural History,In; Dictionary of the History of Ideas. New York; Charles Scribner's Sons 1973

BOLZANO, B.; Paradoxes of the Infinite(1850),D.A. Steele,ed London;Routledge and Kegan Paul 1950

BOREL, EMILE; L'imaginaire et le réal en mathématiques et en physique. Paris; Editions Alvin Michel 1952.

BOOSS, BERNHELM, NISS, MOGENS (eds.); Mathematics and the Real World. Basel; Birkhauser Verlag 1979

BOWNE, GWENDOLYN D.;The Philosophy of Logic, 1880-1908.The Hague;Mouton 1966

BOYER,C.B.; A History of Mathematics.New York;John Wiley & Sons 1968

BRIDGMAN,P.W.;The Way Things Are. Cambridge;Harvard University Press 1959

BROOKS, FREDERICK P., JR.; The Mythical Man-Month; Essays on Software Engineering. Reading, Mass.; Addison-Wesley 1975

BRUNER,JEROME S.;On Knowing ;Essays for the Left Hand.New York;Atheneum 1970

BRUNER JEROME S.; The Process of Education. Cambridge; Harvard University Press 1960

BRUNO,GIORDANO;Articuli centum et sexaginta adversos nuius tempestatis mathematicos atque philosophos. Prague 1588

BRUNSCHVICG,LÉON;Les étapes de la philosophie mathématique.Paris;Alcan 1912

BUDDEN, F. J.; The Fascination of Groups. Cambridge; Cambridge University Press 1972

BUNGE,MARIO; Intuition and Science. Englewood Cliffs;Prentice-Hall 1962

BUNT, L. N. H.,JONES,P. S., BEDIENT.J.D.;The Historical Roots of Elementary Mathematics.Englewood Cliffs;Prentice Hall 1976

BURGESS.J.P.;Forcing.In;Jon Barwise(ed.),Handbook of Mathematical Logic,pp.403-452.Amsterdam;North-Holland 1977

CAJORI,F.;The Early Mathematical Sciences in North and South America. Boston;R. G. Badger 1928

CAJORI.F;History of Mathematical Notations.Chicago;The Open Court Publishing Co. 1928-29

CHIHARA.CHARLES S.; Ontology and the Vicious Circle Principle. Ithaca, N . Y.; Cornell University Press 1973

DAVIS,MARTIN,HERSH,REUBEN;Nonstandard Analysis. Scientific American.June, 1972,pp.78-84.

CHINN,W. G.,STEENROD, N,E,;First Concepts of Topology ,Washington, D.C.,The New Mathematical Library, Mathematical Association of America 1966

CLARK, G, N; Science and Social Welfare in the Age of Newton, Oxford; Oxford University Press 1949

COHEN, M. R., DRABKIN, I. E.; Source Book in Greek Science.Cambridge;Harvard University Press 1958

COHEN,P.J.;Set Theory and the Continuum Hypothesis New York; W. A. Benjamin 1966

COHEN,P.J.;Comments on the Foundation of Set Theory. In;Dana Scott(ed.),Axiomatic Set Theory,pp.9-15. Providence,R.I.;American Mathematical Society 1971

COHEN,P.J.,HERSH,R.;Non-Cantorian Set Theory. In;Mathematics in the Modern World. San Francisco; W. H. Freeman 1968

COPI,IRVING M.,GOULD,JAMES A.(eds.);Readings on Logic. New York;Macmillan 1967

COURANT,R.,ROBBINS,H.;What is Mathematics? New York ; Oxford University Press 1948

CROSSLEY. JOHN N., et al.; What is Mathematical Logic? Oxford;Oxford University Press 1972

CROWE, M. J.; Ten "Laws" Concerning Patterns of Change in the History of Mathematics. Historia Mathematica. 2, 161-166 (1975)

CUDHEA, DAVID; Artificial Intelligence. The Stanford Mgazine, spring/summer (1978)

CURRY,HASKELL B.; Some Aspects of the Problem of Mathematical Rigor. Paper presented at the Meeting of the American Mathematical Socitey, New York, October 26, 1940

CURRY,HASKELL B.; Outlines of a Formalist Philosophy of Mathematics. Amsterdam; North-Holland, 1951

DANTZIG.TOBLAS;Henri Poincaré;Critic of Crises. Reflections on his Universe of Discourse. New York; Charles Scribner's Sons 1954

DANTZIG, TOBIAS; Number, the Language of Science. New York; Macmillan 1959

DAUBEN,J.W.;The Trigonometric Background to Georg Cantor's Theory of Sets. Arch. History of the Exact

Sciences 7，181-216(1971)

DAVIS，CHANDLER：Materialist Mathematics. Boston Studies in the Philosophy of Science. 15，37-66. Dordrecht：D. Reidel 1974

DAVIS. H. T.：Essays in the History of Mathematics. Evanston，Illinois，mimeographed 1949

DAVIS，MARTIN：Applied Nonstandard Analysis. New York：John Wiley & Sons 1977

DAVIS，MARTIN；The Undecidable.Hewlett，N.Y.：Raven Press 1965

DAVIS，MARTIN：Unsolvable Problems. In：Jon Barwise(ed.)：Handbook of Mathematical Logic. Amsterdam：North-Holland 1977

DAVIS，MARTIN，HERSH，REUBEN：Nonstandard Analysis.Scientific American.June,1972,pp.78-84.

DAVIS，MARTIN，HERSH，REUBEN：Hilbert's Tenth Problem.Scientific American.November,1973,pp.84-91.

DAVIS,N.P.：Lawrence and Oppenheimer.New York：Simon and Schuster 1968

DAVIS,P.J.：Leonhard Euler's Integral：An Historical Profile of the Gamma Function. American Mathematical Monthly. 66,849-869(1959)

DAVIS,P.J.：The Criterion Makers：Mathematics and Social Policy. American Scientist.50,258A-274A(1962)

DAVIS,P.J.：Number. Scientific American. September,1964.Reprinted in：Mathematics：An Introduction to its Spirit and Use. San Francisco：W.H.Freeman 1978

DAVIS， P. J.： Numerical Analysis. In：The Mathematical Sciences，pp.128-137. Cambridge：M.I.T. Press 1969

DAVIS,P.J.：Fidelity in Mathematical Discourse：Is $1+1$ Really 2? American Mathematical Monthly.78,252-263 (1972)

DAVIS,P.J.：Simple Quadratures in the Complex Plane. Pacific Journal of Mathematics.15,813-824(1965)

DAVIS,P. J.： Visual Geometry，Computer Graphics，and Theorems of Perceived Type. In：Proceedings of Symposia in Applied Mathematics，Vol.20.Providence,R.I.：American Mathematical Society 1974

DAVIS,P. J.： Towards a Jamesian History of Mathematics. Invited address at the Winter Meeting of the American Mathematical Society，January 22,1967,San Antonio,Texas

DAVIS,P.J.：Mathematics by Fiat? The Two Year College Mathematics Journal.June,1980.

DAVIS,P.J.：Circulant Matrices.New York：John Wiley & Sons 1979

DAVIS,P.J.，ANDERSON,J.A.：Non-Analytic Aspects of Mathematics and Their Implication for Research and Education.SIAM Review.21,112-127(1979)

DAVIS, P. J.， CERUTTI, ELSIE： FORMAC Meets Pappus：Some Observations on Elementary Analytic Geometry by Computer. American Mathematical Monthly.75,895-905(1969)

DEE,JOHN：Monas Hieroglyphica 1564

DEE,JOHN：The Mathematical Praeface to the Elements of Geometrie of Euclid of Megara (1570).With an introduction by Allen G. Debus.New York：Neale Watson Academic Publications 1975

DEMILLO,R. A.， LIPTON, R. J.， PERLIS, A. J.： Social Processes and Proofs of Theorems and Programs. Communications of the ACM.22,271-280(1979)

DERTOUZOS,M.L,MOSES,J.(eds.)：The Computer Age：A Twenty-Year View.Cambridge：M.I.T.Press 1979

DESARMANIEN,J.， KUNG,J.P.S.， ROTA，G.C.：Invariant Theory，Young Bitableaux and Combinatories. Advances in Mathematics.27,63-92(1978)

DICKSON,L.E.：History of the Theory of Numbers,Vol.2.New York：G.E.Stechert 1934

DICTIONARY OF THE HISTORY OF IDEAS：New York：Charles Scribner's Sons 1973

DIEUDONNÉ,J.：Modern Axiomatic Methods and the Foundations of Mathematics. In：Great Currents of Mathematical Thought,Vol.2,pp.251-266.New York：Dover 1971

DIEUDONNÉ,J.：The Work of Nicholas Bourbaki.American Mathematical Monthly.77,134-145(1970)

DIEUDONNÉ,J.：Should We Teach Modern Mathematics? American Scientist.61,16-19(1973)

DIEUDONNÉ,J.：Panorame des mathématiques pures: Ie choix bon'bachique. Palis：Bordas，Dunod，Gauthier-Villars 1977

DI SESSA,A.：Turtle Escapes the Plane：Some Advanced Turtle Geometry. Artificial Intelligence Memo.348，Artificial Intelligence Laboratory,M.I.T. Boston,Mass.December 1975

DRESDEN，ARNOLD：Mathematical Certainty. Scientia. 45,369-374(1929)

DREYFUS，HUBERT，L.：What Computers Can't Do：a Critique of Artificial Reason，New York：Harper & Row 1972

DUHEM,P.：The Aim and Structure of Physical Theory. First edition 1906. Princeton：Princeton University Press 1954

DUMMETT,MICHAEL：Elements of Intuitionism. Oxfors：The Clarendon Press. 1977

DUMMETT, MICHAEL： Reckonings：Wittgenstein on Mathematics. Edited by C. Diamond; notes of R. Bosanquet,N.Malcolm,R.Rhees,Y.Smithies.Cambridge 1939

DUNMORE,PAUL V.：The Uses of Fallacy.New Zealand Mathematics Magazine.1970

DUNNINGTON,G.W.:C.F.Gauss.New York:Exposition Press 1955

DUPREE,A.HUNTER:Science in the Federal Government.Cambridge:Harvard University Press 1957

DYCK,MARTIN:Novalis and Mathematics.Chapel Hill:University of North Carolina Press 1960

EDWARDS,H.M.:Riemann's Zeta Function.New York:Academic Press 1974

EDMUNDSON,H.P.:Definitions of Random Sequences.TR-360,Computer Science Department,University of Maryland, College Park,Maryland.March,1975

EUCLID:The Thirteen Books of Euclid's Elements.Introduction and Commentary by T.L.Heath.New York: Dover 1956

EVES,H., NEWSOM,C.V.:An Introduction to the Foundations and Fundamental Concepts of Mathematics. New York:Holt,Rinehart and Winston 1965

FANG,J.AND TAKAYAMA,K.P.:Sociology of Mathematics and Mathematicians.Hauppauge,N.Y.:Paideia Press 1975.

FEFERMAN,SOLOMON:The Logic of Mathematical Discovery vs. the Logical Structure of Mathematics. Department of Mathematics,Stanford University.1976

FEFERMAN,SOLOMON: What Does Logic Have to Tell Us About Mathematical Proofs? Mathematical Intelligencer 2, No. 4

FERGUSON,E.S.:The Mind's Eye:Nonverbal Thought in Technology.Science.197,827-836(1977)

FISHER, CHARLES S.: The Death of a Mathematical Theory: A Study in the Sociology of Knowledge. Arch. History of the Extra Science. 3, 137-159(1966)

FITZGERALD, ANNE, MACLANE, SAUNDERS(eds.): Pure and Applied Mathematics in People's Repubic of China. Washington, D.C.: National Academy of Science 1977

FRAENKEL,A.A.:The Recent Controversies About the Foundations of Mathematics.Scripta Mathematica.13, 17-36(1947)

FRAME, J. S.: The Working Environment of Today's Mathematician. In: T. L. Saaty and F. J. Weyl(eds.), The Sprit and Uses of the Mathematical Sciences. New York: McGraw-Hall 1969

FRANK,PHILIPP:The Place of Logic and Metaphysics in the Advancement of Modern Science.Philosophy of Science.5,275-286(1948)

FRENCH,PETER J.:John Dee.London:Routledge and Kegan Paul 1972

FREUDENTHAL,HANS:The Concept and Role of the Model in Mathematics and Social Sciences.Dordrecht: Reidel 1961

FREUDENTHAL,HANS: Symbole. In: Encyclopaedia Universalis. Paris. 1968

FREUDENTHAL,HANS: Mathematics as an Educational Task. Dordrecht:Reidel 1973

FREUDENTHAL,HANS: Weeding and Sowing. Dordrecht: Reidel 1978

FRIEDMAN,JOEL I.: On Some Relations Between Leibniz' Monodology and Transfinite Set Theory (A Complement to the Russell Thesis). In: Akten des II Internationalen Leibniz-Kongresses. Wiesbaden: Franz Steiner 1975

FRIEDMAN,JOEL I.:Some Set-Theoretical Partition Theorems Suggested by the Structure of Spinoza's God. Synthese.27,199-209(1974)

GAFFNEY,M. P., STEEN, L. A.: Annotated Bibliography of Expository Writings in the History of the Mathematical Sciences.Washington,D.C.:Mathematical Association of America 1976

GARDNER,H:The Shattered Mind. New York:Knopf 1975

GARDNER,MARTIN:Aha! Insight.San Francisco:W.H.Freeman 1978

GIGALLINGS,R.A.:Mathematics in the Times of the Pharaohs.Cambridge:M.I.T. Press 1972

GODEL,K.:What is Cantor's Continuum Problem? In: P. Benacerraf and H. Putnam (eds.): Philosophy of Mathematics,Selected Readings, pp.258-273.Englewood Cliffs:Prentice-Hall 1964

GOLDSTEIN,IRA,PAPERT,SEYMOUR:Artificial Intelligence Language and the Study of Knowledge.M.I.T. Artificial Intelligence Laboratory, Memo.337,Boston March 1976

GOLDSTINE,HERMAN H.: The Computer from Pascal to von Neumann. Princeton: Princeton University Press 1972

GOLDSTINE,HERMAN H.:A History of Numerical Analysis.New York:Springer 1977

GOLOS, E. B.: Foundations of Euclidean and Non-Euclidean Geometry. New York: Holt, Rinehart and Winston 1968

GONSETH, FERDINAND: Philosophie mathématique. Hermann, Paris 1939

GOOD, I. J., CHURCHHOUSE, R. F.: The Riemann Hypothesis and Pseudorandom Festures of the Möbuis Sequence. Mathematics of Computation. 22, 857-864(1968)

GOODFIELD,JUNE:Humanity in Science:A Perspective and a Plea. The Key Reporter. 42, Summer 1977

GODDMAN, NICHOLAS D.: Mathematics as an Objective Science. American Mathematical Monthly.86,540-

551(1979)

GORENSTEIN, D.: The Classification of Finite Simple Groups. Bulltetin of the American Mathematical Society. N. S.1, 43-199(1979)

GRABINER,JUDITH V.: Is Mathematical Truth Time-Dependent? American Mathematical Monthly.81,354-365(1974)

GRATTAN-GUINNESS,I.: The Development of the Foundations of Mathematical Analysis From Euler to Riemann.Cambridge:M.I.T.Press 1970

GREENBERG,MARVIN J.: Euclidean and Non-Euclidean Geometries; Development and History.San Francisco: W.H.Freeman 1974

GREENWOOD,T.: Invention and Description in Mathematics. Meeting of the Aristotelian Society 1/20 1930

GRENANDER,ULF: Mathematical Experiments on the Computer. Division of Applied Mathematics, Brown University, Providence,R.I.1979

GRIFFITHS,J.GWYN: Plutarch's De Iside et Osiride. University of Wales Press 1970

GROSSWALD,E.: Topics from the Theory of Numbers. New York:Macmillan 1966

GUGGENHEIMER,H.: The Axioms of Betweenness in Euclid. Dialectica. 31,187-192(1977).

HACKING,IAN: Review of I. Lakatos' Philosophical Papers. British Journal of the Philosophy of Science(to appear)

HADAMARD, JACQUES. The Psychology of Invention in the Mathematical Field. Princeton: Princeton University Press 1945

HAHN,HANS: The Crisis in Intuition. In:J.R. Newman (ed.), The World of Mathematics,pp.1956-1976.New York:Simon and Schuster 1956

HALMOS,P.: Mathematics as a Creative Art.American Scientist. 56,375-389(1968)

VON HARDENBERG,FRIEDRICH(Novalis): Tagebücher, München: Hanser 1978

HARDY,G.H.: Mathematical Proof.Mind.38,1-25(1929)

HARDY,G.H.: A Mathematician's Apology.Cambridge:Cambridge University Press 1967

HARTREE,D.R: Calculating Instruments and Machines. Urbana:University of Illinois Press 1949.

HEATH,T.L.: A History of Greek Mathematics. Oxford:The Clarendon Press 1921

HEATH,T.L.: Euclid's Elements.Vol.I.New York:Dover 1956

HEISENBERG,WERNER: The Representation of Nature in Contemporary Physics. In: Rollo May (ed.), Symbolism in Religion and Literature.New York:Braziller 1960

HENKIN,LEON A.: Are Logic and Mathematics Identical? The Chauvenet Papers, Vol.II.Washington,D.C.: The Mathematical Association of America 1978

HENRICI,PETER: Reflections of a Teacher of Applied Mathematics.Quarterly of Applied Mathematics.30,31-39(1972)

HENRICI,PETER: The Influence of Computing on Mathematical Research and Education. In: Procedding of symposia in Applied Mathematics, Vol. 20. Providence: American Mathematical Society 1974

HERSH,REUBEN: Some Proposals for Reviving the Philosophy of Mathematics.Advances in Mathematics.31, 31-50(1979)

HERSH,REUBEN: Introducing Imre Lakatos. Mathematical Intelligencer.1,148-151.(1978)

HESSEN,B.: The Social and Economic Roots of Newton's Principia.New York:Howard Fertig 1971

HILBERT,D.: On the infinite. In: P. Benacerraf and H. Putnam (eds.), Philosophy of Mathematics: Selected Readings,pp.134-151.Englewood Cliffs:Prentice-Hall 1964

HONSBERGER,R.: Mathematical Gems,II.Washington,D.C.: Mathematical Association of America 1973

HORN,W.: On the Selective Use of Sacred Numbers and the Creation in Carolingian Architecture of a new Aesthetic Based on Modular Concepts. Viator.6,351-390(1975)

HOROVITZ,J.: Law and Logic.New York:Springer 1972

HOUSTON,W. ROBERT (ed.): Improving Mathematical Education for Elementary School Teachers. East Lansing,Michigan:Michigan State University 1967

HOWSON,A.G.(ed.): Developments in Mathematical Education. Cambridge:Cambridge University Press 1973

HRBACEK,K.JECH,T.: Introduction to Set Theory. New York:Marcel Dekker 1978

HUNT,E.B.: Artificial Intelligence.New York:Academic Press 1975

HUNTLEY,H.E.: The Divine Proportion.New York:Dover 1970

HUSSERL, EDMUND: The Origins of Geometry. Appendix in VI Edmund Husserl, The Crisis of European Science. Translated by David Carr. Evanston: Northwestern University Press 1970

ILIEV,L.: Mathematics as the Science of Models.Russian Mathematical Surveys.27,181-189(1972)

JACOB,FRANCOIS: Evolution and Tinkering.Science.196,1161-1166(1977)

JAMES,WILLIAM: Great Men and Their Environment.In: Selected Papers on Philosophy,pp.165-197. London:

J.M.Dent and Sons 1917

JAMES,WILLIAM;Psychology (Briefer Course).New York;Collier 1962

JAMES,WILLIAM;The Varieties of Religious Experiences. Reprint;New York;Mentor Books 1961

JOSTEN,C.H.;A Translation of Dee's 'Monas Hieroglyphica' with an Introduction and Annotations. Ambix. 12,84-221(1964)

JOUVENEL,BERTRAND DE;The Republic of Science.In;The Logic of Personal Knowledge;Essays to M. Polányi.London;Routledge and Kegan Paul 1961

JUNG,C.J.;Man and His Symbols.Garden City,New York;Doubleday 1964

JUSTER,NORTON;The Phantom Tollbooth.New York;Random House 1961

KAC, MARK; Statistical Independence in Probability, Analysis and Number Theory. Carus Mathematical Monographs No.12.Washington,D.C.;Mathematical Association of America 1959

KANTOROWICZ,ERNST;Frederick the Second.London;Constable 1931

KASNER,E.,NEWMAN,J.;Mathematics and the Imagination.New York;Simon and Schuster 1940

KATZ,AARON;Toward High Information-Level Culture. Cybernetica. 7,203-245(1964)

KERSHNER,R.B.AND WILCOX,L.R.;The Anatomy of Mathematics.New York;Ronald Press 1950

KESTIN,J.;Creativity in Teaching and Learning .American Scientist.58,250-257(1970)

KLEENE,S.C.;Foundations of Mathematics.In;Encyclopaedia Britannica,14th edition,volume 14,pp.1097-1103. Chicago 1971

KLENK,V.H.;Wittgenstein's Philosophy of Mathematics. The Hague;Nijhoff 1976

KLIBANSKY,R.(ed.);La philosophie contemporain. Vol. I.Florence;UNESCO 1968

KLINE,M.(ed.);Mathematics in the Modern World.Readings from Scientific American. San Francisco;W.H. Freeman 1968

KLINE,M.;Logic Versus Pedagogy. American Mathematical Monthly. 77,264-282(1970)

KLINE,M.;Mathematical Thought from Ancient to Modern Times. Oxford;Oxford University Press 1972

KLINE,M.;Why the Professor Can't Teach.New York;St.Martin's Press 1977

KNEEBONE,I.G.T., CAVENDISH ,A.P.;The Use of Formal Logic. The Aristotelian Society Supplementary Vol.45 1971

KNOWLTON,K.;The Use of FORTRAN-Coded EXPLOR for Teaching Computer Graphics and Computer Art.In;Proceedings of the ACMSIGPLAN Symposium on Two-Dimensional Man-Machine Communication, Los Alamos, New Mexico, October 5-6, 1972

KNUTH,D.E.;Mathematics and Computer Science;Coping with Finiteness.Science.192,1235-1242(1976)

KOESTLER,ARTHUR;The Sleepwalkers.New York;Macmillan 1959

KOESTLER,ARTHUR;The Act of Creation. London;Hutchinson 1964

KOLATA ,G.BARI;Mathematical Proof;the Genesis of Reasonable Doubt.Science.192,989-990(1976)

KOLMOGOROV,A.D.;Mathematics.In;Great Soviet Encyclopaedia,third edition.New York;Macmillan 1970

KOPELL,N., STOLTZENBERG,G.;Commentary on Bishop's Talk. Historia Mathematica.2,519-521(1975)

KORNER,S.;On the Relevance of Post-Gödelian Mathematics to Philosophy.In;I.Lakatos(ed.),Problems in the Philosophy of Mathematics, pp.118-133.Amsterdam;North-Holland 1967

KOVALEVSKAYA ,SOFYA; A Russian Childhood. Translated by Beatrice Stillman. New York; Springe-Verlag 1978

KUHN,T.S.;The Structure of Scientific Revolutions.Chicago;University of Chicago Press 1962

KUHNEN,K.;Combinatorics.In;Jon Barwise (ed.),Handbook of Mathematical Logic,pp.371-401.Amsterdam; North-Holland 1977

KUNTZMANN,JEAN.Où vont les mathématiques? Paris;Hermann 1967

KUYK,WILLEM;Complementarity in Mathematics. Dordrecht;Reidel 1977

LAKATOS ,I.;Infinite Regress and the Foundations of Mathematics. Aristotelian Society Supplementary Volume 36,pp.155-184(1962)

LAKATOS,I.;A Renaissance of Empiricism in the Recent Philosophy of Mathematics? In;I.Lakatos (ed.); Problems in the Philosophy of Mathematics,pp.199-203.Amsterdam; North-Holland 1967

LAKATOS,I.;Proofs and Refutations. J. Worral and E.Zahar,eds.Cambridge;Cambridge University Press 1976

LAKATOS,I.;Mathematics,Science and Epistemology.Cambridge;Cambridge University Press 1978

LAKATOS, I.,MUSGRAVE,A.(eds.);Problems in the Philosophy of Science.Amsterdam;North-Holland 1968

LANGER,R.E.;Fourier Series. Slaught Memorial Paper. American Mathematical Monthly. Supplement to Volume 54,pp.1-86(1947)

LASSERRE, FRANCOIS;The Birth of Mathematics in the Age of Plato,Larchmont,N.Y.; American Research Council 1964

LEBESGUE,HENRI;Notices d'histoire des mathématiques. L'enseignement mathématique.Geneva 1958

LEHMAN, H.: Introduction to the Philosophy of Mathematics. Totowa , N.J.: Rowman and Littlefield 1979

LEHMER, D.N.: List of Prime Numbers from 1 to 10,006,721. Washington, D.C.: Carnegie Institution of Washington Publication No.163 1914

LEITZMANN, W.: Visual Topology. Translated by M.Bruckheimer. London: Chatto and Windus 1965

LEVINSON, NORMAN: Wiener's Life. Bulletin of the American Mathematical Society.72,1-32(1966)(a special issue on Norbert Wiener)

LIBBRECHT, ULRICH: Chinese Mathematics in the Thirteenth Century. Cambridge: M.I.T.Press 1973

LICHNEROWICZ, ANDRÉ: Rémarques sur les Mathématiques et la realité. In: Logique et connaissance scientifique. Dijon: Encyclopédie de la Pléiade,1967

LITTLETON, A.C., YAMEY, B.S. (eds): Studies in the History of Accounting. Homewood, Illinois: R.D. Irwin 1956

LITTLEWOOD, J.E.: A Mathematician's Miscellany. London: Methuen and Co.1953

MACFARLANE, ALEXANDER: Ten British Mathematicians. New York: John Wiley and Sons 1916

MAIMONIDES, MOSES: Mishneh Torah. Edited and translated by M.H.Hyamson. New York: 1937

MANIN, Y.I.: A Course in Mathematical Logic. New York: Springer Verlag 1977

MARSAK, LEONARD M.: The Rise of Science in Relation to Society. New York: Macmillan 1966

MAZIARZ, EDWARD A., GREENWOOD, THOMAS: Greek Mathematical Philosophy. New York: Ungar 1968

MEDAWAR , PETER B.: The Art of the Solvable. London: Methuen 1967 (In Particular: "Hypothesis and Imagination.")

MEHRTENS, HERBERT: T. S. Kuhn's Theories and Mathematics. Historia Mathematica. 3,297-320(1976)

MERLAN, PHILIP: From Platonism to Neoplatonism. The Hague: Martinus Nijhoff 1960

MESCHKOWSKI, H.: Ways of Thought of Great Mathematicians. Translated by John Dyer-Bennet. San Francisco: Holden-Day 1964

MEYER ZUR CAPELLEN, W.: Mathematische Maschinen and Instrumente. Berlin: Akademie Verlag 1951

MICHENER, EDWINA R.: The epistemology and associative representation of mathematical theories with application to an interactive tutor system. Doctoral thesis, Department of Mathematics, M.I.T., Cambridge, Mass.1977

MIKAMI, YOSHIO: The Development of Mathematics in China and Japan. Abhandlung zur Geschichte der Mathematischen Wissenschaften.30,1-347(1913).Reprinted Chelsea, New York

MINSKY, M.: Computation: Finite and Infinite Machines. Englewood Cliffs: Prentice-Hall 1967

VON MISES, R.: Mathematical Theory of Probability and Statistics. New York: Academic Press 1964

MOLLAND, A. G.: Shifting the Foundations: Descartes' Transformation of Ancient Geometry. Historia Mathematica.3,21-79(1976)

MONK, J.D.: On the Foundations of Set Theory. American Mathematical Monthly.77,703-711(1970)

MORITZ, ROBERT E.: Memorabilia Mathematica. New York: Macmillan 1914

MOYER, R.S., LANDAUER, T. K.: Time required for Judgements of a Numerical Inequality. Nature. 215, 1519-1529(1967)

MOYER, R.S., LANDAUER, T.K.: Determinants of Reaction Time for Digit Inequality Judgments. Bulletion of the Psychonomic Society.1,167-168(1973)

MURRAY, F.J.: Mathmatical Machines. New York: Columbia University Press 1961

MURRAY, F.J.: Applied Mathematics: An Intellectual Orientation. New York : Plenum Press 1978

MUSGRAVE , ALAN: Logicism Revisited. British Journal of the Philosophy of Science.28,99-127(1977)

NALIMOV, V.V.: Logical Foundations of Applied Mathematics. Dordrecht: Reidel 1974

NATIONAL RESEARCH COUNCIL(ed.): The Mathematical Sciences. Cambridge: M.I.T.Press 1969

NEEDHAM, JOSEPH: Science and Civilization in China. Vol.III.Cambridge: Cambridge University Press 1959

NEUGEBAUER, O.: Babylonian Astronomy: Arithmetical Methods for the Dating of Babylonian Astronomical Texts. In: Studies and Essays to Richard Courant on his Sixtieth Birthday, pp.265-275. New York: 1948

NEUGEBAUER, O.: The Exact Sciences in Antiquity. New York: Dover 1957

NEUGEBAUER, O., VON HOESEN, H. B.: Greek Horoscopes. Philadelphia: American Philosophical Society 1959

NEUGEBAUER, O., SACHS, A.J.: Mathematical Cuneiform Texts. New Haven: American Oriental Society and American Schools of Oriental Research 1945

VON NEUMANN, J.: The Mathematician In: Works of The Mind, Robert B.Heywood (ed.). Chicago: University of Chicago Press 1947

NEWMAN, J.R.(ed.). The World of Mathematics. Four volumes. New York: Simon and Schuster 1956

NOVY, LUBOS: Origins of Modern Algebra. Translated by Jaroslav Taver. Leiden: Noordhoff International Publishing 1973

PACIOLI,LUCA;De Divina Proportione.1509;reprinted in 1956

PAPERT,SEYMOUR;Teaching Children to be Mathematicians vs.Teaching About Mathematics.Memo.No.249, Artificial Intelligence Laboratory,M.I.T.Boston,Mass.July,1971

PAPERT,SEYMOUR;The Mathematical Unconscious.In Judith Wechsler(ed.),On Aesthetics in Science,pp. 105-121.Cambridge;M.I.T.Press 1978

PIERPONT,JAMES;Mathematical Rigor,Past and Present.Bulletin of the American Mathematical Society.34, pp.23-53(1928)

PHILLIPS,D.L.;Wittgenstein and Scientific Knowledge.New York;Macmillan 1977

PIAGET,JEAN;Psychology and Epistemology.Translated by Arnold Rosin.New York;Grossman 1971

PIAGET,JEAN;Genetic Epistemology. Translated by Eleanor Duckworth. New York;Columbia University Press 1970

PINGREE,DAVID;Astrology.In;Dictionary of the History of Ideas.New York;Charles Scribner's Sons 1973

POINCARÈ,HENRI;Mathematical Creation.Scientific American.179,54-57(1948);also in M.Kline (ed.), Mathematics and the Modern World,pp.14-17,San Francisco;W.H.Freeman(1968);and in J.R.Newman (ed.),The World of Mathematics,Vol.4,pp.2014-2050,New York;Simon and Schuster,1956

POINCARÉ,HENRI;The Future of Mathematics.Revue genérale des sciences pures et appliquées.Vol.19. Paris 1908

POLÁNYI,M.;Personal Knowledge;Towards a Post-Critical Philosophy. Chicago;University of Chicago Press 1960

POLÁNYI,M.;The Tacit Dimension.New York;Doubleday 1966

PÓLYA,G.;How to Solve It. Princeton;Princeton University Press 1945

PÓLYA,G.;Patterns of Plausible Inference.Two volumes.Princeton;Princeton University Press 1954

PÓLYA,G.;Mathematical Discovery.Two volumes.New York;John Wiley & Sons 1962

PÓLYA,G.;Some Mathematicians I Have Known.American Mathematical Monthly.76,746-752(1969)

PÓLYA,G.;Mathematical Methods in Science.Washington,D.C.;Mathematical Association of America 1978

PÓLYA,G.,KILPATRICK,J.;The Stanford Mathematics Problem Book.New York;Teacher's College Press 1974

POPPER,KARL R.;Objective Knowledge.Oxford;The Clarendon Press 1972

POPPER,KARL R.,ECCLES,J.C.;The Self and Its Brain.New York;Springer International 1977

PRATHER,R.E.;Discrete Mathematical Structures for Computer Science.Boston;Houghton Mifflin 1976

PRENOWITZ,W.,JORDAN,M.;Basic Concepts of Geometry.New York;Blaisdell-Ginn 1965

PRIEST,GRAHAM;A Bedside Reader's Guide to the Conventionalist Philosophy of Mathematics. Bertrand Russell Memorial Logic Conference,Uldum,Denmark,1971.University of Leeds,1973

PUTNAM,H.;Mathematics,Matter and Method.London and New York;Cambridge University Press 1975

RAIBIN,MICHAEL O.;Decidable Theories.In Jon Barwise (ed.),Handbook of Mathematical Logic. Amsterdam;North-Holland 1977

RAIBIN,MICHAEL O.;Probabilistic Algorithms.In J.F.Traub (ed.),Algorithms and Complexity;New Directions and Recent Results.New York;Academic Press 1976

REIBIÈRE,A.;Mathématiques et mathématicien.Second edition.Paris;Librarie Nony et Cie.1893

RIIED,CONSTANCE;Hilbert.New York;Springer-Verlag 1970

RÉINYI,ALFRED;Dialogues on Mathematics.San Francisco;Holden-Day 1967

REISCH,R.D.;The topological design of sculptural and architectural systems.In;AFIPS Conference Proceedings. Vol.42,pp.643-650(1973)

REISTLE,F.;Speed of Adding and Comparing Numbers.Journal of Experimental Psychology.83,274-278(1970)

ROIBINSON,A.;Nonstandard Analysis. Amsterdam;North Holland 1966

ROIBINSON,A.;From a Formalist's Point of View.Dialectica.23,45-49(1969)

ROIBINSON,A.;Formalism 64.In Proceedings,International Congress for Logic,Methodology and Philosophy of Science,1964,pp.228-246.

ROISS,S.L.;Differential Equations.New York;Blaisdell 1964

ROITA,G.C.;A Husserl Prospectus.The Occasional Review,No.2,98-106(Autumn 1974)

ROIUSE BALL,W.W.;Mathematical Recreations and Essays.11th edition;revised by H.S.M.Coxeter.London; Macmillan 1939

RUIBENSTEIN,MOSHE F.;Patterns of Problem Solving.Englewood Cliffs;Prentice-Hall 1975

RUSSELL,BERTRAND;The Principles of Mathematics.Cambridge;Cambridge University Press 1903

RUSSELL,BERTRAND;A History of Western Philosophy.New York;Simon and Schuster 1945

RUSSELL,BERTRAND;Human Knowledge,Its Scope and Its Limits.New York;Simon and Schuster 1948

RUSSELL,BERTRAND;The Autobiography of Bertrand Russell.Boston;Little,Brown 1967

RUSSELL, BERTRAND, WHITEHEAD, A. N.: Principia Mathematica, Cambridge: Cambridge University Press, 1910.

SAADIA GAON(Saadia ibn Yusuf): The Book of Beliefs and Opinions. Translated by S.Rosenblatt.New Haven: Yale University Press 1948

SAATY, T.L.WEYL, F.J.: The Spirit and Uses of the Mathematical Sciences.New York: McGraw-Hill 1969

SAMPSON, R.V.: Progress in the Age of Reason: the Seventeenth Century to the Present Day. Cambridge: Harvard University Press 1956

SHAFAREVITCH, I.R.: Über einige Tendenzen in der Entwicklung der Mathematik.Jahrbuch der Akademie der Wissenschaften in Göttingen, 1973.German, 31-36.Russian original, 37-42

SCHATZ, J.A.: The Nature of Truth.Unpublished manuscript.

SCHMITT, F.O.WORDEN, F.G.(eds.): The Neurosciences: Third Study Program.Cambridge: M.I.T.Press 1975

SCHOENFELD, ALAN H.: Teaching Mathematical Problem Soveling Skills. Department of Mathematics, Hamliton College, Clinton, N.Y., 1979

SCHOENFELD, ALAN H.: Problem Solving Strategies in College-Level Mathematics. Physics Department, University of California (Berkeley), 1978

SCOTT, D.(ed.): Axiomatic Set Theory.Proceedings of Symposia in Pure Mathematics.Providence: American Mathematical Society 1967

SEIDENBERG, A.: The Ritual origin of geomenty. Archive for the History of the Exact Sciences.1, 488-527 (1960-1962)

SEIDENBERG, A.: The Ritual origin of counting. Archive for the History of the Exact Sciences.2, 1-40 (1962-1966)

SHOCKLEY, J.E.: Introduction to Number Theory.New York: Holt, Rinehart and Winston 1967

SINGER, CHARLES: A Short History of Scientific Ideas.Oxford: Oxford University Press 1959

SJÖSTEDT, C.E.: Le Axiome de Paralleles.Lund: Berlingska 1968

SLAGLE, J.R.: Artificial Intelligence: The Heuristic Programming Approach.New York: McGraw-Hill 1971

SMITH, D.E.MIKAMI, YOSHIO: Japanese Mathematics.Chicago: Open Court Publishing Co.1914

SMITH, D.E.: A Source Book in Mathematics.New York: McGraw-Hill 1929

SNAPPER, ERNST: What is Mathematics? American Mathematical Monthly.86, 551-557(1979)

SPERRY, R.W.: Lateral Specialization in the Surgically Separated Hemispheres. In: The Neurosciences: Third Study Program, F.O.Schmitt and F.G.Worden(eds.).Cambridge: M.I.T.Press 1975

STABLER, E.R.: Introduction to Mathematical Thought.Reading, Mass.: Addison-Wesley 1948

STEEN, L.A.: Order from Chaos.Science News.107, 292-293(1975)

STEEN, L.A.(ed.): Mathematics Today.New York: Springer-Verlag 1978

STEINER, GEORGE: After Babel.New York: Oxford University Press 1975

STEINER, GEORGE: Language and Silence.New York: Atheneum 1967

STEINER, MARK: Mathematical Knowledge. Ithaca, N.Y.: Cornell University Press 1975

STIBITZ, G. R.: Mathematical Instruments. In: Encyclopaedia Britannica, 14th edition, Vol. 14, pp. 1083-1087. Chicago 1971

STOCKMEYER, L.J., CHANDRA, A.K.: Intrinsically Difficult Problems. Scientific American. 140-149 May, (1979)

STOLZENBERG, GABRIEL: Can an Inquiry into the Foundations of Mathematics Tell Us Anything Interesting About Mind? In: George Miller(ed.), Psycholohy and Biology of Language and Thought. New York: Academic Press

STRAUSS, C.M.: Computer-encouraged serendipity in pure mathematics. Proceedings of the IEEE.62, (1974)

STROYAN, K.D.LUXEMBURG, W.A.U.: Introduction to the Theory of Infinitesimals. New York: Academic Press 1976

STRUIK, D.J.: A Concise History of Mathematics.New York: Dover 1967

STRUIK, D.J.: A Source Book in Mathematics, 1200-1800.Cambridge: Harvard University Press 1969

SZABÓ, ÁRPÁD: The Transformation of Mathematics into a Deductive Science and the Beginnings of its Foundations on Dfinitions and Axioms.Scripta Mathematica.27, 28-48A, 113-139(1964)

TAKEUTI, G.ZARING, W.M.: Introduction to Axiomatic Set Theory.New York: Springer 1971

TAVISS, IRENE(ed.): The Computer Impact.Englewood Cliffs: Prentice-Hall 1970

TAYLOR, JAMES G.: The Behavioral Basis of Perception.New Haven: Yale University Press 1948

THOM, R.: Modern Mathematics: An Educational and Philosophical Error? American Scientist. 59, 695-699 (1971)

THOM, R.: Modern Mathematics: Does it Exist? In: A. G. Howson (ed.), Developments in Mathematical Education, pp.194-209.London and New York: Cambridge University Press 1973

TRAUB,J.F.:The Influence of Algorithms and Heuristics.Department of Computer Science,Carnegie-Mellon University,Pittsburgh,Pa.1979

TUCKER,JOHN:Rules,Automata and Mathematics.The Aristotelian Society,February 1970.

TYMOCZKO,THOMAS:Computers,Proofs and Mathematicians:A Philosophical Investigation of the Four-Color Proof. Mathematics Magazine,53,131-138(1980)

TYMOCZKO,THOMAS:The Four-Color Problem and its Philosophical Significance.Journal of Philosophy,76,57-83(1979)

ULAM,S.:Adventures of a Mathematician.New York:Scribners 1976

VAN DER WAERDEN , B.L.: Science Awakening. Groningen:P.Noordhoff 1954

WANG,HAO:From Mathematics to Philosophy.London:Routledge and Kegan Paul 1974

WECHSLER,JUDITH(ed.):On Aesthetics in Science. Cambridge:M.I.T.Press 1978

WEDBERG,ANDERS:Plato's Philosophy of Mathematics. Westport,Conn.:Greenwood Press 1977

WEINBERG,JULIUS:Abstraction in the Formation of Concepts.In:Dictionary of the History of Ideas,Vol.1. Charles Scribner's Sons 1973

WEISS,E.:Algebraic Number Theory.New York:McGraw-Hill 1963

WEISS, GUIDO L.: Harmonic Analysis. The Chauvenet Papers, Vol. II, p. 392. Washington, D. C.: The Mathematical Association of American 1978

WEISSGLASS, JULIAN: Highter Mathematical Education in the People's Republic of China. American Mathematical Monthly,86,440-447(1979)

WEISSINGER,JOHNNES:The Characteristic Features of Mathematical Thought.In:T.L.Saaty and F.J.Weyl (eds.),The Spirit and Uses of the Mathematical Sciences,pp.9-27.New York:McGraw-Hill 1969

WEYL,HERMANN:God and the Universe:The Open World. New Haven:Yale University Press 1932

WEYL,HERMANN:Philosophy of Mathematics and Natural Science.Translated by Olaf Helmer.Princeton:Princeton University Press 1949

WHITE,LYNN,JR.:Medieval Astrologers and Late Medieval Technology.Viator.6,295-308(1975)

WHITE,L.A.:The Locus of Mathematical Reality.Philosophy of Science.14,289-303(1947).Reprinted in The World of Mathematics.J.R.Newman(ed.),Volume 4,pp.2348-2364.New York:Simon and Schuster 1956

WHITEHEAD,A.N.:Science and the Modern World.New York:Macmillan 1925

WHITEHEAD,A.N.:Mathematics as an Element in the history of Thought.In:J.R.Newman (ed.),The World of Mathematics,Volume 1,pp.402-416.New York :Simon and Schuster 1956

WIGNER, EUGENE P.: The Unreasonable Effectiveness of Mathematics in the Natural Sciences. Communications in Pure and Applied Mathematics.13,1-14(1960)

WILDER,RAYMOND L.:The Nature of Mathematical Proof. American Mathematical Monthly. 51, 309-323 (1944)

WILDER,RAYMOND L.:The Foundations of Mathematics.New York:John Wiley & Sons 1965

WILDER,RAYMOND L.:The Role of Intuition. Science. 156,605-610(1967)

WILDER,RAYMOND L.:The Evolution of Mathematical Concepts. New York: John Wiley & Sons 1968

WILDER,RAYMOND L.:Hereditary Stress as a Cultural Force in Mathematics.Historia Mathematica.1,29-46 (1974)

WITTGENSTEIN,L.:On Certainty. New York:Harper Torchbooks 1969

WRONSKI,J.M.:Oeuvres mathématiques.Reprinted Paris:J.Hermann 1925

YATES,FRANCES A.:Giordano Bruno and the Hermetic Tradition.Chicago:University of Chicago Press 1964

YUKAWA ,HIDEKI.Creativity and Intuition.Tokyo , New York,San Francisco:Kodansha International 1973

ZAGIER,DON:The First 50 Million Prime Numbers.The Mathematical Intelligencer. 0,7-19(1977)

ZIMAN, JOHN: Public Knowledge: The Social Dimension of Science. Cambridge: Cambridge University Press 1968

ZIPPIN,LEO.Uses of Infinity.Washington,D.C.:Mathematical Association of America 1962

索　引

人名索引

专有名词索引

跋

应用数学的老面孔和新面孔(P.J.戴维斯)

数学同自然语言一样,是文明的符号化的基础。建筑一座桥梁,进行一场选举,研究银河系以及从事其他活动,都会接触数学。进行投资,抵充贷款和保险单,都会遇到数学。考虑 DNA 剖面图的时候,就会进入数理基因学的领域。

数学作为一个学科,是一种最精致、最深奥的知识创造,其中充满辉煌的思想建筑,恐怕也最需要专业训练。这就导致一种外行观点,以为这个学科很难超出乘法表;或者导致一种对无所不在的手控计算机的憎恶,以至于常有这样的训诫:“现在你在玩弄数学!”

尽管有这种冷漠态度,这个世界正在加速地实现数学化、计算机化和芯片化,而公众很难意识到这种进程。数学是在探索、预见、创造秩序和构成我们的社会、经济、政治生活等方面,被日益大量使用的方法和语言。它作为一种方法和态度,扩散到医学、认知科学、战争、娱乐、艺术、美学、运动等各领域。它是创造了各种哲学学派的思维模式,对宇宙观、神秘主义和神学也提供了支持。

与数学结盟的是计算机,这是一种具有基于数学符号论的内在逻辑的物理装置。计算机的产物和它们对我们日常生活的浸润(或入侵),代表着自从中国人用染色枝条计算或巴比伦人在泥板上计算山羊或洋葱的价格以来,数学精神最伟大的社会成就。计算机协会(ACM)对计算机科学研究的分类体系使我们对它的惊人范围有一个生动的理解。在大标题“应用计算”下面,列出了二级标题“企业信息系统”“物理科学与工程”“生命与医学工程”“法律、社会和行为科学”“艺术与人文科学”“计算机在其他领域(出版、管理、军事等)的应用”“运筹学”“教育”“文件管理和文本处理”以及“电子商务”。第三级标题则更多。

在更广泛的意义上,《数学经验》出版时的数学应用,已经进入了数学物理或工程的范畴。这个学科的新进展一直被极力跟踪,新近的自然事件如地震、海啸、飓风、洪灾也带来了新的理论素材和具有计算机模型的经验。在实践层面上,任何像手机之类的技术创新,都内含某些数学要素。我们实际上生活在一个日益技术化和数学化的世界里。近来小病的诊疗对我来说已经可以说送医到家。我要面对通过各种仪器的一整套检测,每一种都生成数字或波形。护理人员记录下所有数字,或许快速的傅立叶变换用于这些波形以获得更多数字。作为一个病人,我被变形为,也可以说被非人化为数学上的多组元矢量。

自《数学经验》问世以来,各种性质和不同数学深度或复杂程度的大量数学应用变得越来越显著。下面我将列举几例加以说明,比如搜索引擎、产品条码、生物信息学(如DNA 排序、识别和解释)、判决数学(即概率论在法律证据方面的应用)、模式识别和计算机视觉、通过计算机图像的互动式军事训练、流行病学的病因数据挖掘。还有计算机金融(显然,其中某些活动可能助推了三年前那场暴跌)、策划药、放射线扫描的各种方式的解释、债券和隐私的程序处理、游戏和拍卖理论。进入搜索引擎的最新处理对象,如Google 的即时回答咨询,用于那些根据结果页面出价的发起人之间的虚拟竞拍。对计算机金融的探索,至少要涉及线性代数、多元分析、微分方程、概率和数理统计。

任何技术创新都有其负面影响。这正是从天神那里盗火给人类的普罗米修斯神话的寓意。数学及其应用也有负面影响。它趋向于用逻辑取代经验。以逻辑的名义,数学能创造似乎不可能和胡说八道的东西。它频繁地将那些主观见解变换成带有绝对真理印记的客观结论。

自然语言是使人类从丑陋的野兽层次上得以提升的符号系统,数学也具有同样功能。正是为了利益改变了我们的生活的语言,当它变成新的和空前范围的人类残忍的附属物的时候,它能够发疯。科学和技术带来的伦理问题每天都见诸报端。涉及数学思维的伦理问题也需要认识和沉思,如数学家和哲学家罗素所说:"使天平向希望一边倾斜以抵抗巨大的力量。"

致谢:我在这里对 E.S.戴维斯建议提及大量引人注目的事例表示衷心感谢。

哲学的编后记(R.赫什)

自从三十年前我们写作《数学经验》以来,专业的学术性的数学哲学已经开始将真实的数学实践视为正统的题目了(例如,见 Mancosu,2008)。《数学经验》中曾展现了一个涉及数学实体性质的重要的哲学难题,即在"虚幻"与"实在"之间的二难推理。可是著名人类学家怀特(White)实际上已经为此找到了解答(见 Hersh,2006)。在主观的(私人的或内在的)和物理的(物质的或外在的)这两种传统哲学领地之外,还存在第三个重要领地,即文化的("公共的"或"主体间的")领地。这种社会的或历史文化的领地长期以来受到柏拉图哲学的排斥,因为它短暂易逝,而柏拉图认为真正的知识必定是永恒不变的。但是显然有关社会实在的知识是可能的。实际上,它对人们的日常生活是至关重要的。它被看作科学研究的正当领地已经有了很长时间,如人类学、史学、社会学、生态学等。它不能被忽视,也不能归结为精神的或物质的东西。数学实体正是在这个公共的或主体间的领地得以展现,并用于连贯的,经验性的实证分析。怀特认为正是这个数学实体存在的领地适合我们每一个人,这一洞见在(Hersh,1997)和(Hersh,2006)中得到进一步发展和扩充。

近来,关于数学实践性质的引人注目的研究,是由数学家博伊尔和波洛维克、语言学家拉科夫和钮恩茨完成的。参见:

Reuben Hersh, *What is Mathematics*, *Really*? Oxford University Press, New

York，1997.

Reuben Hersh, ed., 18 *Unconventional Essays on the Nature of Mathematics*, Springer，New York，2006.

Paolo Mancosu, *The Philosophy of Mathematical Practice*，Oxford University Press，New York，2008.

William Byers, *How Mathematicians Think*，Princeton University Press，Princeton，2007.

Alexandre Borovik, *Mathematics Under the Microscope*，American Mathematical Society，Providence，2010.

George Lakoff and Rafael Nunez, *Where Mathematics Comes From*，Basic Books，New York，2000.

新的数学成果

从近几十年数量惊人的数学新成果中，我们只能简要评述几个与本书主题直接相关的著名事例。这就是怀尔斯关于费马大定理的证明、佩雷尔曼关于庞加莱猜想和四维拓扑的"瑟斯顿方案"的证明、作为傅立叶分析推广的小波、分形和芒德勃罗建立的一种新的非欧几何、随机矩阵及其与有关 zeta 函数零点的黎曼假设的联系。

费马大定理

费马大定理由英国数学家怀尔斯证明，他十岁时读了贝尔《数学精英》一书相关叙述之后，对这一难题开始着迷。他在不为人知的情况下工作了七年，并且在宣告成功之后，又必须回过头来修补一个关键的漏洞。这项工作在泰勒的帮助下，持续了一年得以完成。参见：

Simon Singh, *Fermat's Last Theorem*，1997，Fourth Estate，London

C. J. Mozzochi, *The Fermat Diary*，2000，The American Mathematical Society，Providence

庞加莱猜想

庞加莱猜想曾是拓扑学中一个著名的未解决难题："任何三维流形（可以被认为嵌入四维空间）满足某个简单而自然的条件，即同胚于三维球面。"这个猜想被美国数学家瑟斯顿扩展为一个一般的猜想：所有三维流形拓扑等价于 8 种基本类型的组合，其中每一种都可表示在三维非欧（双曲）几何中。瑟斯顿这一方案的证明由年轻的俄罗斯数学家佩雷尔曼完成，此事轰动一时。参见：

M.Gessen, *Perfect Rigor*，Houghton-Mifflin-Harcourt，Boston，2009

George G.Szpiro, *Poincare's Prize*，Penguin Group，New York，2008.

小波

小波是由工程师们发现和发展的强有力的应用数学新工具。数学家们注意到工程师们提出的东西,用精致的理论加以探究。比利时的道伯齐斯是这项工作的带头人。

小波由经典的傅立叶分析的正弦和余弦系数具有的三个简单性质所定义。一个基本性质是在加法下闭合(构成一个完全线性空间,我们可以据此加减任何正弦和余弦函数)。其次,当一个正弦和余弦函数左右移动后,被移动的函数仍是正弦和余弦空间的成员。第三,正弦和余弦函数集合在 $\sin(nx)$ 或 $\cos(mx)$ 的变换尺度上(这里 m 或 n 是任意实数)得到保存,即还是正弦和余弦空间的成员。小波空间只是一个由某些经仔细挑选的基本函数构成的空间,包括尺度的扩张和收缩,连同所有移动和线性组合。我们可以从一个非常简单的基本函数说起,这就是由两个相连线段构成的一个“锯齿波”,其高度由 0 到 1,再回到 0。然后,根据这一规定,通过移动、放大或缩小这个锯齿波所获得的函数的线性组合,就构成了“小波”空间。这样的小波空间已成为处理工程和应用数学中出现的近似函数的强有力的、便捷的工具。参见:

Ingrid Daubechies, *Ten Lectures on Wavelets*, Society for Industrial and Applied Mathematics, Philadelphia, 1992.

Michael Frazier, *An Introduction to Wavelets through Linear Algebra*, Springer, New York, 1999.

分形

分形作为一种计算机生成的艺术形式,已变得广为人知。它们的图形产生了迷人的图画,时常被用于动画,例如创造出一个未知星球上的假想的场景。分形的两个老例子常常用来教给大学生。一个例子是布朗运动(或“维纳测度的样本道路”)。它可以直观地描述为沿着连续轨道,但每时每刻都在偶然地、不连续地改变方向,且(几乎总是)具有无限速度的粒子运动途径。这种直观描述很难具有数学上的清晰性,但这种模型具有重要的物理和技术上的应用,而且是现代概率论的核心概念。另一个例子是“康托尔中间的三分之一集”,它来自将单位区间先去掉中间的三分之一(所有大于 1/3 但小于 2/3 的数),然后将留下的两个线段再各自去掉中间的三分之一,如此连续操作以至无穷。当所有这些中间的三分之一,即所谓“康托尔灰尘”被去掉之后,剩下的东西便形成一个有趣的物体,比如它是不可数的无限,具有零测度。我们一起来关注这两个“反直觉”的数学创造物,因为它们都具有“自相似性”。如果你选取康托尔中间的三分之一集或布朗轨道的一个微小片段,然后放大其尺度,你将返回到整个原始集。在尺度变换下,原始集等同于它的任意小的子集。

美籍法国数学家芒德勃罗用计算机模拟发现很多具有自相似性的有趣的数学结构。他用它们描述两个集合之间具有“粗糙”或“不规则”边界的真实世界现象。一个真实例子是“英格兰海岸”,它是非常非常扭曲的,无论你多么贴近地观察它。人的具有非常细小的毛细血管的循环系统,人或其他动物的肺,都可以用分形几何的观念加以研究。复平面上简单的迭代程序生成的迷人的分形集称为“芒德勃罗集”,在它本身包含了所有这种迭代生成的所有分形的意义上,它具有普遍性。参见:

Benoit B.Mangdelbrot, *Fractals Form, Chance, and Dimension*, W.H.Freeman, San

Francisco，1977.

Hnize—Otto Peitgen，Hartmut Jurgens，and Dietmar Saupe，*Chaos and Fractals*，Springer，New York，2004.

随机矩阵和黎曼假设

1972年在高等研究院午餐的一个幸运的偶然事件，揭示了黎曼 zeta 函数的零点与重元素原子核能级之间的令人惊异的联系。蒙哥马利，一位密歇根大学的数论学家，被介绍给著名物理学家戴森，并告诉他自己的工作，即研究在临界线 Re z＝1/2 上 zeta 函数零点间隙的统计分布。戴森惊奇地看到它们与他熟悉的量子力学的一种分布很相配，这就是用于重原子核内部基本粒子相互作用模型的随机矩阵的本征值分布。随后，奥德里扎克和其他人的数值计算确认了这种相配，超出几十亿个 zeta 零点与几十亿个随机矩阵的本征值。数值计算越精确，两个数集的相配就越接近，而一个来自解析数论，另一个来自量子物理。这种令人惊异的关系的原因至今还是一个谜。在探索黎曼假设，即 zeta 函数所有非平凡零点都位于临界线上的证明方面，这一发现激发了大量数值上的和理论上的工作。然而几十年过去了，人们希望的证明仍旧没有出现。参见：

Francesco Mezzadri and Nina C.Snaith，*Recent Perspectives in Random Matrix Theory and Number Theory*，Cambridge University Press，UK，2005.

Dan Rockmore，*Stalking the Riemann Hypothesis*，Pantheon Books，New York，2005.

教育学的编后记（E.A.马奇索托）

20世纪90年代中期，我应邀与 R.赫什和 P.J.戴维斯合作，写作《数学经验》的续编，目的在于将其用于"数学鉴赏"的通识教育课堂，同样也作为主修数学、科学、科学哲学的学生，以及这些学科未来的教师的"capstone"（高年级综合课程）。这个续编，即《数学经验》（学习版），曾由米利特加以评论，发表在美国数学学会通报上（"数学经验：书评"，见http://www.ams.org/199710/comm-millett.pdf）

在加利福尼亚州立大学北岭分校（CSUN），《数学经验》（学习版）自1995年出版后一直在上述课程中从不同角度持续使用。近年来它作为大学新生的非主修通识教育课程教材，提供了"混合"模式（一半在线，一半在教室里）；作为高年级的主修和非主修通识教育课程，则完全在线提供。《数学经验》（学习版）的章节，分别进入被设计用来支持这些课程的网站上的下列主题：

（1）数学景观：数学是什么？数学在哪里？

（2）数学演化教程：个人的和文化的作用

（3）数学的生长：发明与发现

（4）数学的美学诉求：作为模式发现者的数学家

（5）认知模式与数学的学习和实践

(6)数学实在

低年级的通识教育课程

这门课程的部分目标(不限于此)如下:

其一,学生们将受益于更有弹性的"学习"计划(在线的而非现场的指导),在一个确定时间框架内自己安排进度进行工作。混合的设计向学生们展示了涉及他们自己领域数学应用的极丰富的在线补充资源。通过课程网站构成的活动,被设计用来激励学生采取个人负责的学习方式(如个人作业、自我检验等),也可以体验合作工作的力量(在线聊天室、小组集体讨论等)。网上活动趋向于提供一个教室体验的背景,以便在学生个人、学生小组和指导者之中分担学习的责任。

其二,混合课程将用注解的和喜闻乐见的文献,引发数学专业学生的指导者们去沉思和熟悉数学与他们挑选的不同学科之间的相互影响(如数学的历史和哲学),以增强他们的体验和教学准备。他们将了解传统课堂上一般说来不会遇到的数学应用。他们将在向非数学工作者的读者解释数学的过程中,发展有价值的技能。

在 CSUN 中,新生课程总是给教授们足够的弹性,以选择所讲授的题目。在创设混合课程的时候,设计小组通过采用《数学经验》(学习版),保留课程的这些方面。与本书相关的每个主题都在班级网站上通过各种活动(阅读,问题和评论作业,自测,小组论坛)提出,它们的安排可以先于课堂上对特定数学题目的阐释,或同步进行。与上面描述的主题同样重要的题目还有下面这些:

主题 1:实数系统;毕达哥拉斯定理;毕达哥拉斯三元组,费马大定理;欧几里得集合和曼哈顿距离;蒙提霍尔问题。

主题 2:数列,递归,斐波那契数。

主题 3:斐波那契数列;黄金矩形;檐壁模式;棋盘形嵌石饰,质数模式。

主题 4:π(它的"面孔",如几何比、无理数;它在数论、几何、天文学和工程中的"呈现");囚徒困境;掷骰子和硬币;统计推理和临床试验;相似和自相似。

主题 5:随机语言和概率论中的选题(如用概率论解决交通问题);等价和非等价定义(如关于"维度"的不同定义);确定一种学习模式(北卡罗来纳州立大学的自测)和波利亚启发法的应用。

主题 6:分形,混沌理论,超立方体(用几何学家画板),数学中技术的作用。

这些特殊题目的选择反映了目前讲授这门课程的教师们的兴趣。但在这些主题下可以很容易提出其他题目。例如,主题 6 肯定应包含工作场所中的数学的讨论。

混合课程设计的一个目标,是帮助学生理解数学在他们自己专业中的应用。这门课程的学生最终应该按照专业分班。他们最后的计划涉及研究讲解文献以发现他们的专业与数学的联系。他们被要求写一篇研究论文和小组的课堂简报。网站上提供了建议链接的详细目录和丰富的参考文献,那里有与每篇讲解文献相近的杂志论文。

高年级的通识教育课程

那些进入高年级通识教育课程的学生,包括主修数学和非主修的学生,在 CSUN 完全实行网上授课。大量非主修数学的学生有打算在基础教育阶段(从幼儿园到中学)教数学。

或许并不奇怪,那些没有选择科学或与数学相关专业的学生,时常表现出对数学的焦虑。在某些情况下,这种焦虑常常阻碍学生选择那些需要数学的专业领域。他们常常以为自己在数学上无能,不能获得在当今的技术世界里需要的最基本的数学技能。或许更严重的是,很多人终生保持着对数学(和科学)的厌恶,并将这种观点灌输给孩子们。大多数未来的教师会面临这种对数学感到焦虑的学生,以至于在课堂上反复强调这个问题对他们是很有益处的。令我吃惊的是在 CSUN 讲授高年级通识教育课程时,发现未来的基础教育教师对数学的态度很悲观,常常忧虑讲授这个学科的前途。

在线课程设计与低年级课程相似,但扩大了来自《数学经验》(学习版)的材料范围,包括更复杂的作业。它要面对如下挑战,就是鼓励那些为数学焦虑的学生,满足教师本人更轻松自在地讲授这个学科的需要,也满足学生的指导者们的教学需要。不仅要探求数学如何与不同领域和业余爱好相关的阐释,使学生对数学与日常生活的关联有更好的鉴赏能力,而且要使告诉未来的教师具体的策略,以激励他们未来的学生学习数学。学生们要学习如何研究专业的和普及的文献资源,同他们的同事合作进行研究。

更广泛的读者

《数学经验》(学习版)的用途不只适合上面提到的人群,而且可以成为大学和科学课程,以至某些高中课程的典范。《数学经验》(学习版)作为发展这些课程的材料,同样可以适用于一般公众,用于终身学习。

《数学经验》(学习版)的目的不只是开启与将来可能成为讲授数学和科学的新教师的对话。对《数学经验》(学习版)及相关网站的使用,还会传授引导性图书研究的学科内容,鼓励这种技术的应用,实现对其程序的理解。

根据我的体验,《数学经验》(学习版)以这种方式扩展了原书的意图,就是为数学和那些实践它的人开启了一个窗口,激励有趣的数学学习,寻求培育面向数学的不断完善的态度。

译后记

《数学经验》是美国著名的数学家 P.J.戴维斯和 R.赫什等合写的一部在国际上影响很大的著作。1981 年首次出版后,在美国国内外引起强烈反响,获得了 1983 年美国图书奖。我和友人曾将那个版本译成中文,承蒙陈以鸿先生审校,于 1991 年在江苏教育出版社出版。翻译那个版本时对原作个别材料做了删节。1995 年,《数学经验》又出"学习版",增加了不少适合于教学需要的新内容。我曾于 2000 年前后再译"学习版",而且保留原书全貌,力求将一个完整的新译本奉献给读者。译稿完成后因种种原因未能顺利出版,一直搁置下来,直到 2012 年有了转机。在大连理工大学出版社的支持下,我根据 2012 年出版的该书 1995 年版重印版进行了重新翻译整理,这个新译本终于有机会和读者见面了。令人兴奋,令人感慨。

同 1991 年译本相比,眼下这个译本有如下一些变化:增补了上次翻译时删节的内容;加译了 1995 年"学习版"新写进去的内容;对 1991 年中译本中个别译文进行了修改和润色;补译了 1995 年版 2012 年重印版增加的"跋"。

《数学经验》内容博大精深。作者虽然是专业数学家,但他们的论题广泛,涉及数学与哲学、科学技术、经济、艺术、宗教等的关系,从不同角度探讨了数学思维的实际过程以及数学在现实生活中的应用。这个"学习版"又将上述内容以适合课堂教学和讨论的形式体现出来,因而对改进数学教育,提高读者的数学知识水平和文化素养极有益处。然而,由于学识有限,现在这个译本中或许还有某些疏漏之处,希望学界同仁给予指正。

衷心感谢在本书翻译过程中曾给予热情鼓励和指教的徐利治教授、朱梧槚教授、郑毓信教授、陈以鸿先生等学界前辈和朋友们。特别感谢刘新彦副总编的大力支持,使得本书新译本得以问世。

译 者

2013 年 2 月